中国石油地质志

第二版·卷七

华北油气区（下册）

华北油气区编纂委员会　编

石油工业出版社

图书在版编目（CIP）数据

中国石油地质志.卷七，华北油气区.下册/华北油气区编纂委员会编.—北京：石油工业出版社，2023.3

ISBN 978-7-5183-3518-3

Ⅰ.①中… Ⅱ.①华… Ⅲ.①石油天然气地质－概况－中国②油气田开发－概况－华北地区 Ⅳ.① P618.13 ② TE3

中国版本图书馆 CIP 数据核字（2021）第 275090 号

责任编辑：冉毅凤
责任校对：郭京平
封面设计：周　彦
审图号：GS（2022）479 号

出版发行：石油工业出版社
　　　　　（北京安定门外安华里 2 区 1 号　　100011）
　　　　　网　　址：www.petropub.com
　　　　　编辑部：（010）64251539　图书营销中心：（010）64523633
经　　销：全国新华书店
印　　刷：北京中石油彩色印刷有限责任公司

2023 年 3 月第 1 版　2023 年 3 月第 1 次印刷
787×1092 毫米　开本：1/16　印张：21.5
字数：587 千字

定价：375.00 元

《中国石油地质志》

(第二版)

总编纂委员会

主　编：翟光明

副主编：侯启军　马永生　谢玉洪　焦方正　王香增

委　员：（按姓氏笔画排序）

万永平	万　欢	马新华	王玉华	王世洪	王国力
元　涛	支东明	田　军	代一丁	付锁堂	匡立春
吕新华	任来义	刘宝增	米立军	汤　林	孙焕泉
杨计海	李东海	李　阳	李战明	李俊军	李绪深
李鹭光	吴聿元	何文渊	何治亮	何海清	邹才能
宋明水	张卫国	张以明	张洪安	张道伟	陈建军
范土芝	易积正	金之钧	周心怀	周荔青	周家尧
孟卫工	赵文智	赵志魁	赵贤正	胡见义	胡素云
胡森清	施和生	徐长贵	徐旭辉	徐春春	郭旭升
陶士振	陶光辉	梁世君	董月霞	雷　平	窦立荣
蔡勋育	撒利明	薛永安			

《中国石油地质志》

第二版·卷七

华北油气区编纂委员会

主　任：张以明

副主任：杨德相　王　权　刘喜恒

委　员：范炳达　田建章　曹兰柱　肖　阳　张锐锋　梁宏斌
　　　　史原鹏　田福清　王余泉　降栓奇　赵伟森　唐传章

编　写　组

组　长：王　权

副组长：杨德相　刘喜恒

成　员：范炳达　田建章　曹兰柱　肖　阳　韩春元　陶明华
　　　　谢佩宇　罗　强　刘井旺　王　鑫　王　静　淡伟宁
　　　　郭永军　郭惠平　董雄英　李熹微　王宏霞　费宝生
　　　　赵志刚　王名巍　周从安　江　涛　王　建　陈树光
　　　　吴健平　李　莉　侯凤香　辛守良　鱼占文　毛　琼
　　　　张金岩　李玉帮　赵文龙　李　彬　胡延旭　谢　莹
　　　　王　帅　豆惠萍　王旭峰　张霁潮　牛新杰　王　攀
　　　　陈　令　张传宝　靳国庆　乔　博　姚　欢　张莎莎
　　　　刘　慧　王　莉　高　婷　李长新　黄　芸　赵智鹏
　　　　田　然　梁文君　李宏为　余小林　彭　宇　王营营
　　　　魏　岩　张晓芳　赵　静　钟雪梅　古　强　陈柯童
　　　　焦亚先　王海燕　李　奔　李晓燕　马春林　杨全凤
　　　　田　宁　欧阳雪琪　庞秋菊　孙赛男　王家立

序

三十多年前，在广大石油地质工作者艰苦奋战、共同努力下，从中华人民共和国成立之前的"贫油国"，发展到可以生产超过 1 亿吨原油和几十亿立方米天然气的产油气大国，可以说是打了一个大大的"翻身仗"，获得丰硕成果，对我国油气资源有了更深的认识，广大石油职工充满无限信心、继续昂首前进。

在 1983 年全国油气勘探工作会议上，我和一些同志建议把过去三十年的勘探经历和成果做一系统总结，既可作为前一阶段勘探的历史记载，又可作为以后勘探工作的指引或经验借鉴。1985 年我到石油勘探开发科学研究院工作后，便开始组织编写《中国石油地质志》，当时材料分散、人员不足、资金缺乏，在这种困难的条件下，石油系统的很多勘探工作者投入了极大的热情，先后有五百余名油气勘探专家学者参与编写工作，历经十余年，陆续出版齐全，共十六卷 20 册。这是首次对中华人民共和国成立后石油勘探历程、勘探成果和实践经验的全面总结，也是重要的基础性史料和科技著作，得到业界广大读者的认可和引用，在油气地质勘探开发领域发挥了巨大的作用。我在油田现场调研过程中遇到很多青年同志，了解到他们在刚走出校门进入油田现场、研究部门或管理岗位时，都会有摸不着头脑的感觉，他们说《中国石油地质志》给予了很大的启迪和帮助，经常翻阅和参考。

又一个三十年过去了，面对国内极其复杂的地质条件，这三十年可以说是在过去的基础上，勘探工作又有了巨大的进步，相继开展的几轮油气资源评价，对中国油气资源实情有了更深刻的认识。无论是在烃源岩、油气储层、沉积岩序列、构造演化以及一系列随着时间推移的各种演化作用带来的复杂地质问题，还是在石油地质理论、勘探领域、勘探认识、勘探技术等方面都取得了许多新进展，不断发现新的油气区，探明的油气田数量逐渐增多、油气储量大幅增加，油气产量提升到一个新台阶。截至 2020 年底（与 1988 年相比），发现的油田由 332 个增至 773 个，气田由 102 个增至 286 个；30 年来累计探明石油地质储量增加 284 亿吨、天然气地质储量增加 17.73 万亿立方米；原油年产量由 1.37 亿吨增至 1.95 亿吨，天然气年产量由 139 亿立方米增至 1888 亿立方米。

油气勘探发现的过程既有成功时的喜悦，更有勘探失利带来的煎熬，其间积累的经验和教训是宝贵的、值得借鉴的。《中国石油地质志》不仅仅是一套学术著作，它既有对中国各大区地质史、构造史、油气发生史等方面的详尽阐述，又有对油气田发现历程的客观分析和判断；它既是各探区勘探理论、勘探经验、勘探技术的又一次系统回顾和总结，又是各探区下一步勘探领域和方向的指引。因此，本次修编的《中国石油地质志》对今后的油气勘探工作具有新的启迪和指导。

在编写首版《中国石油地质志》过程中，经过对各盆地、各地区勘探现状、潜力和领域的系统梳理，催生了"科学探索井"的想法，并在原石油工业部有关领导的支持下实施，取得了一批勘探新突破和成果。本次修编，其指导思想就是通过总结中国油气勘探的"第二个三十年"，全面梳理现阶段中国各油气区的现状和前景，旨在提出一批新的勘探领域和突破方向。所以，在2016年初本版编委会尚未完全成立之时，我就在中国工程院能源与矿业工程学部申请设立了"中国大型油气田勘探的有利领域和方向"咨询研究项目，全国有32个地区石油公司参与了研究实施，该项目引领各油气区在编写《中国石油地质志》过程中突出未来勘探潜力分析，指引了勘探方向，因此，在本次修编章节安排上，专门增加了"资源潜力与勘探方向"一章内容的编写。

本次修编本着实事求是的原则，在继承原版经典的基础上，基本框架延续原版章节脉络，体现学术性、承续性、创新性和指导性，着重充实近三十年来的勘探发展成果。《中国石油地质志》修编版分卷设置，较前一版进行了拆分和扩充，共25卷32册。补充了冀东油气区、华北油气区（下册·二连盆地）两个新卷，将原卷二"大庆、吉林油田"拆分为大庆油气区和吉林油气区两卷；将原卷七"中原、南阳油田"拆分为中原油气区和南阳油气区两卷；将原卷十四"青藏油气区"拆分为柴达木油气区和西藏探区两卷；将原卷十五"新疆油气区"拆分为塔里木油气区、准噶尔油气区和吐哈油气区三卷；将原卷十六"沿海大陆架及毗邻海域油气区"拆分为渤海油气区、东海—黄海探区、南海油气区三卷。另外，由于中国台湾地区资料有限，故本次修编不单独设卷，望以后修编再行补充和完善。

此外，自1998年原中国石油天然气总公司改组为中国石油天然气集团公司、中国石油化工集团公司和中国海洋石油总公司后，上游勘探部署明确以矿权为界，工作范围和内容发生了很大变化，尤其是陆上塔里木、准噶尔、四川、鄂尔多斯等四大盆地以及滇黔桂探区均呈现中国石油、中国石化在各自矿权同时开展勘探研究的情形，所处地质构造区带、勘探程度、理论认识和勘探进展等难免存在差异，为尊重各探区勘探研究实际，便于总结分析，因此在上述探区又酌情设置分册加以处理。各分卷和分册按以下顺序排列：

卷次	卷名	卷次	卷名
卷一	总论	卷十四	滇黔桂探区（中国石化）
卷二	大庆油气区	卷十五	鄂尔多斯油气区（中国石油）
卷三	吉林油气区		鄂尔多斯油气区（中国石化）
卷四	辽河油气区	卷十六	延长油气区
卷五	大港油气区	卷十七	玉门油气区
卷六	冀东油气区	卷十八	柴达木油气区
卷七	华北油气区（上册）	卷十九	西藏探区
	华北油气区（下册）	卷二十	塔里木油气区（中国石油）
卷八	胜利油气区		塔里木油气区（中国石化）
卷九	中原油气区	卷二十一	准噶尔油气区（中国石油）
卷十	南阳油气区		准噶尔油气区（中国石化）
卷十一	苏浙皖闽探区	卷二十二	吐哈油气区
卷十二	江汉油气区	卷二十三	渤海油气区
卷十三	四川油气区（中国石油）	卷二十四	东海—黄海探区
	四川油气区（中国石化）	卷二十五	南海油气区（上册）
卷十四	滇黔桂探区（中国石油）		南海油气区（下册）

　　《中国石油地质志》是我国广大石油地质勘探工作者集体智慧的结晶。此次修编工作得到中国石油、中国石化、中国海油、延长石油等油公司领导的大力支持，是在相关油田公司及勘探开发研究院 1000 余名专家学者积极参与下完成的，得到一大批审稿专家的悉心指导，还得到石油工业出版社的鼎力相助。在此，谨向有关单位和专家表示衷心的感谢。

中国工程院院士　　翟光明

2022 年 1 月　北京

FOREWORD

Some 30 years ago, under the unremitting joint efforts of numerous petroleum geologists, China became a major oil and gas producing country with crude oil and gas producing capacity of over 100 million tons and billions of cubic meters respectively from an 'oil-poor country' before the founding of the People's Republic of China. It's indeed a big 'turnaround' which yielded substantial results, allowed us to have a better understanding of oil and gas resources in China, and gave great confidence and impetus to numerous petroleum workers.

At the National Oil and Gas Exploration Work Conference held in 1983, some of my comrades and I proposed to systematically summarize exploration experiences and results of the last three decades, which could serve as both historical records of previous explorations and guidance or references for future explorations. I organized the compilation of *Petroleum Geology of China* right after joining the Research Institute of Petroleum Exploration and Development (RIPED) in 1985. Though faced with the difficulties including scattered information, personnel shortage and insufficient funds, a great number of explorers in the petroleum industry showed overwhelming enthusiasm. Over five hundred experts and scholars in oil and gas exploration engaged in the compilation successively, and 16-volume set of 20 books were published in succession after over 10 years of efforts. It's not only the first comprehensive summary of the oil exploration journey, achievements and practical experiences after the founding of the People's Republic of China, but also a fundamental historical material and scientific work of great importance. Recognized and referred to by numerous readers in the industry, it has played an enormous role in geological exploration and development of oil and gas. I met many young men in the course of oilfield investigations, and learned their feeling of being lost during transition from school to oilfields, research departments or management positions. They all said they were greatly inspired and benefited from *Petroleum Geology of China* by often referring to it.

Another three decades have passed, and it can be said that though faced with extremely complicated geological conditions, we have made tremendous progress in exploration over the years based on previous works and acquisition of more profound knowledge on China's oil and gas resources after several rounds of successive evaluations. New achievements have been made in not only source rock, oil and gas reservoir, sedimentary development, tectonic evolution and a series of complicated geological issues caused by different evolutions over time, but also petroleum geology theories, exploration areas, exploration knowledge, exploration techniques and other aspects. New oil and gas provinces were found one after another, and with gradual increase in the number of proven oil and gas fields, oil and gas reserves grew significantly, and production was brought to a new level. By the end of 2020 (compared with 1988), the number of oilfields and gas fields had increased from 332 and 102 to 773 and 286 respectively, cumulative proved oil in place and gas in place had grown by 28.4 billion tons and 17.73 trillion cubic meters over the 30 years, and the annual output of crude oil and gas had increased from 137 million tons and 13.9 billion cubic meters to 195 million tons and 188.8 billion cubic meters respectively.

Oil and gas exploration process comes with both the joy of successful discoveries and the pain of failures, and experiences and lessons accumulated are both precious and worth learning. *Petroleum Geology of China*'s more than a set of academic works. It not only contains geologic history, tectonic history and oil and gas formation history of different major regions in China, but also covers objective analyses and judgments on discovery process of oil and gas fields, which serves as another systematic review and summary of exploration theories, experiences and techniques as well as guidance on future exploration areas and directions of different exploratory areas. Therefore, this revised edition of *Petroleum Geology of China* plays a new role of inspiring and guiding future oil and gas exploration works.

Systematic sorting of exploration statuses, potentials and domains of different basins and regions conducted during compilation of the first edition of *Petroleum Geology of China* gave rise to the idea of 'Scientific Exploration Well', which was implemented with supports from related leaders of the former Ministry of Petroleum Industry, and led to a batch of breakthroughs and results in exploration works. The guiding idea of this revision is to propose a batch of new exploration areas and breakthrough directions by summarizing 'the second 30 years' of China's oil and gas exploration works and comprehensively sorting out current statuses and prospects of different exploratory areas in China at the current stage. Therefore, before the editorial team was fully formed at the beginning of 2016, I applied to the Division of Energy and Mining Engineering, Chinese Academy of Engineering for the establishment of a consulting research project on 'Favorable Exploration Areas and Directions of Major Oil and Gas Fields in China'. A total of 32 regional oil companies throughout the country participated in the research project, which guided different exploratory areas in giving prominence to analysis on future exploration potentials in the course of compilation of *Petroleum Geology of China*, and pointed out exploration directions. Hence a new dedicated chapter of 'Exploration Potentials and Directions of Oil and Gas Resources' has been added in terms of chapter arrangement of this revised edition.

Based on the principles of seeking truth from facts and inheriting essence of original works, the basic framework of this revised edition has inherited the chapters and context of the original edition, reflected its academics, continuity, innovativeness and guiding function, and focused on supplementation of exploration and development related achievements made in the recent 30 years. This revised edition of *Petroleum Geology of China*, which consists of sub-volumes, has divided and supplemented the previous edition into 25-volume set of 32 books. Two new volumes of Jidong Oil and Gas Province and Huabei Oil and Gas Province (The Second Volume·Erlian Basin) have been added, and the original Volume 2 of 'Daqing and Jilin Oilfield' has been divided into two volumes of Daqing Oil and Gas Province and Jilin Oil and Gas Province. The original Volume 7 of 'Zhongyuan and Nanyang Oilfield' has been divided into two volumes of Zhongyuan Oil and Gas Province and Nanyang Oil and Gas Province. The original Volume 14 of 'Qinghai-Tibet Oil and Gas Province' has been divided into two volumes of Qaidam Oil and Gas Province and Tibet Exploratory Area. The original volume 15 of 'Xinjiang Oil and Gas Province' has been divided into three volumes of Tarim Oil and Gas Province, Junggar Oil and Gas Province and Turpan-Hami Oil and Gas Province. The original Volume 16 of 'Oil and Gas Province of Coastal Continental Shelf and Adjacent Sea Areas' has been divided into three volumes of Bohai Oil and Gas Province, East China Sea-Yellow Sea Exploratory Area and South China Sea Oil and Gas Province.

Besides, since the former China National Petroleum Company was reorganized into CNPC, SINOPEC and CNOOC in 1998, upstream explorations and deployments have been classified based on the scope of mining rights, which led to substantial changes in working range and contents. In particular, CNPC and SINOPEC conducted explorations and researches under their own mining rights simultaneously in the four major onshore basins of Tarim, Junggar, Sichuan and Erdos as well as Yunnan-Guizhou-Guangxi Exploratory Area, so differences in structural provinces of their locations, degree of exploration, theoretical knowledge and exploration progress were inevitable. To respect the realities of explorations and researches of different exploratory areas and facilitate summarization and analysis, fascicules have been added for aforesaid exploratory areas as appropriate. The sequence of sub-volumes and fascicules is as follows:

Volume	Volume name	Volume	Volume name
Volume 1	Overview	Volume 14	Yunnan-Guizhou-Guangxi Exploratory Area (SINOPEC)
Volume 2	Daqing Oil and Gas Province	Volume 15	Erdos Oil and Gas Province (CNPC)
Volume 3	Jilin Oil and Gas Province		Erdos Oil and Gas Province (SINOPEC)
Volume 4	Liaohe Oil and Gas Province	Volume 16	Yanchang Oil and Gas Province
Volume 5	Dagang Oil and Gas Province	Volume 17	Yumen Oil and Gas Province
Volume 6	Jidong Oil and Gas Province	Volume 18	Qaidam Oil and Gas Province
Volume 7	Huabei Oil and Gas Province (The First Volume)	Volume 19	Tibet Exploratory Area
	Huabei Oil and Gas Province (The Second Volume)	Volume 20	Tarim Oil and Gas Province (CNPC)
Volume 8	Shengli Oil and Gas Province		Tarim Oil and Gas Province (SINOPEC)
Volume 9	Zhongyuan Oil and Gas Province	Volume 21	Junggar Oil and Gas Province (CNPC)
Volume 10	Nanyang Oil and Gas Province		Junggar Oil and Gas Province (SINOPEC)
Volume 11	Jiangsu-Zhejiang-Anhui-Fujian Exploratory Area	Volume 22	Turpan-Hami Oil and Gas Province
Volume 12	Jianghan Oil and Gas Province	Volume 23	Bohai Oil and Gas Province
Volume 13	Sichuan Oil and Gas Province (CNPC)	Volume 24	East China Sea-Yellow Sea Exploratory Area
	Sichuan Oil and Gas Province (SINOPEC)	Volume 25	South China Sea Oil and Gas Province (The First Volume)
Volume 14	Yunnan-Guizhou-Guangxi Exploratory Area (CNPC)		South China Sea Oil and Gas Province (The Second Volume)

Petroleum Geology of China is the essence of collective intelligence of numerous petroleum geologists in China. The revision received vigorous supports from leaders of CNPC, SINOPEC, CNOOC, Yanchang Petroleum and other oil companies, and it was finished with active engagement of over 1,000 experts and scholars from related oilfield companies and RIPED, thoughtful guidance of a great number of reviewers as well as generous assistance from Petroleum Industry Press. I would like to express my sincere gratitude to relevant organizations and experts.

Zhai Guangming, Academician of Chinese Academy of Engineering

Jan. 2022, Beijing

前　言

华北油气区主要包括冀中坳陷和二连盆地。冀中坳陷位于渤海湾盆地西部，是在华北地台基底上发育起来的以新生代沉积为主的断陷坳陷；二连盆地是在内蒙古—大兴安岭海西褶皱带基底上发育起来的以中生代沉积为主的陆相断陷湖盆群。

冀中坳陷和二连盆地常规石油地质资源量 35.31×10^8t、天然气地质资源量 $3364.2 \times 10^8m^3$，页岩油地质资源量 8.02×10^8t。截至 2020 年底，完成二维地震采集 194011.9km，三维地震采集 $26828.4km^2$；完成各类探井 4227 口，总进尺 1132.09×10^4m，获工业油流井 1493 口、工业气流井 93 口；发现了 58 个油气田，累计探明石油地质储量 14.47×10^8t、天然气地质储量 $374.33 \times 10^8m^3$；累计生产原油 2.91×10^8t、天然气 $177.37 \times 10^8m^3$，为中国石油工业的发展和国民经济的繁荣做出了积极贡献。

冀中坳陷以发育古潜山碳酸盐岩油气田闻名于世。勘探历程可以划分出区域地质普查勘探、突出古潜山油藏勘探、主攻古近系—新近系构造油藏勘探、加强隐蔽油藏（岩性地层油藏）勘探和多领域油气藏精细勘探等五个勘探阶段。1975 年 7 月，任 4 井在实施大型酸化后，自喷日产油 1014t，发现了我国第一个中元古界海相碳酸盐岩古潜山高产大油田——任丘油田，开创了古潜山找油的新领域。1976 年 10 月，任丘油田全面投入开发，当年建成了千万吨级的石油生产基地。1979 年，冀中坳陷年产原油量达到最高的 1733×10^4t，为我国原油年产量突破 1×10^8t 做出了重要贡献。任丘古潜山油田发现之后，又相继发现了雁翎、苏桥、八里庄、留北、荆丘、何庄等一批古潜山油气田，同时发现了岔河集、大王庄、柳泉、别古庄、文安等多个古近系—新近系油田。1986—1999 年，逐步加强古近系—新近系勘探，提出了潜山与古近系—新近系并举、油气并举、深浅层并举的"三个并举"勘探方针，先后发现了高阳、留楚、武强、深南、车城、赵州桥、高邑等多个复杂断块油田。2000—2009 年，提出"构造油藏与隐蔽油藏并重，以隐蔽油藏为主"的勘探战略，在大王庄东、留西、蠡县斜坡、文安斜坡等多个区带实现了隐蔽油藏勘探的新发现。2010 年以后，加强隐蔽油藏、深潜山与潜山内幕油气藏、复杂断块油气藏以及页岩油等多领域精细勘探，在河西务构造带、马西洼槽区、肃宁构造带、束鹿凹陷等多个地区取得重要发现，保障了油气储量的稳定增长。

二连盆地的勘探历程可以划分出区域地质调查勘探、战略突破扩大勘探、主攻构造油藏勘探、突出隐蔽油藏勘探和"四新"领域持续勘探等五个勘探阶段。盆地的油气勘探突破始于1981年，分别在阿南—阿北凹陷和赛汉塔拉凹陷获工业油流。1984年开展阿尔善构造带储量落实与评价开发，1989年建成 $100 \times 10^4 t/a$ 原油生产能力。期间扩大勘探，发现了巴音都兰、吉尔嘎朗图、乌里雅斯太等含油凹陷和吉格森油田。1991年开始，主攻构造油藏，先后发现了锡林、包尔、赛汉、宝饶、扎布、吉和、乌兰诺尔、木日格等8个油田，1995年原油产量达到最高的 $125 \times 10^4 t$。2001年，积极转变勘探思路，有意识地探索隐蔽油藏，在巴音都兰凹陷发现了宝力格油田，于当年建产并投入开发，开辟了隐蔽油藏勘探的新局面。随后在乌里雅斯太凹陷、吉尔嘎朗图凹陷和赛汉塔拉凹陷扩大了隐蔽油藏勘探成果，隐蔽油藏成为储量增长的主体。2007年以来，积极寻找勘探接替新战场，加强"四新"领域（新凹陷、新区带、新层系、新类型）预探，先后发现了阿尔、乌兰花两个新的富油凹陷，建成了阿尔、土牧尔两个新油田。

2017年中国石油进一步加大油气勘探力度，大力推动内部矿权流转改革工作；华北油田公司精细组织河套盆地综合地质研究与勘探技术攻关。借鉴并推广冀中坳陷与二连盆地的勘探方法和经验，通过科学评价优选有利勘探目标，优化勘探部署，加快实施节奏，高效发现了吉兰泰油田。2018年，已经形成了亿吨级石油地质储量规模，产能建设工作正在积极推进，河套盆地成为华北油气区勘探开发重要的接替新战场。

在勘探实践过程中，逐渐形成了具有华北油气区特色的油气成藏理论认识。20世纪70—80年代，依托任丘海相碳酸盐岩古潜山高产油田的发现，提出了"新生古储"古潜山油气成藏理论，明确了"新生古储"古潜山成藏机制与富集高产主控因素，丰富了断陷盆地油气成藏地质理论，开拓了渤海湾盆地及我国其他含油气盆地的找油新领域。20世纪80年代后期到90年代，随着古潜山勘探的深入与新生界油藏的不断发现，发展形成了断裂潜山复式油气聚集规律认识，认为冀中坳陷断裂潜山构造带发育，多层系、多类型、小而复杂的油气藏呈有规律叠合连片式分布，为富油凹陷断裂潜山构造带的勘探奠定了理论基础。

2000年以来，针对断陷盆地富油凹陷构造油藏勘探程度高，发现规模储量难度大的客观形势，进一步解放思想，持续深化富油凹陷，尤其是加强隐蔽油藏成藏条件与富集规律研究，提出构造油藏与岩性地层油藏分布具有"互补性"特征，湖泛面、不整合面和断层面等"三面"控制岩性地层油藏的形成，沉积相、储集相"两相"控制岩性地层油藏的富集，指导开辟了富油凹陷老区油气勘探的新领域。随着岩性地层油藏研究与勘探工作的不断深入，又逐渐发展形成了陆相断陷"洼槽聚油"理论地质新认识：在陆相断陷富油洼槽区，构造带类型、边界断层组合样式、坡折带类型和沉积相类型等多因素控制沉积砂体的形成与分布；洼槽区圈闭具有早期形成、油气早期多期充注、保存条件好等成藏优势；烃源岩生烃强度、储集体规模和主汇流通道等三因素控制油气富集，并建立了洼槽区油气成藏模式。岩性地层油藏成藏理论新认识的提出与形成，推动了勘探对象由构造油藏向岩性地层油藏、由正向构造带向负向构造区、由构造带高部位向构造带翼部、由环洼向洼槽区、由单一类型油藏向多种类型油藏的转变，指导了老探区富油凹陷的勘探工作，拓展了油气勘探空间。

同时，针对制约油气勘探的关键技术难题，攻克形成了以重磁电震综合发现评价潜山技术、深潜山及潜山内幕安全高效钻完井技术、深潜山多作业一体化高效测试技术等为主体的古潜山油气藏勘探配套技术；以复杂目标区三维地震精细勘探技术、大位移斜井钻探技术、复杂油气层测试技术等为核心的复杂断块油气藏勘探配套技术；以岩性地层油藏勘探方法、储层地震精细预测技术、低渗储层压裂改造技术等为关键的岩性地层油藏勘探配套技术。

本卷主要涉及冀中坳陷和二连盆地，分上、下两册，上册为冀中坳陷，下册为二连盆地。叙述中紧密结合60多年的油气勘探实践，重点开展了油气勘探历程、基本油气地质特征、油气藏形成与分布、油气田各论、典型油气勘探案例以及油气资源潜力与勘探方向等方面的论述。按照"客观性、承续性、创新性、指导性"的修编原则，在尊重历史客观性和继承1988版《中国石油地质志·卷五 华北油田》的基础上，着重补充了近30年来的油气勘探新资料新成果、油气成藏理论认识新进展和经典油气勘探实践案例，对今后继续深化中国东部断陷盆地油气勘探，具有重要的指导与借鉴作用。

修编过程中，经过多方征求意见、多轮讨论、反复完善，确定了整体框架和编撰提纲，具体章节分头执笔完成，是集体智慧的结晶；最终由杨德相、王权、刘喜恒进行统编，张以明负责技术审查和定稿。

上册冀中坳陷，共分13章。第一章概况和第二章勘探历程，由张以明、范炳达、王权、郭惠平等编写；第三章地层，由陶明华、张晓芳、赵静等编写；第四章构造，由田建章、谢佩宇、费宝生、陈树光等编写；第五章沉积环境与相，由韩春元、王帅、谢莹、吴健平、赵文龙等编写；第六章烃源岩，由罗强、钟雪梅、江涛、庞秋菊等编写；

第七章储层，由郭永军、韩春元、李莉、李玉帮、李彬、胡延旭等编写；第八章油气田水文地质，由李熹微、辛守良、豆惠萍、王家立等编写；第九章页岩油地质，由江涛、陈柯童、李晓燕等编写；第十章油气藏形成与分布，由刘井旺、王权、侯凤香、李熹微、杨德相等编写；第十一章油气田各论，由曹兰柱、毛琼、王海燕、欧阳雪琪、王旭峰、张霁潮、牛新杰、陈令、张传宝、靳国庆、乔博、马春林、姚欢、张莎莎、刘慧、李奔、焦亚先、王营营等编写；第十二章典型油气勘探案例，由田建章、刘井旺、侯凤香、王旭峰、古强、王莉、鱼占文等编写；第十三章油气资源潜力与勘探方向，由范炳达、张以明、王建、谢佩宇等编写；大事记，由杨德相、王名巍、郭惠平等编写。

下册二连盆地，共12章。第一章概况和第二章勘探历程，由张以明、淡伟宁、谢佩宇等编写；第三章地层，由陶明华、张金岩等编写；第四章构造，由董雄英、赵志刚、田然等编写；第五章沉积环境与相，由王宏霞、吴健平、孙赛男等编写；第六章烃源岩，由王静、高婷等编写；第七章储层，由郭永军、李长新、李莉、黄芸等编写；第八章油气田水文地质，由王名巍编写；第九章油气藏形成与分布，由王鑫（外围勘探研究所）、刘喜恒、王权、赵智鹏、田宁等编写；第十章油气田各论，由周从安、毛琼、郭惠平、彭宇、梁文君、李宏为、魏岩、王名巍、田然、王营营等编写；第十一章典型油气勘探案例，由肖阳、王权、王鑫（外围勘探研究所）、余小林、王攀、李宏为、杨全凤等编写；第十二章油气资源潜力与勘探方向，由范炳达、张以明、王建、董雄英等编写；大事记，由刘喜恒、王名巍、郭惠平等编写。

在修编过程中，乔晓霞、张洪亮、李宁涛、侯凤梅、韩晟、庄文娟、梁秋娟、王鑫（冀中勘探研究所）、肖红、吴清雅、韩慧、吴忠、王成云、王会来、曾婷等在图件编制清绘、基础资料整理统计中做了大量工作。

在本卷提纲拟定和修编过程中，得到了中国石油华北油田公司（华北石油管理局）于英太、梁生正、刘福刚、祝玉衡、赵克镜、朱连儒、陈华业、谢怀兴等老领导、老专家的热心指导，提出了许多建设性建议与意见；中国石油咨询中心翟光明院士、查全衡教授级高工、许坤教授级高工，中国石油勘探与生产分公司杜金虎、何海清、郭绪杰、范土芝以及中国石油勘探开发研究院梁狄刚、顾家裕、陶士振、赵力民、易士威、王东良、方向、邓胜徽、池英柳、赵长毅等领导和专家在修编过程中，给予了大力指导和帮助，在此一并致谢！

由于华北油气区油气勘探历程较长，资料浩瀚，参与修编人员经历和水平有限，文中存在不足或疏漏之处，敬请批评指正！

PREFACE

Huabei Oil and gas province mainly includes the Jizhong Depression and Erlian Basin. The former is located in the west of the Bohai Bay Basin and it is a faulted Cenozoic depression developed on the basement of the North China Platform. The latter was developed on the base of Inner Mogonlia-Da Xing'an Mts's Haixi fold belt and it is a group of rift basins filled by dominantly Mesozoic non-marine sediments.

The total conventional in-place resources are 35.31×10^8t of oil and $3364.2\times10^8m^3$ of gas in the Jizhong Depression and Erlian Basin. The in-place shale oil resource amounts to 8.02×10^8t. By the end of 2020, we have acquired 2D seismic sections of 194011.9km and 3D seismic data of 26828.4km^2. We have completed 4227 exploration wells of various kinds, with a total footage of 1132.09×10^4m. Of the wells, 1493 wells have yielded an industrial oil output and 93 wells an industrial gas output. A total of 58 oil and gas fields have been found. The total proven reserves in place are 14.47×10^8t of oil and $374.33\times10^8m^3$ of gas. The cumulative oil and gas production reaches 2.91×10^8t and $177.37\times10^8m^3$ respectively, which is a considerable contribution to the development of China's oil industry and the prosperity of the national economy.

The Jizhong Depression is famous for its buried hill carbonate oil fields in China. According to its exploration history, the exploration is divided into five stages: regional geological survey, protruding the buried hill reservoirs, emphasis on the Tertiary (Palaeogene and Neogene) reservoirs, strengthening the subtle reservoirs (lithological and statigraphic reservoirs) and fine exploration of various plays. In July 1975, after large-scale acidification, the Ren 4 well turned out to be a gusher and produced a daily oil output of 1014t. It has established the first discovery of the highly productive buried hill field in the Mesoproterozoic marine succession-the Renqiu Oil Field, and it also offered a new exploration domain-the buried hill play. In October 1976, the field was put into its full production. In the same year, it had been completed with a 10-million-ton annual producing capacity. In 1979, the oil output in the Jizhong Depression reached to its peak of 1733×10^4t, which made up a significant proportion of the year's national oil output of one hundred million tons. Following the discovery of the Renqiu Oil Field, a number of oil fields of the same buried hill type had been discovered and they include Yanling, Suqiao, Balizhuang, Liubei, Jingqiu, and Hezhuang Fields. In addition, a series of oil fields including Chaheji, Dawangzhuang, Liuquan, Bieguzhuang, and Wenan had also been found in the Tertiary sequences. From 1986 to 1999, the Huabei Oil Company had gradually put more emphasis on exploration of the Tertiary play. During this period, we followed the 'Three combination' guiding principle: Exploring buried hills combined with the Tertiary play, exploring oil combined with gas, exploring the deep play combined with the shallow plays. As a result, a series of new oil fields in complex fault blocks had been found and they include Gaoyang, Liuchu, Wuqiang, Shennan, Checheng, Zhaozhouqiao, and Gaoyi Fields. From 2000 to 2009, we used the exploration strategy that targeted both structural and subtle plays, but with an emphasis on the subtle plays. In this period, numerous lithologic accumulations had been found, such as East Dawangzhuang, Liuxi, Lixian slop, and Wenan slop. After 2010, we have conducted fine exploration of the subtle play, deep and intra- buried hill complex fault plays, and shale oil. A significant progress and a number of discoveries have been made in the Hexiwu and Suning structural zones, Maxi and Shulu Sags, and these new fields have guaranteed the steady growth of oil reserves.

The exploration history in the Erlian Basin can be divided into five stages: regional geological investigation, strategic breakthrough and expansion, exploration of structural play, targeted exploration of subtle plays, and continuous exploration in the '4 new' plays. The exploration breakthrough in the basin started in 1981. Industry oil outputs have been achieved in the Anan-Abei Sag and Saihan Tal Sag. In 1984, an investigation was conducted to estimate the oil reserves and appraise the development potential for the Aershan structural zone. Aa annual production capability of 100×10^4t was set up in 1989. We focused on the structural play after 1991, and found the Xilin, Baoer, Saihan Tara, Baorao, Zhabu, Jihe, Ulan Nor, and Murige Oil Fields. The area's oil production reached to its peak of 125×10^4t in 1995. In 2001, we changed our exploration strategy, and put more attention on the subtle play than before. The Baolige Oil Field was found in the Bayin Dulan Sag, and its development started in the same year, which was a breakthrough for the subtle play. After this, more fields with subtle traps have been found in the Uliastai, Jargalant, and Saihan Tal Sag, so the subtle play has become the main driving force for reserve additions. Since 2007, we have been looking for new areas to replace the old plays, and wildcatting the Four New areas（New Sag, New structural zone, New stratum, New type）. We have found the oil-rich Aer and Wulanhua Sag, and finished the development of the Aer and Tumuer Oil Fields.

In 2017, PetroChina further increased its oil and gas exploration efforts and vigorously promoted the internal mineral rights transfer reform work. Huabei Oilfield Company finely organized the comprehensive geological research and exploration technology research of Hetao Basin. The exploration methods and experience of the Jizhong Depression and the Erlian Basin have guided oil and gas exploration in the Hetao Basin. The scientific evaluation optimized the exploration targets and deployment, accelerated the implementation rhythm, and effectively discovered the Jilantai Oilfield. In 2018, a scale of 100 million tons oil geological reserves has been formed, and productivity building work is being actively promoted. The Hetao Basin has become an important new battlefield for the exploration and development of oil and gas fields in North China.

The hydrocarbon accumulation theory with Huabei characters has been developed during the exploration practice. In 1980s, relying on the discovery of the high-yield oilfields of the Renqiu Field with marine buried hill reservoirs, the theory of the 'Young Bed-Generating And Old Bed-Storing' was proposed, and we explained the accumulation mechanism and the main controlling factors for high capacity. The theory enriched fault block's hydrocarbon accumulation theory, and offered a new exploration theory for the Bohai Bay Basin and other basins. From 1980s to 1990s, with the development of buried hill exploration and discovery of hydrocarbon accumulations in Cenozoic reservoirs, the accumulation pattern for buried hill's fault block multi-reservoirs was formed. It is considered that the Jizhong Depression is characterized with well-developed buried hills, multi-reservoir intervals, multi-types of traps, and small-scaled and complex oil and gas accumulations, which are superimposed on one another and occur contiguously in the areal distribution. The finding has laid the theoretical groundwork for exploration of fault structural zones in oil-rich sag.

Since 2000, the structural play in the oil-rich sag of a rift basin has been highly explored and large-scale reserve has become more difficult to find. We continuously study the accumulation conditions and pattern for subtle plays. Structural and lithologic plays have been found to be complementarity to each other. Flooding surfaces, unconformities and faults control the formation of lithologic accumulations, while depositional facies and reservoir facies control their enrichment, which is a breakthrough for the exploration of highly explored oil-rich areas. With the progress of study and exploration of lithologic plays, we have acquired a new understanding of geological theory of 'hydrocarbon accumulation introughs' in continental faulted basins: In oil-rich sags of continental rift basins, the type of structural belt, the combination of marginal faults, slope-break zone type, and depositional facies and other factors control the generation and distribution of sands. Traps in troughs have the advantage of early stage forming, multi-stage hydrocarbon charging, good preservation condition and so on. The hydrocarbon generation ability for source rock, the scale of reservoir, and primary pathway for migration control the accumulation of hydrocarbons. We have established the the accumulation pattern for troughs. The new understanding and theory for formation of hydrocarbon accumulations in lithologic traps have promoted the exploration shift from structural plays to lithologic plays, from structural high belts to structural low belts, from the crest areas on structural belts to wing areas, from the outside of the sag to the inside, and from singe type play to multi type plays. The new findings have guided the exploration of oil-rich sag, and enlarged the exploration area.

At the same time, in order to solve the critical technical challenges that constrain hydrocarbon exploration, we have developed a series of buried hill exploration-aimed technologies, such as multi-fields (Gravity, Magnetism, and Seismic) combined evaluation method, safe and efficient drilling and completion for deep and intra- buried hill reservoirs, and integrated test techniques; and hydrocarbon exploration techniques for complex fault block reservoirs, such as accurate 3D seismic survey for complex fault blocks, highly deviated drilling technology, test survey for hydrocarbons in complex hydrocarbon layers; and exploration techniques for lithological traps, such as lithologic trap exploration method, precise seismic prediction technology for reservoir, and reconstruction technique of fractures for low porosity and low permeability reservoirs.

This book is mainly related to Jizhong Depression and Erlian Basin, and it contains two volumes. The first volume is about Jizhong Depression, and the second volume is about Erlian Basin. The book is based on 60 years' exploration experience, and it contains the exploration history, basic petroleum geology, the formation and distribution of reservoir, oilfield monographs, and typical oil and gas exploration cases, and the hydrocarbon potential and exploration direction; By abiding the low of 'Objectivity, Consistency, Creativity, and Guidance', we wrote the book based on the foundation of *Petroleum Geology of China (Huabei Oil Field)* in 1988, and add the last 30 years' new content, new information, new result, new hydrocarbon theory, new progress and classic exploration practice. It has important guidance and reference for further deepening oil and gas exploration in the fault basins of eastern China.

During the revision process of the book, after consulting, multi-round discussions and repeated improvement, the overall framework and compilation outline were determined. The specific chapters were completed separately and were the crystallization of collective wisdom. Finally, the book is compiled by Yang Dexiang, Wang Quan, and Liu Xiheng, technically reviewed and finalized by Zhang Yiming.

The first volume is about the Jizhong Depression, and it contains 13 chapters. Chapter 1, Introduction and chapter 2, The Course of Petroleum Exploration, are written by Zhang Yiming, Fan Bingda, Wang Quan, Guo Huiping and etc. Chapter 3, Stratigraphy, is written by Tao Minghua, Zhang Xiaofang, Zhao Jing and etc. Chapter 4, Geology Structure, is written by Tian Jianzhang, Xie Peiyu, Fei Baosheng, Chen Shuguang and etc. Chapter 5, Sedimentary Environment and Facies, is written by Han Chunyuan, Wang Shuai, Xie Ying, Wu Jianping, Zhao Wenlong and etc. Chapter 6, Hydrocarbon Source Rock, is written by Luo Qiang, Zhong Xuemei, Jiang Tao, Pang Qiuju and etc. Chapter 7, Reservoir Rock, is written by Guo Yongjun, Han Chunyuan, Li Li, Li Yubang, Li Bin, Hu Yanxu and etc. Chapter 8, Hydrogeology of Oil and Gas Field, is written by Li Xiwei, Xin Shouliang, Dou Huiping, Wang Jiali and etc. Chapter 9, Shale Oil Geology, is written by Jiang Tao, Chen Ketong, Li Xiaoyan and etc. Chapter 10, Reservoir Formation and Distribution, is written by Liu Jingwang, Wang Quan, Hou Fengxiang, Li Xiwei, Yang Dexiang and etc. Chapter 11, The Geologic Description of Oil and Gas Fields, is written by Cao Lanzhu, Mao Qiong, Wang Haiyan, Ouyang Xueqi, Wang Xufeng, Zhang Jichao, Niu Xinjie, Chen Ling, Zhang Chuanbao, Jin Guoqing, Qiao Bo, Ma Chunlin, Yao Huan, Zhang Shasha, Liu Hui, Li Ben, Jiao Yaxian, Wang Yingying and etc. Chapter 12, Typical Exploration Cases, is written by Tian Jianzhang, Liu Jingwang, Hou Fengxiang, Wang Xufeng, Gu Qiang, Wang Li, Yu Zhanwen and etc. Chapter 13, Petroleum Resource Potential and Exploration Prospect, is written by Fan Bingda, Zhang Yiming, Wang Jian, Xie Peiyu and etc. Appendix is Main Events, which is written by Yang Dexiang, Wang Mingwei, Guo Huiping and etc.

The second volume is about the Erlian Basin, and it contains 12 chapters. Chapter 1, Introduction and chapter 2, The Course of Petroleum Exploration, are written by Zhang Yiming, Dan Weining, Xie Peiyu and etc. Chapter 3, Stratigraphy, is written by Tao Minghua, Zhang Jinyan and etc. Chapter 4, Geology Structure, is written by Dong

Xiongying, Zhao Zhigang, Tian Ran and etc. Chapter 5, Sedimentary Environment and Facies, is written by Wang Hongxia, Wu Jianping, Sun Sainan and etc. Chapter 6, Hydrocarbon Source Rock, is written by Wang Jing, Gao Ting and etc. Chapter 7, Reservoir Rock, is written by Guo Yongjun, Li Changxin, Li Li, Huang Yun and etc. Chapter 8, Hydrogeology of Oil and Gas Field, is written by Wang Mingwei. Chapter 9, Reservoir Formation and Distribution, is written by Wang Xin (Waiwei Exploration Research Institute), Liu Xiheng, Wang Quan, Zhao Zhipeng, Tian Ning and etc. Chapter 10, The Geologic Description of Oil and Gas Fields, is written by Zhou Cong'an, Mao Qiong, Guo Huiping, Peng Yu, Liang Wenjun, Li Hongwei, Wei Yan, Wang Mingwei, Tian Ran, Wang Yingying and etc. Chapter 11, Typical Exploration Cases, is written by Xiao Yang, Wang Quan, Wang Xin (Waiwei Exploration Research Institute), Yu Xiaolin, Wang Pan, Li Hongwei, Yang Quanfeng and etc. Chapter 12, Petroleum Resource Potential and Exploration Prospect, is written by Fan Bingda, Zhang Yiming, Wang Jian, Dong Xiongying and etc. Appendix is Main Events, which is written by Liu Xiheng, Wang Mingwei, Guo Huiping and etc.

In the editing and revision of the book, there are large amount of work has been done in image making and editing, data organization by Qiao Xiaoxia, Zhang Hongliang, Li Ningtao, Hou Fengmei, Han Sheng, Zhuang Wenjuan, Liang Qiujuan, Wang Xin (Jizhong Exploration Research Institute), Xiao hong, Wu Qingya, Han Hui, Wu Zhong, Wang Chengyun, Wang Huilai, Zeng Ting and etc.

In the outline-making and revision of the book, we have received help and advice from Huabei Oil Field Company's retied bosses and exports: Yu Yingtai, Liang Shengzheng, Liu Fugang, Zhu Yuheng, Zhao Kejing, Zhu Lianru, Chen Huaye, Xie Huaixing and etc. And we also received help and advice from academician Zhai Guangming, senior engineer at professor degree Zha Quanheng and Xu Kun from CNPC Advisory Center, and Du Jinhu, He Haiqing, Guo Xujie, Fan Tuzhi from PetroChina Exploration & Production Company, and Liang Digang, Gu Jiayu, Tao Shizhen, Zhao Limin, Yi Shiwei, Wang Dongliang, Fang Xiang, Deng Shenghui, Chi Yingliu, Zhao Changyi from PetroChina Research Institute of Petroleum Exploration & Development. Thanks to all the people above.

Due to the long history of oil and gas exploration in the Huabei Oil Company's exploration area, and the huge data amount, the experience and expertise of the persons involved in the revision are limited. There may be some shortcomings or omissions in the book. Please offer your critical comments !

目 录

（二连盆地）

CONTENTS

(Erlian Basin)

第一章 概　　况

二连盆地是中生代中、小型断陷湖盆集合体，位于内蒙古自治区中东部，北东向长1000km，北西向宽100～300km，分布范围约20×10⁴km²。自然区划属于内蒙古高原，东抵大兴安岭，西至狼山、贺兰山一带，北接中蒙边界，南达阴山山脉。行政区划包括锡林郭勒盟、乌兰察布市、巴彦淖尔市的大部地区及赤峰市、包头市等部分地区。华北油田在阿南—阿北、赛汉塔拉等9个凹陷发现了15个油田。

第一节　自然地理概况

二连盆地自然地理条件包括草原、沙地、戈壁、火山台地等多类型地貌，夏季水草丰美，冬季寒冷多风，畜牧业发达，矿产资源丰富，是一个以蒙古族为主的多民族聚集区（图1-1）。

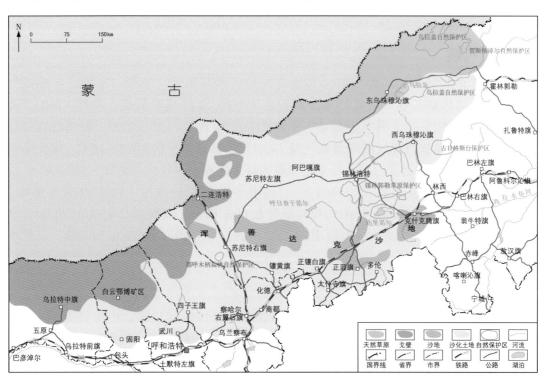

图1-1　二连盆地自然环境、交通图

一、地貌

该区以高原为主体，包括东部锡林郭勒高原、中部乌兰察布高原和西部巴彦淖尔高原，海拔在 800~1500m 之间。地势南高北低，东、南部多低山丘陵，为大兴安岭向西和阴山山脉向东延伸的余脉。在西、北部地区，地形平坦，零星分布一些低山丘陵和熔岩台地。浑善达克沙地由西向东横贯中部，东西长约 280km，南北宽 40~10km，属半固定沙地。大兴安岭西麓低山丘陵区亘于东乌珠穆沁旗东部和西乌珠穆沁旗东部及南部，为锡林郭勒盟与兴安盟、通辽市和赤峰市的分界线。乌珠穆沁高平原主要分布于东乌珠穆沁旗与西乌珠穆沁旗北部、锡林浩特市中北部和阿巴嘎旗东部。阿巴嘎旗火山熔岩台地南抵浑善达克沙地北缘，东以锡林河为界，西至阿巴嘎旗查干淖尔，北至巴龙马格隆丘陵地。苏尼特高平原包括苏尼特左旗大部和苏尼特右旗朱日和以北的大部地区。察哈尔低山丘陵地区包括太仆寺旗、多伦县大部、正镶白旗、苏尼特右旗、镶黄旗、正蓝旗南部地区。

二、水系

该区河流较少，主要河流 20 条，大多属内陆季节时令河，多发育于大兴安岭西麓，流向二连盆地草原深处，水量较为丰富的河流最后汇入湖泊，水量较少的河流由于蒸发和地下渗透消失在草原。乌拉盖河是二连盆地最大的河流，位于东北部，全长约 548km，发源于东乌珠穆沁旗宝格达山，由东向西注入乌拉盖湖。锡林河发源于赤峰克什克腾旗，注入阿巴嘎旗境内查干诺尔湖。区内湖泊众多，约 470 个，大小不一，但是多为雨季低洼储水，总面积 500km²。面积较大的湖泊有达里诺尔湖、查干诺尔湖、乌拉盖湖等。

三、气候

该区属北部温带大陆性气候，其主要气候特点是风大、干旱、寒冷。年平均气温 0~3℃，结冰期长达 5 个月，寒冷期长达 7 个月，1 月气温最低，平均 -20℃，为华北最冷的地区之一。7 月气温最高，平均 21℃。年较差为 35~42℃，极端最高气温 39.9℃，在阿巴嘎旗出现过极端最低气温 -42.4℃，日较差平均为 12~16℃。平均降雨量 295mm，由东南向西北递减。历史记录最大降水量 628mm（太仆寺旗，1959 年），最小降水量 83mm（二连浩特市，1966 年），降雨多集中在 7—9 月。每年 11 月至来年 3 月平均降雪总量 8~15mm。年平均相对湿度在 60% 以下，蒸发量在 1500~2700mm 之间，由东向西递增，蒸发量最大值出现在 5—6 月。年日照时数 2800~3200h，日照率 64%~73%，无霜期 110~130d。

四、矿产资源

内蒙古自治区是中国发现新矿物最多的省区。自 1958 年以来，中国获得国际上承认的新矿物有 50 余种，其中 10 种发现于内蒙古，包括钡铁钛石、包头矿、黄河矿、索伦石、汞铅矿、兴安石、大青山矿、锡林郭勒矿、二连石、白云鄂博矿。锡、锗矿的储量居中国首位，石墨的远景储量居中国首位。二连盆地发现大营、努和廷等 7 处大型以上铀矿床，已探获的铀资源量居中国首位。内蒙古煤炭资源尤为丰富，境内有百余个含煤区，褐煤总储量在中国居首位，是世界最大的露天煤矿之乡，中国五大露天煤矿内蒙古有四个，分别为伊敏、霍林河、元宝山和准格尔露天煤矿。

五、自然保护区

区内国家级自然保护区有锡林郭勒草原国家级自然保护区和古日格斯台国家级自然保护区等；自治区级自然保护区有二连盆地恐龙化石保护区、白音库伦遗鸥保护区、浑善达克沙地柏保护区、苏尼特（都呼木柄扁桃）保护区、贺斯格淖尔保护区、乌拉盖湿地保护区和蔡木山自然保护区等。锡林郭勒草原国家级自然保护区位于锡林浩特市境内，控制范围以锡林河流域自然分水岭为界，总面积 $5800km^2$，主要保护对象为草甸草原、典型草原、沙地疏林草原和河谷湿地生态系统。古日格斯台国家级自然保护区地处大兴安岭南部山地余脉的西麓，位于西乌珠穆沁旗巴拉嘎尔高勒镇东南部 55km 处，保护区面积 $989km^2$，主要保护对象是大兴安岭南部山地北麓森林—草原生态系统及其所包容的多样性物种。

六、交通运输

随着经济的蓬勃发展，该区的交通运输业也得到发展，一个以铁路、高速公路、民用航空为主，全线贯通东西南北、连通俄罗斯和蒙古国的交通网络初步形成。

公路交通基本形成以国道、省道为主骨架，以盟、旗、市所在地为中心，以"三横五纵一出口"辐射苏木乡、边防哨所及农林牧场的公路交通网络。

主要铁路有两条，一条是乌兰察布市至二连浩特市穿越锡林郭勒盟西部的集二线铁路，与蒙古国铁路接轨；另一条是乌兰察布市至通辽市穿越锡林郭勒盟南部，途经南部黄、白、蓝三个旗的集通线，为连通内蒙古自治区东西部的主要交通枢纽。锡林浩特至桑根达来铁路是集通线的重要支线。

该区有锡林浩特机场和二连浩特市赛乌苏国际机场，锡林浩特市机场有直达北京市、呼和浩特市的定期航班和通往各大旅游城市的临时旅游航班。二连浩特市赛乌苏国际机场有直达蒙古国、俄罗斯的往来航班。

七、民族

该区地广人稀，是多民族聚居区，自古以来就是北方各族人民劳动、生活、繁衍生息的地方，不少牧民现在仍然逐水草而居，过着游牧生活。除汉族外，少数民族有蒙古族、满族、回族、朝鲜族、达斡尔族、鄂温克族、藏族、苗族和土家族等。二连盆地所占面积最大的锡林郭勒盟人口最多的少数民族是蒙古族，约占总人口的30.6%，其次是满族，约占总人口的3%。汉族普遍分布在锡林郭勒盟各旗、县、市（区），比较集中的地方是太仆寺旗、锡林浩特市和多伦县。蒙古族人口比较集中的地区有西乌珠穆沁旗、东乌珠穆沁旗、锡林浩特市、正蓝旗及正镶白旗、苏尼特左旗、苏尼特右旗和镶黄旗。其他少数民族主要集中在锡林浩特市、太仆寺旗、正蓝旗和多伦县。

第二节　区域地质概况

二连盆地是由众多中生代中、小型断陷湖盆群组成的集合体，各断陷具有相同的区域构造背景、相似的构造—沉积演化史和独立的油气成藏系统。

一、区域构造背景

二连盆地是在内蒙古—大兴安岭海西褶皱带基底上发育起来的中生代断陷沉积盆地，其大地构造位置处于华北板块与西伯利亚板块的缝合线上。北面为俄罗斯和蒙古国境内的加里东和海西褶皱系，南面为东西向的中朝古陆，东面为中生代北东向构造系，西面为南北向构造系。就中国大陆地壳而言，大体沿贺兰山、龙门山、大雪山一线，一条狭长的经向带将中国大陆地壳分为东西两部分，西部壳体的演化与印度板块活动休戚相关，东部壳体的演化与太平洋板块紧密相连，而二连盆地处于中国东部地壳的北端（图1-2）。盆地北部巴音宝力格隆起基底为海西期二连—东乌珠穆沁旗复背斜，广泛发育北东向断裂和海西、印支期花岗岩带，新生代又受到北西向断裂的改造，沿断裂有玄武岩喷发，是盆地北部的主要母源区。盆地南部温都尔庙隆起是在加里东褶皱带基底上发展起来的正向构造，属阴山纬向构造体系，由温都尔庙—多伦复背斜演化而来，形成于早古生代，晚古生代、中—新生代仍在活动；区内构造、岩浆活动强烈，分布有大量的中—酸性火成岩类，为盆地南部的主要母源区。东界大兴安岭隆起形成于侏罗纪，属燕山中期北东向大型褶皱体系；晚侏罗世—早白垩世初期火山喷发作用造成巨厚的大兴安岭火成岩系，沿断裂堆积了一系列火山碎屑岩体，是盆地东部的主要母源区。盆地西部以索伦山隆起与银额盆地、河套盆地相隔。

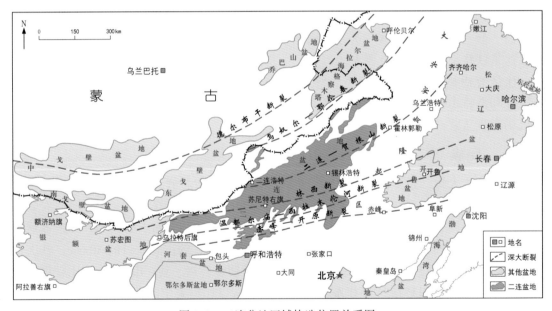

图1-2 二连盆地区域构造位置关系图

二、地层及沉积

二连盆地沉积地层有中生界的三叠系、侏罗系和白垩系，三叠系和上白垩统分布局限，侏罗系和下白垩统广泛分布。下白垩统是二连盆地主要的含油层系，进一步划分为阿尔善组、腾格尔组、赛汉塔拉组。侏罗系表现为残留型地层，是潜在含油层系。

二连盆地下白垩统以扇体规模小、多物源、沉积物搬运距离短、相带窄且变化快为主要沉积特征。在凹陷沉积演化过程中，碎屑物质主要来自坳陷之间的隆起。另外，在凹陷之间的一些大小不等的凸起或古残丘，也是各凹陷沉积碎屑物质的次要供给区。由于陆源碎屑搬运距离短，造成岩石颗粒分选磨圆差，岩石成分成熟度低，岩屑含量高达50%以上，长石含量达5%~30%。沉积物堆积速率大，一般为0.05~0.2mm/a，最大达0.7mm/a。单个砂体规模小，向湖盆中心延伸5~7km，平行湖岸延伸长约10km，砂体分布面积多数小于50km²（祝玉衡等，2000）。

三、断裂及构造

二连盆地褶皱基底构造由三个复背斜夹两个复向斜组成，从北向南依次为二连—东乌珠穆沁旗复背斜、贺根山—索伦山复向斜、锡林浩特复背斜、赛汉塔拉复向斜、温都尔庙—多伦复背斜。复背斜和复向斜与上覆构造层形成的隆起和坳陷相对应（费宝生等，2001）。二连盆地发育8条主要基底断裂，自北向南为沙那、贺根山、达青牧场、西拉木伦河、林西、腾格尔南、塔布河、开原—赤峰断裂（图1-3）。其中贺根山、西拉木伦河、开原—赤峰断裂为超岩石圈断裂。基底的褶皱与断裂共同控制中生代盆地的形态与分布、形成与演化。

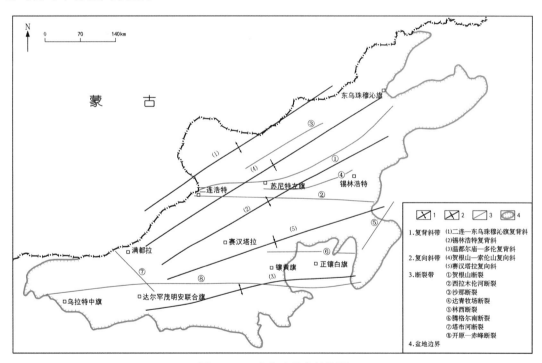

图1-3　二连盆地基底结构图

二连盆地中生界表现为多凹多凸的构造格局，构造单元划分为5个坳陷——马尼特、乌尼特、乌兰察布、川井和腾格尔坳陷，3个隆起——苏尼特、巴音宝力格、温都尔庙隆起。盆地内目前发现66个凹陷，凹陷面积大小不一，一般为300~2000km²，呈长条形，长宽比最大可达10:1，走向以北东为主；凹陷基底埋深相差很大，最深的可达6200m（白音查干凹陷），埋藏浅的只有900m（查干里门淖尔凹陷），凹陷最深处一般在边界控洼断层根部。

四、成藏组合及油气藏

二连盆地发育古生界、中—下侏罗统、下白垩统阿尔善组和腾格尔组等四套烃源岩。下白垩统阿尔善组和腾格尔组湖相泥岩为主要烃源岩。中—下侏罗统湖沼相煤系烃源岩为次要烃源岩，干酪根以Ⅲ型为主，热演化程度高，以生气为主，具有一定的生烃潜力，但分布局限。古生界的石炭系—二叠系为潜在烃源岩。

盆地内储层以砂砾岩为主，少量凝灰岩、安山岩、花岗岩、变质岩和碳酸盐岩等。砂砾岩储层的岩石成分、结构成熟度普遍偏低，杂基充填作用十分普遍，分选差，岩屑含量高，火山尘物质多，储集空间主要为孔隙，次为裂缝。从成岩阶段和孔隙演化分析，碎屑岩储层有利孔隙发育带在2300m以浅。水下扇扇中、扇三角洲和辫状河三角洲前缘亚相一般是有利储集相带，总体而言储层物性较差。凝灰岩、安山岩、花岗岩和变质岩储层的储集空间以裂缝为主。

二连盆地已发现7套产油层系，分别是古生界，侏罗系，下白垩统的阿尔善组三段、阿尔善组四段、腾格尔组一段、腾格尔组二段和赛汉塔拉组，主要产油层为阿尔善组四段和腾格尔组一段，其次为阿尔善组三段和腾格尔组二段，其他产油层在一些凹陷中偶有出现。主要发育自生自储、下生上储和中生古储成藏组合。自生自储成藏组合为阿尔善组和腾格尔组，是二连盆地油藏最重要的组合形式。下生上储成藏组合以阿尔善组和腾格尔组一段为烃源岩，以腾格尔组二段和赛汉塔拉组为储层。中生古储成藏组合以阿尔善组、腾格尔组为烃源岩，以古生界为储层，是二连盆地潜山油藏的组合形式。

二连盆地油藏类型多样。下白垩统碎屑岩油藏类型有构造、岩性、地层以及构造—岩性、构造—地层复合型等油藏。潜山油藏储量规模不大，但是类型较多，有碳酸盐岩潜山、凝灰岩潜山、花岗岩潜山等油藏。此外，还有下白垩统安山岩等火成岩油藏。

第三节　油气勘探概况

二连盆地石油勘探工作始于1955年，先后开展了区域地质调查、重力、磁力、电法、地震、钻井等实物工作，发现了阿尔善等15个油田，形成了主洼槽控藏、主断裂控聚、岩性地层油藏等地质认识，以及洼槽区精细勘探、新区凹陷快速高效勘探等技术方法。

一、勘探工作量

自1998年实施矿权登记以来，华北油田在二连盆地先后拥有勘查区块38个，涉及阿南—阿北、巴音都兰、乌里雅斯太、阿尔、吉尔嘎朗图、洪浩尔舒特、赛汉塔拉、额仁淖尔、呼仁布其、乌兰花、宝勒根陶海、包尔果吉、高力罕、霍林河、巴彦花、布朗沙尔、朝克乌拉、塔南、查德、达来、呼和、阿其图乌拉、脑木更、桑根达来、乌拉特、固阳、达茂、大庙、阿布其尔庙、四子王旗、察中、集宁、商都等33个凹陷。本志的工作量统计及勘探成果总结，涉及实施勘查矿权登记前的二连盆地整体和实施勘查矿权登记后华北油田在二连盆地拥有矿权的地区。

1.石油地质调查

1955年，燃料工业部西安地质调查处踏勘了二连盆地中部赛汉塔拉—二连浩特地区。

1956 年起，地质部华北地质局二连石油普查大队、内蒙古鄂尔多斯石油普查大队、内蒙古地质局石油大队等 3 家单位在局部地区或盆地全区完成了 1∶20 万、1∶50 万、1∶100 万等不同比例尺的地质区测图，编制地质图、大地构造图、构造体系图及煤田、水文地质图等图件；并在胜利煤田、察哈尔呆坝子、布图莫吉等地发现了 4 处油气显示，认为二连盆地侏罗系、白垩系发育生油层，对找油作出了肯定的评价（于英太，2013）。

2. 地球物理勘探

1）非地震勘探

非地震勘探贯穿于二连盆地油气勘探的不同阶段，为盆地边界划定及构造单元划分提供依据。1958—1968 年，进行了 1∶10 万和 1∶20 万航空测量。1977 年开始，进行电法、重力概查和普查，1978 年初步划定了二连盆地的边界和构造单元，分为四坳一隆 13 个凹陷 6 个凸起。到 1981 年全盆地约 70% 的面积完成了 1∶20 万电法普查，约 90% 的面积完成了重力普查。1983 年细划盆地构造单元为五坳一隆 42 个凹陷。1991 年在乌尼特坳陷东部通过重力和航磁勘探，发现了洪浩尔舒特凹陷。到 2003 年发现凹陷数扩展到了 53 个（杜金虎等，2003）。2007 年在巴音宝力格隆起上开展 1∶5 万高精度重磁、电法勘探，发现了阿尔等 4 个凹陷。2009 年利用重磁等资料，在温都尔庙隆起发现乌兰花等凹陷。为研究与勘探工作便利起见，将温都尔庙隆起及其所属凹陷，包括集宁、商都等划归二连盆地。

至此，二连盆地的范围包括五坳三隆，即马尼特坳陷、乌兰察布坳陷、川井坳陷、乌尼特坳陷、腾格尔坳陷，以及巴音宝力格隆起、苏尼特隆起、温都尔庙隆起，凹陷数增加到 66 个。

2）地震勘探

二连盆地自 1978 年开展二维地震采集，截至 2017 年底，共完成二维地震 97456.84km，其中模拟二维地震 2176.60km，数字二维地震 95280.24km。在盆地勘探早期，二维地震普查或详查是定凹选带、目标落实的主要勘探手段，完成工作量占比较大，1978—1986 年期间，共完成二维地震 65656.99km，占完成二维地震总工作量的 67.37%。随着对盆地地质认识的不断深入，二维地震勘探部署进一步优化，工作量日趋减少，尤其 1999 年以来，仅完成数字二维地震 5861.99km，占完成二维地震总工作量的 6.01%（图 1-4）。

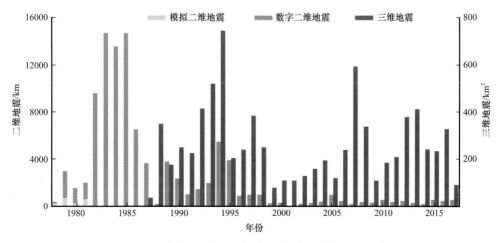

图 1-4　二连盆地历年地震工作量统计图（截至 2017 年）

二连盆地自 1987 年开展三维地震采集，截至 2017 年底，共完成三维地震 8049.95km²。2000 年以前，以构造油藏为主要勘探对象，三维地震主要部署在二级含油构造带，共完成三维地震 3974.33km²，占三维地震总工作量的 49.37%（图 1-4）；从 2001 年以来，岩性地层油藏成为主要勘探对象，勘探方向由二级构造带主体拓展到构造翼部及洼槽区，三维地震采集范围也拓展到洼槽区，期间共完成采集面积 4075.62km²，占三维地震总工作量的 50.63%。目前，三维地震覆盖主要洼槽的有阿南—阿北、巴音都兰、阿尔、乌里雅斯太、吉尔嘎朗图、洪浩尔舒特、赛汉塔拉、额仁淖尔、呼仁布其、乌兰花等凹陷。

3. 钻探

1977 年，中国人民解放军在巴音都兰凹陷进行水文普查时，ZK5 钻孔取心发现了 73.94m 油砂。1981 年，阿南—阿北凹陷的阿 2 井和赛汉塔拉凹陷的赛 1 井分别获工业油流，实现了二连盆地石油勘探突破。

2000 年以前，集中钻探构造圈闭，在阿南—阿北凹陷快速拿下阿尔善油田，并形成百万吨原油年生产能力；同时甩开预探其他凹陷，在赛汉塔拉、额仁淖尔、吉尔嘎朗图、洪浩尔舒特等凹陷发现了赛汉、扎布、包尔、吉格森、锡林、宝饶、乌兰诺尔等油田。期间，共钻探井 680 口，总进尺 106.0126×10⁴m，获工业油流井 210 口，获工业气流井 4 口。

2001—2006 年，以岩性地层圈闭为主要勘探目标，在巴音都兰凹陷、乌里雅斯太凹陷分别发现宝力格油田和乌里雅斯太油田，在吉尔嘎朗图凹陷、赛汉塔拉凹陷也取得岩性油藏勘探发现。期间，共钻探井 131 口，总进尺 24.1716×10⁴m，获工业油流井 65 口。

2007 年以来，在深化老区含油凹陷勘探的同时，加强新区凹陷搜索与评价，在阿尔凹陷、乌兰花凹陷新发现了阿尔油田和土牧尔油田。期间，共钻探井 282 口，总进尺 54.6653×10⁴m，获工业油流井 85 口。

截至 2017 年，二连盆地累计完成各类探井 1093 口，总进尺 184.8497×10⁴m，其中，区域探井 54 口，进尺 11.5245×10⁴m；预探井 937 口，进尺 158.4172×10⁴m；评价井 102 口，进尺 14.9079×10⁴m。获工业油流井 360 口，获工业气流井 4 口（图 1-5）。

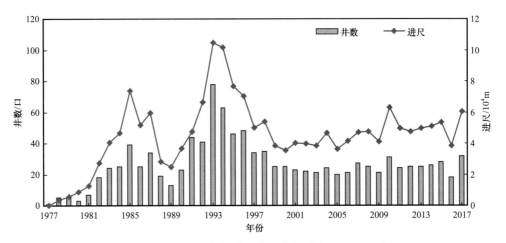

图 1-5　二连盆地历年探井工作量变化图（截至 2017 年）

二、主要勘探成果

1981 年 3 月 15 日，石油工业部召开"二连地区石油勘探技术座谈会"。由此，二连盆地正式成为华北油田的第二勘探战场。截至 2017 年，华北油田在阿南—阿北、巴音都兰、阿尔等 9 个凹陷累计探明石油地质储量 $2.82 \times 10^8 t$（据 2006 年探明石油地质储量套改后数据），建成了阿尔善、哈达图、宝力格、阿尔等 15 个油田（表 1–1）。

表 1–1　二连盆地重点凹陷油气勘探现状表（截至 2017 年）

凹陷	面积 / km^2	发现油气流层系	发现油田	石油 / $10^4 t$				探井			
				探明储量		控制储量	预测储量	井数 / 口	进尺 / $10^4 m$	工业油流井 / 口	工业气流井 / 口
				地质	可采						
阿南—阿北	3600	古生界、阿尔善组、腾格尔组	阿尔善、哈达图、吉和、欣苏木	10257.1	2279.3	56	852	232	40.62	86	0
巴音都兰	1200	阿尔善组、腾格尔组	宝力格	3362.1	642.4	795	2203	93	14.34	33	0
乌里雅斯太	2500	阿尔善组、腾格尔组	乌里雅斯太	2287.5	343.1	1669	493	69	13.82	29	0
阿尔	650	古生界、阿尔善组、腾格尔组	阿尔	4535.1	872.3	1910	571	54	11.78	22	0
吉尔嘎朗图	1000	阿尔善组、腾格尔组	锡林、宝饶	2754.7	518.2	1189	1093	149	17.01	63	1
洪浩尔舒特	1100	阿尔善组、腾格尔组	乌兰诺尔	2145.7	319.8	377	2979	97	15.37	29	3
额仁淖尔	1800	古生界、阿尔善组、腾格尔组	吉格森、包尔	1683.2	288.3	62	363	104	16.31	33	0
赛汉塔拉	2300	古生界、阿尔善组、腾格尔组	赛汉、扎布	887.0	158.8	89	4095	119	22.39	39	0
乌兰花	600	古生界、阿尔善组、腾格尔组	土牧尔	308.3	56.6	2655	3294	50	9.40	20	0

1.发现 9 个落实规模储量的富油凹陷

二连盆地石油勘探就是凹陷不断发现、突破的过程。自 1977 年以来，利用重力、磁力、电法、二维地震在盆地共发现 66 个凹陷。1978 年在巴音都兰凹陷开钻石油探井——锡 1 井。截至 2017 年，共对 46 个凹陷进行了石油钻探，落实规模储量的凹陷有 9 个，分别是阿南—阿北、乌里雅斯太、阿尔、巴音都兰、吉尔嘎朗图、洪浩尔舒特、赛汉塔拉、额仁淖尔、乌兰花。盆地内还有呼仁布其、塔南、高力罕等 3 个凹陷获得工业油流，但未落实规模储量。具有亿吨级探明石油地质储量的凹陷为阿南—阿北凹陷，$3000 \times 10^4 \sim 5000 \times 10^4 t$ 级探明石油地质储量的凹陷为巴音都兰凹陷和阿尔凹陷。

2. 发现 9 个主要构造油藏富集带

1981 年，阿南—阿北凹陷阿尔善构造带小阿北断鼻构造的阿 2 井获工业油流；随后，该构造带阿南背斜构造的阿 3 井、蒙古林断鼻构造的阿 12 井分别获工业油流，发现阿尔善构造油气聚集带。截至 2017 年，发现了阿南—阿北凹陷阿尔善、哈达图、欣苏木，吉尔嘎朗图凹陷锡林—宝饶，赛汉塔拉凹陷扎布、赛四，额仁淖尔凹陷吉格森、包尔，洪浩尔舒特凹陷努格达等构造油气富集带。

3. 发现 8 个主要岩性地层油藏富集带

2001 年在巴音都兰凹陷巴 Ⅱ 号构造翼部钻探巴 19 井，获日产 29t 高产油流，开辟了二连盆地岩性地层油藏勘探的新局面（杜金虎等，2003）。截至 2017 年，发现了巴音都兰凹陷南洼槽巴 Ⅰ—Ⅱ 号构造带、北洼槽斜坡带，乌里雅斯太凹陷南洼槽斜坡带，吉尔嘎朗图凹陷宝饶洼槽带，赛汉塔拉凹陷赛东洼槽带，阿尔凹陷沙麦—哈达，洪浩尔舒特凹陷达林东—乌兰诺尔、乌兰花凹陷土牧尔—赛乌苏等岩性地层油藏富集带。

三、石油资源量

中国石油第四次油气资源评价对二连盆地投入勘探工作量较大、研究程度较高的阿尔、巴音都兰、乌里雅斯太、阿南—阿北、吉尔嘎朗图、洪浩尔舒特、额仁淖尔、赛汉塔拉、乌兰花、呼仁布其、塔南等 11 个凹陷的石油资源量进行评价，下白垩统常规石油地质资源量为 $10.93 \times 10^8 t$。截至 2017 年底，石油地质资源探明率 25.8%，剩余石油地质资源量 $8.1 \times 10^8 t$。

对阿南—阿北凹陷腾格尔组一段、额仁淖尔凹陷阿尔善组特殊岩性段、吉尔嘎朗图凹陷腾格尔组一段、乌里雅斯太凹陷阿尔善组的页岩油资源进行评价，地质资源量为 $2.99 \times 10^8 t$。

四、主要地质认识和勘探技术方法

1. 主洼槽控藏地质认识

二连盆地不是一个统一的汇水盆地，而是一个具有相似构造发育史的中、小湖盆群集合体。盆地内的分割性很强，一个凹陷往往分割为若干个洼槽，且不是每个洼槽都具备生烃条件，只有那些相对大而深的洼槽才具备生烃条件。同时，二连盆地多物源、窄相带、变化快的沉积特点，使得油气运移距离短，仅在洼槽内或洼槽周缘聚集。根据二连盆地统计资料表明，生油强度大于 $50 \times 10^4 t/km^2$、聚油强度大于 $5 \times 10^4 t/km^2$ 的洼槽才可能找到规模富集油藏，小于该基数的洼槽未发现油藏或很少见油气显示（赵贤正等，2009）。

主生油洼槽内油气分布具有互补性特征。当主洼槽内构造圈闭发育时，主要形成构造油藏富集区。如阿南—阿北凹陷发育四个洼槽，勘探始终围绕面积大、烃源层厚、埋藏深、成熟度高的阿南主力生油洼槽进行，快速发现了阿南、小阿北、蒙古林、哈南、夫特、吉和等规模富集油藏。当主洼槽内构造圈闭不发育时，主要形成岩性地层油藏。如巴音都兰凹陷南洼槽为主洼槽，石油资源量丰富，长达 20 年围绕构造高点勘探未获重大突破；转变勘探思路，"下洼"寻找岩性油气藏，发现了巴 19、巴 38、巴 24、巴 51 等构造—岩性油藏。

2. 岩性地层油藏地质认识

二连盆地大部分含油凹陷的洼槽区、斜坡带和陡坡带的中低部位，构造活动较弱，断层密度低、延伸距离短、差异性升降活动不明显，不利于局部构造的形成，但是这些区域又往往处于深湖与半深湖沉积环境区，湖相暗色泥岩和有利烃源岩发育。同时，这些区域通常为湖底扇、扇（辫状河）三角洲前缘和前三角洲砂体的主要分布区，砂地比适中，砂体夹于湖相暗色泥岩之中，易于形成类型多样的岩性圈闭，是岩性地层油藏主要分布区。

洼槽区岩性油藏具有多元控砂、早期多期充注、保存条件好等成藏优势，可以形成陡坡带（反转）鼻状构造翼部—三角洲前缘砂体岩性油藏、缓坡坡折带—湖底扇砂砾岩体岩性油藏，以及洼槽带—湖底扇岩性油藏等多种类型岩性地层油藏。

3. 主断裂控制油气聚集地质认识

主断裂是指凹陷内部具有一定规模、控制沉积构造发育的断裂，其形成时间早，持续活动时间长，控制砂体沉积、烃源岩发育和圈闭的形成。由于切割深度大，沟通油源，还是油气运移的主要通道。主断裂往往形成纵向上油藏相互叠置、横向上含油连片的复式油气聚集带。如在阿南—阿北凹陷，沿阿尔善主断裂发现了阿南背斜、小阿北安山岩、蒙古林背斜等油藏，形成了一个复式油气富集带。

4. 洼槽区油气勘探方法

二连盆地以洼槽为勘探对象，在勘探实践中，逐步摸索出了一套适用于断陷盆地洼槽的勘探方法。主要包括区带评价与优选技术方法、圈闭识别与评价技术方法、油藏发现与评价技术方法。

1）区带评价与优选技术方法

区带评价与优选阶段，关键是找准勘探方向，优选出油气资源丰富或剩余资源量大的地区。然后根据断陷洼槽油藏的形成机制和分布规律，选准勘探领域和有利的区带。该阶段的研究工作可以简单概括为"五步法"：一是开展油气资源评价，落实资源潜力，优选主力生油洼槽；二是建立层序地层等时格架，明确主要勘探目的层系（或层段）；三是研究构造特征，寻找油气藏形成的有利构造背景；四是研究主要目的层的沉积特征，明确有利储集砂体分布；五是综合研究构造背景与储集砂体最佳配置，优选有利勘探区带。

2）圈闭识别与评价技术方法

当勘探方向和勘探领域选定后，关键是识别、落实、评价圈闭，在众多的圈闭中选准突破口。该阶段的具体研究可以分为四个步骤：一是开展高分辨率层序地层研究，细化等时地层格架，落实主要目的层；二是开展地震相、测井相、沉积相的研究，确定研究砂体的分布和成因类型；三是进行"五线"（岩性尖灭线、地层超覆线、地层剥蚀线、砂体顶面构造线和砂体厚度等值线）研究，识别、落实圈闭；四是开展"五面"（最大湖泛面、地层不整合面、断层面、砂体顶面和砂体底面）研究，综合评价圈闭的成藏条件，优选有利圈闭。

3）油藏发现与评价技术方法

一旦预探井获得突破，发现了油藏，运用滚动式的储层预测、滚动式的油藏描述、滚动式的评价、滚动式的钻探部署，是断陷洼槽岩性地层油气藏获得最佳勘探效益的重要途径。技术路线是：通过综合研究和老资料重新认识，确定有利的勘探突破口，部署预探井位；开展油藏特征精细研究，部署评价井；进行滚动式勘探与评价，逐步扩大含油范围，高效控制储量规模。

5. 新区凹陷快速高效勘探方法

在二连盆地新区凹陷的勘探过程中，依据含油凹陷形成条件、成藏主控因素、凹陷—地形—重磁电特征相关性认识，总结工程技术应用条件，优化勘探部署，形成了一套适合二连盆地新区凹陷的科学快速高效勘探方法。

第一是新区凹陷快速搜索发现。在研究大量重力、磁力、电法、地质调查和地形资料的基础上，揭示二连盆地凹陷与地貌具有相关性特征；优化重力、磁力、电法概查部署，采用按"十"字线或"丰"字线重点部署的方式，提高时效且节约成本，达到快速落实凹陷结构和埋深的目的。从而，形成了"地形—重力划凹陷，电法勘探查埋深，二维概查定结构"的新凹陷快速搜索发现方法，在短时间内就可以发现新凹陷。

第二是优化参数井部署实施。依据二连盆地构造岩相带控油的成藏特征，将参数井部署在主体构造翼部靠近主洼槽的位置，用以完成参数井和预探井的两项任务，达到揭示地层层序、生储盖组合、含油气性的多重目的。

第三是快速开展三维地震勘探。基于对二连盆地石油地质特征以及主洼槽控藏的深刻认识，在钻井发现厚层（优质）烃源岩，或见到良好油气显示后，评价优选有利勘探区（带），越过二维地震详查，直接开展三维地震部署采集，加快勘探发现节奏。

第四是实施勘探开发一体化。在油气预探发现富集油藏后，油藏评价、油气开发超前介入，积极向前延伸，实现深化地质认识的互补、部署方案的互补、施工协调的互补，从而有效加快油藏建产开发节奏，提高勘探开发综合效益。

第二章　勘　探　历　程

1882—1943 年，中国学者及日、美、德等国家地质工作者曾在二连盆地及其周围进行过局部地区的地质调查、物探和找矿工作，但地质资料极为零星。1955 年以来，二连盆地石油勘探经历了五个阶段（图 2-1）：区域地质调查勘探阶段、战略突破扩大勘探阶段、主攻构造油藏勘探阶段、突出隐蔽油藏勘探阶段、"四新"领域持续勘探阶段，每个阶段具有不同的油气勘探与发现特点。

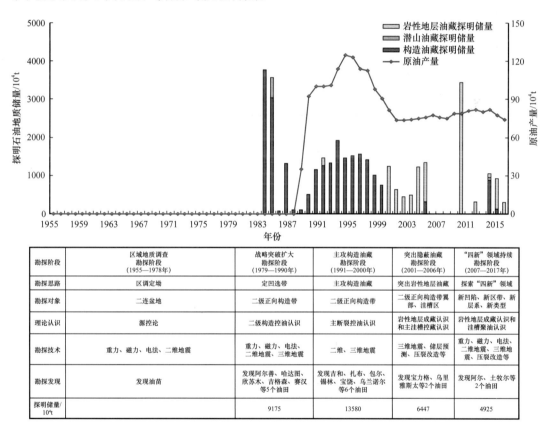

勘探阶段	区域地质调查 勘探阶段 （1955—1978年）	战略突破扩大 勘探阶段 （1979—1990年）	主攻构造油藏 勘探阶段 （1991—2000年）	突出隐蔽油藏 勘探阶段 （2001—2006年）	"四新"领域持续 勘探阶段 （2007—2017年）
勘探思路	区调定坳	定凹选带	主攻构造油藏	突出岩性地层油藏	探索"四新"领域
勘探对象	二连盆地	二级正向构造带	二级正向构造带	二级正向构造带翼部、注槽区	新凹陷、新区带、新层系、新类型
理论认识	源控论	二级构造控油认识	主断裂控油认识	岩性地层成藏认识和主注槽控藏认识	岩性地层成藏认识和注槽聚油认识
勘探技术	重力、磁力、电法、二维地震	重力、磁力、电法、二维地震、三维地震	二维、三维地震	三维地震、储层预测、压裂改造等	重力、磁力、电法、二维地震、三维地震、压裂改造等
勘探发现	发现油苗	发现阿尔善、哈达图、欣苏木、吉格森、赛汉等5个油田	发现吉和、扎布、包尔、锡林、宝饶、乌兰诺尔等6个油田	发现宝力格、乌里雅斯太等2个油田	发现阿尔、土牧尔等2个油田
探明储量/ 10⁴t		9175	13580	6447	4925

图 2-1　二连盆地勘探阶段划分图（截至 2017 年底）

第一节　区域地质调查勘探阶段（1955—1978 年）

区域地质调查勘探阶段，石油工业部、地质部的下属单位先后开展过工作，首先进行先期石油地质调查、路线踏勘和地面区测，然后采用地球物理方法，在全盆地开展区域勘探（图 2-2）。勘探主要手段是在区域地质调查的基础上进行重力、磁力、电法勘探和二维地震普查，地质部钻探了一些浅探井。

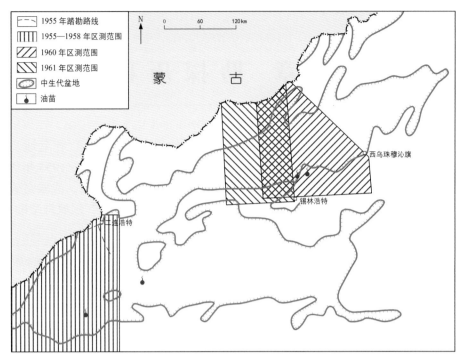

图 2-2 二连盆地 1955—1962 年石油地质调查情况图

1955 年，石油工业部西安地质调查处内蒙古二连路线踏勘队踏勘了盆地中部的赛汉塔拉—二连浩特地区。1956 年，地质部华北地质局二连石油普查大队在朱日和、四子王旗和达茂旗等地完成 1∶10 万地质区测图。1958 年，内蒙古鄂尔多斯石油普查大队在大青山以北、集宁—二连浩特铁路（集二线）以西、固阳以东地区进行路线调查 1755km。1960 年，海拉尔石油普查大队在阿巴嘎旗、锡林浩特等地区完成 1∶50 万地质区测图，认为侏罗系—白垩系有生油层，对找油作出肯定评价。1961 年，内蒙古地质局石油大队完成盆地中部 1∶20 万地质区测图，指出中—下侏罗统具完整的生储盖组合。

1963 年以后，内蒙古地质局完成全区范围的 1∶20 万区测图，把锡林浩特以北的阿拉坦合力地区划为石油远景区。该时期的地质工作，主要围绕煤炭、冶金和水文地质勘探，编出全区的 1∶50 万和 1∶100 万地质图、大地构造图，构造体系图和煤田及水文地质图等，并有相应的普查找矿报告。期间，在胜利煤田、察哈尔呆坝子、布图莫吉等地发现 4 处油苗。这些工作也为后来的石油勘探积累了资料，提供了信息。另外，1958—1968 年，地质部在北纬 41°20′～44°40′、东经 107°～117° 范围内，进行了 1∶10 万和 1∶20 万航空测量。

1977 年至 1978 年 8 月，石油工业部物探局在盆地内完成了 16 条共 2580.5km 电法区域大剖面，1∶50 万重力普查测线 6674km。据重力、电法以及前期各项地质资料，初步认为二连盆地是一个分布面积达 $10 \times 10^4 km^2$ 的大型统一沉积盆地，划定了盆地的边界和盆地内的构造单元，分为四坳一隆十三个凹陷六个凸起。一级构造单元为马尼特坳陷、乌尼特坳陷、乌兰察布坳陷、腾格尔坳陷及苏尼特隆起。

特别需要指出的是，1977 年 9 月至 1978 年 5 月，中国人民解放军建字 00911 部队在盆地东部进行水文普查时，于巴音都兰凹陷钻探 ZK5 钻孔，取心发现了 73.94m 油砂，油砂为下白垩统巴彦花群中段，显示级别以富含油、油浸、油斑为主，油质偏重，呈褐黑色，集中分布在 91.5～201.8m 井段内，占地层厚度的 67%，ZK5 钻孔的发现大大鼓舞了人们的找油信心，各部门都加快了二连盆地的勘探步伐。

1978年9月至1979年11月，地质部组织第三普查大队、第九普查大队、第四物探大队等单位，成立"内蒙古东部地区石油勘探指挥所"，完成重力测线2148km及少量电法、地震测线。1978年9月30日，地质部第四普查大队于二连盆地沙那凹陷开钻石油探井——锡参1井；10月6日，第三普查大队在巴音都兰凹陷开钻石油探井——锡1井，相继又完成锡2井、锡3井、锡参2井、锡参3井及额1井，仅锡1井、锡3井见到油气显示，未取得实质性突破。

第二节　战略突破扩大勘探阶段（1979—1990年）

战略突破扩大勘探阶段的主要特点是区域展开与重点钻探相结合，不断开拓找油领域，同时快速形成产能。阿南—阿北凹陷获工业油流，用了三年时间，1984年即上交探明储量，开始快速建产并形成产量。该阶段，坚持每年钻探2～3个凹陷，相继在赛汉塔拉、额仁淖尔、巴音都兰、乌里雅斯太等凹陷获得工业油流；在吉尔嘎朗图、白音查干、高力罕等凹陷见油气显示或发现生油岩。

该阶段完成二维地震75089.91km；三维地震807km^2；完钻探井235口，进尺413991m，获工业油流井68口。在阿南—阿北凹陷、赛汉塔拉凹陷、额仁淖尔凹陷发现阿尔善（包括阿南、小阿北、蒙古林含油构造）、哈达图（包括哈南、夫特、布敦含油构造）、欣苏木、赛汉、吉格森等5个油田，累计探明石油地质储量9175×10^{4}t（图2-3）。

一、勘探突破，发现阿尔善油田

1979年初，石油工业部决定在二连盆地开展石油勘探会战，由大庆油田负责，并抽调大庆、吉林、辽河地调、石油物探局第四地调处和普查大队，以及华北油田两个钻井队组成"内蒙古二连盆地石油勘探指挥部"。1981年3月，勘探工作移交华北油田负责。石油工业部在这三年里，对二连盆地分别进行了电法、二维地震普查和概查，还完成了少量地震大剖面。全盆地约70%的面积完成了1∶20万电法普查，约90%的面积完成了重力普查，马尼特坳陷东部二维地震线距为2～5km，其他地区二维地震线距5～10km。在此工作基础上，进一步将二连盆地划分出33个凹陷，并进行了油气资源早期预测。

1979年7月，石油工业部开钻盆地第一批参数井，在马尼特坳陷东部的阿南—阿北凹陷（当时称为额合宝力格凹陷）钻探了连参1井，在腾格尔坳陷西部的赛汉乌力吉凹陷钻探了连参2井。两口参数井在下白垩统巴彦花群发现了深灰色、灰色暗色泥岩，厚度达到500m，但均未见油气显示。

勘探早期，凹陷面积大小、沉积地层厚薄是优选凹陷的重要地质条件。1980年，优选阿南—阿北凹陷、赛汉塔拉凹陷作为勘探突破口，在阿南—阿北凹陷阿尔善断裂潜山构造带（简称阿尔善构造带）阿南背斜构造和小阿北背斜构造分别钻探了阿1井和阿2井，阿1井在下白垩统阿尔善组1399.4～1513.6m井段砂岩中见油浸2.6m/2层、油斑29.6m/6层、荧光11.6m/2层，1981年7月试油获日产油0.18t。阿2井在下白垩统阿尔善组675～724.5m井段安山岩、砂砾岩中见油斑10.4m/3层，1981年9月试油获日产油27.1t，发现了小阿北含油构造，标志着二连盆地石油勘探取得重大突破。

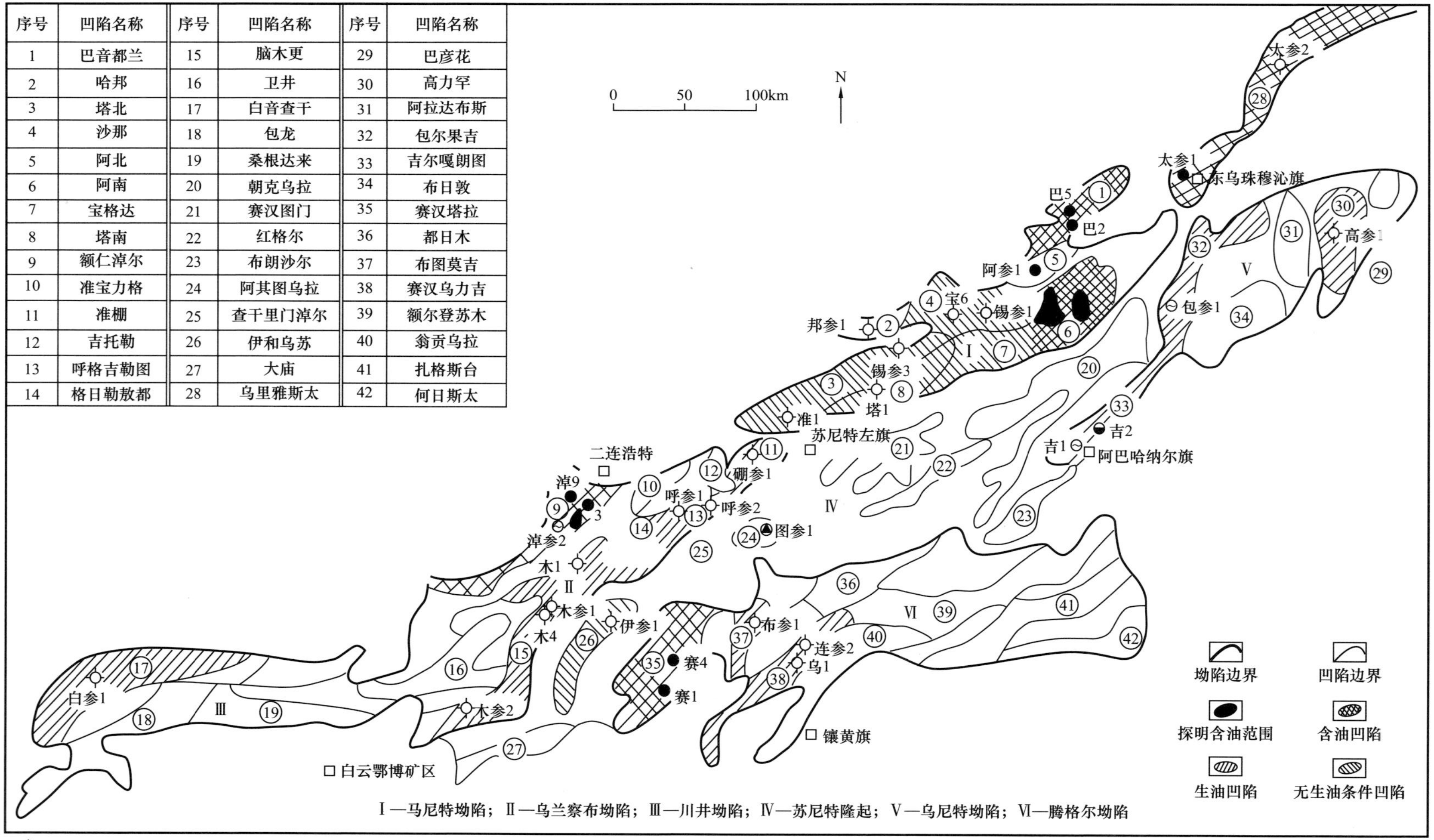

图 2-3 二连盆地 1979—1990 年勘探成果图

Ⅰ—乌兰察布坳陷；Ⅱ—乌尼特坳陷；Ⅲ—川井坳陷；Ⅳ—苏尼特隆起；Ⅴ—乌尼特坳陷；Ⅵ—腾格尔坳陷

序号	凹陷名称	序号	凹陷名称	序号	凹陷名称
1	巴音都兰	15	巴音都兰	29	巴彦花
2	哈邦	16	哈邦	30	高力罕
3	塔北	17	塔北	31	阿拉达布斯
4	沙那	18	沙那	32	包尔果吉
5	阿北	19	阿北	33	吉尔嘎朗图
6	阿南	20	阿南	34	布日教
7	宝格达	21	宝格达	35	赛汉塔拉
8	塔南	22	塔南	36	都日木
9	额仁淖尔	23	额仁淖尔	37	布朗莫吉
10	准宝力格	24	准宝力格	38	阿其图乌拉
11	准棚	25	准棚	39	查干里淖尔
12	吉托勒	26	吉托勒	40	伊和乌苏
13	呼格吉勒图	27	呼格吉勒图	41	大庙
14	格日勒敖都	28	格日勒敖都	42	乌里雅斯太

阿 1 井、阿 2 井的钻探,证实阿尔善构造带成藏条件优越。按照"整体解剖、多层系勘探、钻探不同类型油藏"的部署思路,相继找到了蒙古林、阿南、哈南等含油构造,发现了阿尔善组安山岩、砂岩、砂砾岩油藏,腾格尔组砂岩油藏以及古生界凝灰岩潜山油藏。

1981 年 7 月,向南拓展,在阿尔善断层下降盘阿南背斜核部钻探阿 3 井,在阿尔善组 1314~1671m 井段砂岩中见油浸 59.2m/11 层、油斑 27.8m/11 层、荧光 38m/10 层;1982 年 7 月试油获日产油 4.6t,发现了阿南含油构造。1983 年 7 月,向北拓展,在蒙古林背斜钻探阿 12 井,在阿尔善组 744.6~848m 井段砂砾岩中见油浸 4.2m/2 层、油斑 30.8m/1 层、油迹 45.2m/3 层;1983 年 9 月试油获日产油 22t,发现了蒙古林含油构造。1982 年 5 月,甩开钻探哈南潜山构造带,哈 1 井在阿尔善组 1502.5~1599.3m 井段砂砾岩中见油浸 20.8m/12 层、油斑 10.1m/12 层、荧光 7.55m/7 层;在古生界 1602.05~1778m 井段凝灰岩中见油斑 34.6m/19 层,1982 年 10 月试油获日产油 67t,发现了哈南含油构造。

在四年时间里,对阿南—阿北凹陷立足整体,实施多区带、多层系、多领域、多类型油藏勘探,整体突破,迅速扩大成果,发现了阿尔善油田,1984 年上报探明石油地质储量 3722×10⁴t。

二、积极拓展,发现五个含油凹陷

二连盆地勘探突破后,加大地震勘探和钻探工作量,整体详查马尼特坳陷西部和赛汉塔拉凹陷。1982—1990 年,60% 以上的凹陷完成二维地震详查,其他凹陷完成二维地震普查,累计完成二维地震 68681km,在发现工业油流的阿尔善地区,二维地震测网密度达到 0.5km×0.5km~1km×1km。1983 年初进一步细划二连盆地构造单元,将乌尼特坳陷西部划为川井坳陷,盆地总凹陷数也增加到 42 个(图 2-3)。

1982—1986 年,对盆地内认为是有利的凹陷甩开钻探。5 年中甩开钻探的各类探井达 77 口,在赛汉塔拉凹陷、额仁淖尔凹陷获勘探突破,发现了两个规模较小的油藏。

1981 年 8 月,在赛汉塔拉凹陷扎布构造带钻探赛 1 井,试油获日产油 2.14t,凹陷首钻获得突破。1982 年 4 月,钻探赛 4 井;在腾格尔组一段试油获日产油 16.5t,发现了赛四含油构造。在同年召开的勘探工作会议上,认为赛汉塔拉凹陷是继二连盆地东部战场发现阿尔善油田后,西部战场发现的又一个最有利凹陷,决定从东部抽调钻机,集中力量,开展赛汉塔拉凹陷勘探会战。按照任丘古潜山油藏的勘探思路,主攻赛四潜山披覆构造带,1982—1983 年先后钻探了 9 口探井,仅赛 5 井获工业油流,其他井失利。1984 年甩开预探乌兰、巴彦东、达嘎、伊和等 4 个构造,钻探 6 口井,除伊和构造赛 16 井日产油 1.6t 外,其他探井相继落空,反映出赛汉塔拉凹陷成藏的复杂性。1990 年,在赛四构造探明石油地质储量 424×10⁴t。

1982—1983 年,在巴音都兰凹陷南洼槽巴Ⅰ号、巴Ⅱ号构造分别部署钻探巴 1 井、巴 2 井。巴 1 井在阿尔善组 1011.4~1423m 井段粉砂岩、砂岩、砂砾岩中见油浸 32.2m/7 层、油斑 21m/3 层、荧光 21.1m/9 层,试油获日产油 1.71t;巴 2 井在阿尔善组 694~1295m 井段粉砂岩、砂岩、砂砾岩中见油浸 2m/1 层、油斑 6m/3 层、油迹

41.9m/16 层、荧光 202.5m/28 层，试油获日产油 1.6t。钻探证实巴音都兰凹陷为有利含油凹陷，由于储层物性差、产量低，稳产效果不好，后续两年没有再进行勘探。

1983 年，在额仁淖尔凹陷钻探淖参 1 井、淖 3 井，见到良好油气显示。淖 3 井在古生界碎裂花岗岩和阿尔善组砂砾岩中，分别获日产油 1.0t 和 0.78t。1984—1985 年对全凹陷不同构造单元甩开钻探，共钻探井 23 口，1985 年钻井 16 口。在吉格森构造探明石油地质储量 590×10⁴t，经开发基础井评价后，发现吉格森构造带断裂发育、结构复杂、油水关系和油层横向变化大，未形成有效动用。1986—1990 年停止钻探，勘探处于停滞状态。

马尼特坳陷东部阿南—阿北凹陷获得突破后，认为马尼特坳陷西部的凹陷具有相似石油地质条件。1983 年，钻探马尼特坳陷西部的塔南凹陷、塔北凹陷、沙那凹陷、宝格达凹陷等，钻井 8 口，全部落空。1984—1985 年，钻探白音查干、高力罕、布图莫吉、脑木更、伊和乌苏、呼格吉勒图等凹陷，在一些凹陷中见到油气显示和暗色泥岩生油层。

1986—1990 年，在阿尔善油田规模评价建产同时，仍着眼全盆地勘探，积极甩开预探，在外围凹陷新发现吉尔嘎朗图、乌里雅斯太等两个有利含油凹陷。在吉尔嘎朗图凹陷钻探吉 1 井、吉 2 井和吉 4 井等 8 口井，均见到良好油气显示，发现厚层烃源岩，其中吉 4 井在腾格尔组一段 329～362.6m 井段试油获日产油 0.62t。在乌里雅斯太凹陷钻探太参 1 井、太参 2 井和太 3 井等 9 口井，7 口在腾格尔组一段、阿尔善组砂砾岩中见到良好油气显示，发现厚层烃源岩，其中太参 1 井在腾格尔组一段 1910.2～1936.2m 井段试油获日产油 5.84t。

三、加快评价开发，建成百万吨原油年生产能力

从 1987 年开始，二连盆地开始实施三维地震勘探，首先在阿尔善构造带阿南背斜采集三维地震 35.44km²，至 1990 年，在阿南—阿北凹陷共采集三维地震 381.11km²。

在阿南—阿北凹陷发现阿尔善油田后，以阿南背斜、蒙古林背斜、小阿北背斜、哈南潜山披覆构造等四个局部构造为主要勘探评价目标，进行整体部署。到 1987 年底累计探明石油地质储量 7976×10⁴t。

1988 年石油工业部开发司就加速内蒙古阿尔善油田开发建设问题到华北油田现场办公，并审查通过了阿尔善地区（含哈达图油田）建成 100×10⁴t 年产能的开发方案。油田开始整体投入开发，1989 年建成 100×10⁴t 生产能力，当年生产原油 47.6×10⁴t，1990 年生产原油 92.5×10⁴t。

同时，继续拓展阿南—阿北凹陷的油气勘探成果，以阿北地区的欣苏木构造带为主攻方向，共钻探井 27 口，获工业油流井 12 口。虽然工业油流井较多，但由于该构造带结构复杂、构造破碎、圈闭面积小、油藏关系复杂，仅在欣 2 断块探明石油地质储量 52×10⁴t。

第三节　主攻构造油藏勘探阶段（1991—2000 年）

主攻构造油藏勘探阶段是二连盆地勘探、评价、开发建产的重要时期，二连盆地原油年产量在 1995 年达 125×10⁴t 的历史最高峰。该阶段加大三维地震勘探力度，在有利

二级构造带共采集三维地震 3166.71km²，为构造圈闭精细落实提供资料基础。地质研究提出二连盆地主洼槽控藏的认识，指导吉尔嘎朗图凹陷、额仁淖尔凹陷等 7 个凹陷勘探取得重要发现。

该阶段完钻各类探井 439 口，进尺 64.2354×10⁴m，其中区域探井 13 口，预探井 366 口，评价井 60 口，获工业油流井 142 口。在阿南—阿北、赛汉塔拉、额仁淖尔、吉尔嘎朗图、洪浩尔舒特凹陷发现了吉和、扎布、包尔、锡林、宝饶、乌兰诺尔等 6 个新油田，累计探明石油地质储量 1.358×10⁸t。

一、深化认识，四个凹陷扩大储量规模

在阿南—阿北凹陷拓展勘探，发现新油藏。1991 年 7 月，在哈达图构造带夫特构造钻探哈 36 井，对阿尔善组三段 1959～2027m 井段砾岩试油获日产 60.6t 高产油流，发现夫特砾岩油藏，探明石油地质储量 1119×10⁴t。1993—1996 年，预探阿南斜坡吉和构造，哈 71、哈 76、哈 81 等井在腾格尔组一段获高产油流，其中哈 71 井压裂日产油 28.3t，哈 81 井压裂日产油 69.2t，发现吉和油田，探明石油地质储量 500×10⁴t。预探阿北地区，完钻探井 15 口，阿 69 井等 4 口井获工业油流；1999 年，利用三维地震，加强油藏认识，探明石油地质储量 511×10⁴t。

1991 年，根据对吉尔嘎朗图凹陷的地质结构认识和锡林稠油藏油源分析，确定中洼槽（宝饶洼槽）为主攻方向，对锡林构造带、宝饶构造带投入重点勘探。锡林构造带处于中洼槽缓坡带锡Ⅱ号断层的上升盘，面积约 230km²，构造圈闭十分发育，断鼻、断块众多，圈闭埋藏浅。宝饶构造带位于中洼槽缓坡带锡Ⅱ号断层下降盘，是受锡Ⅱ号和吉 39—吉 85 两条正断层控制北北东向延伸的断阶带，面积约 100km²，受三级、四级断层的切割，形成一系列断鼻、断块圈闭和地层超覆圈闭。1991—1992 年，重点预探锡林构造带，吉 10、吉 14 和吉 15 等多口井获工业油流，稠油油藏探明石油地质储量 686×10⁴t。1993 年，在宝饶构造带钻探吉 41 井，于腾格尔组钻遇油层 21.6m/4 层，对腾格尔组一段 1343.2～1362m 井段试油，日产油 20.2t。随后加大钻探力度，共钻探井 85 口，相继拿下吉 45 油藏、吉 36 油藏和罕尼油藏等，发现宝饶油田。至 2000 年，累计探明石油地质储量 2615×10⁴t。

1992—1995 年，重上额仁淖尔凹陷淖东主洼槽。借助三维地震资料，深化包尔、吉格森构造研究，认识到包尔、吉格森构造带彼此相接，它们是东南翼受吉格森、包尔两条断层控制的潜山断裂构造带，下倾方向与淖东洼槽相连，具有油气复式聚集条件。包尔构造通过老井复查，重建沉积模式，找到了发育厚砂层的有利相带。1993 年 4 月，在包尔构造钻探淖 50 井，对腾格尔组一段 740.4～757m 井段试油获日产油 12.03t；对阿尔善组 1147～1155m 井段试油获日产油 23.5t。在吉格森构造进行三维地震重新处理和精细解释，落实多个构造圈闭。1993 年 6 月，在吉格森构造钻探淖 34 井，对阿尔善组 1572.2～1730m 井段试油获日产油 17.77t。经过四年整体钻探评价，实施预探井、评价井 64 口，1996 年，包尔构造探明石油地质储量 1328×10⁴t；吉格森构造探明石油地质储量 557×10⁴t。

1991—2000 年，利用三维地震资料，对赛汉塔拉凹陷赛四构造带、扎布—伊和构造

带复杂构造圈闭精细落实，期间共钻探井 48 口，14 口井获得工业油流，在赛汉（赛四构造带）、扎布两个油田探明石油地质储量 1034×10^4t，发现腾格尔组二段、腾格尔组一段、阿尔善组四段和阿尔善组三段等四套含油层系。

二、拓展勘探，发现三个新的含油凹陷

1991 年，在乌尼特坳陷东部通过区域普查，以及重力和航磁勘探，发现了洪浩尔舒特凹陷；1992 年开展二维地震概查，初步明确了凹陷地质结构和规模。1993 年，在洪浩尔舒特凹陷中洼槽钻探洪参 1 井，发现阿尔善组、腾格尔组一段两套生油层系，并见油气显示，初步明确了凹陷资源潜力。1994—1995 年，加密采集二维地震 9248km，采集三维地震 303.84km²。两年间，先后甩开预探达林、乌兰诺尔、努格达、巴尔、海北等 5 个区带，钻井 9 口，在 4 个区带发现油气显示，3 个区带发现工业油流；其中，努格达构造的洪 10 井，在阿尔善组发现 49.6m 厚油层，对 1054～1062.8m 井段压裂试油获日产 30t 高产油流，实现了洪浩尔舒特凹陷油气勘探的战略突破。1998 年，在东洼槽海流特构造钻探洪 36 井，对腾格尔组二段 771～777m 井段试油获日产 13.23t 高产油流，复杂构造下生上储型油藏勘探取得发现。1999 年，在中洼槽达林东构造钻探洪 25 井，在腾格尔组一段钻遇油层 42.8m/14 层，对 934.2～940m 井段（油层 5.8m/1 层）试油，抽汲获日产 28.88t 高产油流，发现富集高产油藏。1997 年、2000 年两个年度探明石油地质储量 2226×10^4t，命名乌兰诺尔油田。

1995 年 5 月，呼仁布其凹陷南洼槽第一口探井——仁参 1 井完钻，在腾格尔组一段、阿尔善组钻遇厚层优质烃源岩和直接油气显示近百米，在巴音宝力格隆起区发现一个含油新凹陷。1996—1998 年，相继钻探了 7 口探井，仁 1 井、仁 8 井获工业油流；其中，仁 1 井对腾格尔组一段 1123.2～1130.6m 井段压裂试油获日产油 11.2t，勘探取得突破。

1999 年 8 月，在马尼特坳陷西部塔南凹陷钻探塔参 1 井，于腾格尔组一段、阿尔善组揭示烃源岩，并见直接油气显示。对阿尔善组 2183.8～2199.8m 井段试油获日产油 0.93t。2000 年 10 月，在二台构造钻探塔 5X 井，对阿尔善组 1658～1670.2m 井段螺杆泵加热试油获日产油 6.14t，但是油质较差，密度 0.9224g/cm³，黏度 1184 mPa·s。

第四节　突出隐蔽油藏勘探阶段（2001—2006 年）

二连盆地含油凹陷纵向上含油层系相对单一，随着老凹陷勘探程度的不断提高，构造油藏勘探难度越来越大。

2001 年开始，积极转变勘探思路，深化富油凹陷隐蔽油藏（岩性地层油藏）形成条件与富集规律地质认识，确定了"构造油藏与隐蔽油藏并重，以隐蔽油藏为主"的勘探新战略。首先在巴音都兰凹陷岩性地层油藏勘探获得重大突破，随后在乌里雅斯太凹陷、吉尔嘎朗图凹陷、赛汉塔拉凹陷等相继发现了具有规模储量的岩性地层油藏，累计探明石油地质储量 6447×10^4t，为二连盆地增储稳产发挥了有力支撑作用。

一、巴音都兰凹陷南洼槽陡坡带岩性地层油藏勘探

巴音都兰凹陷是二连盆地最早发现油气显示的凹陷，主要分为南、北两个生油洼槽，发育巴Ⅰ号、巴Ⅱ号和包楞等多个有利构造。1978—1999 年，按照构造油藏思路勘探，几上几下、南洼北洼转战，钻井 37 口，仅有 5 口井获工业油流，而且单井产量低。

地质综合研究表明，巴音都兰凹陷具有近亿吨的石油资源潜力，丰富的油气资源是勘探发现的基础；巴音都兰凹陷在阿尔善组沉积期后，洼槽区持续的构造反转活动，早期沉积中心或沉降中心经反转形成后期的正向构造，构造高点与有利储集相带不匹配，不利于构造油藏的形成，却为隐蔽油藏的形成创造了有利条件。

2001 年，利用南洼槽重新处理的三维地震资料，细划三级地层层序，精细砂体对比、层位标定和沉积微相研究，地震相和储层预测结合刻画巴 9 井阿尔善组四段砂体展布，构建了反转构造翼部—扇三角洲前缘水下分流河道砂体上倾尖灭油藏模式。按照（地震相）最大相似性原则，在巴 9 井含油砂体高部位钻探巴 19 井，获日产 29t 高产油流。随后，按照"油藏中部找富集、高部位探岩性尖灭、低部位定油水界面"的勘探思路，先后又钻探巴 18 井、巴 20 井、巴 21 井和巴 22 井均获成功，发现了宝力格油田，并实现了三个"当年"，即当年发现，当年探明石油地质储量 1241×10⁴t，当年投入开发生产（张以明等，2004；常亮等，2002）。巴 19 油藏的发现，实现了巴音都兰凹陷油气勘探实质性突破，并拉开了二连盆地隐蔽油藏勘探序幕。

随后，积极扩大隐蔽油藏勘探成果，整体钻探巴Ⅰ—巴Ⅱ号构造带，发现了巴 10、巴 38、巴 48、巴 51 等隐蔽油藏，进一步扩大了储量规模。2004 年建成 25×10⁴t 原油年生产能力，有效遏制了二连油田原油产量连年下滑的被动局面。

截至 2006 年，在巴音都兰凹陷南洼槽巴Ⅰ—巴Ⅱ号构造带岩性地层油藏累计探明石油地质储量 2812×10⁴t。

二、乌里雅斯太凹陷南洼槽斜坡带岩性地层油藏勘探

乌里雅斯太凹陷分为南、中、北三个洼槽，南洼槽斜坡带发育木日格、苏布两大鼻状构造。按照构造油藏认识开展钻探，1989 年，太参 1 井在南洼槽腾格尔组一段下亚段获得日产 5.84t 工业油流，在 1991 年、1992 年累计控制石油地质储量 771×10⁴t。但是开展油藏评价，成效较差，1995 年以后暂时停止钻探，至 2000 年控制储量一直没有升级动用。

2001 年，重新认识乌里雅斯太凹陷成藏条件，认为南洼槽构造分异差，构造圈闭缺乏，圈闭受岩性、地层、构造等多重因素控制，以复合型圈闭为主。精细分析认为，东部斜坡带发育上、中、下三个断层—沉积坡折带，控制了腾格尔组一段湖底扇、阿尔善组扇三角洲前缘砂体展布，中、下坡折带砂泥比低，油源条件好，利于形成岩性地层油藏。

重新认识木日格油藏，构建岩性地层油藏新模式，发现厚油层。1991 年在木日格构造钻探太 21 井，在腾格尔组一段下亚段钻遇厚达 101.4m 块状砾岩，电测解释油层、差油层 148.2m/12 层，1993 年抽汲日产油 15.99t。认为太 21 油藏是反向断块油藏，随后

在两翼钻探太 101、太 102 两口评价井，储层变细、变薄、变差，试油仅获低产，制约了进一步勘探。重新分析太 21 油藏，进行精细构造解释和砂体刻画，认为太 21 油藏是砂砾岩体受坡折带控制形成的岩性油藏，2001 年在高部位标定钻探太 41 井，钻遇油层、差油层共 113.2m/10 层，压裂试油获日产油 19.79t，对乌里雅斯太凹陷南洼槽的勘探具有重要的推动作用。

精细砂体分布研究，落实有利储层发育区，突破木日格构造自然产能关。太参 1 井钻遇油层为湖底扇扇缘，物性较差，产量较低。分析认为该扇体的主沟道和辫状沟道分布在南部和东部，在太参 1 井南部有利储层发育区钻探太 43 井。太 43 井在腾格尔组一段下亚段电测解释油层 36.4m/4 层、差油层 4m/1 层，常规抽汲求产，日产油 12.39t，获得了较高的自然产能，坚定了寻找油气富集区块的信心。

随后按照"围绕高产井点，优选储层发育区，寻找富集高效区"的勘探思路，采用"滚动预测—滚动评价—滚动钻探"方式，先后向东滚动钻探了太 27 井、太 29 井、太 47 井，向南滚动钻探了太 45 井、太 61 井，向北滚动钻探了太 39 井、太 53 井、太 57 井，均获得成功。其中太 27 井、太 29 井压裂后自喷，分别获日产油 105m³、气 6230m³ 和日产油 63.24m³、气 3384m³ 高产油气流，进一步提高了该区储量品位（易士威等，2006）。

拓展阿尔善组勘探，进一步扩大成果。在阿尔善组所钻遇井油气显示活跃，但其成藏条件、成藏模式与腾格尔组一段有较大差别。阿尔善组沉积期后，该区整体抬升遭受剥蚀，被腾格尔组一段湖侵体系域泥岩覆盖，受到断层和不整合面的控制，形成复合型圈闭。共钻探 11 口井获工业油流，其中，太 47 井获自喷工业油流，太 53 井、太 55 井压裂后获高产。

2005—2006 年，在乌里雅斯太凹陷南洼槽斜坡带岩性地层油藏新增探明石油地质储量 2287.45 × 10⁴t。

三、吉尔嘎朗图凹陷宝饶洼槽岩性地层油藏勘探

在吉尔嘎朗图凹陷按照构造油藏思路，发现了锡林稠油油田和宝饶油田，勘探成效好。随着构造圈闭钻探程度增高，难以取得大的发现，1998 年开始进入构造油藏勘探的低谷。

2002 年，将勘探对象转向隐蔽油藏领域。通过对宝饶洼槽成藏条件和沉积特征深入分析，认为东部斜坡是油气最富集的区带，高部位锡林构造带和宝饶鼻状带以构造油藏为主，勘探程度较高。斜坡内带及洼槽区发育辫状河三角洲前缘砂体、浊积扇砂体，纵向上不同类型、不同期次的砂岩与湖相泥岩互层，储盖组合好。按岩性地层油藏思路，构建斜坡内带—三角洲前缘席状砂岩性油藏模式，在吉 45 辫状河三角洲前缘发育区落实了吉 42 西构造—岩性圈闭。针对阿尔善组、腾格尔组一段和腾格尔组二段多目的层，部署钻探林 4 井，在腾格尔组二段 1421.4～1521.6m 井段发现油层 17m/7 层，对 1421.4～1426m 井段抽汲获日产油 18.2t，岩性地层油藏勘探取得突破（降栓奇等，2004）。

2003—2004 年，在斜坡内带和洼槽区扩大岩性地层油藏勘探，先后钻探林 5、林 7、林 9、林 10 等 7 口井获工业油流；2006 年，在林 4、林 10 区块探明石油地质储量 287.2 × 10⁴t。

四、赛汉塔拉凹陷赛东洼槽岩性地层油藏勘探

2001 年，赛汉塔拉凹陷勘探方向由二级构造带转移到洼槽区——赛东洼槽，勘探目的层从阿尔善组转向埋藏较浅、物性较好的腾格尔组。首先，在赛东洼槽构建湖底扇岩性油藏模式，钻探赛 66 井，在腾格尔组二段发现两套厚油层，压后日产油 16.8m³，岩性地层油藏勘探取得突破。

随后，进一步加强赛东洼槽陡坡带物源沉积微相分布研究和有利储集砂体空间分布预测。发现在洼槽区赛 66 井北部苏木特东鼻状构造低部位，腾格尔组二段底部 Ⅴ 砂体向东超覆在腾格尔组一段顶部泥岩之上，形成岩性圈闭。2006 年钻探赛 83X 井，在 2018～2070m 井段钻遇油层 41.2m/7 层、差油层 55.8m/11 层，压裂后放喷获日产 33.89t 高产油流。进而，扩大钻探赛 84、赛 33 等井获工业油流，其中，赛 33 井在腾格尔组二段 Ⅴ 砂组钻遇油层、差油层 5 层 11.8m，对 1848.4～1864.2m 井段（油层 8.4m/3 层）试油，压裂后获日产 31.8t 高产油流。

2001—2006 年，在赛东洼槽按岩性地层油藏思路勘探，钻探 6 口井获工业油流，老井试油 2 口（赛 79、赛 81）获工业油流，发现了以腾格尔组二段湖底扇岩性油藏为主体的多个油藏。

第五节 "四新" 领域持续勘探阶段（2007—2017 年）

"四新" 领域（新凹陷、新区带、新层系和新类型）勘探一直是二连盆地实现油气勘探接替的重点方向。通过持续甩开预探，新凹陷勘探发现了阿尔油田、土牧尔油田；新区带勘探在巴音都兰凹陷北洼槽斜坡带获得突破；新层系勘探在赛汉塔拉凹陷石炭系—二叠系海相碳酸盐岩潜山获得突破；新类型页岩油勘探在阿南—阿北和乌里雅斯太凹陷取得重要进展。

一、新凹陷勘探

二连盆地已发现油气的凹陷历经构造油藏、隐蔽油藏（岩性地层油藏）勘探，勘探程度较高，要想在这些凹陷中再取得规模发现难度较大。自 2001 年巴音都兰凹陷岩性地层油藏勘探取得突破以来，二连盆地的新区勘探主要围绕已发现的 23 个新凹陷展开，实施探井 20 余口，均没有取得实质性突破。

2007 年，改变以往主要围绕原有新凹陷转的勘探思路，将新区凹陷搜索评价作为新区勘探工作重要手段。选择以往未引起重视的隆起作为搜索新凹陷的重点方向，按照"地形—重力划凹陷，电法勘探查埋深，二维概查定结构"的新凹陷快速搜索发现方法，在巴音宝力格隆起、温都尔庙隆起发现多个新凹陷（赵贤正等，2012）。评价优选出阿尔凹陷、乌兰花凹陷实施重点勘探，取得重要突破，发现阿尔、土牧尔两个新油田。同时，借鉴二连盆地新凹陷勘探方法与经验，指导外围河套盆地临河坳陷油气勘探，发现吉兰泰新油田。

1. 阿尔凹陷

2007年，在前期搜索的基础上，重点对巴音宝力格隆起上的阿尔、查德和呼和凹陷开展1：5万高精度重磁、电法勘探。2008年，优选出阿尔凹陷部署二维地震，发现哈达、沙麦北、沙麦、罕乌拉等四个背斜构造。同时，开展类比研究，认为阿尔凹陷与巴音都兰凹陷具有相似的结构、构造特征和成藏条件。借鉴巴音都兰凹陷勘探经验，优化区域探井部署实施，在哈达背斜构造翼部钻探阿尔1井，实现资源评价和油藏预探双重目的。阿尔1井在腾格尔组一段和阿尔善组发现烃源岩870m；同时，在腾格尔组一段发现油层8.4m/4层，试油获日产油1.06t。随后，在沙麦背斜翼部钻探阿尔2井，在洼槽区沙麦北背斜钻探阿尔3井，均获工业油流。其中，阿尔3井在腾格尔组一段下亚段钻遇油层43m/13层，对1783.4～1795.6m井段抽汲求产，获日产46.5t高产油流。三口探井的成功，实现了阿尔凹陷油气勘探突破，证实了该凹陷具有形成规模富集油藏的潜力。同年，直接在哈达、沙麦部署三维地震采集233.5km²。

2009—2010年，利用三维地震资料，加强成藏控制因素的研究，构建陡坡带、斜坡带、洼槽区多类型岩性地层油藏新模式；在陡坡带反转构造钻探阿尔4井等四口井获工业油流；在斜坡带潜山内幕钻探阿尔6井获自喷高产油流；在洼槽区钻探阿尔23井获工业油流；在南部罕乌拉构造钻探阿尔52井获自喷高产油流。2010年，新增控制＋预测石油地质储量1.047×10^8t。

2009年，在阿尔3、阿尔2油藏实施勘探开发一体化，加快了油藏评价进程。2011年在阿尔3油藏探明含油面积39.82km²，探明石油地质储量3436.27×10^4t。

阿尔凹陷自2008年投入钻探，至2010年，仅用三年时间就发现了一个新油田——阿尔油田；截至2017年，累计探明石油地质储量4535.08×10^4t。阿尔凹陷的成功勘探，被誉为中国石油新区"科学快速高效"勘探的典范（赵贤正等，2010）。

2. 乌兰花凹陷

2009年，从阿尔凹陷勘探突破得到启示，加强二连盆地南部温都尔庙隆起新凹陷搜索研究力度，利用区域地质、重磁等资料，发现乌兰花凹陷。

2011年，在南洼槽钻探区域探井——兰地1井，阿尔善组电测解释差油层9.8m/3层，对2231.4～2253.0m井段压裂后抽汲求产，获日产油0.64t。该井还揭示腾格尔组一段、阿尔善组两套烃源岩，暗色泥岩厚度达1145m，研究认为具备形成油气聚集的资源基础。同年，在乌兰花凹陷南洼槽整体部署采集三维地震209km²，落实了土牧尔、赛乌苏、红井等正向构造带。

2012—2014年，按构造油藏和"沟谷控砂"岩性油藏的勘探思路进行井位部署，以阿尔善组为主要目的层钻探兰5井，在阿尔善组压裂获日产25.5t高产油流，兰42井在阿尔善组安山岩获工业油流，勘探获得突破。随后钻探多口井，由于阿尔善组砂体变化快，未钻遇有效储层；腾格尔组一段虽然油气显示段长，但是分布不集中且油水关系复杂，富集规律不清；安山岩储层非均质性强，变化快，期间总体成效不佳，未发现富集油藏。

2015年，针对制约勘探的地震、地质问题，如地面火成岩覆盖区地震资料品质差、残留型盆地成藏主控因素不清等，开展地震处理攻关和地质深入研究，取得良好成效。2015—2017年，转变思路，以腾格尔组一段为主要目的层，兼探阿尔善组和古生界，多层系、多领域立体勘探，发现碎屑岩、安山岩、花岗岩等多类型油藏。

优选东部陡坡带扇三角洲砂体为重点勘探对象，构建多期砂体向土牧尔构造逐层尖灭的岩性油藏模式，在土牧尔构造翼部钻探兰8、兰11X、兰14X等井，腾格尔组一段碎屑岩均获高产油流。其中，兰11X井钻遇油层17.2m/6层、差油层16.2m/6层，对1439～1498m井段试油，自溢求产获日产67.3t高产油流。

针对花岗岩潜山开展以构造、储层、油源为主要内容的成藏研究，构建腾格尔组一段碎屑岩、阿尔善组安山岩、古生界花岗岩潜山的复式成藏模式，钻探兰18X井，三套层系均钻遇油层，其中，古生界2080～2167m井段钻遇Ⅰ类储层31m/8层、Ⅱ类储层14.6m/3层，试油自溢求产，获日产40.1t高产油流。

2017年，在乌兰花凹陷南洼槽兰11X、兰8和兰6X等三个区块新增探明石油地质储量308.25×10⁴t。

二、新区带勘探

2003—2004年，按照巴音都兰凹陷南洼槽岩性地层油藏模式，在巴音都兰凹陷北洼槽包楞背斜北翼钻探巴71井、巴72X井获工业油流，由于钻遇油层薄、产量较低，未形成效益储量。

2012—2015年，将勘探方向拓展到北部洼槽（斜坡）区，构建扇三角洲前缘砂体岩性成藏模式，提出古沟谷控制有利储集砂体发育的认识。通过恢复阿尔善组沉积时期的古地形，在洼槽区刻画古沟谷，落实有利砂体展布范围，优选斜坡带储集砂砾岩体发育区钻探了巴77X、巴101X等井，取得重要发现。其中，巴101X井在阿尔善组四段钻遇Ⅰ、Ⅱ类油层116m/8层，对1932.8～1952m井段压裂求产，日产油103t。2016年，上交探明石油地质储量873.04×10⁴t。

三、新层系勘探

2007年，根据赛汉塔拉凹陷周缘地表露头研究认为，凹陷的基底为复向斜上的次级背斜，背斜核部钻井揭示为下古生界温都尔庙群的绿色片岩，背斜北翼赛14井揭示为石炭系—二叠系阿木山组大套石灰岩，背斜南翼钻井揭示为阿尔善组安山岩，推断安山岩之下应该是阿木山组。据上述认识，在扎布构造带中南部落实了石灰岩潜山圈闭，该潜山以扎布断层为油源断层，沟通赛东洼槽腾格尔组一段、阿尔善组烃源岩生成的油气，油源条件好。部署钻探赛51井，揭开阿木山组石灰岩420m，在顶部1267～1317m井段见油斑、荧光显示，电测解释Ⅰ、Ⅱ类储层34m，对1282.0～1500.0m井段裸眼测试，获日产52.9t高产油流。2008年进行酸压试油，日产油192t。

2015年，在赛51潜山油藏新增探明石油地质储量81.52×10⁴t；截至2017年，已累计产油8.87×10⁴t，单井日产油稳定在14t左右。

四、页岩油新类型勘探

二连盆地一些富油凹陷中，在阿尔善组四段、腾格尔组一段下亚段发育白云质泥岩与凝灰质泥岩，是极好烃源岩，具备形成页岩油条件。2012年以来，优选阿南—阿北凹陷阿南洼槽、乌里雅斯太凹陷南洼槽开展页岩油的探索与实践。

阿南洼槽腾格尔组一段下亚段的白云质泥岩与凝灰质泥岩分布面积约310km²，厚度

40～120m，平均 80m。有机碳含量在 2%～4% 之间，有机质类型以 II_1—I 型为主（张以明等，2016）。有机质成熟度 R_o 达 0.95%～1.0%，热演化程度高，薄层状凝灰岩与极好烃源岩呈薄互层状分布。2012—2013 年钻探阿密 1H 井、阿密 2 井，主要目的层为腾格尔组一段下亚段。阿密 1H 井测井解释油层、差油层 188m/10 层；对 2085～2175m 井段试油，日产油 9.15t，试油累计产油 45t。阿密 2 井测井解释 I+II 类油层 18.6m/7 层；对 1591～1603m 井段压裂后试油，日产油 1.45t。

2012 年在乌里雅斯太凹陷南洼槽探索湖相烃源岩与致密砂砾岩形成的页岩油，钻探太密 1 井；在 1906～3056m 井段测井解释油层、差油层 219.6m/12 层，对腾格尔组一段下部 2188～3052m 井段实施大型压裂改造（压裂液量 2934.77m³，加砂 138.88m³），日产油 3.57t。

第三章　地　　层

二连盆地位于兴蒙褶皱带偏西部位，而后者处于华北地台与西伯利亚地台之间，长期处于应力会聚、应力释放频繁变化的构造环境。尤其是古生代及其之前，区内总体处于地槽及槽台过渡环境，沉积基底地形反差大、构造变动强烈、不同阶段地质特征各异，加之频繁的岩浆活动参与，致使沉积建造及地层分布特征极其复杂。

古生代期间，二连盆地所在区域分属 4 个地层区划单元（内蒙古自治区地质矿产局，1991，2008；邵积东，1998；邵积东等，2011），自南而北为阴山地层分区、赤峰地层分区、锡林—磐石地层分区及东乌—呼玛地层分区（图 3-1）。其中阴山地层分区、赤峰地层分区地质特点与华北地台联系较多，东乌—呼玛地层分区与西伯利亚地台关系更为密切，锡林—磐石地层分区建造类型兼具南北两侧特点。研究区内赤峰—开原、温都尔庙—西拉木伦河、索伦—林西、二连浩特—贺根山等四条构造缝合带长期对区域地质演化进程起着制约作用（汪新文等，1997）。

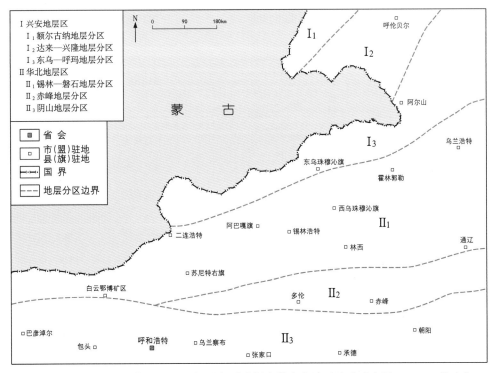

图 3-1　二连盆地及邻区地层区划示意图（据内蒙古自治区地质矿产局，2008，修改）

古生代以来，二连盆地所在区域先后经历了兴凯运动等多期构造运动（尹赞勋等，1965），促成一系列构造界面和地质事件，如加里东构造旋回期间形成的兴凯主幕构造界面（汪新文等，1997）、华力西旋回晚期的海盆封闭，以及燕山期各构造亚层的不整合叠合等。华力西旋回之后，于乐平世（晚二叠世）初期，二连盆地进入初始断陷成盆阶段，发育了乐平世砂砾岩建造（林西组）、早三叠世砂泥岩建造、中三叠世红色基调为主的砂泥岩建造。经历了印支构造旋回之后，自早侏罗世晚期开始，二连盆地进入典型断陷成盆阶段，先后发育早—中侏罗世含煤碎屑岩建造、中侏罗世晚期红色泥质岩建造、晚侏罗世类磨拉石建造、早白垩世初期火山岩—火山碎屑岩建造、早白垩世中晚期河湖相砂泥岩建造，以及晚白垩世陆相残余干盆地红色砂泥岩建造，局部发育以河流相为主、间夹湖泊相及火山岩的新生界（表3-1）。

表 3-1　二连盆地及周边古生代—新生代地层序列简表

界	系	统	二连盆地地层		
新生界	第四系		阿巴嘎组		
	新近系	上新统	宝格达乌拉组		
		中新统	汉诺坝组		
			通古尔组		
	古近系	渐新统	呼尔井组		
			乌兰戈楚组		
		始新统	沙拉木伦组		
			伊尔丁曼哈组		
			阿山头组		
		古新统	脑木更组		
中生界	白垩系	上白垩统	二连组		
		下白垩统	巴彦花群	赛汉塔拉组	
				腾格尔组	二段 上亚段
					二段 下亚段
					一段 上亚段
					一段 下亚段
				阿尔善组	四段
					三段
					二段
					一段
			兴安岭群	东乌组	
				贺根山组	
	侏罗系	上侏罗统	呼格吉勒图组		
		中侏罗统	齐哈组	三段	
				二段	
				一段	
		下侏罗统	阿拉坦合力群	格日勒组	
				阿其图组	

界	系	统	二连盆地地层	
中生界	三叠系	上三叠统		
		中三叠统	伊和高勒组	
			吉尔嘎朗图组	
		下三叠统	代喇嘛庙组	
			沙木尔吉组	
古生界	二叠系	乐平统	林西组	
			哲斯组	
		阳新统	大石寨组	
		船山统	寿山沟组	
			阿木山组	
	石炭系	上石炭统	本巴图组	
		下石炭统		
	泥盆系	上泥盆统	安格尔音乌拉组	
		中泥盆统	塔尔巴格特组	
		下泥盆统	泥鳅河组	
	志留系	上志留统	卧都河组	
		中志留统		
		下志留统		
	奥陶系	上奥陶统	包南尔汉群	哈拉组
		中奥陶统		布龙山组
		下奥陶统		
	寒武系	芙蓉统		
		苗岭统		
		第二统		
		组芬兰统		

第一节 上古生界

泥盆系、石炭系、二叠系是二连盆地褶皱基底顶部层系，其中泥盆系主要分布于东乌—呼玛地层分区，以及锡林—磐石地层分区局部。石炭系—二叠系遍及二连盆地大部，在地表广泛出露，并在部分钻井内有所钻遇。区内上古生界以地槽型及槽台过渡型建造为主，多有火山岩参与其中，且经历了沉积期后多期岩浆活动及构造挤压揉皱，故有轻微变质（内蒙古自治区地质矿产局，1991，2008）。

一、岩石地层特征

1. 泥盆系（D）

泥盆系依据岩石组合及生物群特征可划分为下泥盆统泥鳅河组、中泥盆统塔尔巴格特组、上泥盆统安格尔音乌拉组（图3-2）。总厚度近10000m。

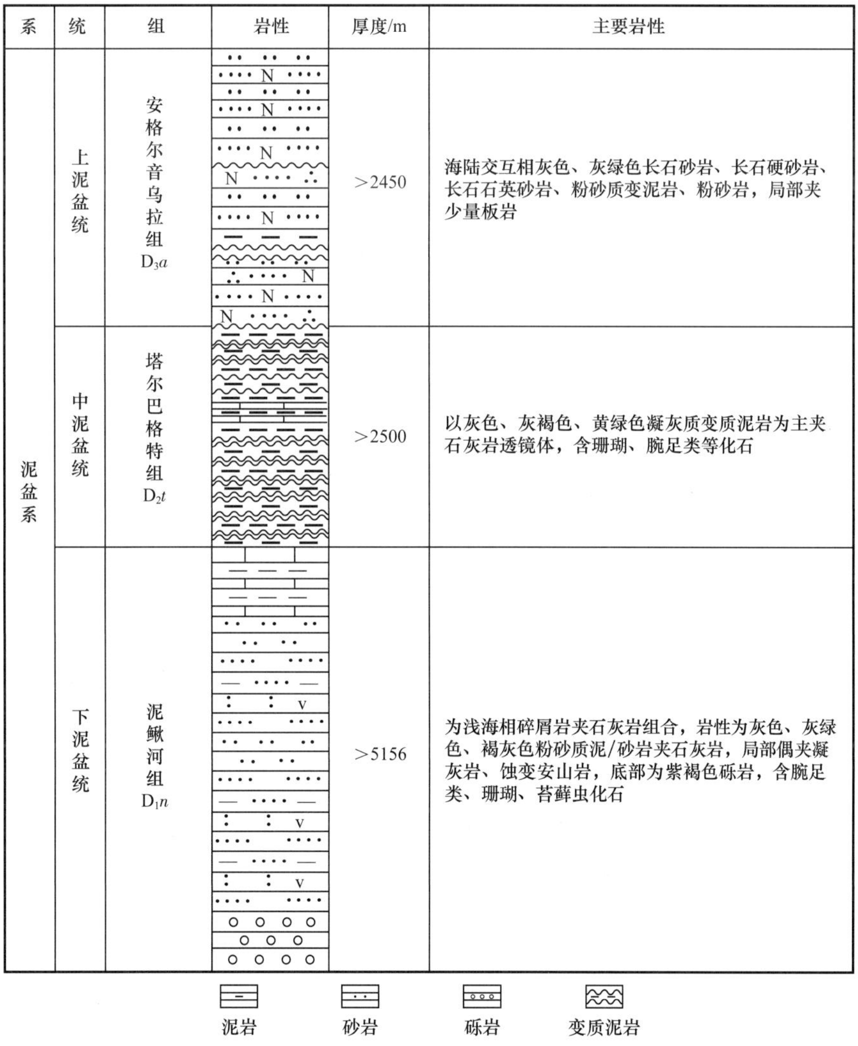

系	统	组	岩性	厚度/m	主要岩性
泥盆系	上泥盆统	安格尔音乌拉组 D_3a		>2450	海陆交互相灰色、灰绿色长石砂岩、长石硬砂岩、长石石英砂岩、粉砂质变泥岩、粉砂岩，局部夹少量板岩
	中泥盆统	塔尔巴格特组 D_2t		>2500	以灰色、灰褐色、黄绿色凝灰质变质泥岩为主夹石灰岩透镜体，含珊瑚、腕足类等化石
	下泥盆统	泥鳅河组 D_1n		>5156	为浅海相碎屑岩夹石灰岩组合，岩性为灰色、灰绿色、褐灰色粉砂质泥/砂岩夹石灰岩，局部偶夹凝灰岩、蚀变安山岩，底部为紫褐色砾岩，含腕足类、珊瑚、苔藓虫化石

泥岩　砂岩　砾岩　变质泥岩

图3-2 二连盆地泥盆系综合柱状图

泥盆系主要分布于东乌—呼玛地层分区，以及锡林—磐石地层分区局部。

1）泥鳅河组（D_1n）

泥鳅河组按岩性组合分为两段，一段岩石组合以细碎屑岩为主，主要岩石类型有凝灰质细粉砂岩、含晶屑火山灰凝灰岩、生物碎屑粉砂质硅泥岩、生物碎屑灰岩、含生物碎屑凝灰质泥岩；二段为粗碎屑岩，岩石类型有砾岩、中细粒岩屑石英砂岩、中粗粒砂岩、粉砂质泥板岩夹细砂岩。泥鳅河组总厚度大于5156m。

阿巴嘎旗泥鳅河组具有一定代表性，岩性组合为一套灰色、灰绿色、黄绿色变砂岩、变凝灰岩及泥板岩，累计厚度大于3900m。

泥鳅河组分布相对广泛，西起二连浩特市，东至鄂伦春自治旗，大致呈北东向延伸入黑龙江省境内。二连浩特市—红格尔一线以北地区，所见属早泥盆世晚期的沉积，为一套褐灰色、褐紫色、浅灰色长石石英砂岩、砂砾岩、凝灰质长石砂岩等，厚1000～3000m。

2）塔尔巴格特组（D_2t）

塔尔巴格特组岩性为浅变质灰色中粗粒石英砂岩、灰绿色细粒岩屑石英砂岩、细粒石英砂岩、灰色粉砂岩不等厚互层，局部地段夹深灰色硅质岩、凝灰质板岩、粉砂质板岩、片理化英安质火山角砾岩、晶屑凝灰岩等。总厚度大于2500m。西乌珠穆沁旗松根乌拉苏木乌讷格特乌拉实测剖面上，塔尔巴格特组累计厚度大于2600m，下部为一套强烈硅化的灰色、灰白色、灰绿色、灰黄色变砂岩、变凝灰岩；中部为一套以灰绿色为主的泥板岩、砂板岩，夹黄绿色、灰色板岩；上部为灰绿色变砾岩、变砂岩、变凝灰岩，以及砂板岩，局部硅化强烈。

塔尔巴格特组分布于东乌珠穆沁旗北塔尔巴格特—额仁高壁一带，另在贺根山、白音图嘎等地也有零星分布。为一套海相中—酸性火成岩、沉积岩组合，与蛇绿混杂岩带紧密伴生。贺根山北至乌讷格特乌拉一带主要为灰色中粗粒石英砂岩、细粒石英砂岩、灰色粉砂岩不等厚互层，局部夹深灰色硅质岩、凝灰质板岩、粉砂质板岩、片理化英安质火山角砾岩、晶屑凝灰岩和砂砾岩。最大控制厚度大于2652.8m。

3）安格尔音乌拉组（D_3a）

安格尔音乌拉组为一套海陆交互相灰色、灰绿色长石砂岩、长石硬砂岩、长石石英砂岩、粉砂质变泥岩、粉砂岩，局部夹少量板岩。总厚度大于2450m。

安格尔音乌拉组总体呈北东向展布于东乌珠穆沁旗北部阿拉坦合力苏木—安格尔音乌拉—额仁高壁一线，阿巴嘎旗北部也有零星出露。吉尔嘎朗图—阿拉坦合力苏木一带为长石砂岩、长石杂砂岩、粉砂岩，局部夹少量板岩等，厚度大于2192m。安格尔音乌拉等地厚度增大到3800m以上，岩性为浅灰色、黄灰色、浅黄色中细粒长石砂岩、杂砂岩夹粉砂岩和板岩；苏布腊格地区岩性为凝灰岩、粉砂质板岩、凝灰岩及石灰岩透镜体，上部具角岩化，厚度3871m，含植物化石碎片。

2. 石炭系—二叠系（C—P）

二连盆地石炭系—二叠系划分为上石炭统本巴图组、上石炭统—二叠系船山统阿木山组和二叠系船山统寿山沟组、阳新统大石寨组和哲斯组，以及乐平统林西组，最大累计厚度近18000m（图3-3）。

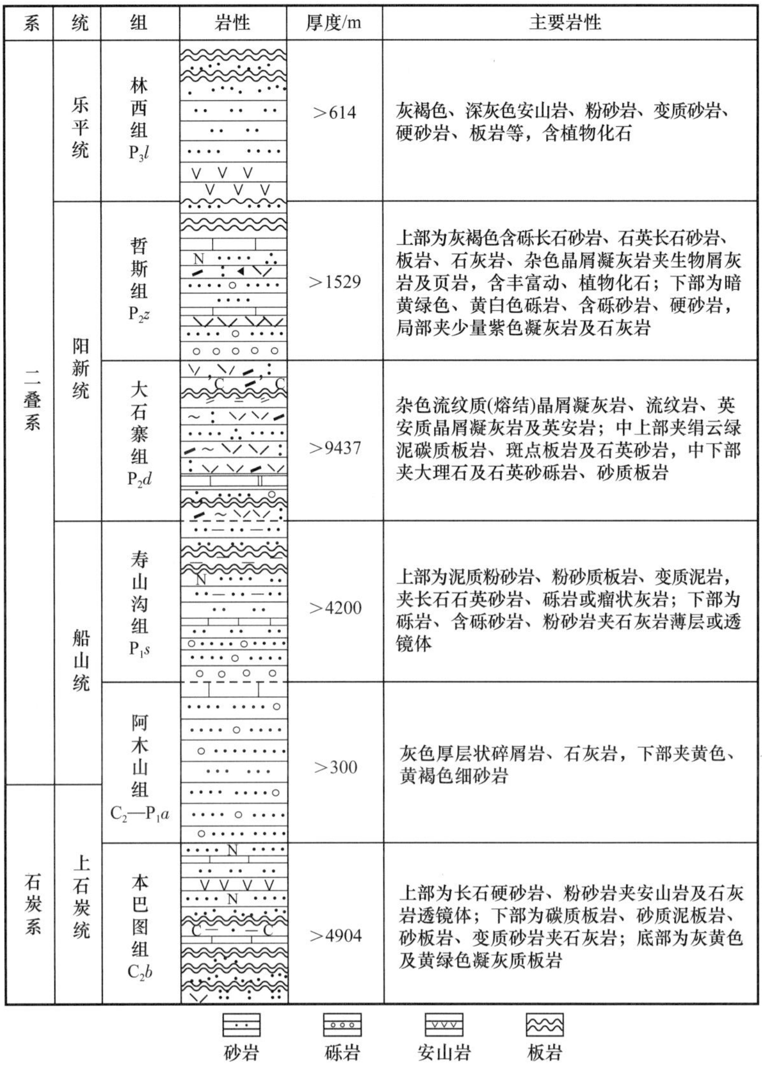

系	统	组	岩性	厚度/m	主要岩性
二叠系	乐平统	林西组 P₃l		>614	灰褐色、深灰色安山岩、粉砂岩、变质砂岩、硬砂岩、板岩等，含植物化石
	阳新统	哲斯组 P₂z		>1529	上部为灰褐色含砾长石砂岩、石英长石砂岩、板岩、石灰岩、杂色晶屑凝灰岩夹生物碎屑岩及页岩，含丰富动、植物化石；下部为暗黄绿色、黄白色砾岩、含砾砂岩、硬砂岩，局部夹少量紫色凝灰岩及石灰岩
		大石寨组 P₂d		>9437	杂色流纹质(熔结)晶屑凝灰岩、流纹岩、英安质晶屑凝灰岩及英安岩；中上部夹绢云绿泥碳质板岩、斑点板岩及石英砂岩，中下部夹大理石及石英砂砾岩、砂质板岩
	船山统	寿山沟组 P₁s		>4200	上部为泥质粉砂岩、粉砂质板岩、变质泥岩，夹长石石英砂岩、砾岩或瘤状灰岩；下部为砾岩、含砾砂岩、粉砂岩夹石灰岩薄层或透镜体
		阿木山组 C₂—P₁a		>300	灰色厚层状碎屑岩、石灰岩，下部夹黄色、黄褐色细砂岩
石炭系	上石炭统	本巴图组 C₂b		>4904	上部为长石硬砂岩、粉砂岩夹安山岩及石灰岩透镜体；下部为碳质板岩、砂质泥板岩、砂板岩、变质砂岩夹石灰岩；底部为灰黄色及黄绿色凝灰质板岩

砂岩	砾岩	安山岩	板岩

图 3-3　二连盆地石炭系—二叠系综合柱状图

1）本巴图组（C₂b）

本巴图组底部为灰黄色及黄绿色凝灰质板岩；下部为灰色、灰黑色碳质板岩、砂质泥板岩、砂板岩、变质砂岩夹石灰岩；上部为黄绿色、灰绿色长石硬砂岩、粉砂岩夹安山岩及石灰岩透镜体。总厚度大于 4904m。

本巴图组分布较广泛，西自阿拉善右旗高家窑，东至霍林河，横亘 1600km。南起白音敖包槽台断裂带，北达中蒙边界，宽约 100km。本巴图组横向上均为陆源滨浅海相碎屑岩、碳酸盐岩、中酸性火山岩及火山碎屑岩组合。在苏尼特右旗以北地区岩性主要由石灰岩、安山质晶屑凝灰岩、安山岩夹大理岩透镜体组成，属浅海沉积。

2）阿木山组（C₂—P₁a）

阿木山组下部以黄褐色砂岩等陆源碎屑岩为主，呈块状层理，多为褐红色及灰黄色，总体向上变细变薄，砂屑成分多为岩屑和长石，分选性较差。上部为大套厚层灰色、深灰色生物灰岩及生物碎屑灰岩，为开阔浅海—碳酸盐岩台地沉积，以及弱氧化环境下滨岸带沉积。总厚度 300～1000m。

二连盆地多处钻遇石炭系—二叠系，但均因揭露层系有限，岩性多变，以及缺乏化石证据而难以落实其时代归属。直至钻探赛51井，在巴彦花群之下揭露大套碳酸盐岩层系，并于偏光薄片中见到蜓类和棘皮动物化石（图3-4），蜓类化石形态接近 *Pseudoschwagerina*（假希瓦格蜓）。据此落实其化石产层为阿木山组，对比于华北地区太原组下部。

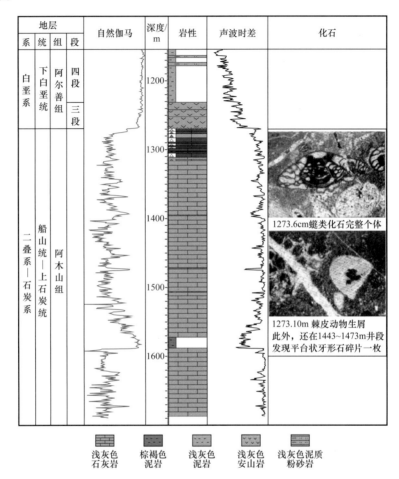

图 3-4　赛汉塔拉凹陷赛51井阿木山组柱状图

阿木山组断续出露于满都拉、赛汉塔拉南北及西乌珠穆沁旗等地。岩性主要以厚层石灰岩为特征，夹砂岩、砂砾岩。局部厚度大于1000m。富含蜓类、珊瑚和腕足类等海相化石。

3）寿山沟组（P₁s）

寿山沟组按岩性组合划为两段。一段为黄灰色、灰黑色砾岩、含砾砂岩、粉砂岩，夹石灰岩薄层或透镜体。二段为灰黑色泥质粉砂岩、粉砂质板岩、变质泥岩，夹长石石英砂岩、砾岩或瘤状灰岩。总厚度大于4200m。

寿山沟组主要分布于锡林浩特—磐石地层分区，以西乌珠穆沁旗一带出露最为广泛、剖面最为典型。西拉木伦河以南、翁牛特旗至赤峰地区亦有较多出露。

4）大石寨组（P₂d）

大石寨组岩性组合为灰色、灰白色、灰紫色流纹质晶屑凝灰岩、流纹岩、流纹质熔结晶屑凝灰岩、英安质晶屑凝灰岩及英安岩。中下部夹玫瑰色、青灰色、白色大理岩及石英砂砾岩、砂质板岩；上部夹灰褐色碳质板岩及石英砂岩。总厚度大于9437m，与下伏寿山沟组不整合接触。

大石寨组主要分布于西乌珠穆沁旗、猴头庙、克旗煤矿—达青牧场南—米韩高巧高鲁一线。在达尔罕茂明安联合旗—西乌珠穆沁旗—霍林郭勒市南部，其岩性以碱性、中—酸性火山岩为主。在哈尔呼舒—浩尔图—大石寨等地，以碱性、中酸性火山岩及火山碎屑岩为主，夹硅质岩及凝灰岩。

5）哲斯组（P_2z）

哲斯组为浅海—滨海相砾岩、砂岩及石灰岩组合，变化频繁，具复理石建造特点，自下而上由薄变厚、由细变粗，总趋势由浅海相变为滨海相，晚期滨海特点清晰。下部生物碎屑灰岩中含丰富的腕足类、苔藓虫，以及双壳类化石。上部生物碎屑灰岩及砂质页岩中见苔藓虫、海绵骨针。总厚度大于1529m。整合或不整合于大石寨组之上。

哲斯组属海盆即将回返时的浅海—滨海相，区域上岩性组合及厚度变化较大。在锡林浩特—磐石地层分区分布极为广泛，西起哲斯敖包，向东北延伸至西乌珠穆沁旗、黄岗梁、大石寨和神山地区。

6）林西组（P_3l）

林西组为灰黄色中砾岩、含砾中粒长石砂岩、中—细粒长石砂岩、黄绿色长石砂岩夹灰绿色中层状中细粒砂岩、中粗粒岩屑砂岩等，砂岩中偶见海百合茎碎屑。纵向上该组可识别出数个自下而上由粗渐细的沉积旋回，岩性为砾岩→含砾砂岩→砂岩，水动力从强到弱。含安加拉植物群化石。总厚度大于614m，不整合于下伏哲斯组之上。

林西组在锡林浩特—磐石地层分区分布较广泛，区内典型露头见于苏尼特左旗东至阿巴嘎旗一带、那仁宝拉格苏木东北至吉尔嘎朗图苏木西南一带，以及锡林浩特西部等地。岩石组合为一套粗碎屑岩，以砾岩夹砂岩为主，沉积层系粒度由西向东逐渐变细，自下而上逐渐变细。

在东乌—呼玛地层分区以及锡林—磐石地层分区局部，上石炭统—二叠系阳新统为一套火成岩广泛参与的碎屑岩剖面类型。在东乌—呼玛地层分区的北部，以中酸性火成岩为主，夹凝灰质砂岩、长石砂岩、板岩、砾岩及凝灰岩、石灰岩透镜体，含植物化石。在东乌—呼玛地层分区的中南部及锡林—磐石地层分区北侧，以安山质岩屑晶屑凝灰岩、凝灰质砂岩、板岩和细砂岩、粉砂岩、砾岩及石灰岩透镜体为主，夹中酸性火成岩，含腕足类等化石。

二、生物地层特征

二连盆地上古生界古生物化石资料主要来自内蒙古自治区地质矿产局等前人相关成果（内蒙古自治区地层表编写组，1978；内蒙古自治区地质矿产局，1991，2008；王成源等，2006；王平，2006），部分微体化石信息来自中国石油天然气股份有限公司上古生界项目成果（韩春元等，2014；王成源等，2015）。所见化石以腕足类、珊瑚、蜓类、三叶虫、双壳类、腹足类、棘皮类、苔藓虫、植物等大化石为主，辅以少量牙形石化石，以及个别孢粉化石，化石群较好地指示了相应组段的地质时代归属。本志将主要化石类型进行了汇总（表3-2）。

表 3-2　二连盆地上古生界主要化石类型汇总表

地层	主要化石类型	其他
林西组	双壳类：*Palaeomutela—Palaeanodonta* 组合；古植物：*Callipteris laceratifolia* 裂美羊齿	
哲斯组	珊瑚及腕足类有 *Amygdalophylloides asteroids*，*Spiriferella* sp.，*Spiriferella* cf. *keilhavii* 等；蟆类有 *Schwagerina quasiregularis*，*S.neimonggolensis*，*Schwagerina* sp.，*Codonofusiella schubertelloides*，*Pseudodoliolina* sp.，*Wentzelella* sp.，*Parafusulina splendens*，*Richthofenia* sp. 等；牙形石有 *Mesogondolella aserrata*，*Mesogondolella neoprolongata*，*Mesogondolella mandulaensis*，*Wardlawella jisuensis* 等	
大石寨组	腕足类见 *Martinia* 等化石；珊瑚 *Verbeekiella* sp.，*Amsplexocarinia* sp.，*Duplophyllum* sp.，*Yatsengia kiangsuensis*，*Yokoyamaella yokoyamai*，*Wentzelella* sp.，*Wentzelellites* sp. 等；海绵有 *Amblysiphonella* 等	苏尼特左旗宝力高庙组中有植物化石 *Angaropteridium cudiopteroides*，*Neuropteris* sp.，*N.otozamioides*，*Calamites* sp.，*Paracalamites* sp.，*Noeggerathiopsis derzavinii*，*N. angustifolia*，*N. lotifolia*，*N. latifolia*，*N. theodorits* 等；格根敖包组中见腕足类 *Rhynchopora* sp.，*Paeckelmanella* aff. *wimani*，*Spirifer* sp.，*Taimyrella* aff. *pseudodarwini*，*Chonetes* sp. 等，并共生苔藓虫 *Fenestella* sp.，双壳类 *Carbonicula* sp.，以及腹足类等
寿山沟组	腕足类有 *Rhipidomella* sp.，*Cancrinella capillacealeetgu*，*Retichlaria* sp. 等；苔藓虫 *Rhombotrypella* sp.，*Fenestella* sp.，*Stenopora* sp. 等；古植物有 *Calamites* sp. 等	
阿木山组	蟆类上部有 *Triticites—Pseudoschwagerina* 组合带，下部有 *Triticites—Quasifusulina* 组合带；牙形石有 *Neostreptognathodus costatus*，*Streptognathodus vitali*，*Streptognathodus gracilis*，*Streptognathodus parvus* 等；古植物有 *Calamites* sp.，*Pecopteris* cf. *arborescens* 等化石	
本巴图组	蟆类上部有 *Fusulina—Fusulinella* 组合带，下部有 *Profusulinella—Pseudostaffella* 组合带；古植物有 *Lepidodendropsis* sp. 等	
安格尔音乌拉组	腕足类以石燕、无洞贝、长身贝等类型为主，有 *Paraspirifer gigantea*，*Atrypa* sp.，*Marginifera* sp.，*Cancrinella* sp.，*Linoproductus* 等；孢粉化石有 *Retiaclatcspoutes*，*Amyrospora*，*Leiotriletes*，*Granulatisporites*，*Acahthotniletes* 等	
塔尔巴格特组	腕足类有 *Mucrospirifer mucronatus*，*M.paradoxiformi*，*Khinganospirifer paradoxiformis*，*Acrospirifer orthogonalis*，*A. psendocheehiel*，*Spinatrypa waterlooensis* 等；珊瑚有 *Heliophyllum incrassatum*，*H. halli* 等	
泥鳅河组	腕足类有 *Howellella amurensis*，*Howellella delernsis*，*Schizophoria kobayashii* 等；珊瑚有 *Favosites grossus* 等；双壳类 *Ptychopteria maxima* 等；三叶虫有 *Phacops delunhudugeensis*，*Reedops xilingolensis* 等；牙形石有 *Caudicriodus woschmidti hesperius*，*Pseudoonentodus beckmanni*，*Masaraella pandora* 等	

第二节　三叠系、侏罗系

经历了海西期构造变动和区域挤压隆升后，印支构造旋回期间，在引张应力作用下二连盆地局部断陷成盆，在盆地东北部局部发育三叠系。该套层系迄今仅见于东乌珠穆沁旗西偏南阿拉坦合力凹陷西北侧的坦参 1 井中，为一套厚达 1800 余米的红色砂泥岩层系。

侏罗系分布范围明显较三叠系广泛，见于阿其图乌拉、格日勒敖都、赛汉塔拉、乌兰花、脑木更，以及巴音都兰等凹陷，残余厚度 300～1800m 不等。

一、三叠系

三叠系仅见于二连盆地东北部阿拉坦合力凹陷西北部的坦参 1 井内，为一套以红色泥质岩占主导地位的碎屑岩层系。该井钻探于 20 世纪 80 年代中期，此后经过反复论证，落实了该剖面三叠系的存在。胡桂琴等（1999）依据孢粉化石组合将该套层系归于下三叠统，陶明华等（2009）依据含化石情况及地层结构特点将其与鄂尔多斯盆地石千峰群上部—铜川组进行对比，地质时代为早、中三叠世。

坦参 1 井三叠系钻遇厚度之大，揭露层系之多，在整个二连盆地，乃至中国东北地区均无出其右者，特征突出，堪称典型，故借此予以介绍。依据剖面的分析研究，在三叠系内选择两个岩性对比标志层，可作为盆地内未来工作参照的依据。依据岩性组合及孢粉化石特征，将二连盆地三叠系自下而上划分为沙木尔吉组、代喇嘛庙组、吉尔嘎朗图组及伊和高勒组（图 3-5）。

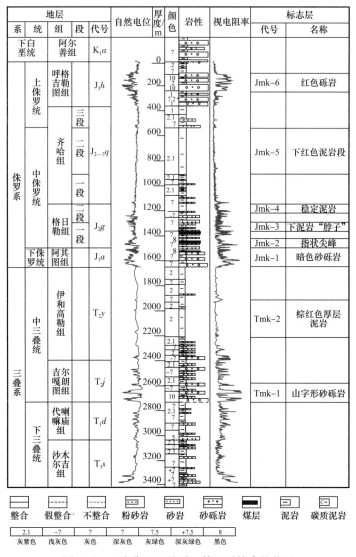

图 3-5 二连盆地三叠系、侏罗系综合柱状图

1. 岩石地层特征

1）沙木尔吉组（T_1s）

坦参 1 井 2056～2404m 井段，视厚度 348m，未见底。岩性为一套紫红色泥岩与灰色粉细砂岩不等厚互层，夹灰色或灰绿色泥岩。下部为厚层状灰色、灰白色砂岩、粉砂岩，夹紫红色泥岩，底部发育数层灰色泥岩；上部以灰色、紫红色泥岩为主，夹灰色粉砂岩、粉砂质泥岩及灰绿色泥岩。

2）代喇嘛庙组（T_1d）

坦参 1 井 1750～2056m 井段，视厚度 306m。岩性为一套灰色粉细砂岩与灰色、紫色、紫红色泥岩互层，夹灰色砂砾岩薄层。下部为灰色、浅灰色砂岩与粉砂岩，夹灰色泥岩、紫红色泥岩和灰色薄层砂砾岩；上部为灰色粉砂岩与灰色、紫红色泥岩互层，夹灰色粉砂岩和粉砂质泥岩。

3）吉尔嘎朗图组（T_2j）

坦参 1 井 1400～1750m 井段，视厚度 350m。下部为厚层状—巨厚层状杂色砂砾岩、灰色含砾砂岩、含砾泥岩、灰色粉砂岩与紫色、紫红色泥岩不等厚互层，局部夹数层灰色泥岩；上部以紫红色泥岩为主，夹薄层状含砾砂岩、砂岩及粉砂质泥岩。

4）伊和高勒组（T_2y）

坦参 1 井 558～1400m 井段，视厚度 842m。该组为一套以红色泥质岩为主的沉积建造，岩性为巨厚层状紫红色和棕红色泥岩，仅下部和上部发育数层灰色砂岩及粉砂岩。下部为灰色砂岩、粉砂岩，与紫色泥岩不等厚互层；中部为巨厚层状棕红色泥岩，局部夹紫红色泥岩；上部以紫红色和棕红色泥岩为主，中间发育多组浅灰色、杂色砂砾岩及紫红色粉砂质泥岩。

仅从坦参 1 井钻遇层系来看，自下而上明显存在两个大型旋回状沉积层系。其中沙木尔吉组—代喇嘛庙组构成第一个旋回层，沙木尔吉组上部为最大湖侵期沉积产物，代喇嘛庙组为回返期沉积层系。吉尔嘎朗图组—伊和高勒组构成第二个旋回层，前者为旋回层下部粗碎屑岩集中段，后者为旋回层上部泥质岩集中段。就其地层结构及含化石情况来看，二连盆地三叠系第一个旋回层与华北地区石千峰群中上部可以对比；第二个旋回层可以与华北地区二马营组及铜川组，以及新疆克拉玛依组及黄山街组进行对比。依据剖面的旋回性特征，结合含化石情况，可以方便地实现地层序列的划分，以及与区域上同期层系间的对比。

2. 生物地层特征

坦参 1 井孢粉化石中含有三叠系最常见且具标志性的化石类型：Lundbladispora（伦德布莱孢属）、Aratrisporites（犁形孢属）、Limatulasporites（背光孢属）、Annulispora（环圈孢属），以及 Taeniaesporites（宽肋粉属）等，清晰地指明了剖面各组段的地质年代属性。陶明华等（2009）依据主要化石分布特征建立了三个化石组合，即 Limatulasporites（背光孢属）—Lundbladispora（伦德布莱孢属）—Florinites（弗氏粉属）组合、Limatulasporites（背光孢属）—Annulispora（环圈孢属）—Monosulcites（单远极沟粉属）组合，以及 Osmundacidites（紫萁孢属）—Aratrisporites（犁形孢属）—Cycadopites（苏铁粉属）组合。其与岩石地层间的关系见表 3–3。

表 3-3　二连盆地三叠系化石组合表

中国年代地层			二连盆地地层	二连盆地三叠系孢粉化石群
系	统	阶		组合
三叠系	上三叠统	佩枯错阶		
		亚智梁阶		
	中三叠统	新铺阶	伊和高勒组	*Osmundacidites—Aratrisporites—Cycadopites* 组合（紫其孢属—犁形孢属—苏铁粉属）
		关刀阶	吉尔嘎朗图组	*Limatulasporites—Annulispora—Monosulcites* 组合（背光孢属—环圈孢属—单远极沟粉属）
	下三叠统	巢湖阶	代喇嘛庙组	*Limatulasporites—Lundbladispora—Florinites* 组合（背光孢属—伦德布莱孢属—弗氏粉属）
		殷坑阶	沙木尔吉组	
二叠系	乐平统	长兴阶		
		龙潭阶		

二、侏罗系

因在多个凹陷内发育较好的烃源岩层、油气储层，并见到较好油气显示，二连盆地侏罗系逐渐受到重视。盆内侏罗系相对完整，早侏罗世晚期—中侏罗世早期含煤建造、中侏罗世中晚期红色泥质岩建造均有所发育，晚侏罗世类磨拉石建造局部见及。侏罗系自下而上依次为阿其图组、格日勒组、齐哈组，以及呼格吉勒图组四个组级岩石地层单位（陶明华等，2000；许坤等，2003）。通过对比研究，在侏罗系内优选出六个岩性及电性标志层，可作为盆地内侏罗系划分对比的重要参考（图 3-5）。其中四个标志层分布于下部暗色含煤层系内（即以往所指的阿拉坦合力群内），两个标志层分布于上部红色泥质岩层系及杂色砂砾岩层系内。

1. 岩石地层特征

1）阿其图组（J_1a）

阿其图组以阿其图乌拉凹陷图参 1 井 2584～3003m 井段为代表剖面（图 3-6），视厚度 419m；岩性下粗、中细、上粗，划分为两个岩性段；不整合于古生界浅变质岩之上。

阿其图组下段为一个下粗上细的旋回状沉积序列，下部以灰色、灰白色砂砾岩、砾岩为主，夹深灰色泥岩或钙质泥岩；上部为深灰色泥岩、粉砂岩，与灰色、浅灰色砂砾岩、含砾砂岩不等厚互层。上段以灰白色、浅灰色砂砾岩为主，夹深灰色白云质泥岩、灰色粉砂岩及黑灰色碳质泥岩。该段为二连盆地侏罗系内的一个较突出地层划分对比标志层。

2）格日勒组（J_2g）

格日勒组以格日勒敖都凹陷格古 1 井 1468～1834m 井段为代表剖面，视厚度 366m（图 3-6）。该组在代表剖面及二连盆地多数剖面中为一套含煤碎屑岩层系，可划分为两段，与下伏阿其图组连续接触。

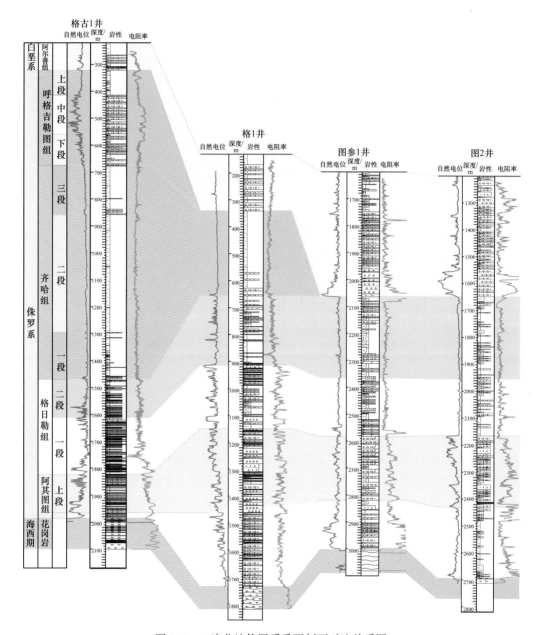

图 3-6 二连盆地侏罗系重要剖面对比关系图

一段：以灰色含砾砂岩、砂岩与灰色泥岩互层为主，夹灰黑色碳质泥岩及煤层。底部煤层及泥页岩电阻率曲线常呈现特高阻，为侏罗系内较稳定的地层划分对比标志。

二段：底部灰色泥岩较集中；下部为薄层状灰色砂岩、含砾砂岩与灰色泥岩互层；中、上部泥质岩相对发育，以灰色泥岩为主，夹粉细砂岩薄层，是侏罗系内最为稳定的地层划分对比标志层；顶部为灰色粉细砂岩与泥岩互层，夹紫红色泥岩薄层。

3）齐哈组（$J_{2-3}q$）

齐哈组以格日勒敖都凹陷格古 1 井 676～1468m 井段为代表剖面，视厚度 792m（图 3-6）。该组总体为一套以红色泥岩占绝对优势的层系，碎屑岩仅局部发育，厚度巨大，与下伏格日勒组可能存在沉积间断。根据格古 1 井岩性组成、沉积旋回性及其电性特征，将该组划分为三个岩性段。

一段：底部发育一个小砂组；下部为紫色、灰绿色、灰色及土黄色泥岩互层，局部夹薄层灰色粉细砂岩、粉砂质泥岩；上部以紫色泥岩为主。

二段：下部为紫色泥岩夹灰色粉细砂岩和粉砂质泥岩；中上部为大套紫色、紫红色泥岩，偶夹薄层粉砂质泥岩。紫色、紫红色泥岩为侏罗系十分醒目的地层划分对比标志。

三段：下部为灰色粉细砂岩、含砾砂岩与紫色泥岩薄互层；中上部为紫红色、砖红色、棕红色泥岩，局部夹灰色粉细砂岩薄层。

4）呼格吉勒图组（J_3h）

呼格吉勒图组以格日勒敖都凹陷格古 1 井 321～676m 井段为代表剖面，视厚度 355m。该组为一套典型的红色类磨拉石建造，砾岩或砂砾岩占主导地位，具有下细、中粗、上细的特征。呼格吉勒图组与下伏齐哈组为不整合接触。根据岩性组合纵向变化规律，明显可以实行三分。

下段：灰色、灰紫色砂砾岩、砂岩与砖红色、紫红色泥岩及粉砂质泥岩不等厚互层。

中段：杂色厚层或块状砾岩、砂砾岩，夹紫红色砂质泥岩及泥质砾岩。该段为侏罗系内重要的地层划分对比标志。

上段：以灰色、灰绿色及砖红色和紫红色泥岩为主，夹薄层粉细砂岩。

二连盆地侏罗系是在经历了印支旋回晚期盆地回返及剥蚀夷平，复又进入引张断陷背景下发育起来的。其成盆过程先后经历了早期含煤碎屑岩发育阶段，中期暗色湖相砂泥岩发育阶段，以及晚期干盆地红色泥质岩发育阶段，而后盆地封闭。上侏罗统为盆地回返过后，新一期引张断陷成盆之初发育起来的杂色砂砾岩建造。早、中期沉积建造分布相对普遍，在格日勒敖都、阿其图乌拉、阿拉坦合力、巴音都兰、乌兰花、赛汉塔拉、脑木更等凹陷均有钻遇。齐哈组及呼格吉勒图组分布范围局限，迄今仅见于格日勒敖都凹陷，其他凹陷剥蚀缺失或沉积缺失。

阿其图组及格日勒组有三种剖面类型：一是含煤碎屑岩类型，分布在格日勒敖都、阿拉坦合力、乌兰花、赛汉塔拉等凹陷；二是湖相暗色砂泥岩类型，迄今仅见于阿其图乌拉凹陷部分钻井中；三是灰黑色碳质泥岩类型，由大段碳质泥岩组成，见于脑木更凹陷，以及巴音都兰凹陷局部。上述三种剖面类型均发育较好的烃源岩层，其中含煤碎屑岩类型及碳质泥岩类型以腐殖型为主，暗色砂泥岩类型以腐泥型占优，均具有可观的资源潜力。

2. 生物地层特征

自 20 世纪 80 年代初二连盆地投入大规模勘探以来，针对区内侏罗系进行了大量的古生物分析研究工作（李宏容，1989；陶明华等，2000；许坤等，2003）。在钻遇侏罗系的图参 1 井、格古 1 井、格 1 井、木 1 井、赛 22 井等剖面获得了较为丰富的古生物化石。根据典型化石分布特征、优势属种纵向分布规律，以及特殊化石类型出现情况，建立了介形类、轮藻、孢粉，以及古植物等门类的化石组合，为岩石地层序列的划分对比、地质时代归属，以及区域地层对比关系的建立提供了重要基础。各化石组合与岩石地层间的关系见表 3-4。

表 3-4　二连盆地侏罗系化石组合表

地层					轮藻	介形类	孢粉		古植物
系	统	群	组	段			组合	亚组合	
白垩系	下白垩统	巴彦花群	阿尔善组	二段			*Cicatricosisporites—Laevitriletes—Psophosphaera—Protoconifera* 组合		
				一段					
		兴安岭群	东乌组						
			贺根山组						
侏罗系	上侏罗统		呼格吉勒图组						
			齐哈组	三段					
				二段					
				一段				*Densoisporites—Leiotriletes—Classopollis* 亚组合	
	中侏罗统	阿拉坦合力群	格日勒组	二段	*Aclistochara yunnanensis—A.nuguishanensis—A.lufengensis* 组合	*Timiriasevia mackerrowi—Darwinula impudica—D.erenhotensis* 组合	*Leiotriletes—Classopollis* 组合	*Osmundacidites—Leiotriletes—Classopollis* 亚组合	*Coniopteris hymenophylloides—Cladophlebis* 组合
				一段			*Osmundacidites—Cycadopites—Quardraeculina* 组合	*Osmundacidites—Leiotriletes—Podocarpidites* 亚组合	*Complicatis—Podozamites lanceolatus* 组合
	下侏罗统		阿其图组	上段				*Osmundacidites—Cyathidites—Protoconifera* 亚组合	
				下段			*Osmundacidites—Acanthortriletes—Protoconiferus* 组合		

第三节　白　垩　系

下白垩统为二连盆地沉积盖层的主体，广布于盆地内各凹陷中，累计厚度大于4000m。上白垩统为残余盆地沉积，零星见于部分地区，厚度一般小于300m，多为红色砂泥岩层系。

20世纪70年代以来，二连盆地下白垩统的划分经历了多次变化（杜永林等，1984）（表3-5），至90年代晚期现行方案定型并一直持续至今（陶明华等，1998；祝玉衡等，2000；费宝生等，2001）。本志下白垩统采纳两群五组方案，自下而上为兴安岭群（贺根山组、东乌组）、巴彦花群（阿尔善组、腾格尔组和赛汉塔拉组）；上白垩统仅包含二连组一个岩石地层单位。

表 3-5 二连盆地白垩系划分沿革表

统／系	内蒙古地层表编写组 1978	大庆油田研究院 1981	华北油田研究院 1983	华北油田研究院 1985	华北石油管理局 1985	中国石油地质志（卷五）1988	叶得泉等 1990	陶明华 2000	本志
上白垩统	二连达布苏组	二连达布苏组	二连达布苏组	二连达布苏组	二连达布苏组	巴上组（？）	二连达布苏组	二连组	二连组
下白垩统	查干里门诺尔组	巴彦花群：上粗段 / 中细段 / 下粗段	巴彦花群——赛汉塔拉组（三段、二段、一段）	巴彦花群——赛汉塔拉组	巴彦花群——赛汉塔拉组（二段、一段）；腾格尔组	巴彦花群——巴上组（上段、下段）；巴中组	巴彦花群——赛汉塔拉组；都红木组（上段、下段）；腾格尔组	巴彦花群——赛汉塔拉组（三段、二段、一段）；腾格尔组	巴彦花群——赛汉塔拉组（上亚段、下亚段）；腾格尔组（二段：上亚段、下亚段；一段：上亚段、下亚段）
下白垩统	巴彦花组 / 布拉根哈达组		阿尔善组 / 额合组（三段、二段、一段）	都红木组；阿尔善组（上段、下段）；额合宝力格组（上段、中段、下段）	阿尔善组（四段、三段、二段、一段）	巴下组（上段、中段、下段）	阿尔善组（上段、中段、下段）	阿尔善组（四段、三段、二段、一段）；东乌组	阿尔善组（四段、三段：上亚段、下亚段、二段、一段）；东乌组
下白垩统—上侏罗统	道特淖尔组								
上侏罗统	查干淖尔组	兴安岭群	兴安岭群	兴安岭群	兴安岭群	侏罗系	兴安岭群	兴安岭群——贺根山组	兴安岭群——贺根山组

一、岩石地层特征

下白垩统构成的一级构造沉积层系中，包含三个次级旋回状沉积层系（次级构造层），彼此间以不整合界面相分隔。贺根山组—阿尔善组二段构成第一个次级构造层，为盆地裂陷阶段沉积产物，分布相对局限。阿尔善组三段—腾格尔组二段顶部构成第二个次级构造层，为断陷盆地极盛期沉积层系，分布广泛。赛汉塔拉组为第三个次级构造层，为盆地回返阶段沉积层系，以粗碎屑岩发育为特点，发育不完整（表3-6）。

在对二连盆地白垩系大量钻井剖面进行系统研究的基础上，优选出12个岩性对比标志层（图3-7），可作为盆地内地层划分对比的重要辅助。

二连盆地白垩系自下而上依次有贺根山组、东乌组、阿尔善组、腾格尔组、赛汉塔拉组，以及二连组（图3-7），分述如下。

1. 贺根山组（K_1h）

贺根山组为一套以偏碱性火山岩及火山碎屑岩为主的层系（图3-7、图3-8），中下部为灰色、深灰色凝灰岩、凝灰质砂岩夹凝灰质泥岩；上部为灰色、灰绿色凝灰质砂岩夹棕红色、紫红色凝灰质砂岩、凝灰质泥岩。贺根山组以不整合关系超覆于下伏老地层之上。以连参1井2395～2871m井段为代表，视厚度约476m。

2. 东乌组（K_1d）

东乌组为一套富含火山碎屑的沉积层系（图3-7、图3-8），下部以紫色、紫红色凝灰岩为主，夹泥岩和砂砾岩；中部为灰色、杂色凝灰质砾岩、砂砾岩，夹凝灰岩及褐色页岩；上部以深灰色、灰色泥岩和砂质泥岩为主，夹少量紫色泥岩。以连参1井2054～2395m井段为代表，视厚度约341m。

3. 阿尔善组（K_1a）

阿尔善组为巴彦花群内粗碎屑岩相对集中的地层单元，最大累计视厚度超过1500m，一般为600～1200m，习惯上依据岩石组合及旋回特征划分为四个岩性段。本志以连参1井及阿3井作为阿尔善组的选型剖面（图3-7、图3-8）。

1）一段（K_1a_1）

阿尔善组一段下部以厚层杂色砂砾岩为主，夹中薄层紫红色、棕红色、灰色泥岩和砂质泥岩；中上部以灰色、灰绿色含砾砂岩、砂岩、粉砂岩为主，夹少量灰色、褐色泥岩。以连参1井1632～2054m井段为代表，视厚度约422m。阿尔善组一段与下伏兴安岭群可能存在沉积间断。

2）二段（K_1a_2）

阿尔善组二段是阿尔善组内的泥质岩相对集中段，岩性组合以大套厚层灰色、深灰色或灰黑色泥岩为主，夹少量薄层砂砾岩、砂岩、粉砂岩，偶见紫红色泥岩，局部有泥质白云岩发育。火山岩或火山碎屑岩夹层的发育是该段的特征之一，以中、基性者居多。以连参1井1397～1632m井段为代表，视厚度约235m。阿11井、淖41井可以作为二连盆地阿尔善组二段的参考剖面。

3）三段（K_1a_3）

阿尔善组三段下部以块状砂砾岩为主，间夹灰色砂岩和泥岩；中部以含砾砂岩为主，夹少量中薄层灰色、灰绿色砂岩和泥岩；上部以灰白色、灰绿色、灰色砂岩为主，

表 3-6　二连盆地及周边地区下白垩统地层结构示意

系	统	阶	二连盆地	银额盆地	海拉尔盆地	蒙古国塔木察格	辽西地区	松辽盆地	盆地演化周期 四级	三级	二级	一级
白垩系	上白垩统	坎潘阶	二连组	乌兰苏组	青元冈组	青元冈组	嫩江组	四方台组				
		圣通阶						嫩江组				
		康尼亚克阶					姚家组	姚家组				
		土伦阶					青山口组	青山口组				
		塞诺曼阶	赛汉塔拉组	银根组 二段	伊敏组 二、三段	巴彦组 上段	孙家湾组	泉头组				
白垩系	下白垩统	阿尔布阶	上亚段 下亚段	一段	一段	下段	阜新组	登娄库组				
		阿普特阶	腾格尔组 二段 一段	苏红图组	大磨拐河组 二段 一段	上宗巴音组 下宗巴音组	九佛堂组 上段 中段 下段	营城组				
		巴雷姆阶	四段 三段 二段 一段	巴音戈壁组	南屯组 二段 一段	查干组 上段 下段	义县组 建昌段 金刚山段 义县段	沙河子组 上段 下段				
		欧特里夫阶	阿尔善组	东乌组	铜钵庙组		宫官营子段	火石岭组				
		瓦兰今阶	兴安岭群	贺根山组								
侏罗系	上侏罗统	贝里阿斯阶	呼格吉勒图组	沙枣河组	塔木兰沟组	?	土城子组					
		提塘阶		青土井组上段								
		钦莫利阶	齐哈组三段	青土井组三段			兰旗组					
		牛津阶										

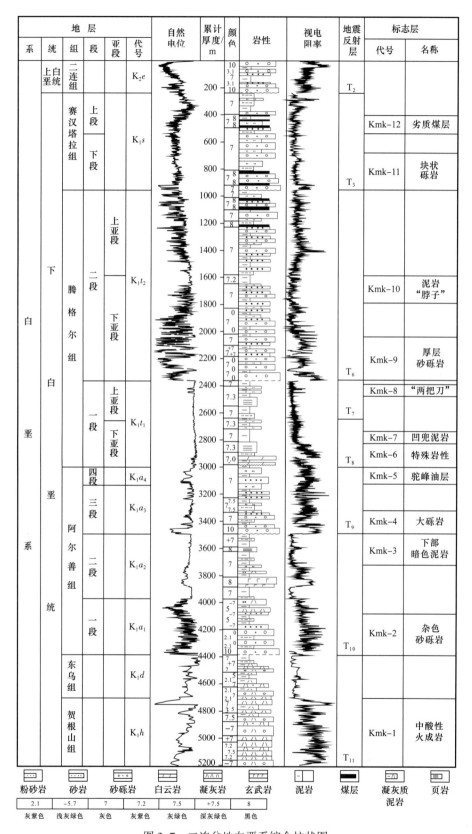

图 3-7 二连盆地白垩系综合柱状图

间夹薄层含砾砂岩及灰绿色、灰色泥岩。以阿3井1503～1914m井段为代表（图3-8），视厚度约411m。下部的厚层砂砾岩段为二连盆地白垩系第四个标志层。阿尔善组三段与下伏二段间存在重要的沉积间断。

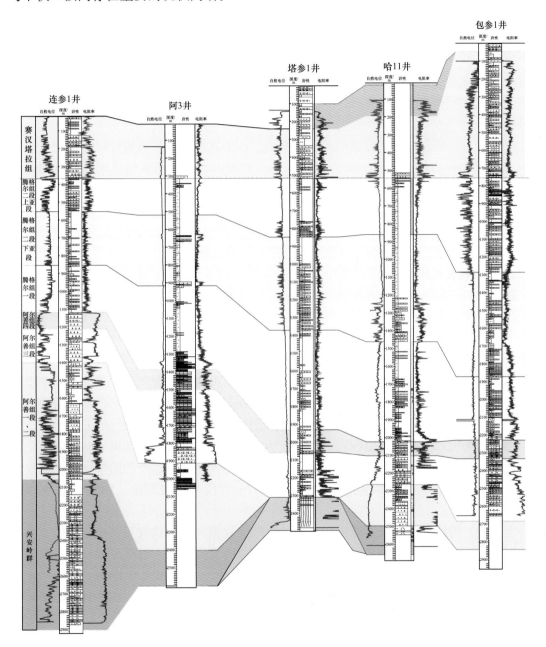

图3-8 二连盆地下白垩统典型剖面对比关系图

4）四段（K_1a_4）

阿尔善组四段为砂岩集中发育段，夹少量灰色、灰绿色中薄层泥岩，偶有薄层碳酸盐岩发育。从岩性组合及所含化石群特点来看，该段属于典型的滨浅湖沉积，是二连盆地最为优越的含油层段。以阿3井1386～1503m井段为代表（图3-8），视厚度117m。该段为二连盆地白垩系第五个标志层。阿尔善组四段连续沉积于下伏三段之上。

4. 腾格尔组（K_1t）

腾格尔组为巴彦花群内泥质岩相对集中的地层单元，最大累计视厚度超过 1600m。本志以哈 11 井及塔参 1 井（细剖面类型）、赛 1 井及包参 1 井（粗剖面类型）作为腾格尔组的选型剖面（图 3-7、图 3-8）。依据岩性组合及旋回性特征，划分为两段。

1）一段（K_1t_1）

腾格尔组一段是盆地内暗色泥质岩最为集中的层段，为最重要的烃源岩发育段，根据岩性组合特点及沉积规律，可划分为两个亚段。以哈 11 井 1458~2038m 井段作为腾格尔组一段代表剖面（图 3-8），视厚度 580m。腾格尔组一段与下伏阿尔善组四段呈不整合接触。

下亚段：下部为碳酸盐岩薄层或钙质页岩，即通常所指的特殊岩性段，为一个重要的岩电性对比标志层；中部一般为厚层状深灰色泥岩，电阻率曲线呈现明显低值，为一个极有意义的标志层；上部为一灰色砂泥岩互层段，属四级旋回层下部粗碎屑岩集中段。

上亚段：岩性一般以泥质岩为主，与下亚段上部构成一个完整的正韵律沉积组合。顶部显示轻度回返，完整剖面上发育有"两把刀"标志层。

2）二段（K_1t_2）

腾格尔组二段纵向上由两个旋回层构成，以此特征划分为上、下两个亚段。腾格尔组二段与下伏腾格尔组一段间存在沉积间断（局部不整合）。

下亚段：显示为一个较大规模的正旋回状沉积层系，下粗上细，特征清楚。在二连盆地发育了粗、细两种特征截然不同的沉积类型。

细剖面类型：底部以灰色砂岩和粉细砂岩为主，夹灰色、深灰色泥岩薄层；中上部为大套灰色、深灰色泥岩。该类型见于阿南—阿北凹陷、赛汉塔拉凹陷西部、塔南凹陷等剖面中。以哈 11 井 855~1458m 井段为代表剖面（图 3-8），视厚度 603m。

粗剖面类型：中、下部以砂岩、砂砾岩为主，夹泥岩薄层；上部泥岩相对集中，为较好标志层。该类型见于赛汉塔拉、额仁淖尔、乌里雅斯太等多个凹陷中，为二连盆地最常见的一种剖面类型。以淖参 2 井 916~1297m 井段为代表剖面（图 3-9），视厚度 381m。

上亚段：腾格尔组二段上亚段同样为一个较大规模的旋回状沉积层系，因属亚构造层晚期沉积产物，故其上部多显示回返特征。该亚段岩性组合、沉积序列特征，以及地层厚度多变，且多数剖面保存不全。上亚段同样发育粗、细剖面两种类型。

细剖面类型：下部为灰色砂岩、粉砂岩，与泥岩不等厚互层；中部为大套深灰色泥岩；上部以灰色泥岩为主，夹砾状砂岩薄层，顶部出现棕红色泥岩。以塔参 1 井 518~849m 井段为代表剖面（图 3-8），视厚度 331m。阿南—阿北凹陷剖面多为该种类型。

粗剖面类型：岩性组合底部为灰色泥岩与粉细砂岩互层；下部以杂色砂砾岩为主，夹灰色泥岩及粉砂质泥岩；中上部为浅灰色砂砾岩、砂岩、粉砂岩，与灰色泥岩互层，间夹数层煤层。以包参 1 井 756~1285m 井段为代表剖面（图 3-8），视厚度 529m。其他如额仁淖尔、赛汉塔拉、白音查干等凹陷剖面多显示为下粗上细特点（图 3-8、图 3-9），但多数剖面保存不全。

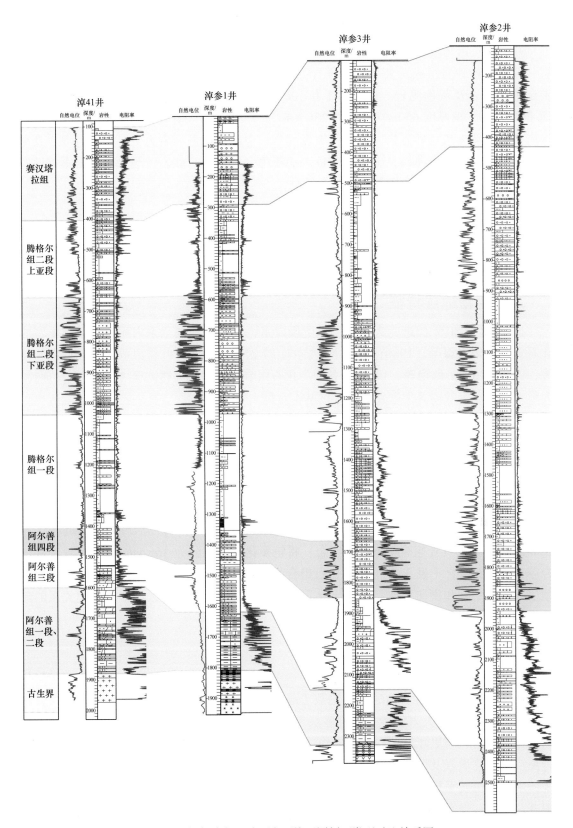

图 3-9　额仁淖尔凹陷下白垩统不同剖面类型对比关系图

5. 赛汉塔拉组（K_1s）

赛汉塔拉组为早白垩世构造层回返阶段沉积产物，岩性组合下部主要由浅灰色砂砾岩、砂岩、粉砂岩组成，夹杂色砂砾岩，偶夹灰色泥岩薄层；上部以浅灰色砂岩为主，夹杂色砂砾岩及灰色泥岩。以包参 1 井 106～756m 井段为二连盆地赛汉塔拉组代表剖面（图 3-8），视厚度 650m。赛 1 井 235～902m 井段为参考剖面。在赛 1 井剖面上，赛汉塔拉组下部为灰色砂砾岩、砂岩与泥岩互层；中部以灰色泥岩为主，夹绿色泥岩及薄煤层，局部夹砂砾岩薄层；上部为灰色、褐灰色含砾砂岩、砂岩，与绿色泥岩不等厚互层。赛汉塔拉组与下伏腾格尔组不整合接触。

6. 二连组（K_2e）

二连组区域上以红褐色、灰绿色砂泥岩为主，局部有杂色砂砾岩发育，地层厚度一般小于 200m。以塔参 1 井 135～242m 井段作为二连盆地上白垩统二连组代表剖面（图 3-8），视厚度 107m。

二、生物地层特征

自 20 世纪 80 年代进入大规模勘探阶段以来，二连盆地白垩系内积累了极其丰富的化石资料（宋之琛等，1986；赵传本，1987；李宏容，1989；叶得泉等，1990；陶明华等，1998，2013；郎艳等，1999），各门类化石组合逐步得到完善。至 21 世纪初，孢粉、介形类、轮藻、微体藻类等化石组合已基本定型（表 3-7）。

根据主要化石类型和重要属种纵向分布特征、化石组合优势属种变化特征，以及组合横向差异等，将二连盆地白垩系孢粉化石群划分为 *Cicatricosisporites—Laevitriletes—Psophosphaera—Protoconifera* 组合等 8 个组合、3 个亚组合，以及 5 种因环境差异而出现的相变类型；将微体浮游藻类化石群划分出 *Granodiscus—Leiosphaeridia—Schizosporis* 组合等 5 个化石组合；将介形类化石群划分为 *Cypridea（Cypridea）badalahuensis* 巴达拉湖女星介组合等 5 个相对独立的化石组合，以及 *Cypridea（Cypridea）badalahuensis—Djungarica saidovi* 亚组合等 6 个亚组合；将轮藻化石群划分为 *Mesochara* 中生轮藻属组合等 5 个化石组合（表 3-7）。上述化石组合的建立和不断完善，为二连盆地白垩系岩石地层序列的划分和横向对比、各地层单元的地质时代归属，以及区域地层对比关系的建立提供了重要基础。

三、地层对比及横向变化

1. 兴安岭群的对比及横向变化

据《中国岩石地层名称辞典》记载（高振家等，2014），兴安岭群由宁奇生、唐克东等于 1959 年依据大兴安岭中南部露头剖面命名。据原定义，兴安岭群自下而上包括满克头鄂博组、玛尼吐组、白音高老组，为一套复杂多变的中酸性火山熔岩、火山碎屑岩夹沉火山碎屑岩及沉积岩复合层系，总厚 1400～1700m。含热河动物群分子，不整合于塔木兰沟组或平行不整合在土城子组之上，被梅勒图组或龙江组及其同期地层不整合覆盖。此后，兴安岭群作为一个以火山岩和火山碎屑岩为主体的地层单位，在兴蒙一带被广泛采用，但各家含义有重大差异（表 3-8）。

表 3-7　二连盆地白垩系古生物化石组合简表

系	统	组	段	亚段	孢粉 组合	孢粉 亚组合（类型）	藻类	介形类 组合	介形类 亚组合	轮藻
白垩系	上白垩统	二连组			Schizaeoisporites—Nevesisporites—Gaothenipellenites—Tricolporopollenites			Cypridea(Pseudocypridina)longa—Cypridea(Pseudocypridina)infidelis		Atopochararestricta—Charitescretacea
	下白垩统	赛汉塔拉组			Appendicisporites—Laevigatosporites—Angiosperm	（1）Pteridophyta孢子繁盛类型 （2）Pinaceae—Taxodiaceae发育类型 （3）Classopollis—Cupressaceae—Taxodiaceae发育类型	Porusphaeraerenensis 组合	Cypridea(Pseudocypridina)longa—Cpridea(Morinina) spongyosa		Atopochara trivolvis trivolvis
		腾格尔组	二段	上亚段	Cicatricosisporites—Laevigatosporites—Piceaepollenites	（1）Cicatricosisporites—Monosulcites—Classopollis类型 （2）Pinaceae—Lygodiaceae类型	Parabohaidina—Fromea—Nyktericysta—Vesperopsis	Limnocypridea—Ilyocyprimorpha	Cpridea(C.)unicostata—Cpridea(C.)polita	Aclistochara
				下亚段	Cicatricosisporites—Pinuspollenites—Classopollis	Leiotriletes—Densoisporites—Pinuspollenites / Pinuspollenites—Podocarpidites	Vesperopsis—Tetraedron—Protsellipsodinium	Cypridea(Ulwellia) copulenta	Cypridea(U.)copulenta—Ilyocyprimorphaerlianensis / Limnocypridea grammi—Ilyocyprimorpha erlianensis	Mesochara—Flabellochara—Trichypella
			一段	上亚段	Monosulcites—Protoconifera	Leiotriletes—Densoisporites—Protoconifera / Classopollis高含量组合	Tetrangulatinium / Granodiscus—Leiosphaeridia—Schizosporis	Cypridea(Cypridea) badalahuensis	Limnocyprideagrammi—Ilyocyprimorphaerlianensis	Mesochara
				下亚段					Cypridea(C.)masjacinigiganta—Dryelba krystofovitschi / Cypridea(C.)badalahuensis富集亚组合	
		阿尔善组	四段		Densoisporites—Concavissimisporites—Aequitriradites					
			三段 二段 一段		Cicatricosisporites—Laevitriletes—Psophosphaera—Protoconifera				Cypridea(C.)badalahuensis—Djungaricasaidovi	
		东乌山组								
		贺根山组								

表 3-8　二连盆地及周边地区兴安岭群划分沿革表

宁奇生等 1959 大兴安岭南部	黑龙江地层表 1979 大兴安岭北部	地质部石油大队 1979 二连盆地	大庆油田研究院 1981 二连盆地	华北油田研究院 1983 二连盆地	华北石油管理局 1985 二连盆地	蔡治国等 1990 二连盆地	内蒙古地质志 1991 二连盆地	张君龙等 2009 海拉尔盆地	本志 二连盆地
沙海组	甘河组	巴彦花群	巴彦花群 中细段	巴彦花群 阿尔善组	巴彦花群 腾格尔组	巴彦花群 都红木组	巴彦花群	大磨拐河组	巴彦花群 腾格尔组 二段／一段
九佛堂组	九峰山组					腾格尔组		南屯组	
义县组		巴达拉湖组	下粗段	额合组	阿尔善组	阿尔善组			阿尔善组 四段／三段／二段／一段
白音高老组	龙江组	兴安岭群	兴安岭群	兴安岭群	兴安岭群	兴安岭群	布拉根哈达组	兴安岭群	兴安岭群 东乌组
玛尼吐组							道特淖尔组		
满克头鄂博组							查干淖尔组		贺根山组
兴安岭群	兴安岭群	?	?	?	?	?	?	?	
土城子组	土城子组								呼格吉勒图组

20世纪70年代末，兴安岭群作为一个岩石地层单位被引入二连盆地，在钻井中特指被明确的下白垩统砂泥岩层系所覆盖的一套以火山岩或火山碎屑岩为主的建造类型，或特指广泛出露于地表，曾长期被称为上侏罗统的火山岩或火山碎屑岩层系。随着研究工作的不断深入，上述火成岩系的层位归属逐渐得到明确。钻井资料证实，原归入兴安岭群的部分中、基性火山岩或火山碎屑岩为阿尔善组内部的火成岩夹层，如洪浩尔舒特凹陷及吉尔嘎朗图凹陷部分钻井所见；个别属于腾格尔组内的火成岩夹层，如阿南—阿北凹陷蒙古林一带部分钻井所见。本志所指兴安岭群，为分布于阿尔善组一段之下，并直接覆盖在侏罗系或更老地层之上的一套偏碱性火山岩或火山碎屑岩，为早白垩世初期火山活动产物，包括贺根山组和东乌组。

兴安岭群形成于早白垩世成盆周期之初，区域性引张断陷导致广泛的火山活动，但因成盆动力及所处构造部位差异，多数地区火山岩或火山碎屑岩堆积超出沉积盆地范围，后期遭受严重剥蚀，故该套火成岩系与上覆地层间往往存在沉积间断。深大断裂根部地层建造过程得以持续，兴安岭群发育及保存相对完整，同时有阿尔善组一段及二段沉积层系覆盖其上，如地处阿南—阿北凹陷北部的连参1井（图3-8）。

2. 阿尔善组一段、二段的对比及横向变化

阿尔善组一段、二段为二连盆地早白垩世第一个次级成盆周期晚期沉积产物，分布相对局限，与下伏兴安岭群一样，其分布仍受早期断槽或深大断裂根部等负向地形明显限制，但范围较后者有所扩展。阿尔善组一段、二段主要分布区域有：阿南—阿北凹陷北部断陷带、洪浩尔舒特凹陷西部断裂带根部、额仁淖尔凹陷、赛汉乌力吉凹陷、都日木凹陷、吉尔嘎朗图凹陷、准棚凹陷、白音查干凹陷、乌里雅斯太凹陷、阿尔凹陷、巴音都兰凹陷等。

沉积层系总体上为一套粗碎屑岩占主体的地层单元，在完整的剖面上，具有下粗上细的特征。受凹陷周边古地理环境及断裂活动幅度影响，其岩性组成在平面上变化较大，大致可划分为三种类型，即砂砾岩类型、砂砾岩夹火成岩类型，以及泥质岩—碳酸盐岩类型。其中砂砾岩类型分布于二连盆地南部部分凹陷，以及北部个别凹陷局部，如准棚凹陷、白音查干凹陷、赛汉乌力吉凹陷、乌里雅斯太凹陷、阿尔凹陷、巴音都兰凹陷等。砂砾岩夹火成岩类型分布于二连盆地北部部分凹陷，如阿南—阿北凹陷北部断陷带、洪浩尔舒特凹陷、吉尔嘎朗图凹陷等。碳酸盐岩发育类型目前仅见于额仁淖尔凹陷（图3-9）。此外，在同一凹陷内，因局部因素影响仍可导致沉积建造的重大差异，如阿南—阿北凹陷的情况。早白垩世之初阿南—阿北凹陷北部断裂强烈活动，北低南高形态显现，来自凹陷以北的粗碎屑由北向南注入，从而形成北厚南薄、北粗南细的沉积布局。阿尔善组一段、二段发育特点与下伏兴安岭群继承性明显，尤其是地层厚度变化趋势两者基本一致（图3-10b、图3-11）。

3. 阿尔善组三段—腾格尔组一段的对比及横向变化

自阿尔善组三段沉积之初，二连盆地在持续拉张断陷作用下进入普遍成盆阶段，期间一改阿尔善组一段、二段分布局限的特点，在区域上形成广泛超覆，盆地内50余个凹陷普遍开始接受沉积，并逐步过渡到腾格尔组一段沉积期的湖盆极盛阶段。阿尔善组三段—腾格尔组一段在区域上主要有三种剖面类型：一是粗碎屑岩发育类型，纵向上砂

砾岩均较发育，仅在相当于腾格尔组一段下亚段的位置局部有泥质岩发育，以乌里雅斯太凹陷及额仁淖尔凹陷部分剖面（图 3-9）最为典型。二是下粗上细类型，阿尔善组三段下部有大套砾岩发育，阿尔善组三段上部及四段以砂泥岩互层为主，间夹砂砾岩；腾格尔组一段以泥质岩为主，间夹砂岩薄层，底部特殊岩性段发育典型，以阿南—阿北凹陷洼槽区剖面最为典型。三是细剖面类型，阿尔善组三段—腾格尔组一段均以泥质岩为主，次级旋回底部为砂泥岩互层，塔南凹陷、额仁淖尔凹陷、洪浩尔舒特凹陷，以及吉尔嘎朗图凹陷部分剖面属之。

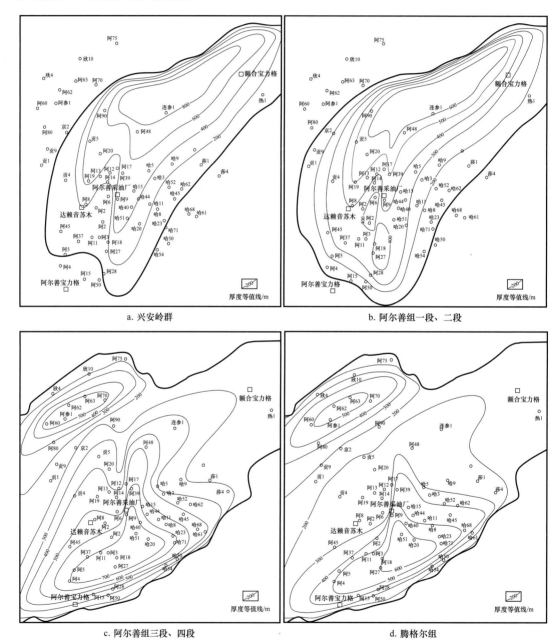

图 3-10　阿南—阿北凹陷下白垩统分布图

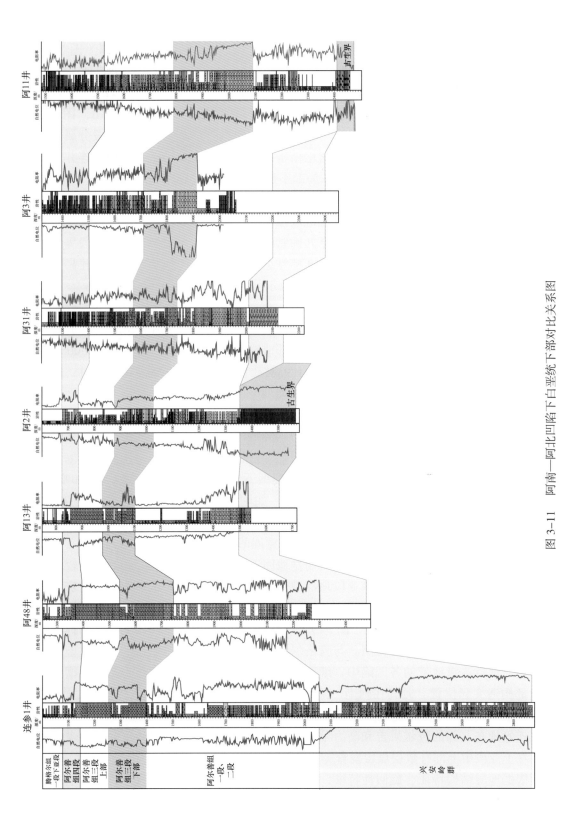

图 3-11　阿南—阿北凹陷下白垩统下部对比关系图

总的来看，阿尔善组三段、四段沉积期代表了一个新的地质阶段的开始，除其远较下伏阿尔善组一段、二段分布广泛之外，以下两点更是有力佐证：一是地层厚度关系的不协调性，以阿南—阿北凹陷为例，阿尔善组一段、二段北厚南薄（图3-10b、图3-11），阿尔善组三段、四段南厚北薄（图3-10c、图3-11）；二是地层关系的整一性差异，阿尔善组一段、二段与下伏兴安岭群相对整一（图3-10a、b，图3-11），而阿尔善组三段、四段与上覆腾格尔组一段整一性更强（图3-10c、d，图3-11，图3-12）。上述情况表明，阿尔善组三段、四段与下伏阿尔善组一段、二段分属不同构造演化阶段的沉积产物，两者间存在盆地结构演化过程的重大转折。此外，连井对比表明，腾格尔组一段与上覆二段之间存在局部不整合接触关系（图3-12）。

依据盆地演化阶段性、沉积层系旋回性，以及古生物化石信息的综合分析，二连盆地阿尔善组三段、四段大体相当于冀北地区张家沟组下段、阜新及建昌盆地义县组金刚山段及建昌段、开鲁盆地义县组上部至九佛堂组下部、海拉尔盆地南屯组二段等。二连盆地腾格尔组一段大体相当于开鲁盆地九佛堂组上部至沙海组下部、阜新及建昌盆地九佛堂组中下部、冀北地区张家沟组上段、海拉尔盆地大磨拐河组一段（表3-6）。

4.腾格尔组二段的对比及横向变化

腾格尔组二段由两个规模较大的旋回状沉积层系构成，分别被视为上、下两个亚段。下亚段正旋回特征清楚，下粗上细，顶部或略显轻度回返，厚度一般在300～600m范围内变化，最厚可达700m以上，横向上可对比性强。如前所述，腾格尔组二段下亚段有两种剖面类型，即粗剖面类型及细剖面类型。前者中下部以砂砾岩为主，上部发育暗色泥质岩段，该种剖面类型多分布在二连盆地近边缘地带的各凹陷中，尤其是箕状凹陷陡侧断裂带根部近物源处，典型者如洪浩尔舒特凹陷、额仁淖尔凹陷、赛汉乌力吉凹陷、都日木凹陷、吉尔嘎朗图凹陷、准棚凹陷、白音查干凹陷、乌里雅斯太凹陷、阿尔凹陷、巴音都兰凹陷等大部分剖面。细剖面类型下部或可发育厚层状砂岩，如哈43井（图3-12）、哈11井；或仅发育粉砂岩薄层，如阿3井（图3-8）、阿62井、赛5井、赛20井等，中上部为大套泥质岩。细剖面类型多分布于远离盆地边缘部位的凹陷远物源的洼槽区、凹陷内部构造突起位置，以及较宽展凹陷斜坡带远离物源处。

腾格尔组二段上亚段为二级成盆周期盆地回返阶段沉积产物，为一个规模较大的旋回状沉积层系，但多数剖面上该亚段顶部遭受不同程度的剥蚀而保存不全。受宏观背景趋势影响，多数剖面或多或少显示出回返特点，尤其保存完整的剖面其偏上部层系变粗，回返特点更加突出（图3-8、图3-9）。腾格尔组二段上亚段同样主要有两种剖面类型，即粗剖面类型及细剖面类型。与腾格尔组二段下亚段情况相似，粗剖面类型多分布在二连盆地近边缘地带的各凹陷中，细剖面类型分布于盆地内部远离物源的洼槽区、凹陷内部构造突起位置。尤其在阿南—阿北凹陷南部洼槽带，剖面由大段暗色泥岩组成，腾格尔组二段上、下亚段的划分主要靠测井曲线的微小波动实现（图3-8）。此外，在地处二连盆地东北部的包尔果吉和高力罕凹陷中，腾格尔组二段上亚段还发育含煤剖面类型，在上亚段中上部有数层煤层发育（图3-8）。

依据地层结构特征、旋回性特征，以及多门类化石群的各种信息，二连盆地腾格尔组二段大致对应于开鲁盆地沙海组上部至阜新组下部、辽西沙海组—阜新组、冀北西瓜园组及南店组、海拉尔盆地大磨拐河组二段至伊敏组一段。

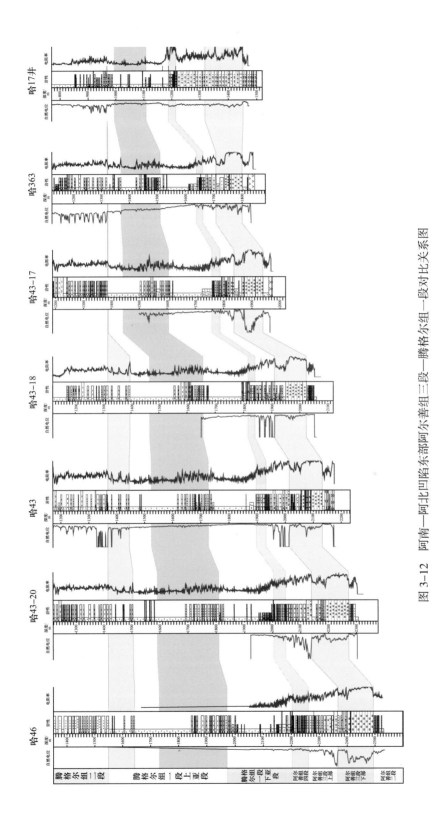

图 3-12　阿南—阿北凹陷东部阿尔善组三段阿尔善组三段—腾格尔组一段对比关系图

5. 赛汉塔拉组的对比及横向变化

赛汉塔拉组作为二连盆地早白垩世构造层最晚期沉积层系，不整合覆盖于腾格尔组二段不同层段之上，且其本身的发育受成盆作用强度影响，在不同凹陷发育程度不一，厚度一般在 300～700m 范围内变化，个别剖面接近 800m。沉积建造特征各异，赛汉塔拉组岩性组成有三种类型，即砂砾岩类型、含煤类型，以及砂岩—泥质岩发育类型。在较完整的剖面上，该组在纵向上具明显的三分性特征，即下粗、中细、上粗。多数剖面上，下粗段以杂色砂砾岩为主，或为砂泥岩互层；中细段泥质岩较集中发育，或夹煤层；上粗段以杂色和红色砂泥岩为主，偶见砂砾岩夹层。杂色砂砾岩类型以额仁淖尔及赛汉塔拉凹陷部分剖面最典型，厚度 300～700m 不等，其中有红色泥质岩夹层发育（图 3-9）。含煤类型以吉尔嘎朗图凹陷东部剖面最典型，吉 41 井赛汉塔拉组厚度近 700m，其中煤层累计厚度近 300m。砂岩—泥质岩发育类型以乌里雅斯太凹陷剖面最典型，太 5 井赛汉塔拉组厚达 800m，下部含砾砂泥岩互层段厚约 300m，上部为厚约 500m 的深灰色泥岩。在乌里雅斯太凹陷赛汉塔拉组发现有丰富的甲藻类化石，更进一步表明当时有稳定的较深水开阔湖盆发育。

依据地层结构特征、旋回性特征，以及较丰富的古生物化石资料，二连盆地赛汉塔拉组与赤峰盆地及辽西盆地群孙家湾组、松辽盆地登娄库组、海拉尔盆地伊敏组二、三段、银额盆地银根组等地层单元可进行对比。

第四章 构 造

二连盆地构造位置处于西伯利亚板块和华北板块相互作用的缝合带上，是在兴—蒙海西期多旋回、软碰撞褶皱基底上发育起来的中生代裂谷盆地，区域上经历了反复拉张、裂解与离散，挤压、聚敛造山和成盆。本章主要论述了二连盆地的形成演化、构造特征、岩浆活动特征及盆地构造单元划分。

第一节 盆地的形成与演化

纵观二连盆地形成和发展的全过程，整个盆地的构造演化可划分为三个性质不同的阶段：一是古元古代及之前古陆核发育阶段；二是中元古代—古生代盆地基底形成阶段；三是中生代裂谷盆地发育阶段。

一、古陆核形成发育阶段

太古宙—古元古代，该区南部为华北板块内蒙地轴，北部为浩瀚的中亚—蒙古洋。内蒙地轴是二连盆地的结晶基底，以阴山山脉为主体，为太古宙—古元古代古陆核。在东西长达 2000km 的范围内出露了二辉麻粒岩、紫苏斜长片麻岩、矽线榴石片麻岩、变粒岩、混合岩等，它们是经过多次地质事件改造形成的变质、变形复杂的高级变质岩系，是稳定的古老褶皱基底（内蒙古自治区地质矿产局，2008）。

二、盆地基底形成发育阶段

中元古代以来，随着西伯利亚板块和华北板块的反复扩张拼接，古陆块的离散聚敛，直至二叠纪阳新世末期，兴蒙海槽彻底闭合，各层系经历了不同程度的褶皱变质，最终连同更古老的深层变质层系形成了二连盆地的基底。

中—新元古界是兴蒙海槽第一个稳定的沉积盖层，普遍以不整合覆盖于结晶基底之上。下伏结晶基底形成之后，经过长时间风化剥蚀，在相对平坦的古地形背景上缓慢平稳海侵，形成广阔的陆表海环境，发育成熟度较高的陆源碎屑岩及浅水碳酸盐岩。经历了兴凯运动之后，中—新元古界普遍遭受改造和中度变质，形成一套以绿片岩为主的变质层系。

早古生代，盆地沉积了一套复理石建造、海底火山喷发建造和碳酸盐岩建造，厚逾20000m（费宝生等，2001）。根据钻井和地面露头资料揭示，大致沿锡林浩特—二连浩特一线以南地区分布，如赛汉塔拉凹陷、阿其图乌拉凹陷、吉尔嘎朗图凹陷等均钻遇了温都尔庙群，为一套中度变质的绿片岩系，镜下鉴定为石英片岩、千枚岩、含铁石英片岩。在苏尼特右旗朱日和车站东南图林凯剖面上见到橄榄岩、蛇纹岩；在哈尔哈达地区孙德拉图剖面上见有放射虫硅质岩、细碧岩；在哈尔哈达和大敖包剖面上还见到蓝闪石片岩，构成蛇绿岩带，大致沿西拉木伦河、朱日和、白乃庙、索伦山一线分布，这可能是中亚—蒙古洋在加里东期向华北板块的俯冲消减带。同时在西伯利亚板块前缘，沿额尔古纳—内蒙古中部弧形大断裂（德尔布干大断裂），发育了一套延伸很长的蛇绿岩带，这是另一条俯冲消减带。这样便形成了陆壳双边增生。

晚古生代，盆地沉积了一套浅海相和海陆交互相碎屑岩建造与碳酸盐岩建造。至晚古生代末期，西伯利亚板块与华北板块碰撞缝合，从此海水从北东方向退出，两个板块连为一体，形成了统一的古亚洲大陆，两个板块最后对接缝合可能在贺根山—二连浩特一线。在贺根山以南基底普遍钻遇温都尔庙群绿色片岩；沿贺根山断裂带出露有大量海西期花岗岩体、超基性岩体。地表蛇绿岩最为发育，侵位时代为晚泥盆世—早石炭世。如在阿尔善断层下降盘的哈8、阿1、阿11等井均钻遇蛇纹岩。同时，这里又是西伯利亚生物群和华夏型生物群的分界线，北侧东乌珠穆沁旗加里东增生带见到以图瓦贝（*Tuvaella*）为代表的西伯利亚古陆南侧生物群，南侧为中朝古陆北侧西拉木伦河加里东增生带的华夏型生物群。说明该区是古蒙古洋最后封闭的地区，从此结束了洋壳演化。

至中生代早期，地壳持续上升隆起，造成前中生界遭受剥蚀，形成了基底顶面全区分布的角度不整合。该时期有岩浆侵入，在盆地内苏尼特左旗和乌尼特坳陷的东南高力罕牧场东部及盆地北部边缘一带有同位素年龄为1.9亿～2.25亿年的斑状黑云母花岗岩出露。这可能是由于上地幔软流层上升，温度升高，致使该区岩石圈受热膨胀，大面积向上拱升的结果。

三、裂谷盆地形成发育阶段

经过晚海西期西伯利亚板块与华北板块对接缝合后，地槽褶皱回返，中亚—蒙古洋消亡，形成古亚洲大陆。至中生代中期，该区开始裂谷盆地发育阶段，主要经历了两个裂谷期（旋回），第一裂谷期发生在侏罗纪，第二裂谷期发生在早白垩世（杜金虎等，2007）。

1. 侏罗纪裂谷期

早侏罗世及中侏罗世早期，随着隆张作用继续加强，岩石圈发生初始张裂，形成北东向的断陷湖盆，并接受了厚约1000m的中、下侏罗统含煤建造，最厚可逾4000m，如格日勒敖都凹陷为一套湖沼、河流沉积，主要岩性为砂岩、泥岩夹煤层，湖盆内暗色泥岩较发育，具有一定的生油条件，并见到油气显示，是该区第一套生油层系。其下与古生界呈角度不整合接触，区域上主要分布于盆地的北部和西南部，如阿拉坦合力—阿北—巴音都兰—巴彦毛都地区、乌里雅斯太凹陷、朝克乌拉—包尔果吉地区、吉尔嘎朗图凹陷和呼格吉勒图—格日勒敖都地区等。

中侏罗世中晚期，随着成盆动力的持续减弱及区域气候的干热化，二连盆地绝大多数地域回返并结束沉积，少数地域发育于盆地泥漠化沉积，以大套红色泥质岩为特点，如呼格吉勒图凹陷及赛汉塔拉凹陷局部，这种情况一直持续到晚侏罗世初期。

晚侏罗世中晚期，随着新一期成盆过程的来临，在区域引张动力作用下，局部发育了以杂色砾岩和砂砾岩为特点的类磨拉石建造和火山岩。

2. 早白垩世裂谷期

早白垩世早期，随着区域性引张动力作用的持续增强，盆地基底的完整性遭受破坏，形成了一系列深大断裂带，引发大规模的以火山喷发为主要特点的岩浆活动，区内堆积了一套巨厚的陆相火山岩系，并持续到早白垩世中期。

早白垩世阿尔善组沉积时期，在区域伸展背景下，由于水平引张作用，发育了一系列大小不同、方向各异的正断层，形成众多凹陷和小型断槽（图4-1）。该期边界控凹断裂初始活动，断裂切割深度小，各断陷湖盆的沉降速率小于沉积速率。总体来看，该期断裂活动由弱变强，表现为由水体相对浅的冲积扇、河流沉积逐渐过渡为水体不断加深的滨浅湖、半深湖沉积。

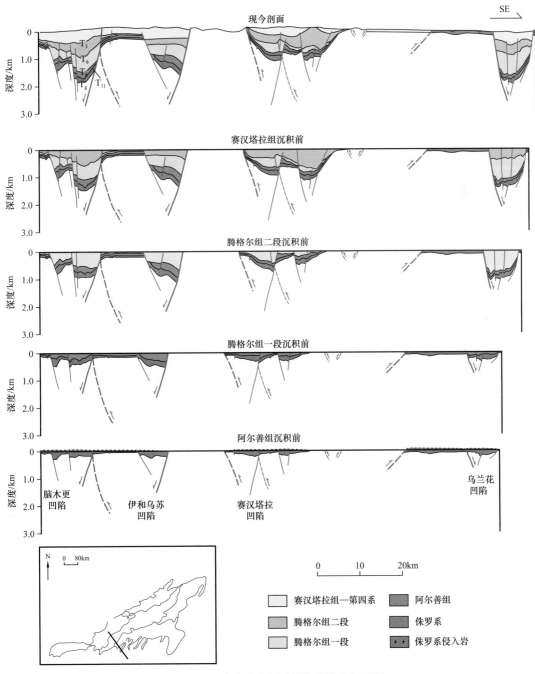

图4-1　二连盆地南部区域构造演化剖面图

腾格尔组沉积早期，盆地进入强烈裂陷阶段。边界断裂活动强烈，单条断裂规模变大，且相互连接成为控凹大断裂，与阿尔善组沉积期发育的断裂叠加，使早期多条正断层上盘小型半地堑复合而成的复式断陷演化为统一的大断陷。湖侵作用显著，湖盆稳定下沉、湖水快速扩张，沉积上以半深湖相—深湖相暗色泥岩广泛发育为特点。至腾格尔组沉积中、晚期，盆地进入由断陷向坳陷转换的演化阶段。区域拉张应力明显减弱，局部地区断层活动较弱，不控制沉积，形成广盆浅水的沉积格局，表现出断陷向坳陷转换的特征。

赛汉塔拉组沉积期，区域上继续抬升，构造面貌表现为从西北向东南掀斜的特点。东南地区的断陷带地层薄，甚至缺失；西北地区的断陷带地层厚度大。受东南方向大兴安岭隆起抬升影响，水域缩小，湖泊淤塞，发育了一套湖沼、河流沉积，普遍见有煤层。与下伏地层呈不整合接触，盆地逐步进入萎缩阶段。

3. 古近纪—新近纪隆升萎缩期

古近纪—新近纪，该区持续隆升，并处于后期均衡调整的地球动力学状态。古近系主要发育在西北地区的断陷带内，新近系则主要分布在东南部的断陷带及苏尼特隆起地区。

第四纪发育一套松散的河湖沉积，厚度小于200m，同时又出现大面积橄榄玄武岩，从而塑造了现今的构造面貌。

第二节　构　造　特　征

二连盆地具有两套截然不同的基本构造层：受古亚洲构造域控制的前中生界褶皱基底构造层和受滨太平洋构造域控制的中生界裂谷盆地构造层，其中，前中生界的褶皱基底特征对中生代裂谷盆地群构造—沉积单元的形成和发育特征具有明显的控制作用。

一、褶皱基底特征

二连盆地的基底囊括了太古宇—古元古界、中—新元古界和古生界，主要为复理石建造、火成岩建造、硬砂岩建造、碳酸盐岩建造，地层浅变质或中度变质，厚度达35000m。基底构造复杂，包括燕山早期形成的北东向断裂带与北西向断裂带、海西期弧形褶皱断裂带以及加里东期褶皱断裂带。总体上表现为近北东向断裂、近东西向断裂、北西向断裂（巫建华等，2008）以及北东—北东东向褶皱、近东西向褶皱交织的构造格局。

1. 基底结构

二连盆地基底的南部边界是固阳—尚义—平泉断裂带，即华北地台内蒙地轴南缘断裂；北部边界为乌兰诺尔断裂带，即西伯利亚板块东南陆缘增生带的北界；西部边界为狼山断裂；东部边界为大兴安岭西缘断裂。据1：20万及1：5万、1：25万区调资料，按地层建造类型、生物群系特征、不同块体构造及边界构造（蛇绿岩带）特征，二连盆地基底的大地构造单元分属华北板块和西伯利亚板块；据构造活动性质的差异，由南向北可以进一步划分为华北地台内蒙地轴、华北板块北部陆缘增生带、西伯利亚板块东南陆缘增生带等三个次级大地构造单元（图4-2）。西伯利亚板块与华北板块的分界是二连—贺根山深大断裂，位于二连、贺根山一线，即著名的贺根山缝合线；华北板块内蒙地轴与北部陆缘增生带的分界是康保—赤峰—开原断裂（刘正宏等，2000），大致在巴彦乌拉山北—乌拉特后旗—达茂旗北—化德—赤峰南一线，为规模巨大的深断裂带。

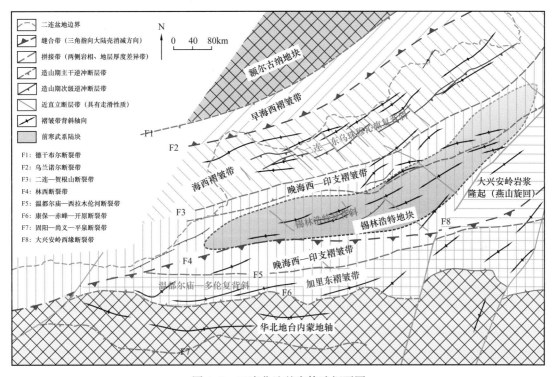

图4-2　二连盆地基底构造纲要图

华北板块内蒙地轴即阴山隆起构造单元，基底陆壳区发育太古宙古陆核，新太古代晚期—古元古代增生陆壳。地层区划属于华北地层大区晋冀鲁豫地层区阴山地层分区，是华北地层大区稳定古陆区的一部分。

华北板块北部陆缘增生带发育中—新元古代温都尔庙群、白乃庙群火山—复理石建造，早古生代钙碱系列火成岩、沉积岩组合和磨拉石地层，晚古生代大陆边缘沉积。地层区划属于华北地层大区内蒙古地层区，是华北地层大区北部边缘的造山带部分。以西拉木伦河为界，北部索伦—林西火山型被动陆缘为晚海西—印支褶皱带，属于锡林浩特—磐石地层分区，以冷水型或冷暖混合型动物群及安格拉型植物群为特色；南部温都尔庙—翁牛特非火山型被动陆缘为加里东褶皱带，属于赤峰地层分区，以暖水型特提斯动物群和华夏植物群与前者相区别。

西伯利亚板块东南陆缘增生带发育元古宙古陆壳残片和浅海复理石建造、早古生代弧后盆地较稳定的浅海碎屑岩、晚古生代大陆边缘沉积和海陆交互相火成岩系。

2. 基底断裂

二连盆地的基底断裂切割深、活动时间长、延伸长度大，为规模巨大的深大断裂，对盆地的形成和发育演化具有控制作用，主要包括近东西向、近北东向、近南北向三组，规模较大的四条基底断裂分述如下。

1）固阳—尚义—平泉深断裂带

固阳—尚义—平泉断裂带大致沿北纬41°线近东西向展布，断裂带两侧区域磁背景场差异明显，反映了不同性质的结晶基底，两侧的构造活动性质差别亦非常明显，为华北板块内蒙地轴与燕山台褶带的构造分界线（胡玲等，2002；漆家福等，2015）。受到其他断裂的切割和中、新生界的覆盖，地表呈若干段出露，大致可分为西段（色尔腾山—固阳—武川或临河—集宁断裂）、中段（尚义—赤城断裂）和东段（古北口—平泉断裂）。在航磁 ΔT 异常上，大体以尚义—平泉断裂带为界，北部磁背景场明显较强，而断裂以南整体表现为负磁背景场。在重力场上，该断裂带正对应着东西向重力高与重力低异常的转换梯度带（西段）或大致对应着一条较密集的重力梯度带（中段和东段）。

2）康保—赤峰—开原深断裂带

康保—赤峰—开原断裂带位于盆地的南部，是内蒙古—大兴安岭褶皱系与华北古地台的分界线，区内延伸长度在500km以上，走向近东西，沿断裂带有花岗岩和超基性岩分布。向东延伸到辽西地区，被北东向的郯庐断裂系改造，但在北东向断裂以东却无异常显示，说明赤峰—开原断裂作为华北板块的北缘断裂向东止于北东向断裂（李锦轶，1998；杜晓娟等，2009；张兴洲等，2012）。

该断裂带在地表总体表现为向北陡倾的正断层，倾角60°～80°（刘正宏等，2000），呈近东西向展布，延伸长度超过2000km；断裂带在晚二叠世—三叠纪挤压逆冲、早白垩世早期右旋拉张（郝福江等，2010）。断裂北侧为中元古界变质岩和侵入岩体，形成于大陆边缘构造环境，南侧为华北板块前寒武系结晶基底。

3）温都尔庙—西拉木伦河深断裂带

温都尔庙—西拉木伦河深断裂带总体呈东西走向，横跨温都尔庙隆起，西起达茂旗嘎少庙，向东经温都尔庙沿西拉木伦河展布，长度大于1100km，宽度大于10km，最宽达30～50km。沿断裂带动力变质和挤压破碎强烈。地面断裂在嘎少庙—温都尔庙地区特征清晰，岩石普遍具揉皱片理化、碎裂岩化和糜棱岩化，以及摩擦镜面、擦痕和膝折构造，表现出韧性剪切带特征。蛇绿岩带及蓝闪石片岩带断续出露在苏尼特右旗武艺台、乌兰敖包及图林凯一带，说明该断裂带是加里东期洋壳向华北板块消减的古俯冲带产物（黄汲清等，1980；王鸿祯，1982；李春昱等，1983）。

在西拉木伦河段，断裂延伸长度340km，宽50km，西段在地表呈南倾，倾角55°～65°，东段北倾，倾角56°～85°，控制并右行错断燕山早期花岗岩体，形成宽数千米的破碎带和糜棱岩带。断裂带两侧的构造线方向迥异，北侧为北东—北北东向，南侧为近东西向。断裂带向西可能与中天山断裂相连接，共同构成中国北方的重要分界线，属超岩石圈断裂（翟光明等，1996）。

4）二连—贺根山深断裂带

二连—贺根山深断裂带位于二连盆地中北部，是对二连盆地形成控制作用较大的区域性断裂。据内蒙古自治区区域地质志（1991），二连—贺根山深断裂带向西延入蒙古国境内，向东经苏尼特左旗北、贺根山，一直延伸到大兴安岭附近，被中—新生界火成岩掩盖。该断裂带异常幅度和规模大，总体呈北东向展布，长达680km。从二连浩特，经巴格达乌拉—贺根山—松根乌拉山延伸至东邻西乌珠穆沁旗地区，出露长度约

100km，在剖面上由一系列的推覆体或叠瓦状断层、蛇绿混合岩体、构造破碎带和剪切带组成。

贺根山蛇绿岩带位于东乌珠穆沁旗和西乌珠穆沁旗之间，从二连浩特东侧的萨达格勒庙、阿尔登格勒庙向东北经贺根山至窝棚特一带，呈北东向延伸。全长达680km，宽1~40km，面积近700km^2，是东北地区出露面积最大的蛇绿岩区。一般认为（王荃等，1986；唐克东，1989；梁日暄，1994）二连—贺根山区域断裂是一条古板块缝合线，或是西伯利亚板块和华北板块之间唯一的缝合线。

3. 基底褶皱

自北而南，二连盆地的基底由二连—东乌珠穆沁旗复背斜、贺根山—索伦山复向斜、锡林浩特复背斜、赛汉塔拉复向斜和温都尔庙—多伦复背斜构成正负相间的复杂褶皱构造（图4-2）。这些基底褶皱与基底断裂走向一致，横贯全盆地，延伸数百千米不等，使盆地基底呈现南北分区特征，并控制盆地盖层构造的发育。

二连—东乌珠穆沁旗复背斜为发育在海西褶皱基底上的正向构造，由多个次级背斜组成，总体呈北东东转近北东走向，沿复背斜核部发育纵向逆冲断层，背斜轴部地层为泥盆系，南北两翼为石炭系—二叠系。南缘与贺根山—索伦山复向斜相连接。

贺根山—索伦山复向斜为一晚海西—印支褶皱基底上长期继承发育起来的负向构造，呈北东走向，向斜轴部地层为阳新统哲斯组。向斜南缘以二连—贺根山断裂带与锡林浩特复背斜相接，中生代受燕山运动影响，主体部位形成盆地北部沉陷区。

锡林浩特复背斜为受二连—贺根山断裂带和西拉木伦河断裂带夹持的近东西—北东向正向构造，复背斜的主体为由锡林郭勒片麻岩组成的古陆块，包含多个次级背斜。发育时期与贺根山—索伦山复向斜相同，自海西期褶皱后，一直处于隆起、侵蚀阶段，复背斜轴线在赛汉塔拉—二道井子—锡林浩特一线。

赛汉塔拉复向斜位于锡林浩特复背斜以南，夹持于西拉木伦河断裂带与楚鲁图断裂带之间，为晚海西褶皱基底上发育起来的负向构造，向斜核部地层主要为二叠系。

温都尔庙—多伦复背斜向北以温都尔庙—西拉木伦河深断裂带与赛汉塔拉复向斜相接，向南逐渐与华北地台相过渡，为加里东褶皱基底上的正向构造单元，呈近东西走向，背斜核部地层为中—新元古界温都尔庙群、白乃庙群。

综上所述，从宏观上看，二连盆地的基底隆坳兼备、高低起伏不平，平面上呈窄条状，剖面上不对称，总体格局表现为规模宏大而典型的盆岭结构。

二、裂谷盆地特征

二连盆地沉积盖层主要是中生界侏罗系和下白垩统，由含煤建造、砂砾岩建造及火成岩建造等组成。盆地受北北东、北东向断裂控制，形成一系列地堑、半地堑箕状断陷，其结构、构造具有典型的褶皱区裂谷盆地特征（焦贵浩等，2003）。

1. 多凸多凹的构造格局

坳陷作为沉积盆地内部的一级构造单元，在构造演化过程中趋向于统一的断陷湖盆，坳陷内部的凹陷之间有些是直接连通的，有些则是由凸起或低凸起等正向构造单元分隔。在盆地演化过程中，坳陷内部的凸起、低凸起等正向构造单元时而（在湖盆低水位期、水进期）为断陷的沉积提供物源，时而（在湖盆高水位期）被水体覆盖。同样地，隆起作为沉积盆地内部的一级构造单元，在构造演化过程中是一个统一的断隆区，其内部的凸起是相互连接的，隆起内部的断陷是明显被凸起分隔的。

据二连盆地现有资料和认识，将盆地划分为5个坳陷、3个隆起，66个凹陷和22个凸起，这些早白垩世断陷分布广泛，既有相互连接成带展布，也有孤立分布，而且不同区域的断陷结构样式、组合方式以及构造—沉积演化特征有明显差异。凹陷多数分布在坳陷内，并以不同形式相互连接在一起；隆起上的凹陷则明显被凸起围限，孤立发育在隆起背景上，这些凹陷和凸起，形状各异、面积大小不等。而凹陷往往又是由多个断陷组成，断陷发育时期，湖盆大小悬殊，面积一般在 $1000km^2$ 左右。这些湖盆在水域扩张时，可能有沟壑相通，在水域缩小时相互分隔。沉积演化上，各个湖盆具有各自的沉积体系、沉积中心，发育有边缘相带沉积，具有多物源、近物源、短水流、窄相带的特点；从生油演化来看，各个湖盆从烃类生成、运移、聚集又自成体系。因此，各个断陷湖盆又具有其独立性，形成了二连盆地多凸多凹、凸凹相间的构造面貌。

2. 四种主要洼槽结构类型

二连盆地的洼槽结构类型具有陆相裂谷盆地的基本特色，根据控洼主干断层的发育情况和地层组合样式，分为单断洼槽（半地堑）和双断洼槽（地堑）两种结构类型。单断洼槽为单边主断裂控制的半地堑结构，是二连盆地最基本和常见的洼槽结构类型，一般分布在靠近隆起的部位，可细分为单断超覆式、单断断阶式、单断断槽式；而双断洼槽受洼槽两侧同生断层控制，呈地堑式结构，断层规模往往差别较大，形成不对称的双断，多发育在坳陷内部（图4-3）。

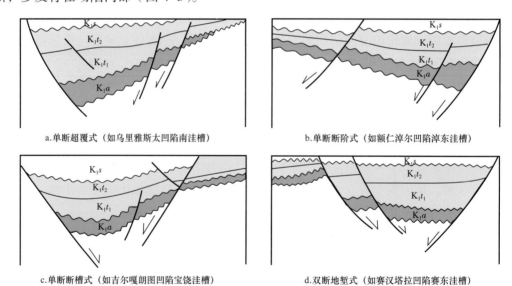

图4-3 二连盆地主要洼槽结构类型图

1）单断超覆式

单断超覆式洼槽即简单的半地堑，在二连盆地较为常见。洼槽的形成主要受陡侧边界断层的控制，在发育过程中伴随着湖盆范围的扩大，地层始终向缓坡方向逐层超覆。该类洼槽属于继承性洼槽，沉降中心位于陡带控洼断层根部，但沉积中心向缓坡逐渐迁移，在空间上存在不一致现象，生烃层系厚度适中，横向分布范围较广。陡坡带、深洼带和斜坡带三分结构清楚。如乌里雅斯太凹陷南洼槽、洪浩尔舒特凹陷中洼槽等。

2）单断断阶式

单断断阶式洼槽的主要特点是，沿边界断层拉张断陷的过程中，产生滑塌，从而发育与边界断层平行的同向断层。受该断层的控制，洼槽的沉降中心发生转移，在断层根部再次形成深洼带，进一步扩大了洼槽深洼带的范围，深洼带发育有成熟烃源层，油气资源丰富。该类洼槽以额仁淖尔凹陷淖东洼槽、巴音都兰凹陷南洼槽为代表。

3）单断断槽式

单断断槽式洼槽在陡侧边界断层发育的同时，在对面的缓坡部位发育了一条与边界断层倾向相对的二级正断层，两者相夹持，共同控制主洼槽的形成与发育。陡坡带、深洼带和斜坡带三分结构更为显著，其中，深洼带既是沉降中心，又是沉积中心，深湖—半深湖相暗色泥岩累计厚度较大，有利生烃层系集中发育，往往形成巨厚的成熟烃源层。如吉尔嘎朗图凹陷宝饶洼槽、乌里雅斯太凹陷中洼槽等，均属于该类洼槽。

4）双断式

双断式洼槽或为双断地堑式洼槽，其发育受两侧边界断裂共同控制，因断裂发育程度有差异而形成不对称双断结构。洼槽内部往往发育二级断层形成中央地堑，扩大了半深湖—深湖沉积的范围。其中，大断距边界断裂一侧为洼槽的主沉降中心，继承性发育，烃源岩厚度大、成熟度高；而小断距边界断裂一侧受后期差异沉降或抬升剥蚀，烃源岩厚度小，发育程度差。洼槽沉积中心位于中央地堑带，与沉降中心不一致。如乌兰花凹陷南洼槽、赛汉塔拉凹陷赛东洼槽等均属于该类洼槽。

3. 多种洼槽复合叠加样式

二连盆地绝大多数凹陷是由多个小型半地堑复合构成的复式洼槽，即一个凹陷是同一时期或同一拉张幕作用下形成的多个洼槽联合成为一个规模较大的凹陷，具有复合性，同时也具有叠加性，凹陷又是不同时期的洼槽叠置在一起形成的叠加组合方式（焦贵浩等，2003）。

1）洼槽的复合特征

洼槽的复合样式按照平面上断陷的分布特征，分为同向组合和反向组合两大类。其中，同向组合分为串联式、并联式、斜列式三种样式；而反向组合分为相对式、相背式和堑偶式（图4-4）。

（1）同向式组合。

① 串联式：该种组合的洼槽在平面上表现为多凹多凸、弯弯曲曲，断距沿走向发生变化，沉积、沉降中心位于断裂凸面向外一侧总体排列，呈串珠状分布。这些半地堑在发育早期主要受基底形态控制，彼此孤立，当拉伸到一定程度后，彼此互相联结成波状延伸的大断层，这是二连盆地洼槽组合最常见的形式。最为典型的是发育在沙那洼槽内的次一级小洼槽，早期彼此孤立存在，在晚期因沉积加厚归并于主断裂一侧，从而构成北北东展布、凹凸分布的串联式构造样式。

② 并联式：相邻半地堑沿倾向方向依次排列，边界断层大致平行。每一个断陷成为一个独立的半地堑，有独立的沉积、沉降中心和成油系统。这种排列常见于盆地南部的伊和乌苏、赛汉塔拉和布图莫吉断陷，半地堑相邻部位是半地垒，以垒相隔，发育过程

中水域并不连通。

③ 斜列式：相邻半地堑彼此斜列，发展到一定阶段边界断层有可能沿公切线贯穿成一条断层。如巴音都兰凹陷主断层及其分支断层控制的南、中、北洼槽，以及赛汉图门凹陷的次级洼槽均属于该组合。

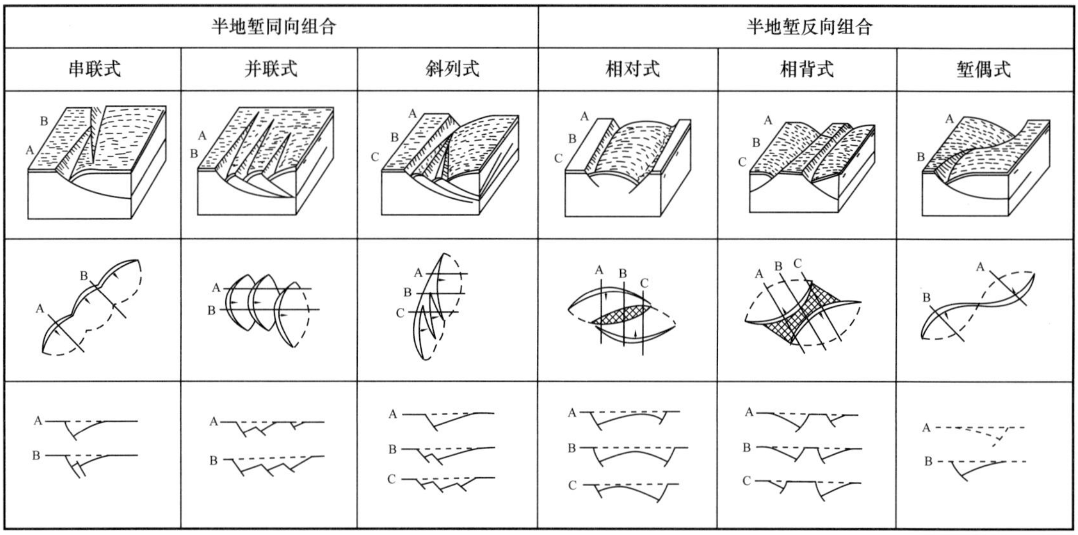

半地堑同向组合			半地堑反向组合		
串联式	并联式	斜列式	相对式	相背式	堑偶式

图 4-4　二连盆地洼槽主要复合叠加样式示意图

（2）反向式组合。

① 相对式：两个倾向相反断层控制的半地堑相对出现，以幅度不大的基底突起作为两个地堑的联结部，视为低幅调节带或低突起，如宝格达凹陷是该组合的代表。

② 相背式：相邻半地堑倾向相反呈对背并列，其间为隆起较高的基底突起，称为高幅调节带或高突起。如赛汉塔拉凹陷的中央构造带、脑木更凹陷的中央低突起均属于该类。

③ 堑偶式：相邻两个地堑并没有并列，而表现为一个半地堑的尾端与另一个半地堑断层始端相连或靠近，组成 S 形或反 S 形，其联结部近似一条剪切断层，该组合方式见于马尼特坳陷。

2）洼槽的叠加特征

根据二连盆地侏罗纪与白垩纪坳陷在纵向上的叠置关系，可划分为继承型和非继承型两大类及若干亚类。

（1）继承型叠置。

① 披盖叠置：上下两套沉积层受同一继承性断裂控制，两个洼槽的沉积、沉降中心大体一致，在该叠置类型的凹陷中，侏罗系一般连续沉积，保存条件好、埋藏深度大，反映了两期引张应力场的相似性和继承性。以高力罕凹陷较为典型，此外，还有阿其图乌拉凹陷、赛汉塔拉凹陷等。

② 局部叠置：上下两套沉积层受同一继承性断裂控制，但两期断陷的沉积、沉降中心位置不一致。侏罗纪断陷往往受断裂控制不明显，显示出分布范围大、厚度变化不大，而白垩纪断陷则明显受同生断层控制，断裂一侧沉积厚度大，远之，厚度逐渐减薄

至尖灭，沉积、沉降中心靠近断裂一侧，所以白垩纪断陷分布面积远小于侏罗纪断陷分布面积，形成局部叠置关系。

③镶嵌叠置：早期形成的凹陷面积大，断裂作用对沉积作用控制不明显，盆地以下沉为主，而晚期的洼槽面积小，且镶嵌在早期大面积断陷之上。在二连盆地南部多发育该组合，如呼格吉勒图凹陷等。

（2）非继承型叠置。

①独立型：指白垩纪断陷产生于侏罗纪断陷之外，二者并无重叠，彼此孤立；或侏罗纪断陷经过中侏罗世末的剥蚀殆尽后，又叠置发育白垩纪小断陷，该类组合在二连盆地北部不乏实例。

②相干型：侏罗纪与白垩纪断陷在横向上部分重叠，在纵向上形成相干关系，是侏罗纪、白垩纪两个不同裂陷作用幕的结果，形成新老洼槽纵向的叠加，或中心式叠合，如吉尔嘎朗图凹陷；或后退式叠合，如呼仁布其凹陷。

纵观二连盆地侏罗纪和白垩纪凹陷复杂的叠置关系，说明二者之间发生过重大构造体系的转换，反映出盆地不同时期的发展特征和成盆作用。

4.具有多种区带构造样式

受盆地基底及后期控凹断层发育特点控制，盆内凹陷以单断凹陷为主导，占比近90%，且凹陷走向近北东向。凹陷内次级结构单元易于划分，多数单断凹陷陡坡带、洼槽带、斜坡带三分结构明显，部分凹陷还发育中央构造带。该部分就发育的主要正向构造带展开论述。

1）陡坡带

陡坡带是裂谷盆地伸展活动的起始带。按陡坡带成因，即控凹边界伸展断层的性质和断层组合进行分类，可分为平面式、铲式、坡坪式和阶梯式四种类型。

（1）平面式陡坡带。

平面式陡坡带的控凹主断层为旋转式平面断层，即断面产状不发生变化，而地层产状发生变化。断面陡峭而平直，断面倾角在60°以上。发育的构造样式相对简单，一般在断层的下降盘发育有鼻状构造，而逆牵引背斜不发育。如赛汉塔拉凹陷赛东洼槽陡坡带、吉尔嘎朗图凹陷吉东洼槽陡坡带等。

（2）铲式陡坡带。

铲式陡坡带控凹主断层为铲式伸展断层，即断面和地层产状均发生变化。断面上陡下缓，上部倾角一般为45°～60°，下部倾角为30°～45°。陡坡带构造比较发育，一般发育逆牵引背斜、断鼻和断块等。该类陡坡带在二连盆地中分布比较普遍，如乌里雅斯太凹陷南洼槽西部陡坡带。

（3）坡坪式陡坡带。

控凹主断层为坡坪式伸展断层，即断层和地层产状多次发生变化。断面上陡下缓，并多次重复出现。一般在断坡段接受较厚的沉积，在重力作用下，沿断面向下滑动，当达到断坪段时遇到阻力，则在断面上覆层产生挤压形成背斜构造。另外，还发育有断鼻、断块和岩性地层圈闭等。该类陡坡带在二连盆地中分布相对局限，如阿北凹陷欣苏木构造带。

（4）阶梯式陡坡带。

控凹断层由控凹主断层和多条与之近平行的顺向断层组成。这些断层向凹陷方向，节节下掉，形成二台阶、三台阶等，呈阶梯状，主断层为旋转式断层或铲式断层。该类陡坡带一般发育有断鼻、断块、背斜等，如额仁淖尔凹陷陡坡带。

2）中央构造带

二连盆地许多凹陷内部都发育有大型中央构造带，根据构造带的特征和成因不同，可以分为中央地垒构造带、中央掀斜及地堑断裂构造带、中央潜山披覆背斜构造带等三种类型。

（1）中央地垒构造带。

中央地垒构造带一般在双断凹陷或在比较开阔的单断断槽式或单断断阶式凹陷中发育，受长期继承性发育的二级断层控制，发育一系列倾向相反的两条断层夹持的地垒块构造。如阿南—阿北凹陷扎北中央地垒构造带、赛汉塔拉凹陷赛四断裂构造带等。

（2）掀斜及地堑断裂构造带。

掀斜及地堑断裂构造带发育于二级断层上升盘，其地层倾向与断层倾向相反形成屋脊状，发育程度受二级断层活动幅度与地质体旋转角度控制。该类构造带为典型的伸展构造，是水平拉张或张扭应力使地质体产生滑移、旋转翘倾，即掀斜作用的结果。如额仁淖尔凹陷中央断裂构造带，即是一个在基岩隆起背景上发育起来的多阶次地堑结构的断裂背斜带。

（3）潜山披覆背斜构造带。

潜山披覆背斜构造带受基岩隆升及差异压实作用控制，与二级断层伴生，基底潜山特征主要表现为垒式结构、单翼翘倾，沉积盖层披覆于潜山构造之上，呈背斜形态。如阿南—阿北凹陷哈南潜山披覆背斜构造带、赛汉塔拉凹陷伊和潜山披覆背斜构造带等。

3）斜坡带

一般情况下，斜坡带较陡坡带构造活动弱，构造相对简单，主要发育鼻状构造。按照斜坡成因，可分为沉积斜坡带、构造斜坡带和构造—沉积斜坡带，二连盆地早白垩世凹陷的斜坡带主要为构造—沉积斜坡带。据其翘倾程度可分为轻微翘倾斜坡带和强烈翘倾斜坡带两种类型。轻微翘倾斜坡带边缘抬升较低、坡度较缓，斜坡带顶部剥蚀微弱，如阿南—阿北凹陷、吉尔嘎朗图凹陷的斜坡带；强烈翘倾斜坡带边缘抬升强烈，坡度较陡，斜坡带顶部多遭受强烈剥蚀，如乌里雅斯太凹陷南洼槽斜坡带。

5.反转构造特征

二连盆地中生代以来经历了早、中侏罗世的大规模断陷和晚侏罗世的区域构造反转，以及早白垩世的小规模断陷和早白垩世晚期的盆地构造反转。晚白垩世以来该地区处于整体隆升状态，新生代只有微弱的变形活动和沉积作用。因此，二连盆地主要的反转构造期共有两期：一是晚侏罗世末（J_3）——区域性构造反转期；二是早白垩世晚期（K_1s）——盆地构造反转期。受多期次构造作用机制的转变，盆内断裂性质、盖层产状和厚度等发生明显变化，形成的反转构造类型十分丰富（马新华等，2000；刘武生等，2018）。

对反转构造的分类方案较多，按照应力性质变化可分为正反转构造和负反转构造（褚庆忠，2004）；按照反转程度可以分为轻微反转、中等程度反转和强烈反转（杜维良，

2007）；按照卷入地层分类可分为浅层反转构造、中深层反转构造、深层反转构造；也有按照反转过程中反转断层角度大小界定的反转构造类型（李心宁，1997）。本志的反转构造类型主要依据反转构造形态进行分类，主要为反转背斜构造、反转鼻状构造和反转单斜构造三种类型。

1）反转背斜构造

反转背斜构造形成于凹陷内部，规模较大，一般为 20～40km²。盆地中主要有巴音都兰凹陷巴Ⅰ号构造、额仁淖尔凹陷道尔苏反转背斜等。如洪浩尔舒特凹陷达林西反转背斜构造（图 4-5），该构造在阿尔善组—腾格尔组二段沉积时期为洼槽沉积中心，发育巨厚的湖相碎屑岩地层；腾格尔组二段沉积末期洼槽开始抬升萎缩，受挤压应力作用，腾格尔组一段、腾格尔组二段塑性变形，形成反转背斜构造。

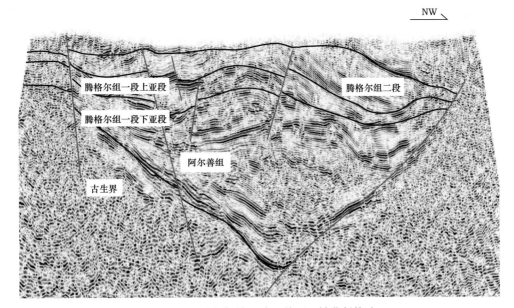

图 4-5　洪浩尔舒特凹陷达林西反转背斜构造

2）反转鼻状构造

反转鼻状构造形成于洼槽陡侧，受边界断层控制，规模较小，面积为 10～20km²。主要构造有巴音都兰凹陷巴Ⅱ号构造、洪浩尔舒特凹陷海流特构造、阿北凹陷欣苏木构造、伊和乌苏凹陷南侧反转鼻状构造以及额合宝力格反转鼻状构造等。如巴音都兰凹陷巴 38 井鼻状构造。在阿尔善组—腾格尔组一段沉积时期，洼槽陡侧为沉积中心，地层沉积最厚；腾格尔组二段沉积时期，巴Ⅰ号断层活动强烈，控制地层沉积，沉积中心向缓坡方向转移；腾格尔组二段沉积末期洼槽发生反转，受挤压应力作用，洼槽陡侧阿尔善组、腾格尔组一段、腾格尔组二段上拱变形，形成反转鼻状构造（图 4-6）。

3）反转单斜构造

反转单斜构造形成于凹陷缓坡，沉积早期处于沉降中心，地层厚度大，后期受构造活动或持续抬升作用的影响，形成斜坡形态或斜坡形态加剧，上覆地层沉积厚度小或存在剥蚀，往往形成顶削。如巴音都兰凹陷南洼槽马林斜坡、乌兰花凹陷北洼槽西斜坡（图 4-7）。

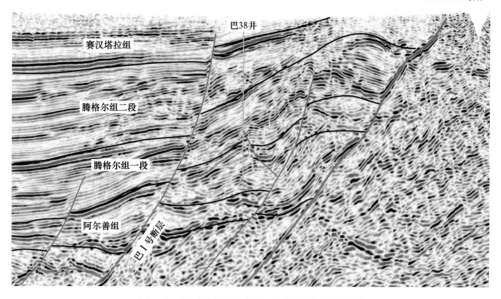

图 4-6　巴音都兰凹陷巴 38 井反转鼻状构造

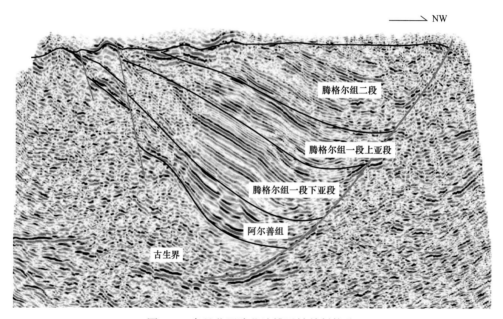

图 4-7　乌兰花凹陷北洼槽反转单斜构造

第三节　岩浆活动特征

二连盆地岩浆活动强烈、期次频繁，有海底火山喷发，以及多期超基性岩和花岗岩侵入。在前中生代基底形成阶段和中、新生代裂谷盆地发展阶段构造运动性质和强度不同，伴随的岩浆活动形式和强度也不同；不同地质时代、不同性质的岩浆岩广泛分布（图 4-8）。

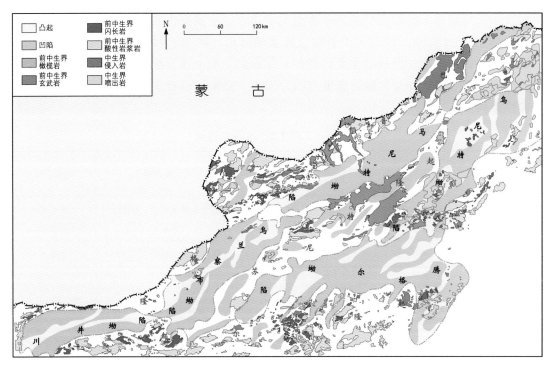

图 4-8 二连盆地露头区岩浆岩分布图

一、构造活动与岩浆岩发育

二连盆地自古生代以来，经历了加里东期、海西期、印支期、燕山期和喜马拉雅期一系列的大规模火山喷发，形成了几千米厚的火山岩和火山碎屑岩建造。区内发育的北东向延伸的二连—贺根山断裂、沙那断裂和东西向延伸的温都尔庙—西拉木伦河断裂、林西断裂等，可能是岩浆活动的主要通道。按岩浆岩形成时代，至少可分为 9 个大旋回（表 4-1）。

寒武纪—奥陶纪（Ⅰ旋回），火山碎屑岩、中性熔岩与海相碎屑岩呈互层状产出，已遭受中等程度变质；志留纪（Ⅱ旋回），早、中志留世见层状安山岩及凝灰岩，晚志留世见凝灰岩夹层；中、晚泥盆世（Ⅲ旋回），火山熔岩、凝灰岩等多呈夹层状出现。海西中晚期古生代火山活动达到高潮，二连—贺根山等海槽处于挤压环境，发育酸性火山岩、火山碎屑岩，夹硅质板岩、生物碎屑灰岩等，属岛弧型火成岩；中、晚石炭世（Ⅳ旋回）和晚二叠世（Ⅴ旋回）都发育了厚度巨大的火成岩系，晚二叠世凝灰岩、中性火山岩及火山碎屑岩厚度达 2500m 以上。

早、中侏罗世沉积后，随着席卷中国东部的燕山运动加剧，地壳发生强烈断陷，火山活动以陆相喷发为主，沿着北东、北北东向断裂或在两组断裂交会处，岩浆呈裂隙式、裂隙—中心式喷发或漫溢。晚侏罗世（Ⅵ旋回）火成岩自下而上由酸性、中基性火山熔岩、凝灰岩组成，夹河流沉积。如吉尔嘎朗图凹陷，晚侏罗世以大型火山喷发为特点，发育酸性—中基性火山熔岩及火山碎屑岩，与下伏古生界呈大型角度不整合接触。凹陷内多口探井钻遇晚侏罗世喷发的火山岩地层，岩性主要有深灰色、灰黑色安山岩、玄武安山岩、玄武岩、凝灰岩、凝灰质砂砾岩及火山角砾岩，同位素年龄 145～167Ma。

早白垩世（Ⅶ旋回）巴彦花群的阿尔善组见安山岩、玄武安山岩、凝灰岩和玄武岩，同位素年龄 100～130Ma。该套火山岩在二连盆地阿南—阿北、阿尔、乌兰花等多个凹陷广泛发育，并作为油气勘探的重要目的层。钻孔揭示的上侏罗统—下白垩统玄武岩、玄武安山岩化学成分，SiO_2 含量的密集范围为 38%～55%，Na_2O+K_2O 为 4%～6%，大多属于碱性系列。

表 4-1 二连盆地火山活动特点

构造旋回	火山旋回	时代		群（组）	主要火成岩岩性	喷发方式
喜马拉雅期	Ⅸ	第四纪	Q	阿巴嘎组	黑色气孔状玄武岩、橄榄玄武岩	中心式间歇喷发
	Ⅷ	新近纪	N	宝格达乌拉组	灰黑色、灰褐色玄武岩	裂隙式
		古近纪	E			
燕山晚期	Ⅶ	白垩纪	K₂	二连组	下部安山岩、凝灰岩	裂隙式
			K₁	赛汉塔拉组		裂隙—中心式
				腾格尔组	下部薄层安山岩、玄武岩	
				阿尔善组	下部安山岩、凝灰岩	
				兴安岭群	酸性、中基性熔岩、凝灰岩	
燕山早期	Ⅵ	侏罗纪	J₃	呼格吉勒图组	酸性、中基性熔岩、凝灰岩	裂隙式
			J₁₋₂	阿其图组—齐哈组		
印支期		三叠纪	T			
海西期	Ⅴ	二叠纪	P₂		凝灰岩、玄武岩、安山岩	
			P₁			
	Ⅳ	石炭纪	C₃	阿木山组	夹火山角砾岩、中性火山熔岩	
			C₂	本巴图组	中基性火山岩、酸性凝灰岩	
			C₁			
	Ⅲ	泥盆纪	D₃		夹安山质凝灰岩、凝灰角砾岩	
			D₂		夹凝灰岩、中基性熔岩	
			D₁			
加里东期	Ⅱ	志留纪	S₃	白乃庙群	夹凝灰岩	
			S₁₋₂		上部安山岩、凝灰岩	
	Ⅰ	寒武纪—奥陶纪	∈—O	温都尔庙群	火山碎屑岩、中性熔岩（变质为片岩）	

新生代火山喷发主要发生在喜马拉雅运动Ⅰ、Ⅱ幕，形成了新近纪（Ⅷ旋回）宝格达乌拉玄武岩和第四纪（Ⅸ旋回）更新统阿巴嘎玄武岩，塑造了现今内蒙古高原壮丽的火成岩地貌。

二、中生界火山岩的分布

据露头、航磁、钻井等资料分析，二连盆地古生界、侏罗系和下白垩统、新生界均发育岩浆岩。其中，火山岩发育较为普遍，而侵入岩主要发育于古生界和侏罗系，下白垩统分布局限。考虑二连盆地主要含油气层系为下白垩统，古生界通常作为潜山勘探领域，故这里重点阐述中生界，特别是下白垩统火山岩的发育与分布特征。

1. 平面分布特征

二连盆地中生代火山活动频繁，特别是早白垩世兴安岭群、阿尔善组沉积期和晚侏罗世，来自地下深处的岩浆多次沿断裂向地表喷溢，在火山口周围形成广泛的熔岩台地。如阿南—阿北凹陷小阿北阿尔善组三段安山岩熔岩台地，即为典型代表。

从区域地质调查资料看，中生界火山岩露头在凹陷周边的隆起区均有分布。盆地北部的巴音宝力格隆起东北部和中部大面积集中连片分布，向西仅在额仁淖尔凹陷敖包次洼以北零星出露；盆地中部的苏尼特隆起分布相对集中，且主要分布于隆起中部朝克乌拉凹陷以西；盆地东部的大兴安岭隆起区均呈星点状分布，北部巴彦花凹陷周边和中部洪浩尔舒特凹陷以东分布相对集中，南部零星出露；盆地南部的温都尔庙隆起东部和中部均有分布，东部主要分布在正蓝旗凹陷和赛汉乌力吉凹陷之间，中部主要分布在赛汉塔拉凹陷以南。从盆地总体来看，东北部地区出露广泛，中部地区出露于南北两端，西南部地区零星出露。

从钻井资料分析，覆盖区目前有25个凹陷中生界钻遇火山岩（表4-2）。这些凹陷主要分布于盆地东北部，其次是盆地中南部，实钻情况与地面露头和航磁资料有较好的一致性。其中，火山岩厚度较大的凹陷是乌里雅斯太、阿南—阿北、吉尔嘎朗图、洪浩尔舒特、高力罕、朝克乌拉、哈帮、塔南、宝格达、赛汉塔拉、乌兰花等凹陷，钻遇火山岩厚度超过300m。除赛汉塔拉、乌兰花凹陷外，均位于盆地东北部。此外，在层位上，盆地中南部地区、苏尼特隆起区以及东北部地区靠近盆地边缘的凹陷火山岩主要发育于侏罗系，盆地东北部其他地区侏罗系和下白垩统均有发育。

就下白垩统而言，吉尔嘎朗图、洪浩尔舒特、阿南—阿北、赛汉塔拉等凹陷火山岩最为发育。其中吉尔嘎朗图凹陷、洪浩尔舒特凹陷火山岩发育于阿尔善组—腾格尔组的各个层段，厚度一般30～300m，最厚可达435m，分布范围几乎覆盖整个凹陷；阿南—阿北凹陷、赛汉塔拉凹陷、乌兰花凹陷火山岩主要发育于阿尔善组，厚度一般50～400m，最厚可达519m，其分布明显受二级断裂带控制。

2. 纵向分布特征

据盆地东北部地区阿南—阿北、洪浩尔舒特、吉尔嘎朗图等凹陷的钻井资料及其构造演化特点分析，二连盆地下白垩统纵向上可划分为五大火山岩发育旋回，自下而上为兴安岭群、阿尔善组下部、阿尔善组上部、腾格尔组一段上亚段和腾格尔组二段上亚段。各火山岩发育旋回均具有多期发育的特点。从火山岩与碎屑岩的交替叠置关系分析，各火山岩发育旋回火山活动较为频繁，每个旋回都发育两个以上喷发期，最多可达7期，且每期火山活动都包括多次喷溢事件，火山岩层之间所夹碎屑岩厚度一般较薄，反映火山活动频繁、火山喷发间歇期较短（表4-3）。

表 4-2　二连盆地钻遇中生界火山岩凹陷统计表

地区	凹陷	主要层位	钻遇井数/口（代表井）	主要岩性	钻遇厚度/m
东北部地区	阿尔	K_1	1（阿尔1）	凝灰岩	62
	乌里雅斯太	$J—K_1$	5（太12）	凝灰岩、安山岩、玄武岩	5～413
	迪彦庙	J	1（迪参1）	凝灰岩	189.2
	高力罕	J	3（高参1）	凝灰岩、安山岩、玄武岩	9～454.6
	巴彦花	J	1（巴彦1）	凝灰岩、沉凝灰岩	137.2
	巴音都兰	$J—K_1$	6（巴9）	凝灰岩、安山岩	9～149
	阿南—阿北	$J—K_1$	66（阿6、哈1）	安山岩、角砾岩、凝灰岩、玄武岩	5～519
	沙那	$J—K_1$	1（宝6）	凝灰岩	
	宝格达	$J—K_1$	3（宝1）	凝灰岩	297（未穿）
	朝克乌拉	J	1（朝参1）	安山岩	357
	吉尔嘎朗图	J、K_1t_2	55（吉33）	安山岩、玄武岩、角砾岩、凝灰岩	1.5～434.5
	洪浩尔舒特	$J—K_1t_1$	61（洪22）	安山岩、凝灰岩、沉凝灰岩、角砾岩	2～338
	哈帮	J	1（帮参1）	安山岩、安山玢岩	305（未穿）
	塔南	K_1	4（塔地1）	凝灰岩、安山岩	19～500
	塔北	K_1	2（塔3）	凝灰岩	14～132
中南部地区	准棚	J	1（棚参1）	凝灰岩	
	阿其图乌拉	J	1（图2）	凝灰岩	20（未穿）
	额仁淖尔	K_1t_1、K_1t_2	3（淖16、淖76）	辉绿岩、玄武岩	22
	呼格吉勒图	J	1（呼参2）	凝灰岩	23（未穿）
	伊和乌苏	J	1（伊参1）	玄武安山岩	102.5
	赛汉塔拉	$J—K_1$	28（赛25）	玄武岩、角砾岩、凝灰岩、安山岩	7～388.4
	布图莫吉	J	1（布参1）	玄武岩	192.5（未穿）
	赛汉乌力吉	J	1（乌1）	凝灰岩	88
	宝勒根陶海	J	3（陶参1）	安山岩、凝灰岩	133.5（未穿）
	乌兰花	K_1a	43（兰42）	安山岩	10～320

表 4-3　二连盆地部分凹陷火山岩发育期次统计表

层位	代表井	井段 /m	岩性	喷发期次	火山岩厚度 /m	
					各期厚度	总厚度
腾格尔组二段	吉 6	433～551	安山岩、火山碎屑岩	5	6、5、10、8.5、13	42.5
	吉 19	459～483	安山岩	1	24	24
腾格尔组一段	洪 15	516～683	安山岩、火山碎屑岩	3	14、3、10	27
	洪 31	1142～1508	安山岩、火山碎屑岩	3	6、71.4、26	103.4
阿尔善组上部	洪 29	1151～1190	安山岩	1	39	39
	洪 61	1875～2350	安山岩、火山碎屑岩	2	44、31	75
阿尔善组下部	阿 2	674～739		5	8、5、7、11、15	46
	洪 22	747～1050	安山岩、火山碎屑岩	5	17、20、220、16、10	283
	兰 45	2041～2318	安山岩	7	56、42、12、49、55、8、12	234
	兰 42	1672～2032	安山岩	6	4、6、56、113、107	286

由于各凹陷所处构造位置和构造演化特点不同，其火山岩发育旋回也不完全相同。总体而言，阿尔善组下部、阿尔善组上部火山岩旋回分布较为普遍，且规模较大，大部分凹陷均可见到。腾格尔组一段上亚段火山岩旋回主要见于洪浩尔舒特凹陷，规模较小，分布局限。腾格尔组二段火山岩主要发育于吉尔嘎朗图凹陷，规模较大，遍及宝饶构造带及锡林构造带；在西部的额仁淖尔凹陷也有发育。

阿尔善组下部（K_1a_1—K_1a_3）：火山岩几乎在各凹陷均有分布。以阿南—阿北、洪浩尔舒特凹陷为例。阿南—阿北凹陷阿尔善组下部火山岩主要分布于阿尔善断层上升盘的阿北—哈北地区，钻遇最大厚度 519.0m（阿 8 井），一般 60～210m。洪浩尔舒特凹陷阿尔善组下部火山岩几乎遍及整个凹陷，钻遇最大厚度 338m（洪 17 井），一般 50～230m。从阿 2 井、洪 22 井钻井资料分析，该旋回发育五套火山岩，喷发期次多，规模大。

阿尔善组上部（K_1a_4）：火山岩主要分布于洪浩尔舒特凹陷中洼槽的海北、达林、达林西等地区，多为安山岩和凝灰质砂泥岩互层，有少量火山角砾岩、凝灰岩和沉凝灰岩。据洪 5、洪 61、洪参 1、洪 29 等钻井资料分析，发育爆发相、喷溢相和喷发沉积相，其中喷溢相最发育，厚度最大。该层段至少有两期喷发，每期喷发 30～50m，最厚可达 257m（洪 5 井），规模较大。

腾格尔组一段上亚段（$K_1t_1^{上}$）：火山岩主要分布于洪浩尔舒特凹陷西洼槽达林西鼻状构造带。洪 15、洪 29、洪 31 等井揭示该区喷发沉积相分布范围最广，而爆发相发育程度低。存在三期火山喷发，各期厚度一般 3～20m，最厚 71.4m。该旋回相对阿尔善组火山岩发育规模小，分布局限，表明构造运动强烈程度逐渐降低。

腾格尔组二段上亚段（$K_1t_2^{上}$）：火山岩发育以吉尔嘎朗图凹陷宝饶构造带及锡林构造带为典型，岩性主要为安山岩、玄武岩、凝灰岩及沉凝灰岩等。钻井揭示火山岩顶面埋深一般 400～500m，喷发期次最多可达五期。如吉 6 井腾格尔组二段中部 432～551m 井段钻遇五期火山岩，累计厚度 42.5m。各期次火山岩之间沉积岩厚度一般为 6～24m，火山喷发间歇期较短，火山活动频繁。

综上所述，二连盆地火成岩分布广泛，阿南—阿北凹陷小阿北安山岩油藏以及乌兰花凹陷安山岩油藏的发现，8个含油凹陷在火成岩中见到直接油气显示，表明二连盆地火成岩油气藏是油气勘探的重要领域。

第四节　构造单元划分

二连盆地不是一个统一的汇水盆地，而是由多个断陷组成的湖盆集合体。从构造发育特征入手，主要依据下白垩统的发育和分布情况，根据重力、电法、磁力和地质资料，在盆地内划分出马尼特坳陷、乌尼特坳陷、腾格尔坳陷、乌兰察布坳陷、川井坳陷，巴音宝力格隆起、苏尼特隆起、温都尔庙隆起，以及66个凹陷和22个凸起。

一、坳陷与隆起

二连盆地总体呈现"五坳三隆"的构造格局（图4-9、图4-10），"五坳"为马尼特坳陷、乌兰察布坳陷、川井坳陷、乌尼特坳陷、腾格尔坳陷，并形成了北东向和近东西向展布的两个坳陷带；"三隆"为巴音宝力格隆起、苏尼特隆起、温都尔庙隆起，三个隆起分隔了两个坳陷带。其中，马尼特坳陷、乌兰察布坳陷和乌尼特坳陷的总体走向为北东向，马尼特坳陷、乌兰察布坳陷沿燕山期形成的北东向断裂带分布，乌尼特坳陷沿海西期形成的北东东向二连—贺根山混杂岩带分布；腾格尔坳陷、川井坳陷的总体走向为近东西向，主要沿近东西向的西拉木伦河缝合带分布。

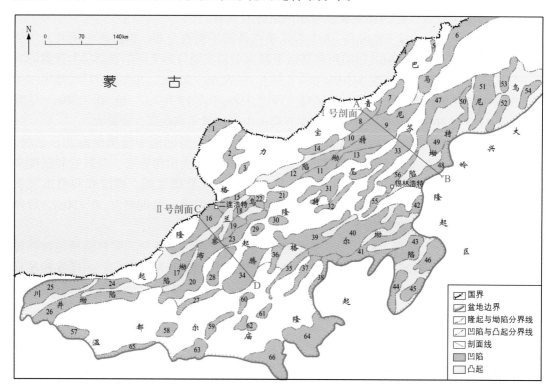

图4-9　二连盆地构造单元划分图

凹陷编号与名称的对应关系见表4-4

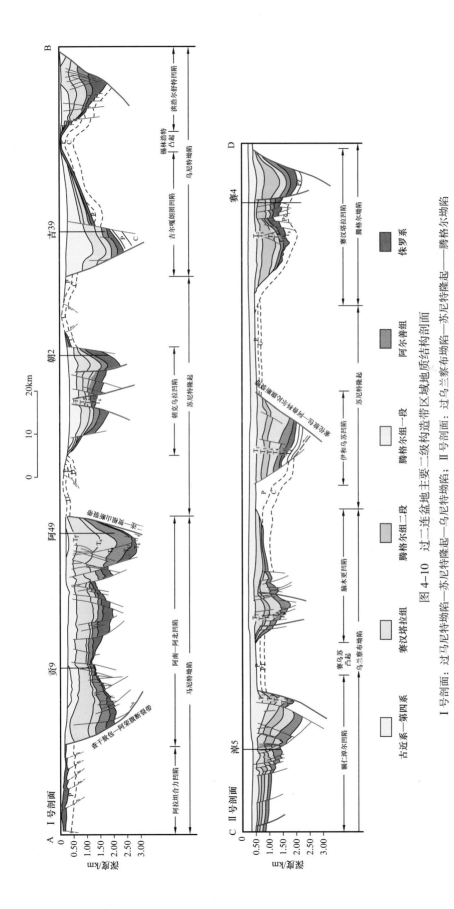

图 4-10 过二连盆地主要二级构造带区域地质结构剖面

I 号剖面：过马尼特坳陷—苏尼特隆起—乌尼特坳陷；II 号剖面：过乌兰察布坳陷—苏尼特隆起—腾格尔坳陷

由北向南各个隆起和坳陷的特征分述如下。

1. 巴音宝力格隆起

巴音宝力格隆起位于盆地北部，是二连盆地的西北边界。基底为西伯利亚板块东南陆缘增生带，海西期花岗岩大面积出露，沉积岩分布面积小。沉积凹陷不发育，仅有5个零散、孤立分布的凹陷；凹陷窄长、北东向展布，埋深1000～3500m，面积大小悬殊。阿尔凹陷、达来凹陷、呼仁布其凹陷、呼和凹陷具有单断结构，东南断、西北超，边界断层对沉积起主控作用，呈不对称的箕状半地堑；查德凹陷为两侧受北东、北北东向正断层控制的双断地堑结构，分为南北两个洼槽。

2. 马尼特坳陷

马尼特坳陷基底为贺根山—索伦山复向斜的东段，夹持于沙那断裂带和贺根山断裂带之间，呈北东向展布。目前发现9个凹陷，凹陷总面积13716km²。基本上是一个统一的沉积单元，是二连裂谷盆地群最大的一个汇水湖盆，沉积地层厚度大，尤其是盆地的东部，中、新生界厚3000～4500m。整个坳陷被凸起、低凸起分隔成三排凹陷带，自北而南依次为：巴音都兰—阿拉坦合力—哈邦凹陷带、沙那—塔北凹陷带、乌里雅斯太—阿南—阿北—宝格达—塔南凹陷带。坳陷东部地区沉积稳定，具有继承性，凹陷之间均有水系相连通；局部构造发育，圈闭类型多，发育有潜山披覆背斜、逆牵引背斜、火成岩体背斜、断鼻、断块等，是二连盆地主要油区所在地。坳陷西部地区，后期抬升显著，地层剥蚀严重，火山活动强烈，油气的生成和保存条件均较差。

3. 乌兰察布坳陷

乌兰察布坳陷基底为贺根山—索伦山复向斜的中段，面积16380km²。目前发现9个凹陷，凹陷总面积11555km²，中、新生代沉积厚2000～4600m。该区北部以额仁淖尔凹陷为代表，主要发育下白垩统，厚达4500m。南部中、下侏罗统发育，格日勒敖都凹陷推测最大厚度大于4600m，脑木更凹陷和呼格吉勒图凹陷厚度在1500m以上。该区凹陷面积小，大于1000km²的凹陷有5个。凹陷以多字形斜列，且窄而长。断裂发育，构造破碎，以半背斜、断块圈闭为主。

4. 苏尼特隆起

苏尼特隆起位于盆地中央，向北、向南分别与巴音宝力格隆起和温都尔庙隆起相过渡，基底为锡林浩特复背斜，面积30070km²。由于地壳隆升，使前中生界遭受剥蚀，大面积出露。沉积凹陷不发育，仅有7个呈北东向零星、孤立分布的凹陷，形态各异，凹陷总面积8350km²。单个凹陷面积较小，一般面积小于1000km²，最小仅250km²。埋深较浅，一般深1500～3000m。凹陷内部分割性强，发育多个次级洼槽，朝克乌拉凹陷由7个次洼组成。

5. 乌尼特坳陷

乌尼特坳陷位于盆地的东北端，紧邻大兴安岭隆起区，面积14930km²。目前发现10个凹陷，凹陷总面积11622km²。凹陷多呈北北东向展布，中、新生代沉积厚2100～4000m。北部的凹陷分割性强，均发育多个次级洼槽，次级洼槽之间或由凸起分割或抬升遭受强烈剥蚀。

6. 腾格尔坳陷

腾格尔坳陷位于盆地的东南部，基底为赛汉塔拉复向斜，北起西拉木伦河断裂带，南到腾格尔南断裂带，东界为林西断裂带，面积22170km²。发育13个凹陷，凹陷总面积 13930km^2。中、新生代沉积厚 2000～3500m。该区西部凹陷走向北北东向，东部凹陷走向北东东向。

7. 川井坳陷

川井坳陷基底为贺根山—索伦山复向斜的西段，面积 10190km^2。目前发现 3 个凹陷，凹陷总面积 4850km^2。该区处于天山—兴蒙弧形构造的顶部，构造线走向近东西向。中、新生代沉积厚 3000～6200m。白音查干凹陷沉积地层发育，以下白垩统为主，最深达 6200m；桑根达来和包龙凹陷埋深较浅，分割性强，后期抬升强烈，其南侧下白垩统已出露地表。

8. 温都尔庙隆起

温都尔庙隆起夹持于固阳—尚义—平泉断裂带与温都尔庙—西拉木伦河断裂带之间，大面积出露花岗岩和变质岩，沉积凹陷零星、孤立发育，已发现的 10 个凹陷总面积 8310km^2。

二、凹陷

根据目前勘探程度与研究认识，在二连盆地划分出 66 个凹陷（表 4-4）。在此，主要对发现油气田的 9 个凹陷进行简要描述。

1. 阿尔凹陷

阿尔凹陷位于中蒙边境的巴音宝力格隆起东北部，北侧紧邻海拉尔盆地，南侧靠近二连盆地的巴音都兰凹陷，东侧接近乌里雅斯太凹陷。凹陷呈北东走向展布，面积 650km^2，下白垩统厚约 3500m。凹陷结构表现为东断西超的半地堑，受阿尔塔拉主边界断层控制。凹陷划分出陡坡带、洼槽带和斜坡带，自北而南，主要发育哈达北、哈达、沙麦、罕乌拉等正向构造。

2. 乌里雅斯太凹陷

乌里雅斯太凹陷位于二连盆地马尼特坳陷最北端，地貌显示为一个山间盆地，东西两侧分别为苏尼特隆起和巴音宝力格隆起所围，整体呈北东向长条形展布。凹陷长约 200km，宽 10～15km，面积近 2500km^2，下白垩统最大埋深近 5000m。凹陷表现为西北断东南超的半地堑结构，划分为南洼槽、中洼槽和北洼槽，南洼槽和北洼槽已发现规模储量。

3. 巴音都兰凹陷

巴音都兰凹陷位于二连盆地马尼特坳陷东北部，北靠巴音宝力格隆起，南依布林凸起，西接阿拉坦合力凹陷，长约 80km，宽 16～20km，面积 1200km^2，下白垩统最大埋深 3500m，凹陷表现为南东断北西超的半地堑结构，由南洼槽和北洼槽组成。南洼槽划分出巴 I—II 构造带、西部斜坡带、洼槽带；北洼槽划分出西部斜坡带和洼槽带。南北洼槽之间为包楞构造带，南洼槽为主洼槽。

4. 阿南—阿北凹陷

阿南—阿北凹陷位于马尼特坳陷东部，东西长约 76km，南北宽约 54km，面积近 3600km^2，凹陷基底最大埋深 4500m。凹陷划分出阿南洼槽、莎东洼槽、蒙西洼槽、蒙东洼槽、阿北洼槽，以及阿尔善构造带、哈南构造带、阿南斜坡带、莎音乌苏构造带、京特乌拉构造带、欣苏木构造带、阿东斜坡带，是二连盆地当前油气资源最丰富的凹陷，阿南洼槽是主力生油洼槽。

表 4-4　二连盆地构造单元划分表

一级构造单元	序号	凹陷名称	面积/km²	深度/m	含油气情况	一级构造单元	序号	凹陷名称	面积/km²	深度/m	含油气情况
巴音宝力格隆起	1	呼和	400	3500		川井坳陷	24	包龙	700	3000？	
	2	呼仁布其	1440	3700	油田		25	白音查干	3200	6200	油田
	3	达来	300	3000			26	桑根达来	950	1000	无显示
	4	阿尔	650	3500	油田	苏尼特隆起	27	大庙	950	1200	
	5	查德	370	2200			28	伊和乌苏	1100	3200	无显示
马尼特坳陷	6	乌里雅斯太	2500	3500～5000	油田		29	查干里门淖尔	250	900	
	7	巴音都兰	1200	2900～3500	油田		30	阿其图乌拉	500	3700	见油花
	8	阿拉坦合力	850	>3000			31	赛汉图门	1350	1600～1900	
	9	阿南—阿北	3600	3500～4500	油田		32	红格尔	400	3000	
	10	沙那	800	3250	工业油流		33	朝克乌拉	3800	3200	油迹显示
	11	塔南	1086	3500	工业油流	腾格尔坳陷	34	赛汉塔拉	2300	5000	油田
	12	塔北	1850	2700～3000			35	布图莫吉	480	>3000	见显示
	13	宝格达	830	3800～4300			36	赛汉乌力吉	1060	3500	见显示
	14	哈邦	1000	3400			37	翁贡乌拉	750	1200	
乌兰察布坳陷	15	咸拉嘎	250	2000？			38	宝勒根陶海	540	3500	油田
	16	额仁淖尔	1800	4600	油田		39	都日木	2480	3500	无显示
	17	卫井	1600	2000～2400			40	额尔登苏木	2450	3400	工业油流
	18	准宝力格	275	1500			41	扎格斯台	1470	2100	
	19	格日勒敖都	1500	2550	见显示		42	达林淖尔	800	3500	无显示
	20	脑木更	3480	3700	油斑显示		43	何日斯太	1600	2900	
	21	准棚	600	2900	油迹显示		44	正蓝旗	1230	2000？	
	22	吉托勒	350	1570			45	多伦	910	2000？	
	23	呼格吉勒图	1700	3500	无显示		46	好莱库	1880	2000？	

一级构造单元	序号	凹陷名称	面积/km²	深度/m	含油气情况	一级构造单元	序号	凹陷名称	面积/km²	深度/m	含油气情况
乌尼特坳陷	47	包尔果吉	1050	2400~4000	无显示	温都尔庙隆起	57	乌拉特	900	3000	
	48	洪浩尔舒特	1100	3500	油田		58	达茂	1100	2800	
	49	布日敦	1000	2400	无显示		59	四子王旗	810	2100	
	50	阿拉达布斯	1750	2100			60	阿布其尔庙	600	3400	见油花
	51	高力罕	2842	3600	油田		61	乌兰花	600	3000	油田
	52	巴彦花	850	3200	油迹显示		62	察中	600	2200	见油花
	53	迪彦庙	650	2100	无显示		63	武川	1450	3000	无显示
	54	霍林河	850	3300	无显示		64	商都	2000	2300	无显示
	55	布朗沙尔	530	3500	荧光显示		65	固阳	750	2500	无显示
	56	吉尔嘎朗图	1000	3500	油田		66	集宁	500	2500	无显示

5. 吉尔嘎朗图凹陷

吉尔嘎朗图凹陷位于二连盆地乌尼特坳陷西南端，其东北、西南分别与包尔果吉、布朗沙尔凹陷相邻，西北与苏尼特隆起相接，东西长约67km，南北宽20~70km，面积约1000km²，白垩系最大埋深3500m。凹陷表现为北西断东南超的单断箕状结构。凹陷划分出宝饶洼槽、吉东洼槽和吉西洼槽，以及罕尼构造带、宝饶构造带、锡林断裂构造带和哈布断裂构造带。宝饶洼槽是主洼槽，宝饶—锡林构造带是主要油气富集带。

6. 洪浩尔舒特凹陷

洪浩尔舒特凹陷位于乌尼特坳陷东缘，凹陷走向北东向，面积约为1100km²，白垩系最大埋深达3500m。凹陷表现为南东断北西超的单断箕状结构，主要划分出东洼槽区、中洼槽区和西洼槽区，东洼槽区发育努格达构造、海流特构造；中洼槽区陡坡带发育巴尔构造、海北构造，斜坡带发育达林东、达林、乌兰诺尔等构造；西洼槽区发育达林西背斜等构造。

7. 赛汉塔拉凹陷

赛汉塔拉凹陷位于腾格尔坳陷，其西北侧为苏尼特隆起，东接查干淖尔凸起，南邻温都尔庙隆起，面积约为2300km²，白垩系最大埋深达5000m。凹陷表现为东断西超的单断断槽箕状凹陷结构特征。自东向西包括东部陡坡鼻状构造带、东部洼槽带、扎布—伊和断裂带、赛四背斜带、西部洼槽带与布和构造带等构造单元。

8. 额仁淖尔凹陷

额仁淖尔凹陷位于二连盆地乌兰察布坳陷西北部，北西紧邻巴音宝力格隆起，东南接阿尔善特凸起和赛乌苏凸起，走向北东向，面积约 1800km²，白垩系最大埋深 4600m。凹陷表现为不对称双断结构，主要划分出东部陡坡带、淖东洼槽、吉格森—包尔构造带、中央地堑构造带、淖西洼槽等构造单元。淖东洼槽是主洼槽，吉格森—包尔构造带是主要油气聚集带。

9. 乌兰花凹陷

乌兰花凹陷位于温都尔庙隆起带中部，北邻阿布其尔庙凹陷，属于山间型凹陷。凹陷表现为双断不对称箕状凹陷结构特征，面积约 600km²，最大埋深 3000m。凹陷划分出南洼槽区和北洼槽区，南洼槽区发育土牧尔、赛乌苏、红井、红格尔构造；北洼槽区发育东部陡坡带和西部斜坡带。南洼槽是主力生烃洼槽。

第五章 沉积环境与相

二连盆地各个凹陷均具有独立的源—汇系统，表现为多物源、近物源和高能快速沉积的特点。主要发育扇三角洲、辫状河三角洲、近岸水下扇、湖底扇和（洪）冲积扇等沉积体系。本章在对全盆地侏罗系、下白垩统沉积相分布进行概要阐述的基础上，重点对阿南—阿北、巴音都兰、阿尔、乌里雅斯太和乌兰花等五个典型凹陷的沉积相类型与沉积相展布特征作系统分析。

第一节 沉积相类型及特征

二连盆地早白垩世不同沉积时期的古地形、古气候、水动力条件、环境和砂体类型存在明显差别，表现出不同的特征（祝玉衡等，2000）。其中扇三角洲、辫状河三角洲和近岸水下扇是主要的砂体类型和油气运聚场所，其储集性能和成油条件最好（张文朝等，1997）。目前盆内70%的油气发现于该三类砂体中，其砂体展布方向和微相严格控制着油藏展布及贫富程度。

一、沉积相类型

二连盆地侏罗系及下白垩统主要发育（洪）冲积扇、扇三角洲和湖底扇等8种相和辫状河道、扇三角洲平原等19种亚相，泥石流、心滩、分流河道等46种微相（表5-1），其中扇三角洲、辫状河三角洲和近岸水下扇是该区主要含油层系的沉积相类型，局部地区（洪）冲积扇和湖底扇相砂体见良好油气显示，河流相、沼泽相在该区钻遇较少，下面对与油气储层关系最为密切的五种沉积相特征进行描述。

表 5-1 二连盆地侏罗系及下白垩统沉积相分类表

相	亚相	微相
（洪）冲积扇	扇根	泥石流、碎石流
	扇中	辫状河道、漫流沉积
	扇端	
辫状河	辫状河道	心滩、河道滞留
	洪泛平原	泛滥平原、河间洼地、河漫滩、河沼
扇三角洲	扇三角洲平原	分流河道、洪泛平原、河间洼地
	扇三角洲前缘	水下分流河道、席状砂、河口坝、分流间湾
	前三角洲	浊积砂、湖泥

相	亚相	微相
辫状河三角洲	辫状河三角洲平原	分流河道、洪泛平原、河间洼地
	辫状河三角洲前缘	水下分流河道、河道侧翼、河口坝、席状砂
	前三角洲	浊积砂、湖泥
近岸水下扇	扇根	主水道
	扇中	辫状水道、水道侧翼、水道间
	扇端	席状砂、浊积砂
湖底扇	内扇	块体流、泥石流
	中扇	沟道、水道侧翼
	外扇	席状砂、浊积砂
湖泊	滨浅湖	浊积砂、滩砂、湖泥
	半深湖	浊积砂、湖泥
沼泽		

1. 扇三角洲

扇三角洲是在突发性山洪暴发、地震和滑塌等地质应力作用下，大量粗碎屑物质未经分选，从出山口直接进入湖盆，在滨浅湖沉积环境形成的扇形沉积体（张文朝，1998）。扇三角洲是二连盆地最主要的相类型，广泛分布在各个凹陷，发育在湖盆演化早期充填沉积阶段和湖盆回返期断坳沉积阶段。该类扇体具有近物源、粗碎屑、厚度大、相带窄、成分成熟度和结构成熟度低的特征。其中扇三角洲平原亚相范围最小，垂直湖岸线宽 0.2～1km，呈扇形分布；扇三角洲前缘亚相占整个扇三角洲的近五分之四，地形较扇三角洲平原变缓，使扇三角洲平原分流河道在入湖处呈放射状形成多条主河道，向湖盆延伸 3～8km，具体特征见表 5-2、图 5-1。

表 5-2　二连盆地扇三角洲相特征综合表

类型	扇三角洲平原			扇三角洲前缘			前三角洲
	分流河道	洪泛平原	河间洼地	水下分流河道	水下分流间湾	席状砂	
岩性	块状厚层中粗砾岩、细砾岩	砂质泥岩夹砾岩条带	灰色泥岩与粉细砂岩薄互层	浅灰色细砾岩、薄层深灰色泥岩	浅灰色泥质粉细砂岩局部含砾	含砾砂岩、粉细砂岩	灰色、深灰色泥岩
测井曲线形态	自然电位箱形、钟形	自然电位平直	自然电位平直	自然电位箱形、钟形	自然电位平直间波状起伏	自然电位指状	自然电位平直状
韵律特征	块状、正韵律	小型正韵律		下粗上细正韵律	正韵律层为主	正韵律	
沉积构造	块状层理、板状交错层理、砾石定向排列	斜层理、透镜状层理	水平纹理	板状交错层理、冲刷构造	水平层理、波状层理，底部弱冲刷	水平层理	块状层理

类型	扇三角洲平原			扇三角洲前缘			前三角洲
	分流河道	洪泛平原	河间洼地	水下分流河道	水下分流间湾	席状砂	
颜色	红色	紫红色	深灰色	深灰色	深灰色	深灰色	灰色、深灰色
水动力条件	以强牵引流为主，重力流为次	弱	水体闭塞	强	弱	较弱	弱
地震相	杂乱弱振幅块状相			变振幅乱岗状河道充填相		较连续弱—中振幅楔状相	
发育规模	18～167km²			3～334km²		5～60km²	
代表地区	额仁淖尔凹陷、乌里雅斯太凹陷			巴音都兰凹陷、阿尔凹陷		乌兰花凹陷、巴音都兰凹陷	
代表井	淖51、淖53、淖62、太73、太75			巴101X、巴19、阿尔1、阿尔2		兰地1、巴23	

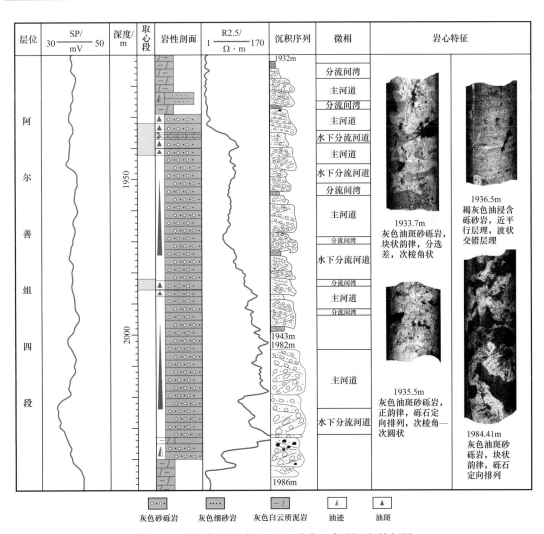

图5-1 巴音都兰凹陷巴101X井扇三角洲沉积特征图

2. 辫状河三角洲

二连盆地辫状河三角洲相主要形成于箕状断陷的缓坡和长轴方向，发育在湖盆稳定下沉的断陷沉积阶段和湖盆缓慢抬升的断坳沉积阶段。主要发育在腾格尔组，阿尔善组相对较少（张文朝等，2000）。辫状河三角洲规模相对较大，一般为 50～150km^2，多数属湖盆的主要物源方向。该类砂体呈树枝状向湖盆延伸长达几十千米，并以广阔的辫状河三角洲平原亚相和以牵引流搬运机制为主的结构、构造特征区别于扇三角洲相砂体。其中辫状河三角洲前缘的水下分流河道和前缘席状砂微相具有良好的储集性能和成藏条件，其具体特征见表 5-3、图 5-2。

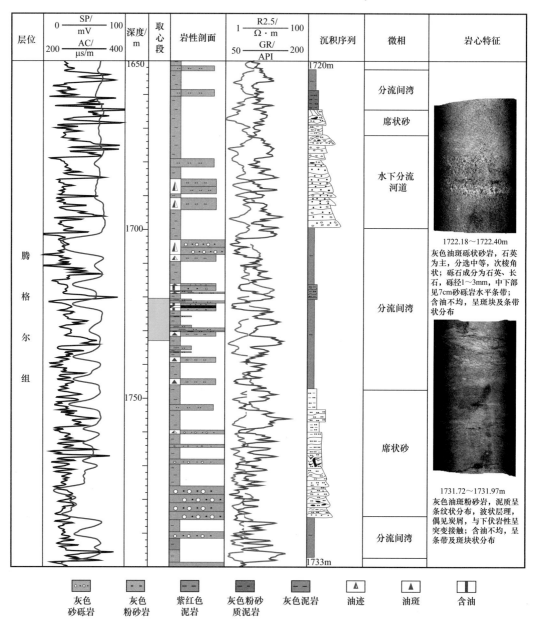

图 5-2　额仁淖尔凹陷淖 68 井辫状河三角洲沉积特征图

表 5-3 二连盆地辫状河三角洲相特征综合表

类型	辫状河三角洲平原			辫状河三角洲前缘		
	分流河道	洪泛平原	河间洼地	水下分流河道	河道侧翼	席状砂
岩性	块状巨砾岩、中粗砾岩	紫红色泥岩、含砾泥岩	灰色泥岩与薄层粉细砂岩	块状中粗砾岩、细砾岩	细砾岩、含砾砂岩	含砾砂岩、粉细砂岩
测井曲线形态	自然电位平直间夹波状起伏	自然电位平直夹波状起伏	自然电位平直	自然电位齿化箱形、钟形，块状高阻	自然电位钟形负异常	自然电位钟形、指状
韵律特征	块状韵律，顶底突变	不等厚互层	块状韵律	不完整正韵律，底部冲刷	块状韵律、正韵律	正韵律
沉积构造	块状层理、楔状交错层理	交错层理、冲刷构造	水平纹层	板状交错层理、平行层理、砾石定向排列	板状交错层理、波状交错层理	交错层理、波状层理、水平层理
颜色	杂色	紫红色	深灰色	灰色	灰色	深灰色
水动力条件	较强	弱	水体闭塞	强	较强	减弱
地震相	低频、弱—变振幅充填相或杂乱弱振幅块状相			河道充填相、透镜状相		楔状相
发育规模	30～102km²			10～235km²		
代表地区	阿南—阿北凹陷			吉尔嘎朗图凹陷	额仁淖尔凹陷	阿南—阿北凹陷
代表井	阿206			吉45	淖68	哈1

3. 近岸水下扇

二连盆地近岸水下扇相分布在断陷湖盆陡岸，即边界大断层的根部，发育在湖盆主要断陷期和水进期。主要分布在腾格尔组一段，少量分布在阿尔善组。垂向序列特征为以重力流为主的沉积构造和下粗上细的正韵律叠置层。近岸水下扇相可细分为扇根、扇中、扇端三个亚相，主水道、水道侧翼等微相，具体特征见表5-4、图5-3。

表 5-4 二连盆地近岸水下扇相特征综合表

类型	扇根	扇中			扇端
		辫状水道	水道侧翼	水道间	
岩性	砂质细砾岩、含砾砂岩	厚层块状细砾岩、含砾砂岩	厚层泥岩夹薄层含砾粉砂岩	厚层粉细砂岩、泥质砂岩	大段深灰色泥岩夹薄层粉砂岩、泥质砂岩
测井曲线形态	自然电位平直间钟形负异常	自然电位钟形和箱形	自然电位三角形、钟形	自然电位钟形、漏斗形	自然电位低幅指状、波状负异常
韵律特征	不明显	不完整正韵律	正韵律，底部冲刷	正韵律，底部弱冲刷	正韵律为主，反韵律次之
沉积构造	块状层理、交错层理	楔状交错层理、板状交错层理	交错层理、波状交错层理、波纹层理	楔状交错层理、板状交错层理	小型交错层理、板状交错层理，偶见变形层理

类型	扇根	扇中			扇端
		辫状水道	水道侧翼	水道间	
颜色	浅灰色、灰绿色	灰色	灰色	深灰色	深灰色
水动力条件	以重力流为主，较强	重力流，冲刷作用强	以牵引流为主	牵引流，较弱	面流，最弱
地震相	杂乱块状相	杂乱充填相、丘状相、前积结构			平行结构
发育规模	1～4km²	6～8km²			5～7km²
代表地区	阿南—阿北凹陷	巴音都兰凹陷、吉尔嘎朗图凹陷、阿南—阿北凹陷			巴音都兰凹陷
代表井	阿413、阿23	巴27、巴29、吉35、哈39			巴90

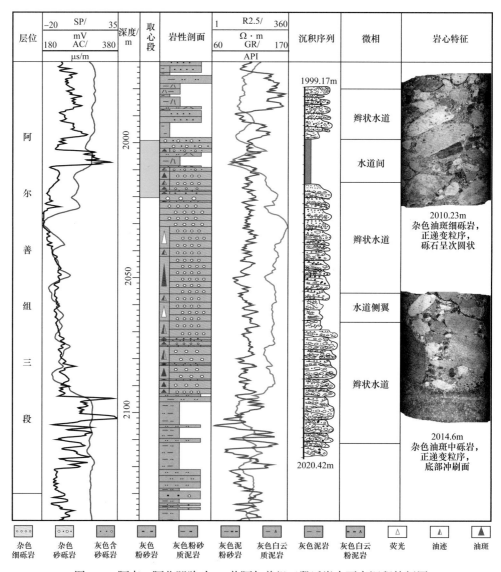

图 5-3　阿南—阿北凹陷哈39井阿尔善组三段近岸水下扇沉积特征图

4. 湖底扇

二连盆地湖底扇相主要受陡地形、深水体、强烈构造活动和季节性洪水作用的控制，主要分布在断陷湖盆具坡折带的洼槽区（陈广坡等，2010）。属于一套高能环境下的陆源粗碎屑物质，快速沉积在深水沉积环境下，被夹在大段灰色、深灰色和黑灰色泥岩中，成分成熟度很差。主要由下粗上细的正韵律叠置层序构成，其次为块状韵律层，下细上粗的反韵律层极少。湖底扇相主要分布在腾格尔组一段下亚段，其他组段发育较少，其主要沉积相特征见表5-5、图5-4。

表5-5 二连盆地湖底扇相特征综合表

类型	内扇	中扇	外扇
岩性	中粗砾岩、细砾岩	厚层砂质砾岩、含砾砂岩	中、薄层粉细砂岩为主
测井曲线形态	自然电位波状、钟形，梳状高阻	自然电位钟形、箱形、漏斗形，梳状和块状高阻	自然电位曲线平直间指状、波状负异常，电阻率曲线为不规则齿状
韵律特征	块状韵律为主	正韵律	正韵律为主，底部冲刷—突变，向上渐变
沉积构造	块状层理、粒级递变层理，砾石定向排列	块状层理、正递变层理、平行层理	小型交错层理、波状交错层理，见到鲍马层序中的CE和CDE组合
颜色	灰色、深灰色	深灰色	深灰色
水动力条件	以重力流为主，强	以重力流为主，强	以重力流为主，弱
地震相	杂乱弱振幅块状	河道充填相、前积反射	席状
发育规模	1～5km²，厚度为100～300m，最厚达500m		
代表地区	赛汉塔拉凹陷	乌里雅斯太凹陷、吉尔嘎朗图凹陷	阿南—阿北凹陷
代表井	赛81	太21、太101、吉35	哈25

5.（洪）冲积扇

二连盆地（洪）冲积扇主要分布在断陷湖盆的陡缓两侧和凹陷长轴方向的断鼻构造上，分布在早白垩世阿尔善组沉积期和腾格尔组沉积晚期。分选极差，高含砂和泥质，粒径大小不一，既有巨砾岩、中粗砾岩和砂质细砾岩，也有泥质砂岩和含砾砂质泥岩。沉积构造比较少见，主要见块状层理、不规则楔状交错层理、粒级递变层理，偶见砾石定向排列。该类扇体钻井资料较少，赛汉塔拉凹陷赛16等井钻遇该类扇体，并见到油气显示，其主要沉积相特征见表5-6。

二、沉积特征

二连盆地早白垩世时期不是一个统一的大盆地，而是由许多具有相似发育史的、分散的小断陷构成的断陷盆地群。各断陷具有清晰的边缘相和独立的沉积体系，在水域开阔时沟壑相通，水域缩小时相互分割，形成了多物源、近物源、粗碎屑等沉积特征。在早白垩世湖盆演化过程中，强烈的拉张断陷作用，造就了多期地层不整合和沉积间断，发育三大成湖期。向断陷缓坡，各期地层快速超覆减薄，形成广泛的地层超覆剥蚀带，沿着断陷长轴方向，发育多个沉积、沉降中心。

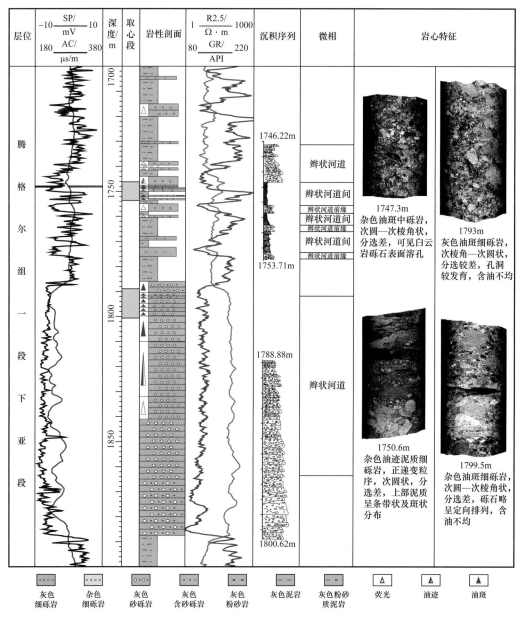

图 5-4　乌里雅斯太凹陷太 21 井湖底扇沉积特征图

1. 相对独立的小断（凹）陷群

二连盆地众多小断（凹）陷均发育各自独立的沉积体系，具有分割性强、次注多和发育时间短的特征。单个凹陷面积较小，半数小于 1000km^2。大多数呈长条状或带状分布，长宽比例大，一般为 3∶1～6∶1。

表 5-6　二连盆地（洪）冲积扇相特征综合表

类型	扇根	扇中	扇端
岩性	厚层块状多粒级砾岩、紫红色泥岩	厚层块状砾岩、紫红色泥岩	中薄层砂质细砾岩、含砾砂岩与紫红色泥岩
测井曲线形态	自然电位平直局部波状、电阻率曲线块状高阻	自然电位钟形负异常，电阻率曲线梳状高阻	自然电位钟形、漏斗形、指状，电阻率曲线锯齿状
韵律特征	不明显	块状、不完整正韵律	正韵律、底部冲刷
沉积构造	杂基支撑、块状构造	交错层理、底部冲刷充填构造	楔状交错层理、小型交错层理
颜色	紫红色	紫红色	紫红色
水动力条件	高能重力流为主、牵引流为辅	牵引流	漫流为主
地震相	楔状	透镜状	席状
发育规模	45～225km²		
代表地区	阿南—阿北凹陷、赛汉塔拉凹陷		
代表井	连参 1、赛 16		

在早白垩世沉积过程中，凹凸相间的构造背景维持始终，地层在凹陷陡侧均以断裂与凸起或隆起对接，在缓侧，地层沿古斜坡向上逐层超覆尖灭。自凹陷边缘向中心，沉积相由各种扇体逐渐变为滨浅湖或半深湖，水体由浅变深。

2. 多物源、近物源和粗碎屑发育

在早白垩世沉积过程中，湖盆的碎屑物质始终来自凹陷周缘的凸起（隆起）区。

据野外露头资料，在盆地北部巴音宝力格隆起区，西段主要出露上石炭统碎屑岩、少量火成岩和下二叠统碎屑岩；东段以下二叠统碎屑岩和海西期花岗岩为主，以中、下侏罗统含煤碎屑岩和燕山期玄武岩为次。盆地南部温都尔庙隆起区，西部主要出露海西期花岗岩，其次为下古生界巨厚的变质岩；东段则是以上侏罗统的火成岩为主，其次为上石炭统、下二叠统碎屑岩和石灰岩。盆地中部苏尼特隆起区，在阿巴嘎旗以西，主要为海西期花岗岩，其次为上石炭统、下二叠统碎屑岩、石灰岩和下古生界变质岩，其东为大面积玄武岩。另外，在坳陷内部还有一些大小不等的古凸起和古残山，它们也均是重要的碎屑物质来源地。

早白垩世沉积期，各凹陷陡缓两侧各类扇体成群分布，隔水对峙，单个砂体规模一般较小，向湖盆中心延伸 5～7km 便快速消亡，平行湖岸延伸长度约 10km，面积多数为 50km² 左右，少数达 100km²。在岩性剖面上，以大段砂砾岩集中出现为主要特征，厚度大、岩性粗、占地层百分比含量高。

综上可知，早白垩世沉积严格受古地形的制约，具有多物源、近物源、短水系、粗碎屑和母岩类型多、成分杂等特征。

3. 三次湖侵期

1）阿尔善组沉积早期的首次湖侵

二连盆地第一次湖侵期主要发生在阿尔善组沉积早期，是在古地形凹凸不平、填平补齐的背景下，洼地蓄水不断扩展形成湖盆。湖区在各凹陷均有分布，但主要发育在北部坳陷带，以滨浅湖亚相为主，半深湖亚相分布在白音查干、额仁淖尔、脑木更、阿南—阿北和巴音都兰凹陷的沉积中心。沉积厚度一般为150~300m，泥岩厚度占地层的60%~80%，生油条件好，但分布范围较小。据阿南—阿北凹陷阿11井、阿18井岩性剖面，在大段湖相泥岩顶部见到多层碳质泥岩，并与上覆阿尔善组三段块状砾岩呈突变接触，说明该期湖侵时间短，进入阿尔善组三段沉积期湖盆即收缩，水体变浅，沼泽化。

2）腾格尔组沉积早期的湖侵高潮

腾格尔组沉积早期是早白垩世湖盆发育的高潮期，是在湖盆稳定下沉，大规模水进背景下，水域迅速扩展，水体加深的广湖盆、深水体、持续时间最长的一次湖侵。岩性以大段深灰色泥岩为特征，厚度一般为300~600m，最厚可达1000m。泥岩占地层百分比高，一般在80%以上，平面分布广。以凹陷为单元，湖水从沉积中心向周围进侵扩大，如阿南—阿北凹陷，湖水从阿南洼槽的沉积中心向四周侵漫；赛汉塔拉凹陷的沉积中心位于东部洼槽带，湖水主要向西部斜坡进侵。从全盆地而言，北部坳陷带的白音查干、额仁淖尔、阿南—阿北和巴音都兰凹陷一线，仍然为该次湖侵的沉积中心，半深湖亚相主要分布在上述凹陷之中。另据古生物资料，腾格尔组以巴达拉湖女星介、马斯甲女星介为代表的介形类化石和以古型松柏粉为代表的孢粉化石十分丰富，反映了湖侵高潮期的生物特点。从而该湖侵期建造了二连盆地第二套生油层。

3）腾格尔组沉积晚期的广湖盆浅水体

腾格尔组沉积晚期开始抬升，发生短期的水退，之后很快下沉，进入广湖盆、浅水体的发育阶段。岩性剖面显示一套下粗上细的正旋回。受古地形控制和后期剥蚀，地层厚度变化较大，一般为300~700m，暗色泥岩为200~500m，占地层厚度的50%~70%。

4. 多种成因类型的砂体

二连盆地的沉积、构造背景和地形特征决定了其水动力条件和砂体成因，主要发育高能环境下、快速沉积的中小型扇三角洲相、辫状河三角洲相、近岸水下扇相和湖底扇相砂体，以及（洪）冲积扇相砂体，而缺失大型湖盆中长源三角洲相砂体和沿岸滩坝砂体，这也是二连盆地与东部渤海湾盆地和松辽盆地等大型断陷型、坳陷型盆地的重要区别。

在早白垩世湖盆的不同发展阶段，其砂体成因和沉积相也有不同。

1）（洪）冲积扇相砂体

（洪）冲积扇相砂体主要发育在阿尔善组下部和赛汉塔拉组上部，具有岩性粗、砂体规模较大、横向变化快等特点。

2）扇三角洲相砂体

扇三角洲相砂体主要发育在阿尔善组下部和赛汉塔拉组，分布在湖盆陡岸，属一套近源快速沉积的粗碎屑扇形体。具有岩性粗，砂砾岩厚度占其扇体厚度比值高，扇体面积小，沿湖岸线呈裙边状分布，剖面厚度大，横向变化快和以牵引流成因为主、重力流成因为辅的沉积构造等特点，是二连断陷湖盆主要的含油砂体之一。

3）辫状河三角洲相砂体

辫状河三角洲相砂体主要发育在腾格尔组和赛汉塔拉组，其次是阿尔善组，分布在较大湖盆的缓坡或长轴方向。碎屑物质搬运距离较长，砂体呈树枝状，具有砂体规模大、剖面厚度适中、横向变化较小、存在以广阔的三角洲平原和牵引流搬运机制为主的沉积构造特征，是二连盆地最好的含油砂体之一。

4）近岸水下扇相砂体

近岸水下扇相砂体主要发育在成湖高潮阶段的腾格尔组，其次是阿尔善组，分布在湖盆陡岸或古断崖根部，砂体呈扇形或裙边状。其特点是扇体全部位于水下，规模一般较小，少数面积较大，剖面最厚可达 1000m 以上，岩性粗、横向变化快，重力流和牵引流成因的沉积构造兼而有之，也是二连盆地的含油砂体。

5）湖底扇相砂体

湖底扇相砂体主要发育在腾格尔组，其次是阿尔善组，分布在湖盆陡岸、古断崖根部和扇（辫状河）三角洲砂体前端的地形陡变带。具有砂体面积小、剖面厚度薄、岩性岩相变化快等特点，并以重力流成因的沉积构造为其重要标志，亦属盆内含油砂体之一。

三、沉积充填模式

作为二连盆地基本沉积单元的凹陷，其典型的构造模式主要有三大类：一是单断式箕状凹陷，即半地堑；二是双断式地堑状凹陷；三是有中央构造带的凹陷。凹陷的规模有大有小，与周边地形高差有大有小，古地貌环境迥异，从而决定着古水系的发育、水动力条件的强弱以及水体深浅，也严格控制了储集体的大小、形态、成因和各类沉积相带的展布。它们对油气生成、运移和聚集至关重要。根据凹陷结构、主要水系方向和砂体发育特点，二连盆地的沉积模式划分为以下三种类型（王有智，2011）。

1. 单断式凹陷沉积充填模式

单断式凹陷一般呈长条状，长宽比为 4∶1～6∶1，其陡侧为边界主断层，缓翼为一斜坡，物源主要来自湖盆两岸的古凸起上，年轻盖层呈陡断缓超的沉积关系。该类凹陷数量很多，以白音查干、吉尔嘎朗图和巴音都兰凹陷为代表（图 5-5a）。在阿尔善组沉积早期，沿湖盆陡缓两岸分布有大面积冲积扇和扇三角洲砂体，凹陷中央被滨浅湖—半深湖所占据。腾格尔组沉积时期，沿湖盆陡岸的近岸水下扇和湖底扇相砂体呈裙边状分布，缓坡为辫状河三角洲相发育区，湖盆中央为广阔的半深湖—深湖，沿湖盆长轴方向呈现两岸砂体隔水对峙的分带特征。赛汉塔拉组沉积期，湖盆陡岸扇三角洲成群成带，缓岸为具有一定规模的辫状河三角洲群。另外，在湖盆缓坡分布有广泛的地层超覆带、由多次水进水退形成的岸线变迁带，以及湖水深浅变化造成的沉积相过渡带。其碎屑物质属短距离搬运，具有岩性粗、砂砾岩厚度大、结构成熟度和成分成熟度较低的特点，致使储层孔渗性能受到明显的影响。

2. 双断式凹陷沉积充填模式

乌兰花凹陷南洼槽、赛汉塔拉凹陷赛东洼槽属双断式凹陷类型。在凹陷短轴方向的两侧均以边界同生断层为界。阿尔善组和腾格尔组沉积早期，沿湖盆两岸主要分布有近岸水下扇群，与中央湖区构成清晰的分带特征（图 5-5b），腾格尔组沉积晚期，湖盆两岸为扇三角洲群，同样呈现出沉积分带的特征。该类湖盆的碎屑物质和储集性能与单断型的相近，属高能环境下分选较差的粗碎屑沉积，但湖域较宽广，陆上沉积比重小，缺少广泛的地层超覆带和岸线变迁带。

3.发育中央构造带凹陷的沉积充填模式

发育中央构造带的凹陷有额仁淖尔、赛汉塔拉和阿南—阿北凹陷。凹陷内部进一步划分为斜坡带、中央潜山或断裂背斜带和洼槽带，是单断箕状凹陷被断裂褶皱复杂化的结果。中央构造带大体上沿凹陷长轴方向延伸，沿短轴方向分别向两侧下倾，洼槽邻陡翼一侧为主洼槽，邻缓翼一侧形成次（浅）洼槽，使湖盆的地形、水系、砂体和相带分布特征均发生了较大的变化（图5-5c）。

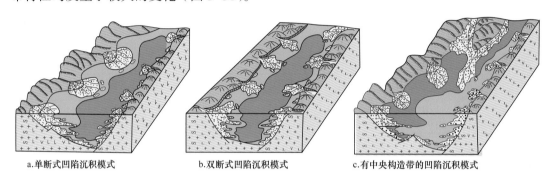

a.单断式凹陷沉积模式　　　　b.双断式凹陷沉积模式　　　　c.有中央构造带的凹陷沉积模式

图5-5　二连盆地断陷湖盆沉积模式图

早白垩世早中期，湖盆的碎屑物质主要来自凹陷长轴方向。阿尔善组沉积早期，沿湖盆两端的古断鼻或古斜坡形成了大型辫状河三角洲砂体，它们与凹陷长轴平行或斜交，在中央构造带交会，并由此进入湖区，形成辫状河三角洲前缘砂体。在湖盆陡缓两岸分布小型扇三角洲和近岸水下扇砂体群。腾格尔组沉积时期，由于凹陷长轴两端古断鼻、古斜坡的存在，导致两头高、中间低的地形特征，相应形成了两头为辫状河（扇）三角洲相分布区、中间为滨浅湖亚相的分区特征，沿短轴方向，缓坡是扇三角洲相分布区，陡岸为近岸水下扇和扇三角洲相，两者之间为广阔的湖水，显示了沉积相的分带局面。该类凹陷砂体类型多，储层性能好。

第二节　沉积相展布

二连盆地侏罗系—下白垩统沉积相类型及其展布严格受构造活动与古地形、古物源、古气候、古水介质等沉积条件的控制，各组段沉积体系组合变化较明显，其展布特征既具有一定的继承性也有明显的差别。

一、盆地沉积相展布

该区三叠系普遍缺失，侏罗系虽有一定分布，但钻遇井较少。下白垩统为二连盆地发育的主要层系，大体经历了阿尔善组沉积时期、腾格尔组沉积时期、赛汉塔拉组沉积时期三个沉积演化阶段（祝玉衡等，2000），不同阶段沉积相类型及其相带展布特征各异。

1.侏罗系沉积相展布

区内侏罗系厚度相对较大，岩性相对比较复杂，根据岩电组合特征等，认为侏罗系主要发育扇三角洲相、湖泊相和河流相。

1）下侏罗统

早侏罗世，随着隆张作用继续加强，岩石圈发生初始张裂，形成北东向的断陷湖盆。接受了厚约1000m的含煤建造，最厚可达4000m，如阿其图乌拉凹陷和格日勒敖都凹陷在该沉积时期均为一套扇三角洲相及沼泽相，主要岩性为砂砾岩、砂岩、泥岩夹煤层（图5-6、图5-7）。早侏罗世气候温暖潮湿，雨量充沛，暗色泥岩较发育，具有一定的生油条件，并见到油气显示。其与下伏的古生界呈角度不整合接触，与上覆中侏罗统之间为整合接触。早侏罗世凹陷主要分布在盆地的北部和西南部，如阿拉坦合力凹陷、阿南—阿北凹陷、巴音都兰凹陷、脑木更凹陷与阿其图乌拉凹陷等。

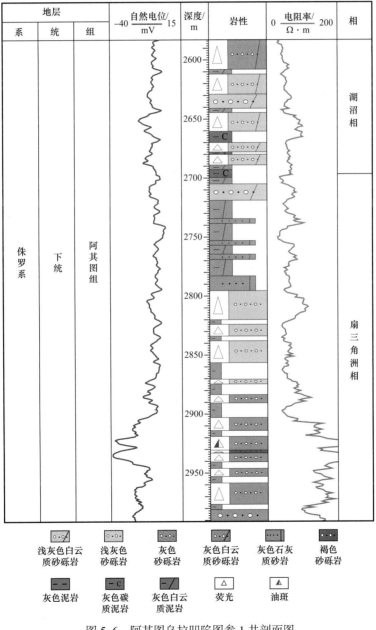

图5-6　阿其图乌拉凹陷图参1井剖面图

2）中—上侏罗统

早侏罗世末，构造运动逐渐加强，局部形成了北北东向的褶皱和逆断层，如格日勒敖都和阿拉坦合力凹陷发育有早—中侏罗世的褶皱，在格日勒敖都凹陷还发育有逆掩断裂带，古生界逆掩到中—下侏罗统之上。至晚侏罗世，构造活动进一步加剧，沿断裂带产生大规模的火山喷发，区内堆积了一套酸—中—基性陆相火成岩系，尤其是在镶黄旗—阿巴嘎旗—巴音都兰一线以东，大兴安岭以西地区，向盆地西部减薄以至消失。另外，局部还发育有以沉积岩为主的剖面类型。中侏罗统岩性主要为紫红色泥岩和灰黄色、灰白色、棕色长石砂岩、砂砾岩夹薄层凝灰岩。上侏罗统为棕红色泥岩、灰黄色砂岩夹泥岩、砂砾岩，厚度大于3100m，为河流沉积（图5-7）。

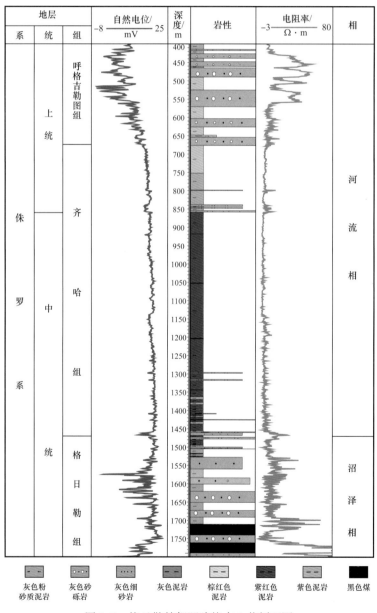

图5-7　格日勒敖都凹陷格古1井剖面图

2. 下白垩统沉积相展布

白垩纪时期各凹陷主要经历了阿尔善组沉积期充填式沉积、腾格尔组一段沉积期稳定沉积、腾格尔组二段沉积期浅水沉积和赛汉塔拉组沉积期萎缩衰亡等沉积阶段。每个发展阶段的地形、古气候、水动力条件、砂体类型和沉积相带展布均存在明显差别，表现出不同的沉积环境。

1）阿尔善组沉积相展布

阿尔善组是继晚侏罗世—早白垩世大规模的火山喷发之后，在强烈的断块运动作用下开始沉积的。该沉积期具有东西方向"三低三高"和南北方向南高北低的地貌特征，决定了不同方向沉积上的差异。南北方向以苏尼特隆起为界，西北部的白音查干、额仁淖尔、阿南—阿北、巴音都兰等凹陷一线，湖盆沉积范围广、厚度大；而苏尼特隆起之东南部，以布图莫吉、包尔果吉和高力罕凹陷为代表，沉积厚度相对较小，且变化大，湖盆分散。在东西方向上，分布有三个沉积区，即川井坳陷西部、乌兰察布坳陷东部—腾格尔坳陷西部和马尼特坳陷东部—乌尼特坳陷东部，沉积相对集中，沉积厚度大；相应在川井坳陷东部—乌兰察布坳陷西部、马尼特坳陷西部—乌尼特坳陷西部，沉积范围小而分散，沉积厚度薄（图5-8）。

总观全区，以苏尼特隆起为界，在分割的背景上，南高北低的古地形导致了南北分带的沉积格局。南部坳陷带湖盆小、水体浅、连通差，以滨浅湖亚相为主；北部坳陷带湖域大、水体深、连通较好，以半深湖亚相为特征。湖域面积大于800km^{2}和半深湖亚相发育的湖盆都分布在北部坳陷带。东西分区的沉积格局也比较明显，从西向东依次分布有川井坳陷西部、乌兰察布坳陷中部和马尼特坳陷东部三个湖区，具有湖盆面积大和半深湖亚相发育的特点。而与这些湖区相间出现的是乌兰察布坳陷南部、马尼特坳陷西部和乌尼特坳陷东部湖区，具有湖水面积小和连通差的特点。如脑木更和高力罕等凹陷，不但湖水面积小，而且被分割成多个互不连通的小湖。另外，从沉积相带的展布和沉积物的粒级变化来看，各类扇体主要分布在湖盆长轴方向的两端和短轴方向的两侧，向湖盆中心很快相变为湖相泥岩，明显表现为窄相带和粗相带的沉积特点。

2）腾格尔组一段沉积相展布

腾格尔组沉积前，该区发生了强烈的火山喷发和断块翘倾活动，导致阿尔善组、侏罗系及古生界遭受剥蚀，形成了平缓的地形特征。其后，断陷湖盆开始进入翘断、深陷的稳定沉积阶段；随着可容沉积空间增大，湖水自各沉积中心迅速向外扩展，早期的古残山、古高地已不复存在，古斜坡快速被湖水覆盖，从而形成了广水域、深水体的沉积格局（图5-9）。

腾格尔组沉积早期，多凸多凹的构造背景维持始终，由此形成了多物源、近物源、粗碎屑和各自独立的沉积体系，与早期阿尔善组沉积期有较好的继承性，其碎屑物质仍然来自苏尼特等四大隆起区。腾格尔组沉积期相对稳定，地形逐渐变缓，水体加深，水域明显扩大，连通性变好。其中马尼特坳陷湖域最广，连通性最好，湖水几乎广布每个凹陷，且存在坳陷内的短期连通，大大改变了早期阿尔善组沉积期湖域小、连通差的沉积局面。尤其对成湖高潮阶段的腾格尔组沉积期来说，最大特点是砂体规模较小，主次物源比较明显，岩性细，厚度较薄，沉积物搬运距离比阿尔善组沉积期远，碎屑岩结构

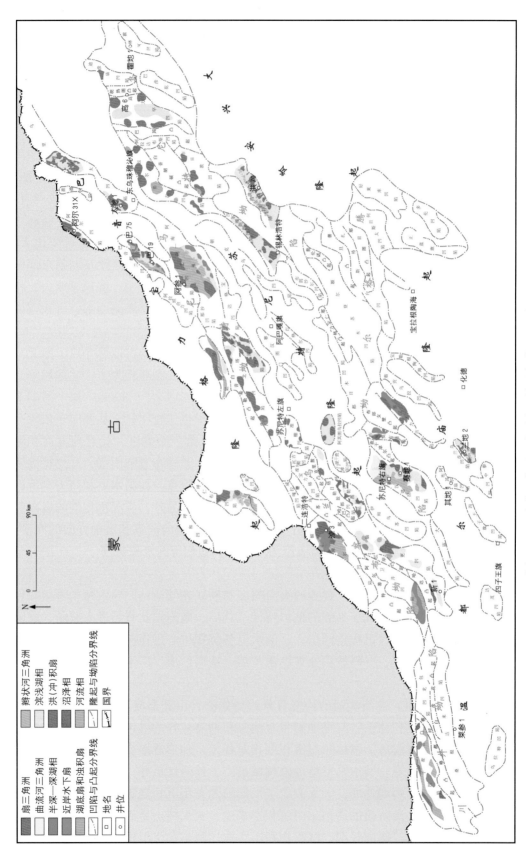

图 5-8 二连盆地主要凹陷下白垩统阿尔善组沉积相图

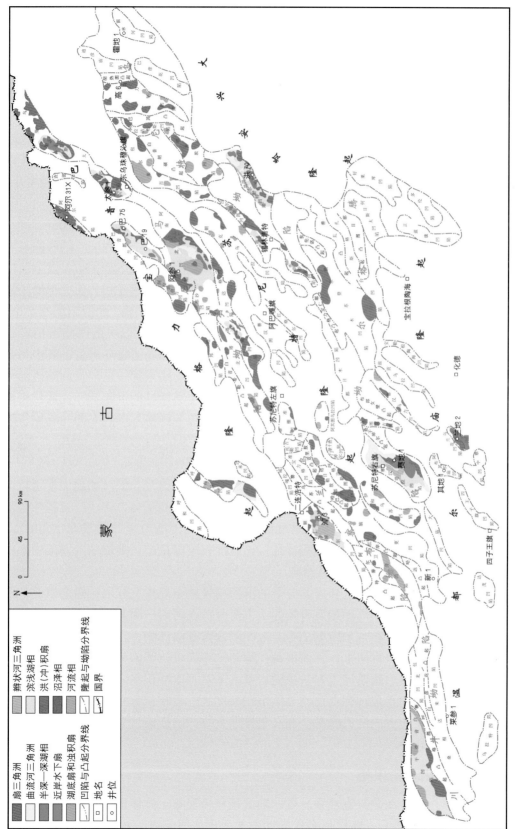

图 5-9　二连盆地主要凹陷下白垩统腾格尔组一段沉积相图

成熟度和成分成熟度较高。经过剥蚀夷平作用之后，渐趋平缓的地形使腾格尔组的相带展布显得更加清晰。一些湖盆沿其陡岸分布有大面积扇三角洲群，缓岸为辫状河三角洲相分布区，二者之间分布有广阔的湖水，分带性明显。吉尔嘎朗图和巴音都兰凹陷就很典型，形成了辫状河三角洲相区—湖泊相区—扇三角洲相区的分布特点。额仁淖尔和赛汉塔拉凹陷则具有近岸水下扇相区—半深湖亚相区—扇三角洲相区的三分特征。

3）腾格尔组二段沉积相展布

腾格尔组二段沉积期沉积相展布主要受区域抬升和强烈振荡作用的影响，在湖盆陡缓两岸形成了规模较大的粗碎屑扇体群。表现为剖面厚度大（300～600m）、岩性粗（以砾岩为主）、向湖盆中央延伸距离长（5～20km）等特点，各湖盆水体变浅，水域变小，改变了腾格尔组一段沉积期深水体、广水域的稳定沉积局面。

纵观全盆地，腾格尔组沉积期以苏尼特隆起为界，仍然具有南北分带的沉积局面。南部坳陷带各湖盆表现为湖盆小、水体较浅的特征。湖域面积大于 1000km^2 的凹陷只有高力罕和朝克乌拉凹陷，其余凹陷均小于 900km^2；湖域面积占沉积面积 80% 以上的凹陷只有布图莫吉、吉尔嘎朗图和赛汉乌力吉三个凹陷，缺乏半深湖亚相。而北部坳陷带湖域面积相对较大，水体较深，连通性较好；湖域面积大于 1000km^2 的凹陷就有 7 个，最大的属白音查干凹陷，为 2660km^2；湖域面积占沉积面积 80% 以上的凹陷有白音查干、额仁淖尔和呼仁布其等凹陷，半深湖亚相基本分布在北部坳陷带各湖盆，其中川井坳陷西部、乌兰察布坳陷北部—腾格尔坳陷西部与马尼特坳陷东部—乌尼特坳陷西部为三大沉积相对集中区，具有湖域面积较大、水体较深和连通性好的沉积特征，而位于上述三个沉积区以外的乌兰察布坳陷西部、马尼特坳陷西部—腾格尔坳陷东部与乌尼特坳陷东部，表现为湖域小、水体相对浅和连通性差等特征。

4）赛汉塔拉组沉积相展布

赛汉塔拉组沉积时，断裂活动基本停止，二连盆地整体抬升。该时期地形平坦，沉积厚度较薄，一般为 200～400m。在伊和乌苏、赛汉塔拉、赛汉乌力吉、巴音都兰凹陷以及乌尼特坳陷内的少数凹陷，沉积厚度为 800～1000m，高力罕凹陷最厚达 1400m，全区显示了西高东低和西薄东厚的沉积特征。该组沉积范围最广，地层从各凹陷中心向边缘凸起或隆起逐层超覆的迹象异常清晰。

纵观全盆地，仍具东西分区和南北分带的沉积相带展布规律，苏尼特隆起以北的凹陷，受早期广水域的影响，沼泽相发育较好，主要分布在阿南—阿北和乌里雅斯太等凹陷。而在南部坳陷带，只在吉尔嘎朗图等 6 个凹陷分布有沼泽相，且分布面积是北部坳陷带的四分之一。在东西方向上，大体以额仁淖尔—赛汉塔拉凹陷为界，西部沉积厚度薄，岩性颜色红，煤层、碳质泥岩和灰色泥岩基本未见，以冲积扇、河流相为主的陆相沉积广泛分布，东部的马尼特和乌尼特坳陷沉积厚度大，沼泽相分布范围相对较广，煤系地层发育，并向东北方向的巴音都兰和乌里雅斯太等凹陷逐渐过渡为滨浅湖亚相，存在水体逐渐加深的趋势。

二、典型凹陷沉积相

二连盆地早白垩世凹陷分割性强，各凹陷沉积相带展布、砂体形态各异，在前文沉积充填模式分类的基础上，选择具有代表性的 5 个含油凹陷进一步描述其沉积相与展布。其中，阿尔、巴音都兰和乌里雅斯太凹陷代表单断式凹陷，乌兰花凹陷、阿南—阿北凹陷分别代表双断式和发育中央构造带的凹陷。

1. 阿南—阿北凹陷

阿南—阿北凹陷属于发育中央构造带的凹陷，早白垩世，存在南北两侧陡坡主要物源、东西两侧缓坡次要物源、中部火成岩台地次要物源等三类物源供给区，造就了阿南—阿北凹陷多物源、多沉积体系格局。

1）阿尔善组一段

根据阿尔善组一段地层厚度与砂地比分析，结合构造演化分析可知，阿尔善组一段为白垩纪裂谷拉分背景下发育的充填沉积地层，凹陷内部主要发育 5 个小型突起，成为凹陷的主要物源供给区，多注多突沟垒相间的古地形结构控制形成了众多的冲积扇，扇体粒度较粗，构成阿尔善组最底部的粗粒旋回段（图 5–10）。

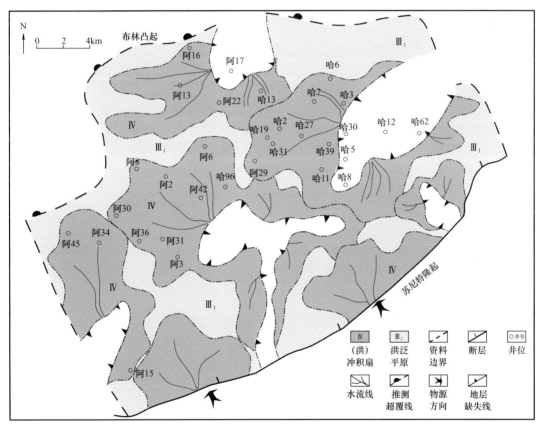

图 5–10　阿南—阿北凹陷阿尔善组一段沉积相图

2）阿尔善组二段

随着阿尔善组一段沉积期的填平补齐作用，阿尔善组二段沉积期湖盆整体沉降加快，湖盆进一步扩张、水体扩大，湖平面上升，沉积环境由粗碎屑分隔性充填环境演化为以暗色泥岩夹砂岩条带的半深湖广水域环境，为凹陷早白垩世第一次成湖期，形成了阿尔善组下部第一套细粒旋回段。在凹陷南部阿南斜坡发育小型近岸水下扇和扇三角洲沉积，分布范围较窄；南部洼槽区形成了大面积分布的半深湖沉积。阿尔善组一段沉积期的局部小突起逐渐埋没于水下，只有蒙古林东北、哈南、莎音乌苏地区部分出露，构成凹陷内次要物源区，在周缘形成规模较小的近岸水下扇沉积（图 5-11）。此外，在凹陷滨浅湖区发育一些小型滩坝。

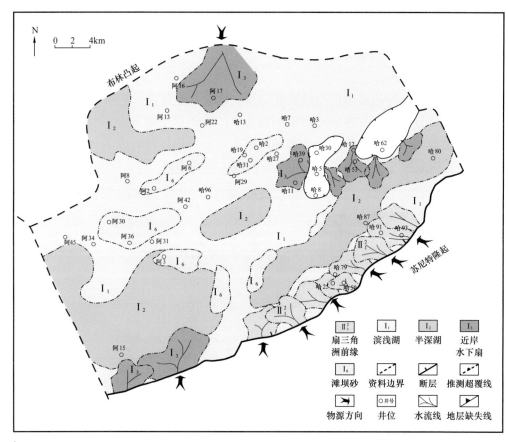

图 5-11　阿南—阿北凹陷阿尔善组二段沉积相图

3）阿尔善组三段

受阿尔善组二段沉积末期基底上拱及火山作用的影响，阿尔善组三段沉积期表现为南北洼中间高的古地形分异格局，其控制了该时期的沉积体系发育与分布，在凹陷南部斜坡区依然形成近岸水下扇和扇三角洲沉积。中部抬升区火成岩发育并出露水面以上，成为蒙古林地区与南部洼槽区的沉积物源，在阿南洼槽、哈南北部地区形成扇三角洲群（图 5-12）。

4）阿尔善组四段

阿尔善组四段沉积期，阿尔善断层活动持续加强，控制了地层的分布，断层下降盘厚度大，向南部斜坡方向逐渐减薄。

凹陷北部地区主要发育冲积扇、河流、滨浅湖和辫状河三角洲沉积，其中冲积扇相砂体呈扇形分布，砂体规模较大，最大面积 225km²，最小面积 71km²，中间以洪泛平原相隔，河流从西北方向汇入浅湖，在湖区发育 4 个规模较小的辫状河三角洲沉积。

凹陷南部地区主要发育辫状河三角洲和近岸水下扇沉积。在阿尔善断层下降盘受远源河流物源供给和古地形的控制，发育四个辫状河三角洲沉积体系。阿 26—阿 9 井辫状河三角洲规模最大，分布范围较广，主河道向洼槽区延伸距离较远，可达6km以上；其次为哈7—哈9井辫状河三角洲，其他辫状河三角洲规模相对较小。位于阿南斜坡的近岸水下扇从东部伸入湖区，主要发育四个扇体。其中，哈66井近岸水下扇分布范围最广，主水道沿着哈74—哈66井一线，其次为北部的莎4井近岸水下扇，主水道可延伸至莎1井附近（图5-13）。

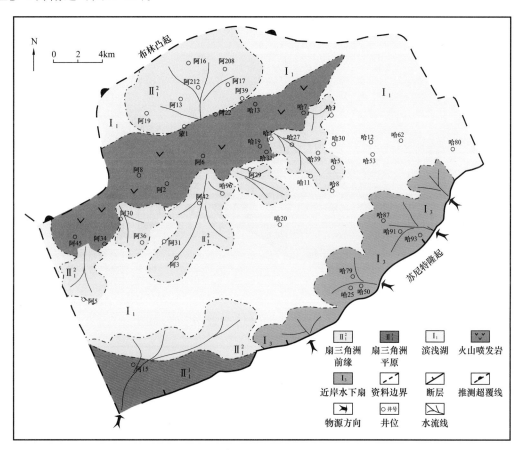

图5-12　阿南—阿北凹陷阿尔善组三段沉积相图

5）腾格尔组一段

腾格尔组一段沉积期为凹陷最主要的成湖期，在湖相背景下，发育扇三角洲、近岸水下扇、辫状河三角洲等多种类型沉积体系。

该时期凹陷古地形表现为中部低突起、南部与北部深洼槽的特点，中部京特乌拉低突起对凹陷格局起到一定的分隔作用。凹陷主要发育南部苏尼特隆起、中部安山岩台地和北部布林凸起三大物源区（图5-14）。

凹陷南部斜坡区扇三角洲呈裙带状连片分布，扇体规模小、延伸距离短，一般分布在斜坡的中外带地区。其中，中北段哈74—莎2—莎1扇三角洲规模相对较大。围绕凹陷中部安山岩台地，在南侧阿尔善断层下降盘阿3—哈44井地区发育近岸水下扇相，在北侧蒙西1—京2井地区发育辫状河三角洲相。凹陷西北部欣3—欣8井地区发育扇三角洲沉积，南北宽约30km，东西延伸约15km，规模较大。凹陷东北部发育大型的连参1—哈3井辫状河三角洲，延伸距离远，可达60km。

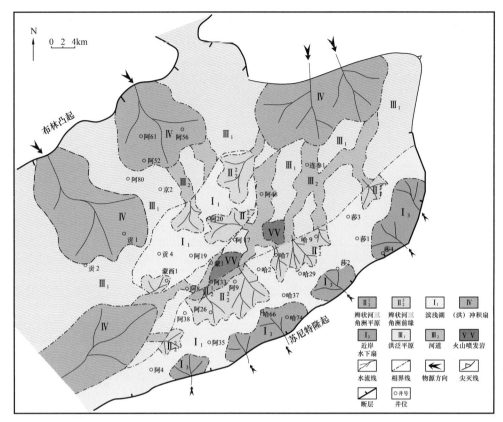

图 5-13　阿南—阿北凹陷阿尔善组四段沉积相图

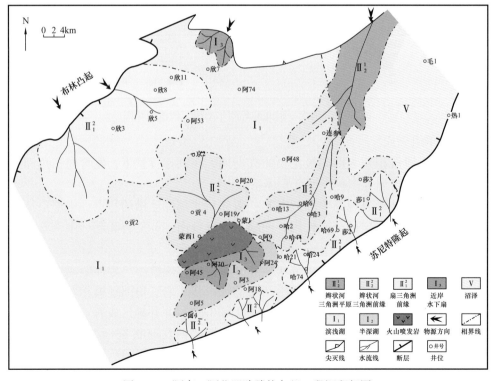

图 5-14　阿南—阿北凹陷腾格尔组一段沉积相图

2.巴音都兰凹陷

巴音都兰凹陷为单断式凹陷，物源来自西部巴音宝力格隆起和东部布林凸起，陡坡带和缓坡带以扇三角洲、近岸水下扇沉积为主，洼槽区发育滨浅湖—半深湖沉积。

1) 阿尔善组四段

在阿尔善组三段沉积期填平补齐沉积的基础上，阿尔善组四段沉积期凹陷内地形相对平缓，该地层在凹陷内广泛分布，总体上具有南北分区和东西分带的沉积特征。

该时期南洼槽物源主要来自东部陡坡带，发育巴Ⅱ、巴Ⅰ两大扇三角洲群，砂体继承性好，规模较大（图5-15）。

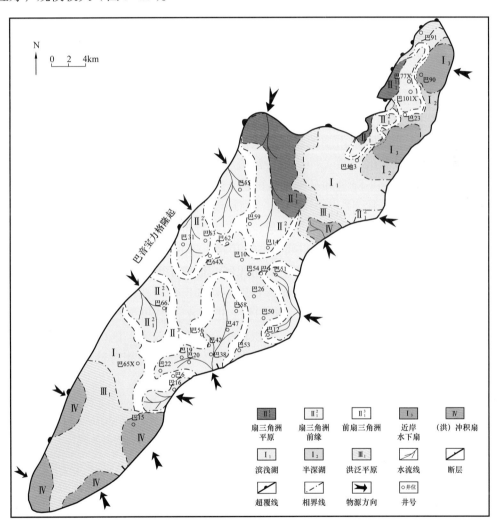

图5-15 巴音都兰凹陷阿尔善组四段沉积相图

巴Ⅱ号构造主要发育巴19和巴16南两大扇三角洲，其中巴19扇三角洲砂体规模较大，延伸较远，以巴9—巴20井一线为界，分为南北两个朵叶体。南部朵叶体主流线在巴19—巴20井方向上，面积约20km²；北部朵叶体主流线在巴38—巴47井方向上，面积约30km²；主要微相类型为扇三角洲前缘水下分流河道，砂砾岩累计厚度50～60m。巴16南扇三角洲砂体规模相对较小，面积约7km²，砂砾岩累计厚度一般为

40～70m。

巴Ⅰ号构造主要发育巴5扇三角洲和巴12扇三角洲，平面上沿边界断层呈朵叶状或裙边状分布，纵向上亦具有多期发育的特点。巴5扇三角洲延伸较远，面积约30km²，砂体核心区域在巴5东北至边界断层之间，砂砾岩累计厚度一般为50～100m。巴12扇三角洲由裙边状分布的多个砂体群组成，延伸较短，面积约20km²，砂砾岩累计厚度为60～100m。

南洼槽西部缓坡带物源主要来自巴音宝力格隆起，形成扇三角洲沉积。与东部陡坡带相比较而言，扇三角洲规模相对较小，北部巴63、巴55扇体以砾岩为主，南部巴66扇体以砂砾岩为主。

阿尔善组四段沉积期，北洼槽西部斜坡带以巴音宝力格隆起为主要物源区，主要发育巴77X—巴101X扇三角洲沉积，面积约20km²，砂砾岩累计厚度约130m。东部陡坡带主要发育巴43、巴90等近岸水下扇沉积。

2）腾格尔组一段

腾格尔组一段沉积期，在湖盆大规模湖侵的背景下，南、北洼槽的湖区连为一体，湖区范围明显扩大，是凹陷内湖泊范围最大的时期。该时期湖盆水体明显加深，阿尔善组四段沉积期广泛分布的（洪）冲积扇—河流相区已基本被湖水淹没；半深湖相主要分布在南洼槽巴Ⅰ号断层下降盘和马林地区的巴15井区，以及北洼槽巴27—巴23井区和包楞构造巴地1井区。其余广大湖区为滨浅湖环境（图5-16）。

凹陷内南北分区的构造格局不太明显，但东西分带的沉积特征依然存在。扇三角洲和近岸水下扇相主要分布在凹陷的东部陡坡带和北洼槽的西部斜坡带，其中陡坡带中部由于构造挤压抬升，而持续成为该区的主要物源区，形成了面积较大的扇三角洲相砂砾岩体，沿边界断层呈裙边状或朵叶状分布，是巴Ⅰ号和巴Ⅱ号构造带的主要砂体类型；在北洼槽斜坡带主要发育巴70扇三角洲沉积体。近岸水下扇相主要分布于陡坡带的南部和北部，受边界断层差异活动的控制，面积较小，但厚度较大。区内的辫状河三角洲相主要分布在南洼槽西部斜坡带，辫状河三角洲朵叶体分布面积相对较小，彼此孤立伸入湖区。

3）腾格尔组二段

腾格尔组二段沉积期，受包楞构造挤压抬升影响，南北洼槽的湖盆再次分割孤立，湖区面积较腾格尔组一段沉积期也有所缩小，其面积约占总沉积面积的2/3，以滨浅湖为主。凹陷东部陡坡带主要发育扇三角洲沉积，前缘亚相呈裙带状大面积分布，相较阿尔善组四段沉积期范围有所扩大，岩性变粗；西部缓坡带则以辫状河三角洲沉积为主，主体为辫状河三角洲平原亚相；洪（冲）积扇—河流相区主要分布于凹陷的南端（图5-17）。

3. 阿尔凹陷

阿尔凹陷为巴音宝力格隆起上的单断式沉积凹陷，物源供给充分，主要形成辫状河三角洲和扇三角洲沉积体系。凹陷内阿尔善组主要发育阿尔善组三段和四段，阿尔善组三段主要分布于凹陷中北部，地层有东厚西薄、北厚南薄的特点，仅阿尔9、阿尔62等井钻遇。阿尔善组四段和腾格尔组在凹陷内广泛分布，是主要的含油层系，资料相对丰富，主要对其沉积相分布进行阐述。

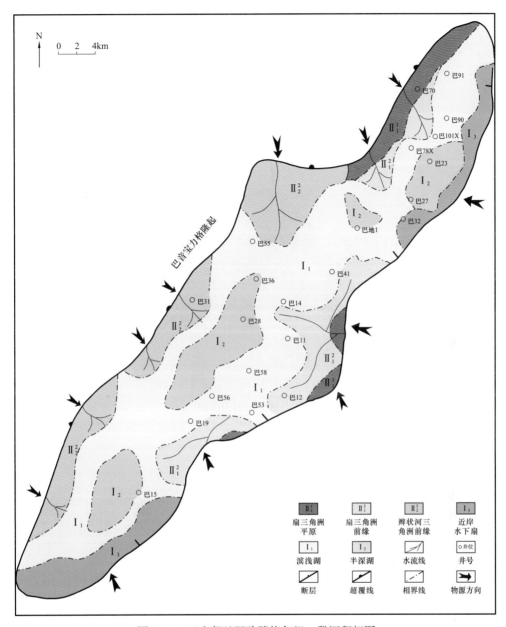

图 5-16　巴音都兰凹陷腾格尔组一段沉积相图

1）阿尔善组四段

阿尔善组四段沉积时期，凹陷各处的沉降幅度比较均衡，沉降中心在哈达构造周围，沉积中心位于哈达地区，形成统一的汇水盆地。碎屑物质主要来自东部陡坡带，发育 6 个扇三角洲，其中 4 个规模较大且已发现油藏或者较好油气显示，由北而南分别为哈达（阿尔 1）扇三角洲、沙麦北（阿尔 3）扇三角洲、沙麦（阿尔 2）扇三角洲和罕乌拉（阿尔 5）扇三角洲（图 5-18、图 5-19）。

在凹陷缓坡带发育有 5 个辫状河三角洲，其中自北而南已发现油藏的是阿尔 66、阿尔 6、阿尔 62 和阿尔 52 等井所钻遇的辫状河三角洲。

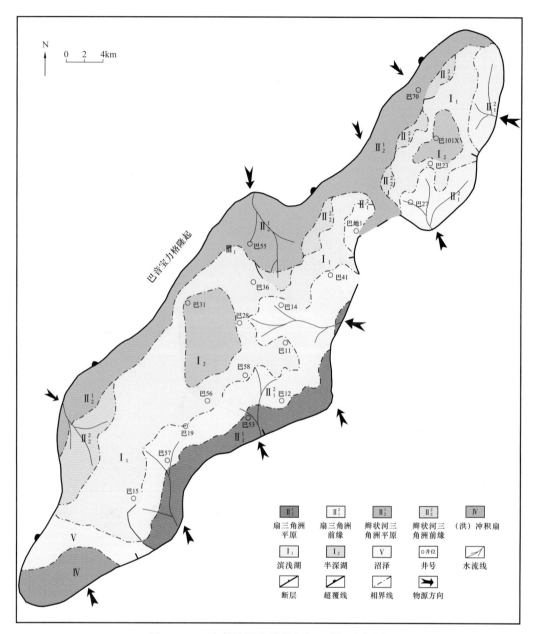

图 5-17　巴音都兰凹陷腾格尔组二段沉积相图

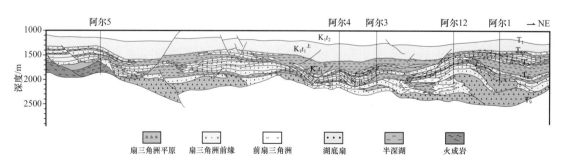

图 5-18　阿尔凹陷过阿尔 5—阿尔 3—阿尔 1 井沉积相剖面图

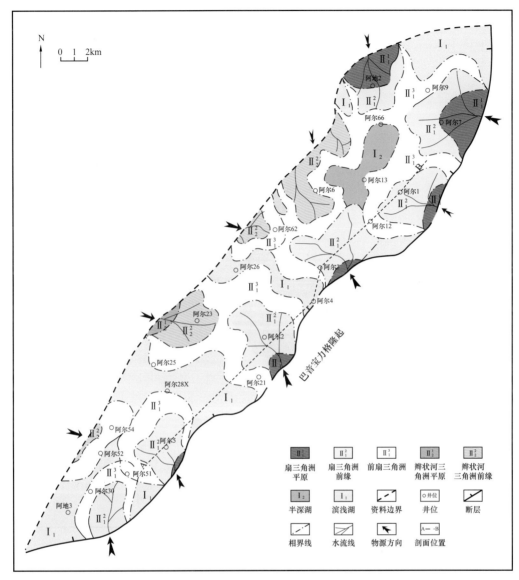

图 5-19 阿尔凹陷阿尔善组四段沉积相图

2）腾格尔组一段

腾格尔组是在基底稳定下沉、湖泊快速扩张的背景下沉积的，与下伏阿尔善组四段为连续沉积。腾格尔组一段为主要的含油层系，根据沉积旋回特征和岩性组合，细分为腾格尔组一段下亚段和上亚段。陡坡带以扇三角洲沉积体系为主，缓坡带以辫状河三角洲沉积体系为主。

（1）腾格尔组一段下亚段。

腾格尔组一段下亚段沉积期，凹陷基底的沉降速率加快，水体深度加大并进一步向凹陷边缘漫进，可容空间随之不断增大，湖泊的沉积作用呈现饥饿状态，其沉降中心和沉积中心均向南扩大至沙麦构造所在区，腾格尔组一段下亚段的整体沉积面貌比阿尔善组四段细，湖相泥岩的比例及分布面积进一步增大。其东侧陡坡带的主要沉积相为扇三角洲相，西侧缓坡带为砂质辫状河三角洲相（图 5-20）。

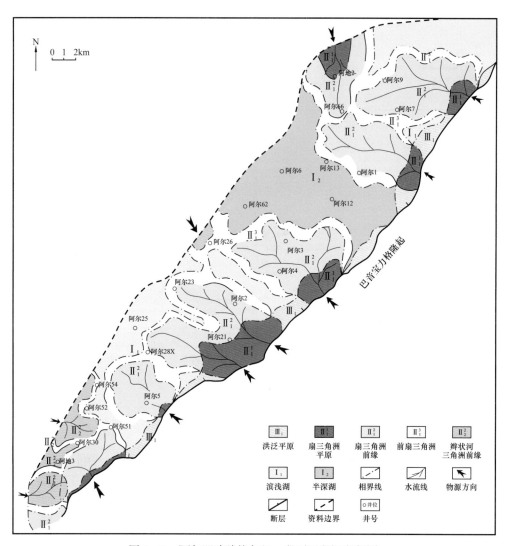

图 5-20 阿尔凹陷腾格尔组一段下亚段沉积相图

在过阿尔 1 井、阿尔 2 井和阿尔 3 井的横剖面上，从东向西扇三角洲→前三角洲→半深湖→辫状河三角洲的相变序列上，同样可看到东厚西薄的特点，表明碎屑物质在该沉积期仍主要来自陡坡带。该时期东侧陡坡带主要发育 7 个扇三角洲，其中规模较大且已经见油藏或者较好油气显示者，由北而南仍然是哈达扇三角洲（阿尔 1）、沙麦北（阿尔 3）扇三角洲、沙麦扇三角洲（阿尔 2）和罕乌拉（阿尔 5）扇三角洲。在该阶段中，凹陷缓坡带中南部发育有 3 个辫状河三角洲，北部发育阿尔 66 扇三角洲。东侧陡坡带腾格尔组一段顶部的扇三角洲在构造反转作用中普遍遭受了严重剥蚀。

（2）腾格尔组一段上亚段。

腾格尔组一段上亚段沉积期，继承性的裂陷机制使沉降速率一开始就很大，加上外侧隆起已在前期逐步夷平，碎屑物质供应减少，凹陷无须填平补齐便直接进入湖泊发育阶段。水体面积迅速扩张，凹陷东部陡侧扇三角洲退缩，西部缓坡辫状河三角洲向湖区推进。凹陷沉积作用过早地出现饥饿状态，沉积物进一步变细，湖相泥岩的比例及分布面积更进一步增大，局部地区发育湖底浊积扇（图 5-21）。

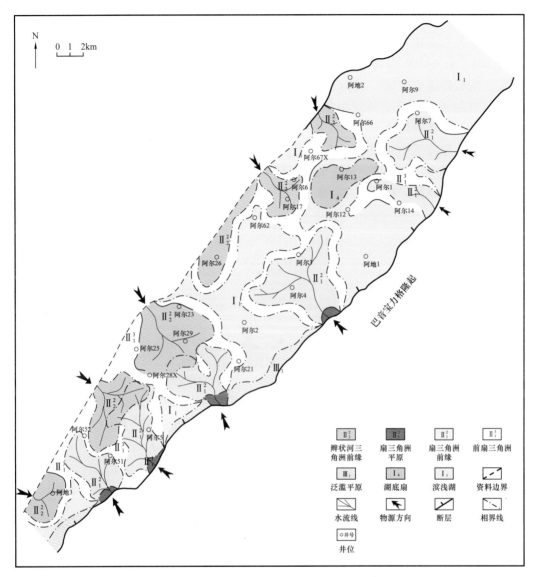

图 5-21 阿尔凹陷腾格尔组一段上亚段沉积相图

3）腾格尔组二段

腾格尔组二段沉积期，凹陷仍然处于湖泊最大扩张阶段。这时，外侧隆起区被进一步夷平，碎屑物质供应更少了，湖泊沉积环境整体继续呈现饥饿状态，扇三角洲和辫状河三角洲进一步退缩，平原相带狭窄（图 5-22）。

腾格尔组二段的沉积相从东到西仍呈现由扇三角洲前缘→前扇三角洲→滨浅湖→前辫状河三角洲→辫状河三角洲前缘的变化。

4.乌里雅斯太凹陷

乌里雅斯太凹陷属于单断式凹陷，物源主要来自东部的苏尼特隆起和西部的巴音宝力格隆起，以阿尔善组和腾格尔组一段下亚段为主要勘探目的层。

1）阿尔善组

阿尔善组沉积早期，湖盆主要分布于南洼槽中部偏陡坡带一侧，且以滨浅湖沉积为主。受控于超尔金、木日格和苏布等水系的影响，主要发育超尔金扇三角洲、木日格扇三角洲、苏布东扇三角洲和苏布西扇三角洲等扇体群，合计9个扇体，其中太5、太15—太101、太9—太13等3个扇三角洲相砂体分布范围较广，其分布面积和纵向砂岩厚度大，沉积砂砾岩厚度一般为50～100m，最厚可达176m，该区大部分井未钻穿该套地层。北部的太5井扇三角洲相砂体分布范围最广，向洼槽区延伸距离远，可至太55井区，与来自东部物源的太71、太19、太9等扇三角洲扇体在前缘部分彼此叠加连片，前缘席状砂分布范围相对较小。其中南部木日格扇三角洲的太33、太49、太45等井和北部的太55、太71等井处于前缘水下分流河道微相；而太101、太11等井处于水下分流河道微相前缘侧翼，岩性相对较细。

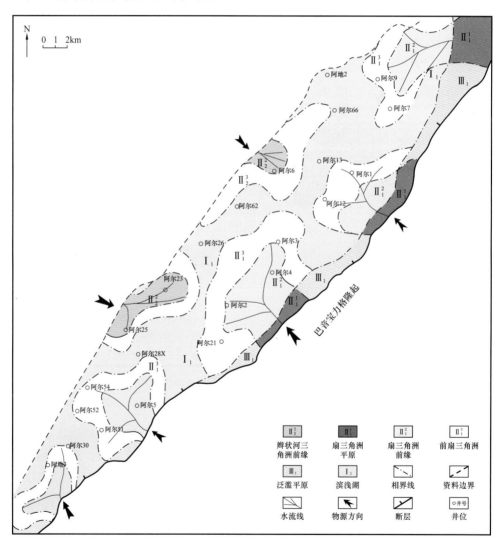

图 5-22　阿尔凹陷腾格尔组二段沉积相图

阿尔善组沉积中后期，受南洼槽东北部斜坡带逐渐抬升剥蚀的影响，东部斜坡带广大地区普遍缺失部分地层。从保存较完整的超尔金扇三角洲相砂体看，沉积砂岩厚度变小的趋势明显，一般仅为50～120m（图 5-23）。

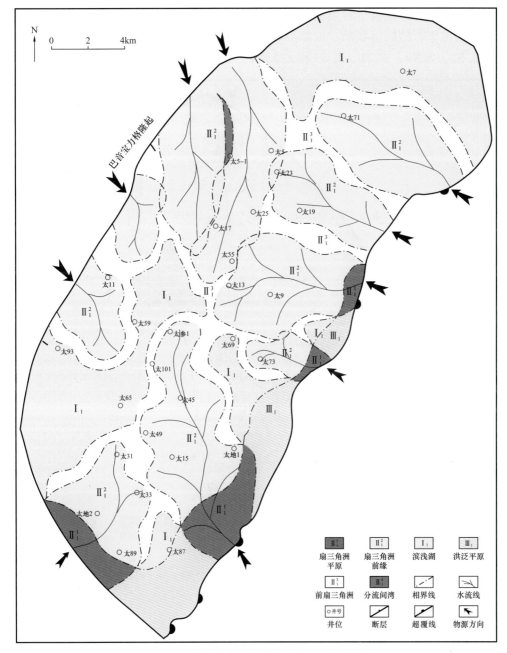

图 5-23　乌里雅斯太凹陷南洼槽阿尔善组沉积相图

2）腾格尔组

腾格尔组沉积早期，受坡折断层的控制，只发育太 21 湖底扇，砂、砾混杂的大量粗碎屑物质通过较单一的补给水道，以太 45—太 41—太 21 一线为主要补给方向，以悬浮载荷的搬运方式向湖盆推进，在太 21 东断层下降盘快速卸载形成湖底扇相砂砾岩体，其具有补给水道较单一、物源供给充足的特点，向西部半深湖区延伸相对较远，面积和厚度较大。坡折断层以下的其他区域均为半深湖泥岩。

腾格尔组沉积晚期是湖底扇相最为发育的时期。此时，太 41—太 21 方向的补给水道逐步废弃，代之以太 3 及其以北的地区开始发育多个补给水道，自斜坡东部边缘的苏尼特隆起区，沿大致垂直于斜坡走向的古地形低洼地带向西部的半深湖区伸展，在一系列大体与斜坡平行的同沉积断层根部形成多个湖底扇相砂砾岩体。平面上，自南向北可分辨出太31、太49、太21、太29和太55等五个湖底扇相砂砾岩体（图5-24）。

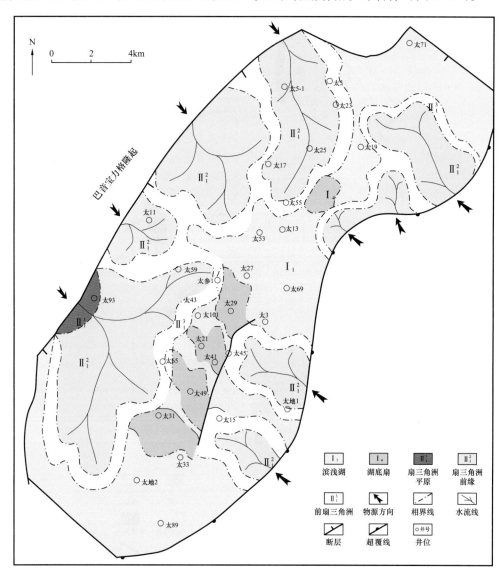

图 5-24　乌里雅斯太凹陷南洼槽腾格尔组沉积相图

5. 乌兰花凹陷

乌兰花凹陷属于双断式凹陷，位于温都尔庙隆起的中北部。油气勘探主要集中在南洼槽，以阿尔善组四段和腾格尔组一段为主要勘探目的层。

1）阿尔善组四段

阿尔善组四段沉积时期，碎屑物质供应相对较少，凹陷水体面积较广。西南部发育辫状河三角洲相砂体，分布面积广，沉积物相对较细，以赛乌苏西辫状河三角洲相砂体为代表，钻遇的兰5—兰地1井剖面上以砂岩为主，岩心观察可见牵引流成因的波状交错层理、平行层理等沉积构造。湖相泥岩比例较高、分布面积较广，在洼槽区发育一定的湖底扇相砂体，东部陡坡带地形坡度较陡，主要发育近岸水下扇和扇三角洲相砂体（图5-25）。

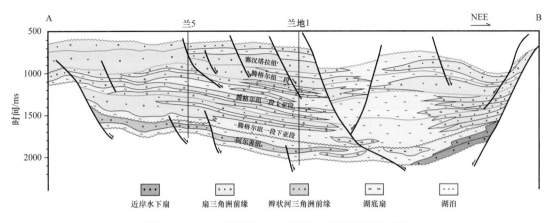

图5-25　乌兰花凹陷兰5—兰地1井沉积相剖面图

平面上，扇三角洲主要分布在凹陷北部斜坡带和东南部陡坡带（图5-26）。以北部斜坡带土牧尔扇三角洲群规模最大，分布范围最广，是区内最大的扇体；东侧南部红井扇三角洲扇体规模相对较小，单层厚度较大，发育扇三角洲平原亚相。辫状河三角洲主要分布在西南部赛乌苏西，扇体规模相对较大，砂体搬运距离较远，结构成熟度和成分成熟度均较高，储层物性较好。凹陷东部陡坡带中北部推测存在近岸水下扇。洼槽区中南部发育小型湖底扇沉积。

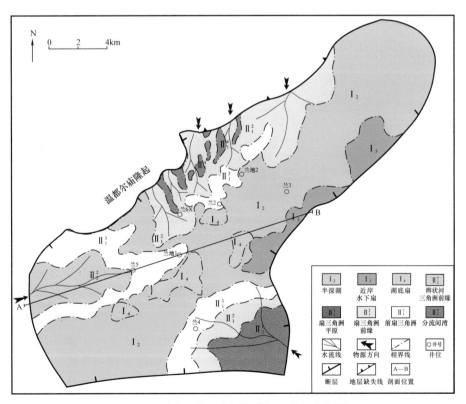

图5-26　乌兰花凹陷阿尔善组四段沉积相图

2）腾格尔组

腾格尔组沉积早期断陷活动加剧，区内发生最重要的湖侵，湖盆范围逐渐扩大，至腾格尔组沉积中期，湖侵达到高潮，发育半深湖沉积。在南洼槽主要发育赛乌苏、赛乌苏南、红井、红格尔、土牧尔、土牧尔北和兰31东等7个扇三角洲，红井扇三角洲和赛乌苏扇三角洲相砂体规模较大，西部赛乌苏扇三角洲相砂体向湖盆推进较远，岩性较粗，以砂砾岩为主（图5-27）。腾格尔组沉积晚期又开始逐渐抬升，基本继承了腾格尔组沉积早期扇三角洲相的沉积特点，仍以赛乌苏扇三角洲和红井扇三角洲为主。西部扇三角洲相砂体以裙边状分布为特点，南部红井扇三角洲相砂体分布范围最大，平原相带更广，此时的扇三角洲相砂体在分布范围和发育规模上都比腾格尔组沉积早期更为发育。

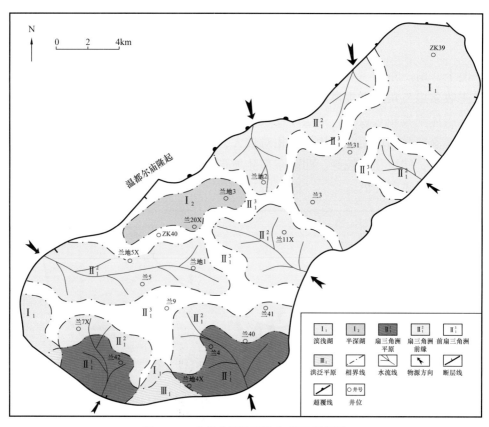

图 5-27　乌兰花凹陷腾格尔组沉积相图

第三节　沉 积 演 化

自三叠纪末以来，二连盆地经历了三叠纪隆升剥蚀阶段、早—中侏罗世断陷沉积阶段、晚侏罗世褶断沉积阶段、早白垩世断陷—断坳沉积阶段、晚白垩世—新近纪隆升阶段（吴刚，2009）。由于三叠系、上白垩统及古近系—新近系，仅在盆地西北缘零星见到，研究程度低，不作详细描述。

一、早—中侏罗世断陷沉积阶段

早—中侏罗世，随着隆张作用继续加强，岩石圈发生初始张裂，形成北东向的断陷湖盆，古地形起伏不大，松柏成林，高等植物茂密，气候温暖潮湿、雨量充沛，沼泽、洼地主要分布在盆地西南部的川井、乌兰察布、马尼特坳陷和乌尼特坳陷东部以及腾格尔坳陷西部，接受了大面积煤系地层和粗碎屑岩沉积，厚度一般为300～600m，在巴达拉湖等地区厚度可达1000m，湖盆内暗色泥岩发育，具有一定的生油条件，并见油气显示。

早侏罗世，二连地区发育着南北两个汇水区，主要发育了一套湖泊—沼泽相地层。北汇水区主要分布在巴音都兰—东乌珠穆沁旗—高力罕一带，巴音都兰凹陷巴Ⅰ号构造主要为暗色泥岩和碳质泥岩互层。南汇水区主要分布在格日勒敖都—苏尼特左旗—锡林浩特一带，沉积特征与北汇水区一样，木1井为碳质泥岩夹暗色泥岩，阿其图乌拉凹陷图参1井以暗色泥岩夹浅灰色砂砾岩为特征，格古1、呼参1、赛22和都参1井以砂砾岩为主，夹暗色泥岩、煤层和碳质泥岩。南、北汇水区的这种沉积特征显示湖水频繁的振荡、水浅等特征。南、北汇水区都发育在基底复向斜上，哈邦—东乌珠穆沁旗、贺根山、西拉木伦河等基底断裂对汇水区边界有控制作用。沉积中心可能在扎鲁旗一带。

两汇水区以外的广大地区则以河流—沼泽沉积为主，毛登、苏尼特右旗等地区以杂色、紫红色砂砾岩为主，夹紫红色、灰绿色泥岩及少量的煤和碳质页岩。

到早—中侏罗世中期，推测湖泊有较大范围萎缩，大部分地区为河流—沼泽沉积，格古1井、朝参1井以及布林郭勒、东乌珠穆沁旗、贺根山、刘家营至扎鲁特旗等地区，发育了一套灰紫色、灰绿色砂岩、砂砾岩和紫红色、灰紫色泥岩，部分地区见少量碳质泥岩和薄煤层。

早—中侏罗世晚期，推测以河流—沼泽沉积为主，贺根山、布林郭勒等露头有部分出露，岩性以灰绿色砂岩与泥岩互层，或灰褐色砂岩夹少量煤层和碳质泥岩为主。

早—中侏罗世末期，由于受燕山运动第二幕影响，二连地区发生抬升和断裂，中—下侏罗统广泛遭受剥蚀，许多地方被剥蚀殆尽，基本形成目前的残留地层分布状态。

二、晚侏罗世褶断沉积阶段

侏罗纪末期，构造运动逐渐加强，二连盆地再度上升，由于盆地南界和东界深大断裂的强烈活动，导致火成岩系在乌尼特和腾格尔坳陷大面积分布。由于火山强烈活动，形成一套以火成岩为主的沉积，以凝灰岩—安山岩、玄武岩建造为特征，夹河流相粗碎屑沉积。自大兴安岭向西，安山岩、凝灰岩逐渐减少，正常沉积岩增多，钻井在东部既有凝灰岩，又有安山岩、玄武岩，西部则多为凝灰岩。晚侏罗世晚期，该区再次发生断裂抬升，地层受到剥蚀（燕山运动第三幕），大兴安岭褶皱隆起成山，自此，结束了侏罗纪的沉积发育史。

三、早白垩世断陷—断坳沉积阶段

按沉积演化特征把早白垩世沉积演化划分为初始断陷期、强烈断陷期、断坳期和抬升萎缩期等四个阶段。

1. 初始断陷期（阿尔善组沉积期）

阿尔善组沉积期，大小不同、方向各异的张性断裂开始活动，导致众多凹陷和小型断槽应运而生。此时，地形高低悬殊，总体显示了东西向"三低三高"和南高北低的地貌特征。植被较稀少、半干热的气候环境，造就了大面积（洪）冲积扇和扇三角洲群，湖泊主要发育在阿尔善组沉积早期。具有河流多、水系短、湖盆小、水体浅和连通差的特点，为一套充填式的粗碎屑沉积，少数地区为湖泊相生油岩发育区。

古地形起伏的大小程度不仅决定着古水系的发育程度、水域大小、水体深浅，也严格控制着沉积相带有规律地展布。阿尔善组沉积时，山高谷深，碎屑物质主要来自巴音宝力格、温都尔庙、苏尼特和大兴安岭四大隆起区，碎屑物质供给充足，湖盆狭窄。沿着湖盆两岸发育宏伟壮观的洪积扇群和大面积河流相，还有规模巨大的近岸水下扇和扇三角洲相砂体，湖盆中央被一片湖水占据，沿凹陷走向显示出沉积分带的特征。

古生物资料分析表明，阿尔善组沉积时期的孢粉化石组合比较单调，以裸子植物的双气囊花粉和古老松柏粉属为主，蕨类孢子较少，主要有无突肋纹孢属、桫椤孢属和凹边瘤面孢属。它们共同反映出温暖炎热的热带、亚热带气候环境和山高谷深、以古老松柏类为特征的森林植被地貌。

2. 强烈断陷期（腾格尔组一段沉积期）

腾格尔组一段沉积期，二连盆地稳定下沉，地形渐趋平缓，在继承阿尔善组沉积的基础上，发生大规模湖侵，湖水广布于所有凹陷，进入深水体，广湖盆沉积阶段。各类扇体快速向湖岸退缩，气候炎热，松柏成林，植被繁茂，湖相生物快速繁殖，形成了二连盆地第二套生油建造。

例如，阿南湖盆的湖水自阿南沉积中心向东、向北大规模进侵，并与阿北湖盆连为一体，早期横贯湖盆中部的阿5、连参1三角洲平原亚相区、莎音乌苏和额尔登高毕古残山，此时已全部被湖水侵没而消失，从而形成了广水域、深水体的沉积局面。伊和乌苏和吉尔嘎朗图凹陷就是该时期形成的。盆内腾格尔组一段沉积面积远远超过了阿尔善组的沉积面积，显示了腾格尔组沉积期的沉积发育特点。其沉积厚度变化较小，但受同沉积断裂控制，自陡翼向缓坡显示了逐层超覆、减薄的分布规律。

纵观全盆地，绝大多数凹陷最大沉积厚度为400～600m，少数凹陷如白音查干、额仁淖尔、呼仁布其和乌里雅斯太凹陷最厚可达800～1200m。大多数凹陷沉积范围小于1100km²，大于2000km²的凹陷仅有白音查干、脑木更、阿南—阿北、乌里雅斯太和高力罕等九个凹陷。由此可知，该期沉积在平面上以苏尼特隆起为界，呈现出北部坳陷带各湖盆地层厚度大、沉积范围广，南部坳陷带各湖盆地层厚度薄、沉积范围小的南北分带沉积局面。

古生物资料分析表明，腾格尔组的孢粉化石与阿尔善组的区别在于类型繁多、含量高、分布广泛，仍然以裸子植物的古型松柏类花粉高含量为其主要特点。以无突肋纹孢属和凹边瘤面孢属为主要代表的蕨类植物孢子含量较低，反映了温暖炎热的亚热带、热带气候环境。加之广阔的水域和安静的水体，为湖相生物创造了有利的生存条件。此时，介形类化石类型多、含量高、壳体小、光滑，主要有巴达拉湖女星介、马斯甲女星介、柯氏兽花介生物群和多型季米里亚介；并见较多的鱼类和浮游生物化石群，它们的成群出现和快速繁衍为有机质的保存提供了雄厚的物质基础。腾格尔组泥岩属还原半深湖亚相，具有良好的生油条件。

3. 断坳期（腾格尔组二段沉积期）

经过腾格尔组一段沉积期强烈深陷和稳定沉积阶段之后，拉张翘断活动渐趋稳定，区域抬升构造作用增强，各湖盆地形更趋平缓，开始进入以断坳为主的广阔湖盆浅水体沉积阶段。但在整个盆地内，仍然呈现为多凸多凹、多水系和多沉积中心的古地理景观。多数凹陷沉积中心与腾格尔组沉积早期继承性较好，并向缓坡方向略有偏移。各凹陷广泛沉积，属早白垩世沉积范围最大的一期，分布较稳定。最大沉积厚度为800～1000m的凹陷较多，有白音查干、阿南—阿北、呼仁布其、乌里雅斯太、宝格达、额尔登苏木、吉尔嘎朗图、洪浩尔舒特、准棚和赛汉塔拉共10个凹陷，其中赛汉塔拉凹陷最大沉积厚度可达1374m；额仁淖尔、巴音都兰等7个凹陷的最大沉积厚度为600m，而布朗沙尔等12个凹陷的最大沉积厚度小于400m。纵观全盆地，沉积厚度大的凹陷主要分布在南北坳陷带的沉积中心，小于400m的凹陷主要分布在乌兰察布坳陷西部、马尼特坳陷西部和乌尼特坳陷东部、西端以及苏尼特隆起上的各湖盆，仍然显示了南北分带和东西分区的沉积特征。湖盆边缘大中型辫状河三角洲和扇三角洲砂砾岩体向湖盆中心快速推进，致使湖水变浅，湖域缩小，以滨浅湖和沼泽相代替了早期的半深湖亚相，下部为盆内良好的储层，上部属一套区域性盖层。

腾格尔组二段的古生物化石丰富多样，其中孢粉化石以古松柏粉属、单束松粉属、双束粉属、雪松粉属和杉粉属高含量为特征。蕨类植物主要有无突肋纹孢属、光面水龙骨单缝孢属和光面三缝孢属，尤其是光面水龙骨单缝孢属和云杉粉属，含量分别高达59.4%和16.2%。湖相生物化石主要有格氏湖女星介化石群，它们个体较大，带瘤带脊；而鱼化石、叶肢介和各类浮游生物则大量见到，较好地反映了成湖晚期半温热、半湿热的气候环境和水域广阔、水体较动荡的滨浅湖亚相沉积特点。

4. 抬升萎缩期（赛汉塔拉组沉积期）

赛汉塔拉组沉积期，二连盆地整体抬升，各湖盆收缩沼泽化，地形趋于平坦，略显西高东低。大面积冲积、河流、河沼相几乎占据所有凹陷。气候自西向东呈现为半干热—半湿热—湿热。

赛汉塔拉组的古生物面貌发生了重大变革，介形类生物群几乎全部绝灭，出现种类繁多的孢粉化石，以海金沙科的无突肋纹孢属、凹边瘤面孢属、有突肋纹孢属、光面单缝孢属和光面水龙骨单缝孢属占绝对优势。代表潮湿环境的光面水龙骨单缝孢属含量高达30.6%，反映沼泽环境的光面单缝孢属含量高达29.1%，代表干旱气候条件的克拉梭粉属和希指蕨孢属含量小于3%。赛汉塔拉组河流沉积、沼泽相煤层广泛发育，说明湖盆发育晚期，河流广布，河间洼地、沼泽相发育良好，山地松柏成林，林下坡地、池边蕨类植物竞相生长，代表了温暖湿热的热带、亚热带古地理、古气候环境，并提供了湖盆收缩沼泽化的生物依据。

第六章 烃 源 岩

二连盆地下白垩统自上而下共发育赛汉塔拉组（K_1s）、腾格尔组（K_1t）和阿尔善组（K_1a）三套暗色泥岩，其中腾格尔组和阿尔善组暗色泥岩在各凹陷都较发育，有机质丰度高，母质类型好，热演化程度适中，是盆地内两套主力烃源层。盆地的中—下侏罗统烃源岩在乌里雅斯太等23个凹陷有分布，烃源岩分布较广，埋藏较深，有机质丰度中等—高，热演化程度中等，具有一定的生烃能力（秦建中等，2000），是二连盆地可能的烃源岩。古生界暗色泥岩发育在石炭系—二叠系的林西组、寿山沟组、阿木山组和本巴图组，主要分布在盆地东部西乌珠穆沁旗和中部的阿巴嘎旗地区，有机质丰度中等、热演化程度高，可作为盆地潜在的烃源岩。

第一节 白垩系烃源岩特征

下白垩统烃源层的分布以凹陷为单元，受主沉积洼槽控制，主洼槽规模大，深湖—半深湖湖泊相多期发育，继承性强（张文朝，1998），是主要沉积生烃中心；次洼槽规模较小，沉积厚度较薄，生烃潜力较差或无生烃能力。盆地内下白垩统暗色泥岩的平面展布以苏尼特隆起为界，具有北厚南薄西厚东薄的变化趋势（表6-1），北部的马尼特坳陷，暗色泥岩总厚达959~1885m，南部的腾格尔坳陷，暗色泥岩总厚为680~1269m，西部的川井坳陷，暗色泥岩厚度高达2091m，东部的乌尼特坳陷暗色泥岩总厚717~1418m。其中腾格尔组和阿尔善组暗色泥岩最发育，其埋深普遍大于1000m，是两套主要烃源岩层（图6-1）。赛汉塔拉组暗色泥岩厚度仅有几十米到300m，有机质尚未成熟，不能作为烃源层（费宝生等，2001）。腾格尔组和阿尔善组两套烃源层厚度呈不规则环带状向洼槽中心急剧增大，致使烃源层集中分布在洼槽中心区域，即主洼槽是烃源岩的主要发育区。如阿南—阿北凹陷阿南洼槽，洼槽中心有效烃源层厚度在800m以上，向边缘不远处厚度却锐减为100m（图6-2），围绕阿南—阿北凹陷阿南洼槽，已经发现了阿尔善、哈达图和吉和油田，探明石油地质储量 1.04×10^8 t。

一、阿尔善组烃源岩特征

1. 烃源岩分布

二连盆地阿尔善组泥岩中还原硫含量较高，为 0.10%~0.48%，属弱还原环境的沉积。岩性为灰绿色、紫红色砾岩、砂岩夹灰色、深灰色泥岩及碳酸盐岩和凝灰质砂砾岩，局部地区夹碳质泥岩。

整个盆地以苏尼特隆起为界，具有南北分带、东西分区的地貌特征。阿尔、阿南—阿北、巴音都兰、乌里雅斯太、额仁淖尔凹陷等北部坳陷带，湖盆面积大，水体较深，

表 6-1　二连盆地主要生油凹陷下白垩统暗色泥岩厚度统计表

一级构造单元	生油凹陷	赛汉塔拉组		腾格尔组		阿尔善组		总计		代表井
		暗色泥岩厚度/m	占地层百分比/%	暗色泥岩厚度/m	占地层百分比/%	暗色泥岩厚度/m	占地层百分比/%	暗色泥岩厚度/m	占地层百分比/%	
巴音宝力格隆起	阿尔	215	38.7	788	61.8	336	32.08	1339	46.5	阿尔1, 阿尔6, 仁参1
	呼仁布其	250	50.91	1175	71.7	210	49.6	1635	64.2	
马尼特坳陷	乌里雅斯太	113	30.0	1227	63.7	132	24.5	1472	59.7	太参1, 太参2, 太3, 巴9井, 巴5, 阿3, 阿18, 阿参1, 塔参1, 塔5, 宝1, 宝4
	巴音都兰	376	85.1	1203	79.4	416	68.5	1746	74.1	
	阿南—阿北	19	14.2	1154	74.2	675	57.8	1885	64.8	
	塔南	—	—	1176	75.5	116	75.0	1292	75.0	
	宝格达	123	22.61	721	58.2	115	38.33	959	46.08	
乌兰察布坳陷	额仁淖尔	14	7.4	942	64.5	270	78.7	1226	61.5	淖参1, 淖47, 木参1, 木7, 棚参1, 呼参1
	脑木更	88	27.0	802	76.0	154	61.0	1044	62.0	
	准棚	43	36.0	1091	96.0	94	18.0	1288	68.0	
	呼格吉勒图	165	38.0	608	90.0	452	51.0	1225	63.0	
川井坳陷	白音查干	25	11.0	2066	97.0			2091	88.4	白参1

一级构造单元	生油凹陷	赛汉塔拉组 暗色泥岩厚度/m	占地层百分比/%	腾格尔组 暗色泥岩厚度/m	占地层百分比/%	阿尔善组 暗色泥岩厚度/m	占地层百分比/%	总计 暗色泥岩厚度/m	占地层百分比/%	代表井
乌尼特坳陷	高力罕	216	19.9	790	72.0	670	80.4	1076	55.6	高参1、包参1、洪59、洪参35、沙参1、吉41、吉参5、巴彦1、霍参1、包参2
	包尔果吉	533	43.0	278	31.0	38	14.0	849	35.0	
	洪浩尔舒特	290	64.9	750	49.9	114	28.3	1162	39.6	
	布朗沙尔	30	68.2	1428	61.5	676	50.1	1584？	56.2	
	吉尔嘎朗图	305.5	36.3	922	49.0	77	65.3	1305	59.4	
	巴彦花	—	—	1360	88.7	58	9.0	1418	71.7	
	霍林河	—	—	717	57.3	未钻遇	—	717	57.3	
	布日敦	452	54.5	647	61.9	—	—	1099	58.67	
腾格尔坳陷	宝勒根陶海	—	—	626	92.0	503	58.0	1129	88.7	陶参1、赛参2、布参1、连参2
	赛汉塔拉	336	48.0	803	57.6	130	28.0	1269	56.1	
	布图莫吉	0		485	62.0	195	14.0	680	27.0	
	赛汉乌力吉	409	52.8	280	23.4	152	14.8	841	28.1	
苏尼特隆起	阿其图乌拉	36	20.4	906	81.9	170	43.6	930	66.45	图参1、图3、朝参1
	朝克乌拉	61	30.0	832	64.0	—	—	892	60.0	
温都尔庙隆起	乌兰花	—	—	1173	53.34	2978	84.7	1471	57.7	兰地1、兰31、其地1、集1
	阿尔其尔庙	200	77.8	734	99.0	256	92.0	1190	93.4	
	商都	159	33.2	252	27.9	未钻遇		411	20.1	

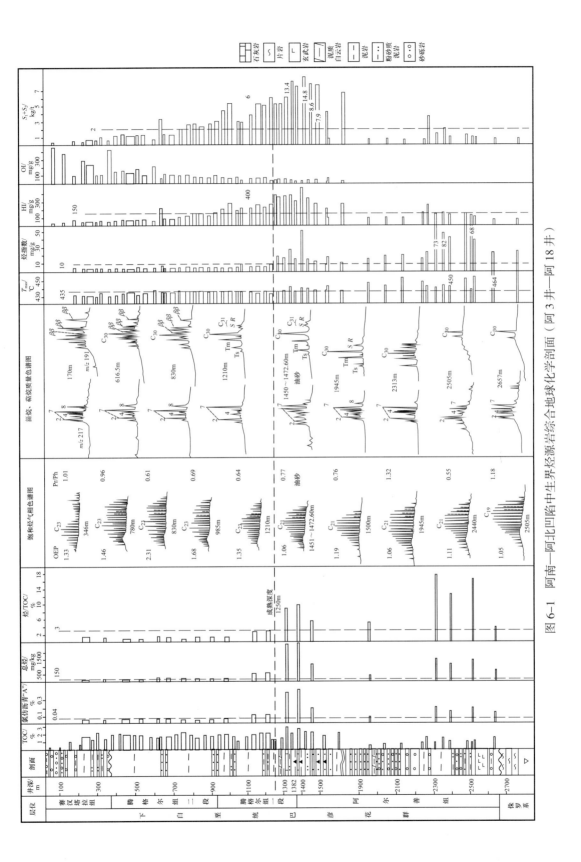

图 6-1　阿南—阿北凹陷中生界烃源岩综合地球化学剖面（阿 3 井—阿 18 井）

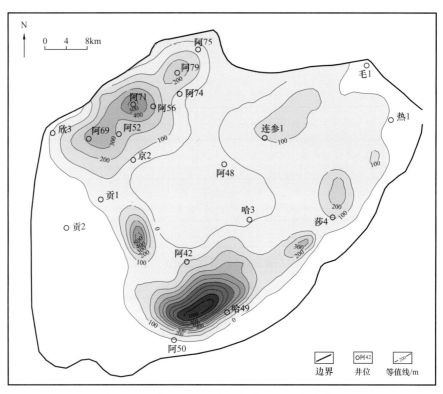

图 6-2　阿南—阿北凹陷阿尔善组烃源岩等厚图

阿尔善组沉积厚度为 500～1200m。半深湖相主要分布在该带，面积为 35～80km², 湖区只占凹陷面积的 15%～60%，暗色泥岩厚度较大，为 300～800m，占地层厚度的 50%～70%；最大单层厚度达 133m。高力罕、包尔果吉、布图莫吉凹陷等南部坳陷带，陆相沉积分布广，地层厚度小，且变化大，为 100～500m，湖盆分布面积小，水体连通差，几乎全部为滨浅湖相发育区，暗色泥岩厚度仅有几十米到 200m，有些甚至为零，占地层厚度多在 14% 以下。从东西分区情况看，川井坳陷西部（白音查干凹陷）、乌兰察布坳陷东部—腾格尔坳陷西部（额仁淖尔、赛汉塔拉凹陷）和马尼特坳陷东部（阿南—阿北凹陷）—乌尼特坳陷东部（高力罕凹陷）等三个沉积区，沉积厚度相对较大，暗色泥岩相对发育，是优质烃源岩相对较发育的地区（图 6-3）。

　　二连盆地勘探实践证明，一般暗色泥岩厚度不小于 1000～1200m，平均沉积速率大于 0.09mm/a，浅湖—半深湖沉积发育的凹陷（如阿南—阿北、阿尔、巴音都兰等凹陷）成油物质基础丰富，均获工业油流；而平均沉积速率小于 0.07mm/a，滨浅湖相地层发育的凹陷（如准棚凹陷），由于成熟条件差，仅见油气显示。一般暗色泥岩厚度小于 500～800m，即使平均沉积速率大于 0.09mm/a，为河流—滨浅湖相地层发育的沉降凹陷，油气生成的物质基础差（如布图莫吉凹陷），勘探成效很低（赵贤正等，2009）。

　　2. 有机质丰度

　　阿尔善组烃源层有机碳含量平均值为 0.75%～2.31%，主要生油凹陷有机碳含量主频区为 1%～2%，有机碳含量大于 2% 的烃源岩占 30%；烃源岩生烃潜量（S_1+S_2）平均值在 2.48～6.85mg/g 之间，各凹陷大于 6mg/g 的烃源岩占 25%～50%，生烃潜量分布在 2～6mg/g 之间的样品占 50% 以上；分布具有北高南低的变化趋势（表 6-2）。以

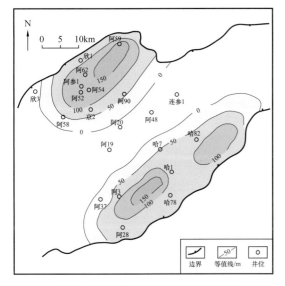

a. 阿南—阿北凹陷阿尔善组优质烃源岩等厚图

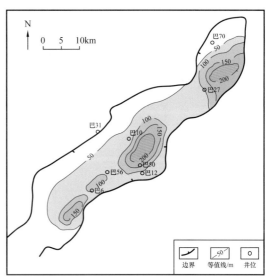

b. 巴音都兰凹陷阿尔善组优质烃源岩等厚图

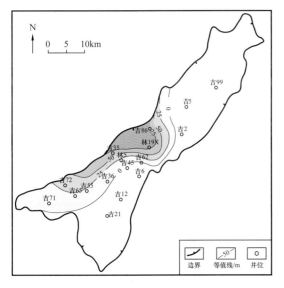

c. 吉尔嘎朗图凹陷阿尔善组优质烃源岩等厚图

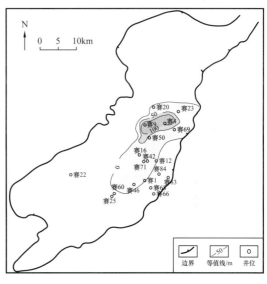

d. 赛汉塔拉凹陷阿尔善组优质烃源岩等厚图

图 6-3　二连盆地主要含油凹陷阿尔善组优质烃源岩等厚图

苏尼特隆起为界，在北部的马尼特坳陷和巴音宝力格隆起（阿南—阿北、阿尔、巴音都兰、乌里雅斯太凹陷），阿尔善组烃源层有机碳含量一般在 1.3%～2.3% 之间（图 6-1），生烃潜量（S_1+S_2）为 2.53～6.85mg/g；氯仿沥青 "A" 及总烃含量也较高；而在南部的腾格尔坳陷，烃源层有机碳含量较低，一般在 0.75%～1.4% 之间，生烃潜量（S_1+S_2）绝大多数小于 2.0mg/g，只有赛汉塔拉凹陷达到了 4.15mg/g，氯仿沥青 "A" 及总烃含量也多未达到烃源岩标准。东部乌尼特坳陷的高力罕和包尔果吉凹陷烃源岩有机质丰度低，洪浩尔舒特和吉尔嘎朗图凹陷烃源岩有机质丰度较高，其有机碳含量在 1.45%～1.71% 之间，生烃潜量（S_1+S_2）大多在 4.39～5.89mg/g 之间，氯仿沥青 "A" 含量为 0.1049%～0.1125%，总烃含量中等，西部川井坳陷尚未钻遇阿尔善组。

表6-2　二连盆地主要生油凹陷下白垩统暗色泥岩有机质丰度统计表

一级构造单元	凹陷	赛汉塔拉组（K₁s）				腾格尔组（K₁t）				阿尔善组（K₁a）				代表井
		TOC/%	氯仿沥青"A"/%	总烃/mg/g	生烃潜量 S₁+S₂/mg/g	TOC/%	氯仿沥青"A"/%	总烃/mg/g	生烃潜量 S₁+S₂/mg/g	TOC/%	氯仿沥青"A"/%	总烃/mg/g	生烃潜量 S₁+S₂/mg/g	
巴音宝力格隆起	阿尔	2.96（10）	0.0175（3）	31（1）	2.53（16）	2.57（134）	0.1141（32）	561（32）	7.36（134）	1.4（213）	0.1121（23）	817（23）	5.34（213）	阿尔1、阿尔5
	呼仁布其	1.9（1）	—	—	1.53（1）	4.03（137）	0.2615（34）	1727（18）	18.84（84）	2.14（25）	0.0695（6）	503（1）	1.82（12）	仁参1、仁9
	乌里雅斯太	—	—	—	—	2.11（501）	0.1167（73）	698（54）	6.08（501）	2.31（30）	0.1448（20）	960（20）	6.3（500）	太参1、太13
马尼特坳陷	巴音都兰	0.88（18）	0.0119（3）	212（2）	3.58（18）	2.67（267）	0.2104（106）	1186（78）	15.56（278）	1.41（120）	0.0599（12）	434（12）	6.30（120）	巴1、巴5、巴64
	阿南	0.99（8）	0.0277（2）	143（2）	0.50（8）	1.98（186）	0.1368（65）	804（65）	6.13（186）	1.74（61）	0.1247（17）	1044（17）	4.73（61）	阿3、阿18、阿密1
	阿北	0.73（13）	0.017（3）	64（3）	0.42（13）	2.02（184）	0.1234（64）	698（58）	7.15（119）	1.37（89）	0.1391（29）	915（29）	4.77（84）	阿参1、欣1
	塔南	0.28（13）	—		0.13（11）	0.98（150）	0.0439（17）	258（20）	2.21（150）	1.34（54）	0.0408（12）	119（12）	6.85（54）	塔参1、塔5
	宝格达	0.32（16）	0.0056（3）		0.14（11）	0.59（134）	0.0448（28）	355（15）	0.72（134）	0.77（32）	0.0278（13）	201（11）	2.39（32）	宝1、宝3、宝4
乌兰察布坳陷	额仁淖尔	—	—	—	—	1.07（123）	0.0354（19）	225（15）	3.12（123）	1.31（114）	0.1638（105）	803（67）	4.32（114）	淖参1、淖9
	脑木更	0.10（1）	0.0045（1）	—	0.06（1）	0.47（84）	0.0201（19）	103（19）	0.48（48）	0.47（32）	0.0329（10）	198（10）	0.82（32）	木参1、木7

一级构造单元	凹陷	赛汉塔拉组（K₁s）				腾格尔组（K₁t）				阿尔善组（K₁a）				代表井
		TOC/%	氯仿沥青"A"/%	总烃/mg/g	生烃潜量 S₁+S₂/mg/g	TOC/%	氯仿沥青"A"/%	总烃/mg/g	生烃潜量 S₁+S₂/mg/g	TOC/%	氯仿沥青"A"/%	总烃/mg/g	生烃潜量 S₁+S₂/mg/g	
乌兰察布坳陷	准棚	—	—	—	—	2.64（74）	0.0443（18）	238（12）	5.07（74）	1.45（14）	0.0439（1）	207（1）	5.90（14）	棚参1
	呼格吉勒图	0.39（4）	—	—	0.09（4）	2.00（24）	0.0895（6）	240（6）	9.19（24）	1.34（17）	0.0588（4）	192（4）	3.36（17）	呼参1
川井坳陷	白音查干	1.85（2）	—	—	0.05（2）	2.60（45）	0.2241（15）	1070（15）	9.00（45）	—	—	—	—	白参1
	高力罕	0.80（46）	0.0141（3）	94（1）	0.57（46）	2.74（155）	0.0568（28）	273（19）	4.25（155）	1.41（71）	0.0749（15）	897（15）	2.53（69）	高参1、高5
	包尔果吉	1.16（48）	0.0147（4）	86（3）	0.92（48）	2.06（68）	0.0289（16）	222（11）	3.88（68）	0.42（12）	0.0288（1）	133（1）	0.55（12）	包参1、包1
	洪浩尔舒特	1.66（17）	0.0116（1）	42（1）	0.64（17）	1.84（135）	0.0607（28）	356（28）	5.53（135）	1.71（129）	0.1049（15）	986（15）	5.89（129）	洪参1、洪57
乌尼特坳陷	布朗沙尔					0.52（5）	0.0129（5）	—	1.19（5）	1.11（10）	0.0357（8）	—	2.25（10）	沙参1
	吉尔嘎朗图	2.08（116）	0.1149（12）	346（9）	4.10（116）	2.92（147）	0.1122（36）	506（34）	9.37（147）	1.45（39）	0.1125（6）	495（6）	4.39（39）	吉2、吉41、林21
	巴彦花	—	—	—	—	2.18（71）	0.0496（11）	171（10）	3.44（71）	0.33（7）	—	—	0.54（7）	巴彦1
	布日敦	—	—	—	—	1.48（34）	0.0104（8）	88（4）	1.76（34）	—	—	—	—	包参2

一级构造单元	凹陷	赛汉塔拉组（K₁s）				腾格尔组（K₁t）				阿尔善组（K₁a）				代表井
		TOC/%	氯仿沥青"A"/%	总烃/mg/g	生烃潜量 S_1+S_2/mg/g	TOC/%	氯仿沥青"A"/%	总烃/mg/g	生烃潜量 S_1+S_2/mg/g	TOC/%	氯仿沥青"A"/%	总烃/mg/g	生烃潜量 S_1+S_2/mg/g	
腾格尔坳陷	宝勒根陶海	—	—	—	—	3.39（20）	0.1324（4）	786（4）	17.73（14）	1.46（38）	0.0546（10）	369（10）	5.45（38）	陶参1
	赛汉塔拉	0.27（14）	0.0165（6）	55（5）	0.06（14）	1.49（125）	0.135（29）	793（29）	3.55（125）	1.4（58）	0.1057（14）	574（14）	4.15（58）	赛1、赛2、赛84
	布图莫吉	0.32（3）	0.0084（1）	—	0.08（3）	0.75（21）	0.0461（5）	283（3）	1.89（21）	0.99（17）	0.0309（3）	141（3）	1.60（14）	布参1
	赛汉乌力吉	0.34（12）	0.006（5）	39（3）	0.03（12）	0.42（22）	0.0252（8）	191（6）	0.64（22）	0.83（7）	0.0197（2）	154（1）	1.53（7）	连参2
苏尼特隆起	阿其图乌拉	0.67（7）			1.25（7）	1.88（82）	0.1387（18）	430（18）	11.53（82）	0.75（49）	0.0437（8）	371（4）	2.48（29）	图参2、图参5
	朝克乌拉	0.21（1）	—	—	0.04（1）	0.37（37）	0.0165（1）	103（1）	0.17（1）	—	—	—	—	朝参1
温都尔庙隆起	乌兰花	—	—		—	2.1（541）	0.1242（67）	622（67）	5.1（541）	1.87（158）	0.1766（29）	1344（27）	9.09（158）	兰地1、兰12
	阿布其尔庙	—	—	—	—	3.67（166）	0.190（17）	826（13）	21.55（166）	1.92（84）	0.1298（12）	795（9）	11.51（84）	其地1、其地5

注：表中数据均为平均值，（）内系样品数。

盆地主要生油凹陷阿尔善组优质烃源岩主要发育于洼槽区，在主洼槽的深洼部位有机碳含量都达到 3.0%～3.5% 甚至更高，凹陷的次洼和其他部位主要发育中等和差烃源岩（图 6-4）。其中阿南—阿北、阿尔、巴音都兰、吉尔嘎朗图、赛汉塔拉、乌兰花、洪浩尔舒特、白音查干、阿布其尔庙和乌里雅斯太等凹陷的主洼槽均达到好烃源岩标准，呼仁布其、高力罕、呼格吉勒图、准棚、布图莫吉、阿其图乌拉、布朗沙尔等凹陷多属中等烃源岩分布区，脑木更、包尔果吉、巴彦花、赛汉乌力吉 4 个凹陷烃源岩为中等—差烃源岩。

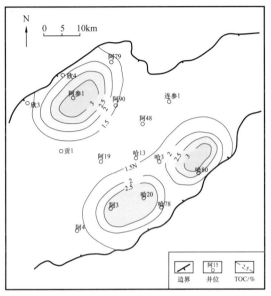

a. 阿南—阿北凹陷阿尔善组优质烃源岩有机碳含量等值线图

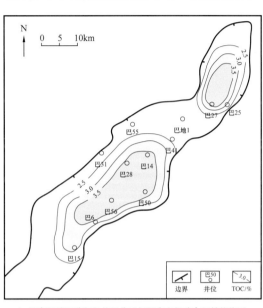

b. 巴音都兰凹陷阿尔善组优质烃源岩有机碳含量等值线图

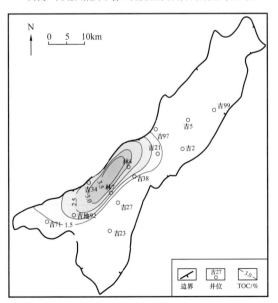

c. 吉尔嘎朗图凹陷阿尔善组优质烃源岩有机碳含量等值线图

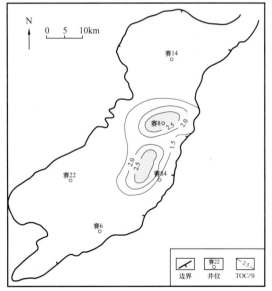

d. 赛汉塔拉凹陷阿尔善组优质烃源岩有机碳含量等值线图

图 6-4　二连盆地主要含油凹陷阿尔善组优质烃源岩有机碳含量等值线图

烃源层有机质丰度也受到沉积相带的制约。根据阿南—阿北、巴音都兰、乌里雅斯太、吉尔嘎朗图、洪浩尔舒特、赛汉塔拉和额仁淖尔凹陷分层系、分沉积相带所统计的有机碳含量（表 6-3），统计结果显示：高值区位于浅湖—半深湖相发育的主沉积洼槽区，有机碳含量为 1.5%～6.0%，其他次洼区，包括以滨浅湖沉积为主的洼槽和河流—（洪）冲积扇相为主的沉积洼槽，有机碳含量在 1.0%～2.0% 和 0.5%～0.8% 之间变化。

表 6-3　二连盆地不同相带泥岩发育程度和有机质丰度表（据费宝生，2001）

沉积相带		泥岩占地层百分比 / %	暗色泥岩占地层百分比 / %	有机碳含量 / %	统计点数 相单元 / 井数
相	亚相				
（洪）冲积	扇中	4.0	0		5/4
	扇端	85.1	5.0	0.6（0.5～0.8）	19/4
河流	（未分）	33.0	15.75	0.7（0.5～1.0）	34/34
	河沼	69.0	48.5	1.0（0.5～1.5）	19/5
扇三角洲	扇三角洲平原			1.0（0.5～1.5）	
	扇三角洲前缘	50.17	32.68		63/25
	前三角洲	82.0		1.3（1.0～2.0）	3/2
湖泊	滨浅湖	80.25	70.32	1.5（1.0～2.0）	26/16
	滨浅湖	56.17		1.0（0.7～1.5）	6/4
	浅—半深湖	90.0	90.0	2.0（1.0～3.5）	4/7
	半深湖	95.0	95.0	3.0（2.0～8.0）	2/2
近岸水下扇		72.30	65	1.5（0.5～3.0）	3/47
沼泽		89.4	89.4	3.0（2.0～8.0）	3/2

注：有机碳含量一列表示平均值（范围）。

3. 有机质类型

1）干酪根以混合型为主

从二连盆地主要生油凹陷烃源岩的干酪根元素组成可以看出，二连盆地腾格尔组和阿尔善组两套烃源岩有机质类型以 II 型为主，少有 I 型和 III 型。其中盆地东部的阿南—阿北、阿尔、乌里雅斯太、吉尔嘎朗图、洪浩尔舒特等凹陷有机质类型以 II 型为主，在阿尔和巴音都兰凹陷也发育少量 I 型，在乌里雅斯太、阿南—阿北、洪浩尔舒特等凹陷发育少量 III 型；盆地西部的额仁淖尔、赛汉塔拉等凹陷有机质主要类型为 II_1 型，少有 I 型（图 6-5）。

2）含有丰富的陆源植物

下白垩统烃源岩中有机质主要来源于高等植物，原地浮游生物较少（费宝生等，2001；图 6-6）。烃源岩生物标志化合物中三种规则甾烷（C_{27}、C_{28}、C_{29}）分布呈 V 字形，反映了有机质来源具有浮游水生生物和陆源高等植物的双重贡献。C_{27} 规则甾烷相对丰度分布范围为 10%～40%，C_{28} 规则甾烷相对丰度最低，为 5%～25%，C_{29} 规则甾烷相对丰度最高，分布范围为 30%～80%，在图 6-6 中全部点群均落在 II_2 型和 III 型母质分布区内，高丰度的 C_{29} 规则甾烷反映了小型断陷湖盆陆源有机质输入较大（Peters K E 等，1995），烃源岩中陆源高等植物有机质贡献大的特征。

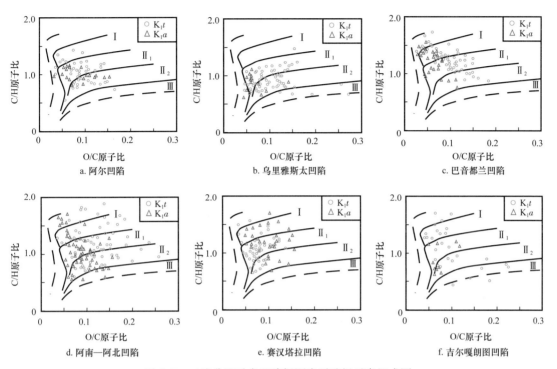

图 6-5　二连盆地重点凹陷烃源岩干酪根元素组成图

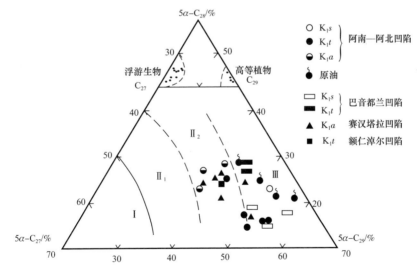

图 6-6　二连盆地烃源岩中甾烷相对含量三角图（据费宝生等，2001）

阿尔善组烃源岩热解氢指数（HI）分布显示二连盆地各生油凹陷有机质类型主要为 II 型，氢指数平均值为 188～410mg/g，其中巴音都兰、阿布其尔庙等凹陷烃源岩氢指数主频在 450～600mg/g 之间，母质类型较好；阿南—阿北、阿尔、吉尔嘎朗图、赛汉塔拉、额仁淖尔、乌兰花、洪浩尔舒特等生油凹陷烃源岩氢指数主频在 150～450mg/g 之间，其中大于 450mg/g 的烃源岩有 30% 以上；只有乌里雅斯太、塔南等凹陷烃源岩氢指数主频在

100～200mg/g 之间，显示有机质类型较差，主要为Ⅱ—Ⅲ型。

3）烃源岩沉积环境

根据二连盆地主要生油凹陷还原硫含量分布频率图（图6-7），47% 的样品还原硫含量分布于0～0.2% 之间，属于氧化环境，26% 的样品还原硫含量分布于0.2%～0.4% 之间，为弱还原环境，20% 的样品还原硫含量分布于0.4%～0.8% 之间，为还原环境，只有9% 的样品还原硫含量大于0.8%，属于强还原环境。其中盆地北部的乌里雅斯太凹陷还原硫含量最低，平均值小于0.18%，属于弱氧化环境；中部的吉尔嘎朗图、洪浩尔舒特、阿南—阿北等凹陷还原硫含量较高，平均值为0.2%～0.4%，属于弱还原环境；南部的额仁淖尔、赛汉塔拉等凹陷还原硫含量最高，均大于0.4%，属于还原环境。二连盆地各凹陷有机质保存条件差异较大，由北向南还原程度逐渐增强，有机质保存条件逐渐变好（图6-8）。

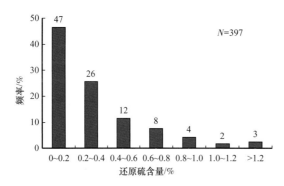

图6-7 二连盆地烃源岩还原硫含量分布频率直方图

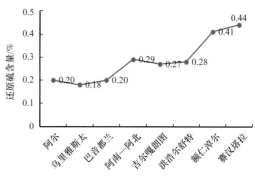

图6-8 二连盆地烃源岩还原硫含量平均值图

4）有机相划分

二连盆地下白垩统烃源岩按照有机相的概念，在干酪根及母源先驱物评价的基础上，综合凹陷沉积相、氧化还原相、生物相和有机质丰度及生烃潜量的分布特点（黄第藩等，1984），划分出三种类型的有机相（表6-4）。

（1）含藻类草本相（Ⅱ₁）。

含藻类草本相多位于半深湖沉积区。暗色泥岩发育，厚度一般大于600m，占地层厚度的70%～90%，有机质丰度高，有机碳含量为1.0%～2.5%，总烃含量多大于350mg/g，生烃潜量（S_1+S_2）大于4.0mg/g。泥岩中还原硫含量大于0.3%，属还原环境下的一套稳定沉积，有机质保存好，干酪根类型以Ⅱ₁型居多，H/C 原子比大于1.20，显微组分中腐泥组含量较高，多在60%～85% 之间。该有机相是二连盆地生油凹陷中最有利的生烃相带。

（2）含木本—草本相（Ⅱ₂）。

含木本—草本相位于滨浅湖沉积区。沉积环境比较稳定，暗色泥岩厚度较大，多在100～600m 之间，泥岩中有机质丰度较高，有机碳含量在0.5%～1.5% 之间，总烃含量多在150～400mg/g 之间，生烃潜量（S_1+S_2）为2.0～4.0mg/g；还原硫含量为0.2%～0.3%，属弱还原沉积，干酪根 H/C 原子比为1.0～1.20，显微组分中腐泥组含量为30%～60%，多属Ⅱ₁—Ⅱ₂型。该有机相是二连盆地较有利的生烃相带。

表 6-4　二连盆地下白垩统烃源层有机相划分表

划相标志			含藻类草本相 II$_1$	含木本—草本相 II$_2$	木本相 III
沉积相			半深湖相	滨浅湖相	河沼相
生物相			水生生物少，轮藻少量，介形虫主要有巴达拉湖女星介和格拉姆湖女星介生物群，孢粉类型多，含量丰富	水生生物很少，介形虫有巴达拉湖女星介和莎氏准噶尔介化石，植物以裸子类花粉占优势，蕨类孢子很少	以陆源高等植物为主，多见炭化植物碎片，孢粉化石丰富
氧化还原相（还原硫含量 /%）			>0.3	0.2～0.3	<0.2
干酪根	H/C 原子比		>1.15	0.91～1.15	<0.9
	类型		II$_1$	II$_1$—II$_2$	III
	显微组分	腐泥组 /%	60～85	30～60	25～40
		壳质组 /%	1～10	2～5	5～10
		镜质组 /%	20～40	20～60	30～80
		惰质组 /%	3～15	8～12	10～30
有机质丰度	TOC/%		1.5～2.5	1.0～1.5	0.5～2.0
	总烃 /（mg/g）		>350	150～400	<150
	S_1+S_2/（mg/g）		>4.0	2.0～4.0	2.0～4.0
生物标志化合物	$\dfrac{5\alpha-C_{27}}{5\alpha-C_{29}}$		<1.0	<0.7	<0.5
	奥利烷 螺旋三萜烷		多	多	多
	草		有	有	多

（3）木本相（III）。

木本相位于河沼沉积区。沉积环境动荡，沉积颗粒粗，暗色泥岩不发育，厚度仅为50～200m，暗色泥岩只占地层厚度的 12%～47%，有机质丰度变化较大，有机碳含量在0.2%～2.0% 之间，总烃含量小于 150mg/g，生烃潜量（S_1+S_2）在 2.0～4.0 之间，泥岩中还原硫含量小于 0.2%，属弱氧化沉积，干酪根 H/C 原子比小于 1.0，腐泥组含量仅占25%～40%。属较差的生烃相带。

从表 6-4 可以看出，二连盆地三类有机相陆源生物都占有相当比例，表现在水生生物、藻类少，介形虫含量低、种属单调，而孢粉类型多、含量丰富。这也是二连盆地不同于其他盆地有机相的重要特色。

总之，二连盆地同一凹陷内洼槽中心有机质类型最好，向洼槽边缘呈环带状随沉积相带变化逐渐变差。阿尔善组烃源岩有机质类型以 II$_2$ 型为主。

二、腾格尔组烃源岩特征

1. 烃源岩分布

腾格尔组一段全盆地主要发育一套深灰色—灰色泥岩夹少量砂岩、泥页岩，下部出现碳酸盐岩夹层，该套含碳酸盐的泥岩在全区均有发育，是二连盆地重要的烃源层之一。

二连盆地腾格尔组一段平均沉积速率最高可达 11.81cm/ka（图 6-9），且各凹陷沉积速率差异较大，盆地北部的阿尔、乌里雅斯太和巴音都兰等凹陷平均沉积速率最大，分别为 9.35cm/ka、11.81cm/ka 和 10.13cm/ka；中部的阿南—阿北、吉尔嘎朗图和洪浩尔舒特等凹陷平均沉积速率中等，分别为 7.15cm/ka、7.50cm/ka、7.13cm/ka；南部的额仁淖尔和赛汉塔拉等凹陷沉积速率最小，分别只有 4.94cm/ka、4.29cm/ka（刘震等，2006）。腾格尔组沉积速率与湖盆稳定沉降期相一致，有利于好烃源岩的发育。

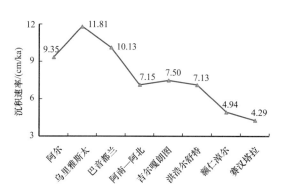

图 6-9　二连盆地腾格尔组一段平均沉积速率图

腾格尔组一段沉积时期水体较深且为还原环境，泥岩中有机质发育，生物种类繁多、数量丰富，湖相介形类生物群发育。一些凹陷（如阿南—阿北凹陷）继承性强，半深湖相分布面积由阿尔善组沉积时期的 $80km^2$ 增加到 $250km^2$，发育一套深灰色—灰色泥、页岩夹少量砂岩及泥页岩夹层，沉积厚度在 1200～2500m 之间，其中暗色泥岩厚度在 278～2066m 之间，占地层厚度的 23.4%～97.0%；最大单层厚度可达 770m。泥岩中还原硫含量一般在 0.2%～0.8% 之间，最高为 2.59%，该套沉积属还原—弱还原沉积，该时期是腾格尔组优质烃源岩的主要发育时期，优质烃源岩厚度为 100～200m，最厚可以达到 350m（图 6-10），分布面积较阿尔善组沉积时期有所扩大。

2. 有机质丰度

腾格尔组一段烃源岩有机碳含量比阿尔善组略高（图 6-11），平均值在 1.78%～3.74% 之间，主要生油凹陷有机碳含量主频区为 1%～3%，其中阿尔、乌里雅斯太、巴音都兰、洪浩尔舒特等凹陷有机碳含量主频区在 2%～3% 之间，主要生油凹陷有机碳含量大于 2% 的烃源岩在 25%～60% 之间；烃源岩生烃潜量（S_1+S_2）平均值在 3.12～15.56mg/g 之间，生烃潜量分布在 2～6mg/g 之间的样品占 30% 以上，其中阿南—阿北、洪浩尔舒特、乌里雅斯太、巴音都兰、阿尔、吉尔嘎朗图、阿布其尔庙等凹陷的生烃潜量主频在 6～20mg/g 之间，生烃潜量大于 6mg/g 的烃源岩在 25%～70% 之间；有机质丰度分布特征具有北高南低的变化趋势（表 6-2）。以苏尼特隆起为界，北部的马尼特坳陷腾格尔组烃源层有机碳含量较高，一般在 1.75%～3.30% 之间，生烃潜量（S_1+S_2）大多为 3.97～14.30mg/g；而在南部的腾格尔坳陷，烃源层有机碳含量较低，一般在 0.75%～1.09% 之间，生烃潜量（S_1+S_2）较低，绝大多数小于 2.5mg/g。在西部川井坳陷，45 个样品的有机碳含量平均值为 2.60%，生烃潜量（S_1+S_2）平均为 9.00mg/g，

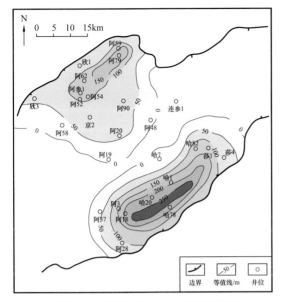

a. 阿南—阿北凹陷腾格尔组一段优质烃源岩等厚图

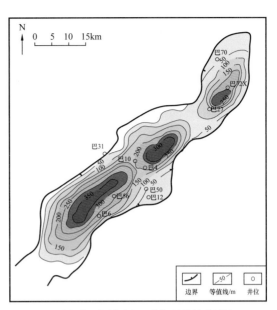

b. 巴音都兰凹陷腾格尔组一段优质烃源岩等厚图

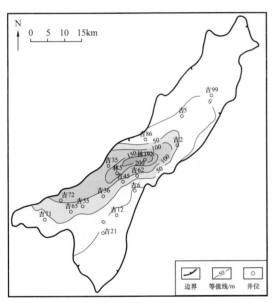

c. 吉尔嘎朗图凹陷腾格尔组一段优质烃源岩等厚图

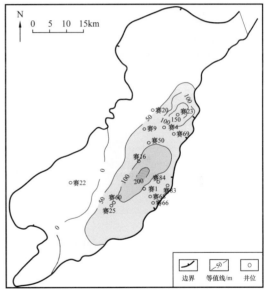

d. 赛汉塔拉凹陷腾格尔组一段优质烃源岩等厚图

图6-10 二连盆地主要含油凹陷腾格尔组一段优质烃源岩等厚图

15个样品的氯仿沥青"A"及总烃含量分别平均为0.2241%和1070mg/g；东部的乌尼特坳陷烃源岩有机质丰度普遍明显高于赛汉塔拉、额仁淖尔等凹陷。

腾格尔组一段优质烃源岩的分布与阿尔善组类似，但面积和厚度明显要大于阿尔善组优质烃源岩，优质烃源岩主要发育于凹陷的主洼槽区，有机碳含量均大于2%，在深洼地区达到3.0%～3.5%甚至更高（图6-12）。

3. 有机质类型

腾格尔组有机相相对较好，有利生烃的含藻类草本相和含木本—草本相较发育，特别是腾格尔组一段下亚段的特殊岩性段，一般为半深湖相水体较咸的还原环境沉积

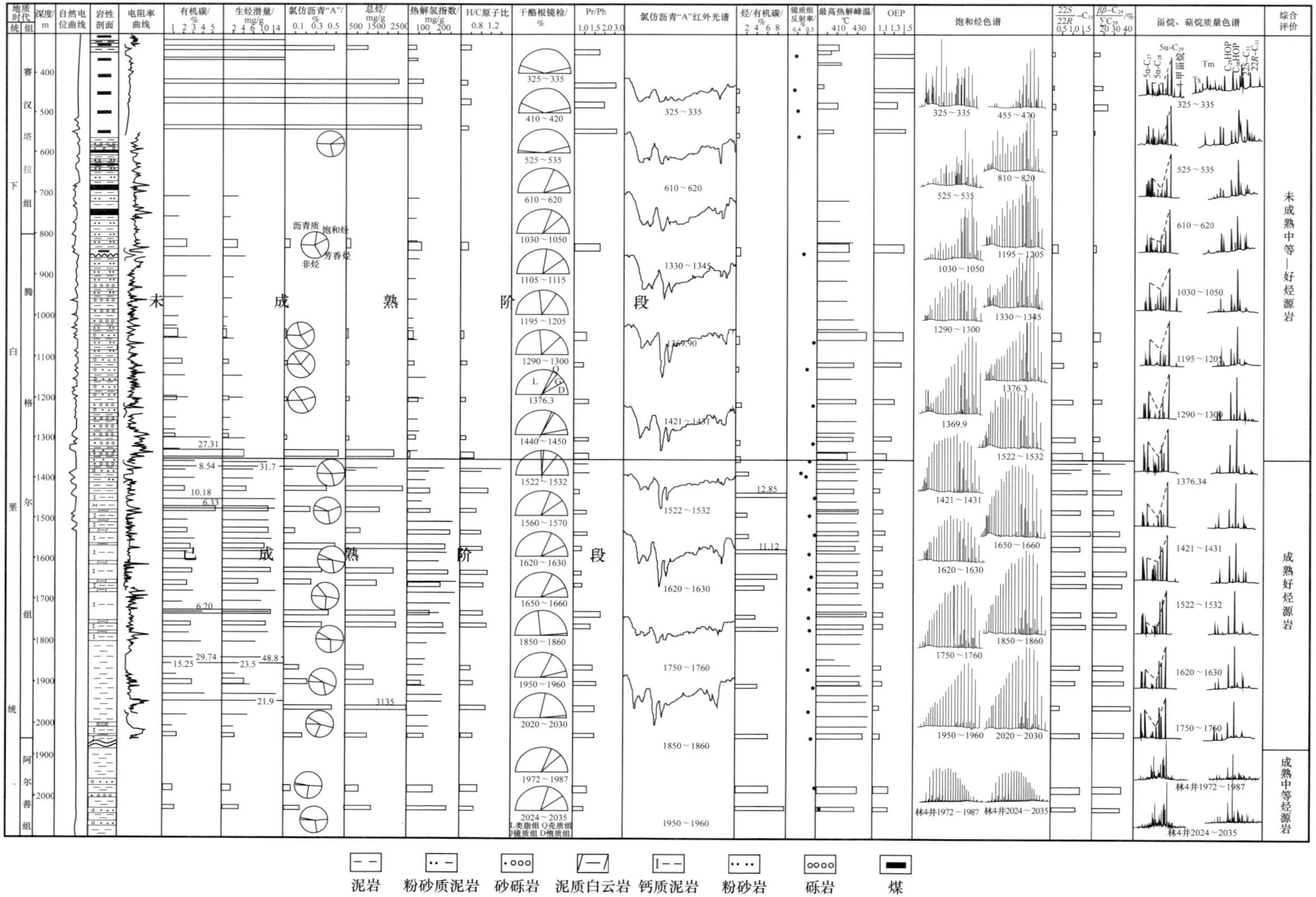

图 6-11 吉尔嘎朗图凹陷下白垩统烃源岩有机地球化学剖面（吉 41 井—林 4 井）

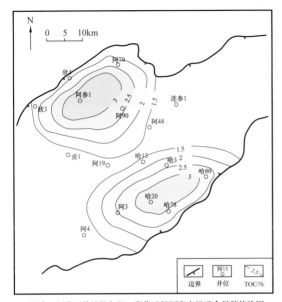

a. 阿南—阿北凹陷腾格尔组一段优质烃源岩有机碳含量等值线图

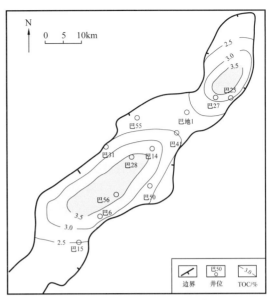

b. 巴音都兰凹陷腾格尔组一段优质烃源岩有机碳含量等值线图

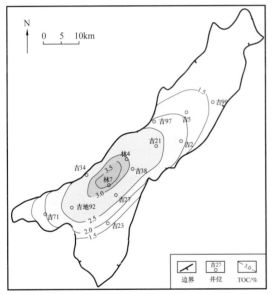

c. 吉尔嘎朗图凹陷腾格尔组一段优质烃源岩有机碳含量等值线图

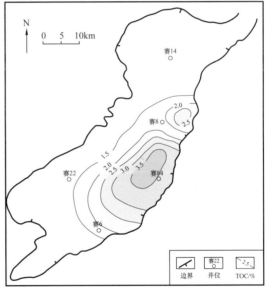

d. 赛汉塔拉凹陷腾格尔组一段优质烃源岩有机碳含量等值线图

图6-12　二连盆地主要含油凹陷腾格尔组一段优质烃源岩有机碳含量等值线图

（秦建中等，2005），有机质多为低等水生生物，以 II₁ 型为主，部分为 I 型，干酪根 H/C 原子比一般大于 1.25，热解氢指数平均在 500mg/g 以上，最大可以达到 815mg/g，γ-蜡烷 /C_{31} 藿烷平均为 2.88，Pr/Ph 小于 0.40，主要分布在巴音都兰、吉尔嘎朗图、呼仁布其、阿布其尔庙等凹陷；腾格尔组一段其他正常泥岩有机质类型以 II₂—II₁ 型为主，分布在阿南—阿北、阿尔、乌兰花、塔南、额仁淖尔、赛汉塔拉等凹陷，干酪根 H/C 原子比一般为 0.9～1.2，热解氢指数为 300～500mg/g，γ-蜡烷 /C_{31} 藿烷平均小于 1.0，Pr/Ph 为 0.35～0.90。在乌里雅斯太、布朗沙尔、准棚、脑木更、包尔果吉和呼格吉勒图等凹陷，沉积环境多为滨浅湖，沉积水体较浅，母源输入多为高等植物或草本植物，干酪根

H/C 原子比一般小于 0.9，热解氢指数在 350mg/g 以下，母质类型一般为Ⅱ₂型，部分为Ⅲ型。

巴音都兰、阿南—阿北、吉尔嘎朗图、阿尔、乌兰花、额仁淖尔、赛汉塔拉等凹陷阿尔善组和腾格尔组两套烃源岩的干酪根类型以Ⅱ₁和Ⅱ₂型为主，含藻类草本和含木本—草本相发育，有利于油气大量生成。乌里雅斯太、高力罕等凹陷烃源岩干酪根类型以Ⅱ₂—Ⅲ型为主，含木本—草本相和木本相发育，生烃潜力相对较低。

腾格尔组和阿尔善组两套烃源层的有机相带基本一致，在平面上呈不对称环带状分布。含藻类草本相分布在生烃凹陷的沉积中心，向凹陷边缘逐渐过渡为含木本—草本相和木本相。

有机质类型受沉积相带的制约，不同有机相带具有不同的生烃潜力。同一凹陷内以洼槽中心区有机质类型最好，向洼槽边缘呈环带状随沉积环境变化逐渐变差。从表 6-5 中看出：含藻类草本相生烃潜量（S_1+S_2）平均为 5.29～7.09mg/g，产烃率为 284～398mg/g；含木本—草本相生烃潜量（S_1+S_2）平均为 4.25～5.29mg/g，产烃率为 175～289mg/g；木本相生烃潜量（S_1+S_2）平均为 0.79～2.01mg/g，产烃率仅为 92mg/g。Ⅱ₁、Ⅱ₂和Ⅲ类有机相产烃率之比大致是 4:3:1，说明含藻类草本相和含木本—草本相的生烃能力比较接近，它们是木本相生烃潜力的 3～4 倍。

表 6-5　二连盆地不同烃源层有机相产烃能力对比表（据费宝生等，2001）

烃源层		K_1t			K_1a		
有机相		Ⅱ₁	Ⅱ₂	Ⅲ	Ⅱ₁	Ⅱ₂	Ⅲ
S_1+S_2	值范围 /mg/g	4.16～22.07	2.48～8.35	0.29～1.57	5.12～9.25	2.95～9.06	0.47～3.62
	平均值 /mg/g	15.29	4.25	0.79	7.09	5.29	2.01
	样品数	128	53	12	5	72	19
TOC	值范围 /%	0.59～3.78	0.7～3.58	0.45～1.52	0.64～2.79	1.13～2.17	0.04～1.53
	平均值 /%	1.86	2.43	0.86	1.70	1.83	0.47
	样品数	45	18	12	8	15	4
$\dfrac{PC}{TOC}$	值范围 /%	2～39	7～41	3～13	6～47	4～45	6
	平均值 /%	22.3	21.5	6.8	24	30.2	1.5
	样品数	45	18	12	8	15	4
潜在产烃率（S_1+S_2）/TOC/mg/g		284	175	92	398	289	—

烃源岩的优、劣除了受有机质丰度影响外，有机质类型也是其重要因素。按照 TOC 大于 2.0%，岩石热解氢指数大于 450mg/g，氯仿沥青 "A" 大于 0.10% 等条件，制定出二连盆地优质烃源岩标准（图 6-13）。其中阿南—阿北、阿尔、巴音都兰、吉尔嘎朗图、洪浩尔舒特、乌兰花、呼仁布其等凹陷优质烃源岩较发育，乌里雅斯太、高力罕等凹陷优质烃源岩不发育。优质烃源岩的发育程度对凹陷的油气形成起着控制作用，二连盆地富油凹陷优质烃源岩石油资源量有 3.6×10^8t，占洼槽总石油资源量的 70%（图 6-14）。

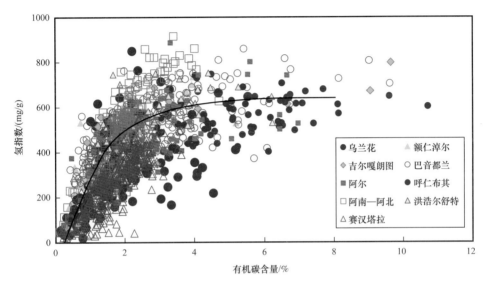

图 6-13 二连盆地主要凹陷烃源岩有机碳含量与氢指数关系图

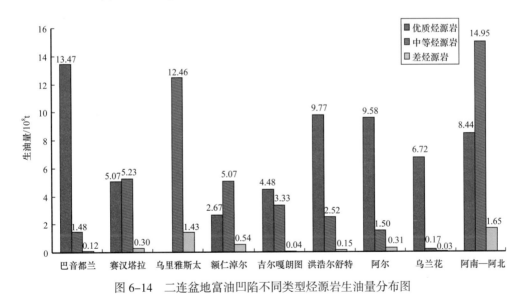

图 6-14 二连盆地富油凹陷不同类型烃源岩生油量分布图

总之，二连盆地白垩系烃源岩是盆地烃源岩的主体，阿尔善组、腾格尔组一段两套烃源层具有厚度大、有机质丰度高的特征，有机质类型主要为 II 型。腾格尔组一段烃源层有机质丰度和有机质类型明显好于阿尔善组烃源层，但是烃源岩的热演化程度阿尔善组明显高于腾格尔组一段；不同凹陷优质烃源岩的分布有明显差异，其中盆地东北部的阿尔、乌里雅斯太、巴音都兰凹陷优质烃源岩主要分布于深洼带，南部的额仁淖尔、赛汉塔拉凹陷中优质烃源岩主要分布于缓坡带，中部的阿南—阿北、吉尔嘎朗图、洪浩尔舒特凹陷的深洼带和近洼缓坡带均是优质烃源岩发育的主要区域。

第二节　侏罗系、古生界烃源岩特征

二连盆地侏罗系烃源岩主要发育在中、下侏罗统，属于湖沼沉积，局部厚度大，主要为煤、碳质泥岩和泥岩，其中煤和碳质泥岩有机质丰度高，暗色泥岩规模大，有机质丰度中等，有机质类型一般属于Ⅲ型；有机质基本处于成熟阶段，深部达到成熟—高成熟阶段，既能够形成气态烃类，还可生成一定比例的轻质油和凝析油，是二连盆地可能的烃源岩。

二连盆地古生界主要发育二叠系—石炭系泥质烃源岩，主要分布在盆地的东北部和南部，有机质丰度达到中等—好烃源岩标准，有机质类型以Ⅱ型为主，是二连盆地潜在的烃源岩。

一、侏罗系烃源岩特征

1. 烃源岩分布

二连盆地中、下侏罗统主要为一套煤系地层，共有暗色泥岩、碳质泥岩和煤岩三种烃源岩。从表 6-6 可以看出，平面上暗色泥岩、碳质泥岩和煤岩的总厚度变化较大，其钻井厚度为 10（欣 7 井）～658m（木 1 井）。西南部凹陷地层厚度较大，钻井揭露较全，暗色泥岩、碳质泥岩和煤岩的总厚度较大，其钻井厚度最小为 138m，最厚为 658m。东部凹陷地层厚度较小，钻井揭露较少，暗色泥岩、碳质泥岩和煤岩的总厚度相对较小，其钻井厚度最小为 10m，最大为 538.5m，一般在 200m 以下。

侏罗系烃源岩横向上分布在阿拉坦合力、阿南—阿北、巴音都兰、乌里雅斯太、朝克乌拉、包尔果吉、吉尔嘎朗图、布日敦、呼格吉勒图、格日勒敖都、脑木更、阿其图乌拉等十几个凹陷中，其中乌里雅斯太和阿其图乌拉凹陷白垩系和侏罗系上下地层沉降中心基本一致，残留厚度较大，一般在 1000m 以上，且分布连续，埋藏较深；其他凹陷残留厚度较小，一般小于 1000m。侏罗系烃源岩分布较广，埋藏较深，具有一定的生烃能力。

2. 有机质丰度

中、下侏罗统暗色泥岩、碳质泥岩和煤岩三种烃源岩相比，以煤岩的有机质丰度最高，暗色泥岩有机质丰度最低，碳质泥岩有机质丰度介于二者之间。

暗色泥岩的有机碳含量平均最高为 4.30%（表 6-7），最低仅 0.63%，有 50% 凹陷有机碳含量在 1.5% 以下；热解生烃潜量平均最高 10.2mg/g，最低只有 0.1mg/g，约有 75% 的凹陷在 2mg/g 以下；氯仿沥青"A"含量平均最低 0.0019%，有 75% 的凹陷在 0.07% 以下；总烃含量平均最高 735mg/g，最低只有 19mg/g，有 50% 的凹陷在 200mg/g 以下。中、下侏罗统只有 50% 凹陷的暗色泥岩达到了中等—好烃源岩水平（秦建中等，2000）。这些凹陷包括阿拉坦合力、乌里雅斯太、巴音都兰、吉尔嘎朗图、阿其图乌拉和赛汉塔拉凹陷，其余凹陷暗色泥岩均为差烃源岩和非烃源岩。

表 6-6 二连盆地中、下侏罗统暗色泥岩、碳质泥岩和煤岩厚度统计数据表

地区	凹陷	井号	暗色泥岩		碳质泥岩		煤		合计	
			厚度/m	占地层百分比/%	厚度/m	占地层百分比/%	厚度/m	占地层百分比/%	厚度/m	占地层百分比/%
东部	阿拉坦合力	坦1井（未穿）	69	16.9	27.5	6.7	19	4.7	115.5	28.2
	乌里雅斯太	太参2	144	33.9	11.5	2.7	8	1.9	163.5	38.5
		太8	16	8.1			15.5	7.9	31.5	16.0
		太18（未穿）	171	50.4					171	50.4
	朝克乌拉	朝参1（未穿）	70	7.4	1	0.1	1	0.1	72	7.6
		朝2	102	9.34					102	9.34
	布日敦	包参2（未穿）	257.5	63.1					257.5	63.1
	阿南—阿北	欣7（未穿）					10	14.1	10	14.1
		欣11			23	95.8			23	95.8
		阿56（未穿）	10	7.1	2.5	1.8			12.5	8.8
	巴音都兰	巴1	328	60	218.5	40.3			538.5	99.9
		巴7（未穿）			26	34			18	20.0
	包尔果吉	包参1（未穿）	32.5	12.9			6	2.4	38.5	15.3
	吉尔嘎朗图	吉65	23	15.5	33	22.3	31	20.9	87	58.8
		吉70	56	18.4	81	26.6	33	10.8	170	55.7
西南部	呼格吉勒图	呼参1	406	46.6			7.5	0.9	413.5	47.4
	格日勒放都	格古1	370	22.2			41	2.5	411	24.7
	脑木更	木1（未穿）			641	97.4	17	2.6	658	100
	阿其图乌拉	图参1	541.5	57.6	14.5	1.5	煤线		556	59.1
		图3	294	50.42	52	8.9	6	1.0	352	60.38
	乌兰花	兰地1	138	100					138	100
	赛汉塔拉	赛22	206.5	28.4			26	3.6	232.5	32.0

表 6-7 二连盆地不同凹陷中、下侏罗统烃源岩有机质丰度数据表（据秦建中等，2000，修改）

地区	凹陷	代表井	岩性	TOC/%	S_1+S_2/mg/g	氯仿沥青"A"/%	总烃/mg/g	R_o/%	丰度评价
东部	阿拉坦合力	坦1	暗色泥岩	2.42（7）	0.6（7）	0.0241（5）	99（5）	1.49～2.29	中
			碳质泥岩	12.68（2）	2.9（2）	0.0729（1）	389（1）		好
			煤	71.72（4）	18.9（4）	0.3015（1）	1327（1）		好
	阿南—阿北	哈25	暗色泥岩	2.26（6）	5.05（5）	0.072（2）	500.94（1）	0.56～0.91	较好
			碳质泥岩	23.04（2）	47.87（2）				好
			煤	38.18（5）	84.20（5）	0.966（1）	3915.20（1）		好
	乌里雅斯太	太参2、太6、太8、太18	暗色泥岩	2.27（13）	3.46（13）	0.16（5）	529（2）	0.31～1.44	好
			碳质泥岩	14.79（2）	24（2）				好
			煤	50.33（4）	127（4）	1.341（1）	4178.94（1）		好
	朝克乌拉	朝参1、朝2	暗色泥岩	0.77（14）	1.147（14）	0.0583（4）	47（4）	0.44～0.64	中等
			碳质泥岩	10.23（1）	29.5（1）	—	—		
	布日敦	包参2	暗色泥岩	0.86（13）	0.1（13）	0.0019（3）	19（3）	3.21～4.80	非—差
	巴音都兰	巴1、巴7	暗色泥岩	1.33（6）	3.1（6）	0.0373（5）	497（2）	0.90～5.94	中等
			碳质泥岩	1.16（2）	0.2（2）	0.0042（1）	42（1）		差
	包尔果吉	包参1、包1	暗色泥岩	1.37（7）	1.1（7）	0.0306（4）	144（4）	0.67～1.46	差
			煤	37.03（2）	75.0（2）				好
	吉尔嘎朗图	吉65、吉70	暗色泥岩	1.81（2）	2.0（2）	0.0792（2）	453（2）	0.54～1.31	中等
			碳质泥岩	17.30（2）	42.2（2）	0.4311（2）	2399（2）		好
			煤	61.05（4）	99.9（4）	1.2126（4）	5770（4）		好
西部	呼格吉勒图	呼参1	暗色泥岩	0.86（33）	1.8（33）	0.0269（15）	185（6）	0.42～0.58	差
			煤	48.78（3）	189（3）	2.5943（2）	8786（2）		好
	阿其图乌拉	图参3、图3	暗色泥岩	2.58（81）	3.18（70）	0.0954（21）	396（21）	0.56～1.08	较好
			碳质泥岩	6.43（9）	13.6（10）	0.2808（3）	1168（3）		好
			煤	52.60（1）	155（1）	4.5075（1）	9520（1）		好
	格日勒敖都	格古1	泥岩	0.63（29）	0.66（31）	0.06（3）	392.06（1）	0.50～0.89	差
			煤及碳质泥岩	45.45（15）	226.38（14）	7.22（2）	8210.50（1）		好
	脑木更	木1	碳质泥岩	1.46（16）	0.4（16）	0.0057（5）	62（1）	0.60～2.59	中等
			煤	52.24（1）	126（1）	2.0015（1）	7966（1）		好
	赛汉塔拉	赛22、赛4	暗色泥岩	4.30（12）	10.2（11）	0.0177（3）	101（3）	0.52～0.57	较差

注：表中数据均为平均值，（）内系样品数。

煤岩有机碳含量平均值在 37.03%～71.72% 之间，热解生烃潜量平均值在 18.9～189mg/g 之间，氯仿沥青"A"含量平均值在 0.3015%～4.5075% 之间，总烃含量平均值在 1327～9520mg/g 之间，均达到了很好烃源岩标准。西南部凹陷煤岩的有机质丰度明显高于东部凹陷，主要表现在热解生烃潜量、氯仿沥青"A"含量和总烃含量等三项受成熟度影响较大的指标上。西南部凹陷煤岩由于成熟度较低，镜质组反射率（R_o）一般小于 1.0%，热解生烃潜量平均都在 120mg/g 以上，最高达到 189mg/g；氯仿沥青"A"含量平均都在 2% 以上；总烃含量平均都在 7900mg/g 以上，最高达到 9520mg/g。东部凹陷煤岩由于成热度较高，部分样品镜质组反射率达 1.2% 以上，已进入高成熟阶段；热解生烃潜量平均值均在 140mg/g 以下，最低为 18.9mg/g；氯仿沥青"A"含量都在 1.35% 以下，最低为 0.3015%；总烃含量平均都在 6000mg/g 以下，最低为 1327mg/g，这可能与东部凹陷煤岩受岩浆烘烤影响较大有关。

碳质泥岩有机质丰度表现为两种情况：一种是巴音都兰和脑木更等凹陷的碳质泥岩有机碳含量明显偏低，平均只有 1.16%～1.46%，由于热演化程度较高，生烃潜量平均只有 0.2～0.4mg/g，氯仿沥青"A"含量平均只有 0.0042%～0.0057%，总烃含量只有 62mg/g 甚至小于 42mg/g，只达到中等—差烃源岩水平。另外就是阿拉坦合力、朝克乌拉、吉尔嘎朗图和阿其图乌拉等凹陷的碳质泥岩，有机碳含量较高，平均为 6.43%～17.30%，热解生烃潜量平均高达 29.5～42.2mg/g，氯仿沥青"A"含量平均高达 0.4052%～0.4311%，总烃含量平均高达 1954～2399mg/g，均达到很好烃源岩标准。

三种烃源岩中，暗色泥岩占地层比例最大，但有机质丰度最低，达到中等烃源岩水平，东部凹陷的暗色泥岩有机质丰度相对西南部凹陷的暗色泥岩有机质丰度低；煤岩的厚度及所占比例相对较小，但有机质丰度极高，达到很好烃源岩水平；碳质泥岩较常见，一般比煤岩要厚，但其有机质丰度具有较大差别，1/3 的凹陷有机质丰度较低，视为普通的暗色泥岩，只达到中等—差烃源岩水平；2/3 的凹陷有机质丰度较高，介于煤岩和暗色泥岩之间，属于真正的碳质泥岩，达到很好烃源岩标准。

3. 有机质类型

1）有机显微组分特征

二连盆地中、下侏罗统烃源岩根据探井资料，干酪根中腐泥组含量在 0～50% 之间；腐殖无定形含量在 0～20% 之间；壳质组含量在 0～37% 之间；荧光基质镜质组含量在 0～63.6% 之间；无荧光镜质组含量在 0～98% 之间；惰质组含量在 0～10% 之间；渗出沥青体含量在 0.5%～21.1% 之间。泥岩的类型指数大多在 -38～-32 之间，仅巴 7 井泥岩类型指数较高，为 15；煤和碳质泥岩的类型指数介于 -46～-33。二连盆地中、下侏罗统泥岩的有机质类型，除巴音都兰凹陷为 II$_2$ 型外，其他凹陷大多为 III 型，煤和碳质泥岩的有机质类型相对于泥岩的有机质类型要差一些，主要为 III 型母质。

2）干酪根元素组成特征

二连盆地中、下侏罗统烃源岩干酪根元素组成变化不大，干酪根 H/C 原子比多在 0.66～0.87 之间，只有巴 7 井泥岩的 H/C 原子比较高，为 1.26，干酪根 O/C 原子比多在 0.07～0.11 之间。煤和碳质泥岩的有机质类型大多在 III 型区间，个别煤岩如吉尔嘎朗图凹陷吉 65 井煤岩，更接近 II$_2$ 型，处在 II$_2$—III 型区间。

3）热解氢指数

二连盆地中、下侏罗统煤和碳质泥岩的有机质类型在岩石最高热解峰温—热解氢指数关系图中多位于II₂—III型区间（图6-15），只有阿其图乌拉凹陷的部分泥岩样品靠近II₁型区间。

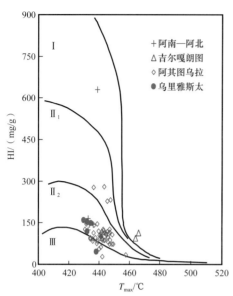

图6-15 二连盆地侏罗系烃源岩最高热解峰温与氢指数关系图

二连盆地西南部的多数凹陷煤岩成熟度较低，镜质组反射率（R_o）一般为0.42%～1.08%（阿其图乌拉、呼格吉勒图凹陷等），其他地区侏罗系烃源岩成熟度较高，大部分已进入成熟状态，个别凹陷已进入生气阶段（如阿南—阿北凹陷）。

二、古生界烃源岩特征

1. 烃源岩分布

二连盆地上古生界烃源岩主要为暗色泥岩，最大厚度可达1300m，碳酸盐岩不发育（表6-8）。泥岩纵向上主要发育在二叠系的林西组、哲斯组及寿山沟组，石炭系—二叠系的阿木山组和石炭系的本巴图组，横向上主要分布在东乌珠穆沁旗、西乌珠穆沁旗至阿巴嘎一线的盆地北部地区。

表6-8 二连盆地上古生界烃源岩发育情况统计表

层位	泥质岩	厚度/m	占地层厚度百分比/%	碳酸盐岩	厚度/m	占地层厚度百分比/%	代表剖面
林西组 P_3l	浅灰色—灰黑色泥岩	0～275	45	—			PM011剖面
哲斯组 P_2z	浅灰色—深灰色泥岩	100～750	20	灰色—深灰色石灰岩	50～100	15	PM630剖面、PM631剖面、达茂满都拉哲斯组剖面
寿山沟组 P_1s	灰色—灰黑色泥岩	500～1500	58	—			PZ1剖面、XP5剖面、PM639剖面
阿木山组 C_2—P_1a	灰色—灰黑色泥岩	0～130	30	灰色生物碎屑灰岩 灰色—灰黑色石灰岩	50～200	12～50	赛14、赛25、赛古1井以及DBA阿木山组剖面
本巴图组 C_2b	灰色—灰黑色泥岩	50～880	22	灰色生物碎屑灰岩	0～100	0～3	苏通索勒古XSB剖面、二连浩特本巴图组剖面
泥鳅河组 D_1n	灰色砂质泥岩 灰色凝灰质泥岩 灰黑色碳质泥岩	0～200		灰色石灰岩 灰色生物碎屑灰岩	0～150	0～30	PM614剖面、PM612剖面

下泥盆统泥鳅河组主要分布在二连—贺根山断裂带以北地区，暗色泥岩主要为一些灰色砂质泥岩、灰色凝灰质泥岩，暗色泥岩厚度在0~200m之间，其中局部地区发育20~50m的灰黑色碳质泥岩；上石炭统本巴图组暗色泥岩主要发育在本巴图组一段，岩性为灰黑色泥岩、碳质泥岩，断续、零星出露于满都拉—苏尼特右旗北—锡林浩特北一线和二连浩特北及西乌珠穆沁旗南等地区，锡林浩特地区暗色泥岩厚度可达880m，约占地层厚度的22%；上石炭统—二叠系船山统阿木山组暗色泥岩以深灰色碳质泥岩、粉砂质泥岩为主，厚度为0~130m，零星出露于满都拉南、苏尼特右旗及西乌珠穆沁旗南等地区，在盆地西部的赛汉塔拉凹陷有数口井钻遇，其中赛25井和赛14井分别钻遇阿木山组暗色泥岩厚度30m和15m不等；二叠系船山统寿山沟组主要为一些灰黑色、深灰色、灰色泥板岩、灰黑色粉砂质泥岩，分布在西乌珠穆沁旗塔宾庙西呆亚愣敖瑞地区（XTSS剖面）的暗色泥岩类总厚度最大可以达到1500m，约占地层厚度的58%；二叠系阳新统哲斯组主要为一些深灰色、灰色泥岩，分布在盆地的西南部和东北部地区，暗色泥岩类厚100~750m，约占地层厚度的20%；二叠系乐平统林西组在二连盆地主要分布在中部的阿巴嘎地区，岩性主要为一些灰色、黑色泥岩，暗色泥岩厚约270m，约占地层厚度的45%。

2. 有机质丰度

根据二连盆地锡林浩特、二连浩特、东乌珠穆沁旗、西乌珠穆沁旗、阿巴嘎旗、满都拉等地区42个野外剖面，以及赛汉塔拉凹陷赛14、赛25、赛51、赛92等4口井11个不同层位290余块泥岩样品统计：二连盆地上古生界二叠系泥质烃源岩有机质丰度较高，其中盆地东部西乌珠穆沁旗寿山沟组（PM639剖面、XGSS剖面、XTSS剖面）泥岩有机碳含量平均值为0.91%，变化范围在0.53%~1.09%之间；西乌西17km寿山沟剖面有机碳含量达到1.06%；盆地中北部阿巴嘎旗林西组（ABCL剖面）泥岩有机碳含量平均值为0.91%，分布范围在0.73%~1.09%之间；哲斯组有机碳含量平均值为0.74%，其他剖面（达茂满都拉哲斯组MZ剖面）泥岩有机碳含量均小于0.5%，属于非烃源岩；二连浩特石炭系本巴图组泥岩有机碳含量平均值为0.85%，变化范围在0.68%~1.17%之间，达到中等—好烃源岩标准；赛汉塔拉凹陷赛25井本巴图组泥岩和阿木山组泥岩、西乌珠穆沁旗苏通索勒古XSB剖面本巴图组有机碳含量分别为2.88%和0.9%，有机质丰度较高。其他如西乌珠穆沁旗、白云鄂博阿木山组DBA剖面泥岩有机碳含量平均值基本小于0.5%，属于差—非烃源岩。

二连盆地上古生界泥质烃源岩有机碳频率分布图（图6-16）显示：林西组、本巴图组、寿山沟组50%以上样品达到中等—好烃源岩的标准，阿木山组个别样品达2.0%以上，属于好烃源岩。

二连盆地上古生界泥质岩有机质丰度剖面（图6-17）显示：林西组、寿山沟组、本巴图组—阿木山组泥岩大部分有机碳含量达到1%左右，属于中等—好烃源岩，其他层段泥岩有机碳含量基本小于0.5%，属于非烃源岩。

二连盆地上古生界泥岩在东部寿山沟组、中南部林西组、西部本巴图组平面上，大部分有机碳含量达到1.0%左右，属于中等—好烃源岩；其次为盆地西部的阿木山组和北部哲斯组，泥岩有机碳含量在0.5%~1.0%之间，部分达到中等烃源岩标准。其他层段泥岩均为非烃源岩。

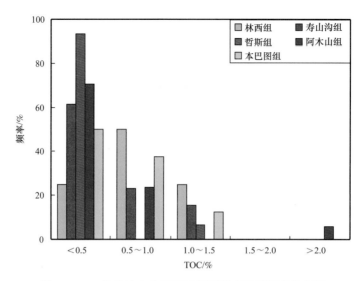

图 6-16 二连盆地古生界泥质烃源岩有机碳频率分布图

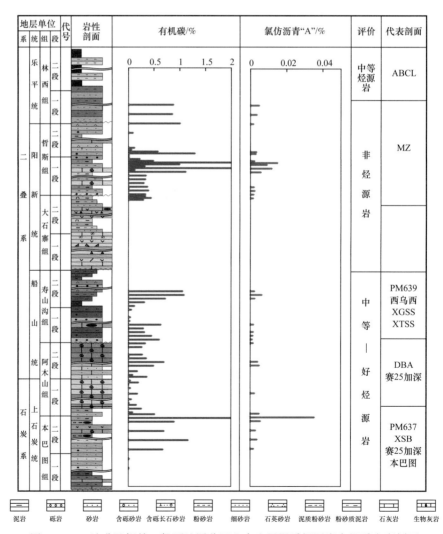

图 6-17 二连盆地锡林—磐石地层分区上古生界泥质烃源岩有机质丰度剖面

3. 有机质类型

现有数据显示，二连盆地上古生界烃源岩有机质类型以Ⅱ型为主，少量Ⅲ型。

烃源岩饱和烃色谱图谱基本为单峰对称型，少数不对称型，碳数分布范围在 C_{16}—C_{32} 之间，反映高等、低等植物混合输入特征；Pr/Ph 变化不大，一般都小于 1.0，变化范围在 $0.5\sim0.95$ 之间，平均值为 0.59，代表烃源岩发育于还原、趋于咸化的沉积环境；Ph/n-C_{18} 一般在 $0.5\sim1.5$ 之间，最高可以达到 3.62，显示沉积水体具有一定咸度，Pr/n-C_{17} 基本小于 1.0，烃源岩母质类型基本属于 Ⅱ$_1$—Ⅱ$_2$ 型（图 6-18）。

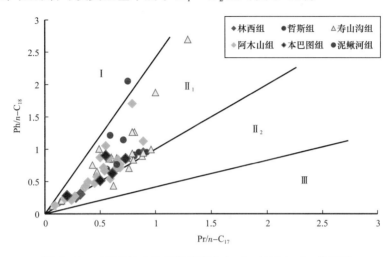

图 6-18　二连盆地古生界烃源岩 Pr/n-C_{17} 与 Ph/n-C_{18} 关系图

烃源岩 C_{27} 含量一般在 $15\%\sim35\%$ 之间，在烃源岩三种甾烷相对组成三角图中点群都落在 Ⅱ$_2$—Ⅲ 型区间（图 6-19），显示母源输入类似，以高等陆源植物为主；规则甾烷中 C_{27}、C_{28}、C_{29} 甾烷呈"√"形分布，分布形态为 $C_{29}>C_{27}>C_{28}$，显示母源输入以高等植物占主导地位，只有个别样品的 C_{27} 含量与 C_{29} 相当，显示母源输入有较多低等水生生物和藻类有机质（曾宪章等，1989）；样品中甾烷系列含有一定数量的孕甾烷，表明沉积水体有一定咸度。

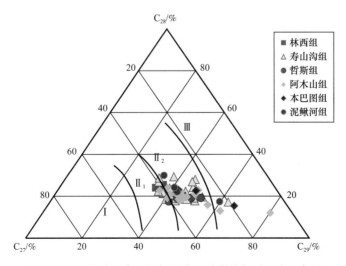

图 6-19　二连盆地古生界烃源岩三种甾烷相对组成三角图

烃源岩干酪根当中 C 含量较高，一般在 50%～70% 之间，样品 H/C 原子比全部在 0.85 甚至 0.5 以下，属于典型的Ⅲ型母质，可能与其热演化程度较高有关。

烃源岩干酪根显微组成当中腐泥组含量在 40%～65% 之间，颜色为棕黄色—棕色—黑色，镜质组 + 惰质组含量在 35%～60% 之间，类型指数一般小于 28.0，显示以高等植物输入为主的特征，有机质类型为典型的Ⅱ₂—Ⅲ型。

第三节　烃源岩热演化特征

在盆地演化过程中受大范围隆升影响，白垩系烃源岩成熟度普遍较低，成熟门限约为 1250m。阿尔善组烃源岩处于成熟阶段，个别埋藏较深的凹陷已经进入高成熟阶段；大部分凹陷腾格尔组一段已经成熟，进入生油阶段；少数凹陷埋藏较深的洼槽区腾格尔组二段处于低成熟阶段。

一、地温场分布

二连盆地各凹陷由于构造位置不同，受热历史差异大，地温梯度变化较大，不同深度的地温变化大，导致各凹陷成油门限值差异大。

1. 整体地温梯度偏低

二连盆地白垩系地温总体偏低。在图 6-20 中各生油凹陷大约在 1000m 深处，地温为 37～55℃，平均为 45℃；在 2000m 深处，地温为 78～88℃，平均为 83℃；在 3000m 深处，地温约为 115℃，该特点与松辽盆地地温分布大体相似。二连盆地地温在平面变化上还明显受基岩埋深制约，二连盆地平均地温梯度约为 3.89℃ /100m，在凹陷沉积（降）中心或下白垩统厚度大的地区，地温梯度普遍偏低，为 2.5～3.5℃ /100m；

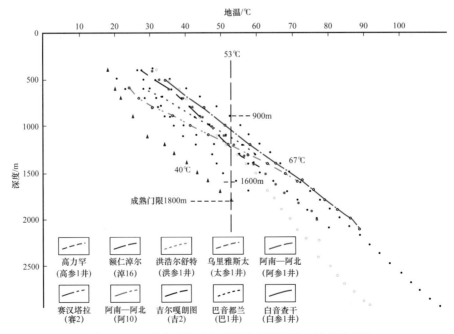

图 6-20　二连盆地主要生油凹陷实测地温—深度关系图

平均变化范围在 2.54～5.23℃/100m 之间；隆起区地温梯度高达 4.5～6℃/100m。凹陷内高地温梯度分布形态与湖盆内地质构造相吻合（焦贵浩等，2003）。由于凹陷中心与隆起区基岩埋深的差异，地温梯度相差 2.0～3.0℃/100m。

2.地温梯度在纵向上表现为低—高—低旋回

二连盆地下白垩统不同深度的地温分布具有明显的分带性，大约在埋深 1000m 处，平均地温梯度约为 3.0℃/100m；在深度 2000m 处，平均地温梯度约为 3.8℃/100m；在深度 3000m 处，地温梯度为 3.2℃/100m。在纵向上呈现出中部地温梯度高，而浅层和深层地温梯度相对较低的特点。腾格尔组（埋深为 500～1800m）为一高值聚温带，地温梯度最高可达 6.0℃/100m，平均为 4.0℃/100m；而其上覆赛汉塔拉组和下伏阿尔善组地温梯度则明显降低，分别为 2.5℃/100m 和 3.0℃/100m。该高值聚温带的存在，为中深部烃源岩向烃类转化提供了有利条件。

盆地模拟反演表明，二连盆地古今地温场的演化有其鲜明特点（表 6-9）。阿尔善组沉积时期，全区古地温梯度值最高，此后持续降温，燕山运动使二连盆地从一个稳定地块进入相对活动的历史新阶段，形成断陷或裂谷带，下白垩统边断边沉积，间有火山喷发，盆地处于相对高热的历史时期。到腾格尔组一段沉积期，强烈断陷继续，古地温场依然较高。腾格尔组二段沉积期，全区断陷、拉张作用明显减弱，部分凹陷进入坳陷阶段，地热活动随之衰退。赛汉塔拉组沉积期间，地壳上隆，古湖衰退，尤其早白垩世以后的持续抬升和强烈剥蚀，一再使古地温场降温，造成下白垩统的今地温反而比腾格尔组—赛汉塔拉组沉积时期的古地温低了 15～23℃，对烃源层的热演化带来极为不利的影响（刘震等，2006）。

表 6-9 二连盆地几个典型剖面地温演化史模拟结果表

地质时期	阿南—阿北凹陷 阿南洼槽 阿 18 井		阿南—阿北凹陷 阿尔善构造带 阿 412 井		巴音都兰凹陷 南洼槽 巴 9 井		洪浩尔舒特凹陷 中洼槽 洪参 1 井		
	热流/HFU	地温梯度/℃/100m	热流/HFU	地温梯度/℃/100m	热流/HFU	地温梯度/℃/100m	热流/HFU	地温梯度/℃/100m	地温/℃
现今	1.375	3.20	1.588	3.69	1.330	3.10	1.031	2.40	90
古近纪	1.509	3.51	1.742	4.05	1.459	3.39	1.132	2.63	105
赛汉塔拉组沉积期	1.695	3.94	1.957	4.55	1.639	3.81	1.271	2.95	110
腾格尔组二段沉积期	1.756	4.08	2.027	4.72	1.698	3.95	1.316	3.07	100
腾格尔组一段沉积期	1.788	4.16	2.065	4.80	1.730	4.02	1.341	3.12	80
阿尔善组沉积期	1.913	4.45	2.209	5.14	1.850	4.30	1.434	3.33	50

3.地温梯度在平面上随基岩埋深起伏

二连盆地地温梯度在平面上随基岩埋深起伏，自凹陷沉积中心向边缘（隆起、凸起）从 2.5～3.5℃/100m 增加到 4.5～6.0℃/100m。因而各凹陷烃源层的生油门限深度，也自沉积洼槽向边缘逐渐变浅。生油门限处实测温度（今地温）多为 52～55℃，在凹陷中心或生油洼槽区，生油门限深度多在 1500m 左右；隆起区或斜坡带生油门限深度在 900m 左右；介于二者之间的断裂构造带，生油门限深度在 1250m 左右。成油层位绝大多数位于腾格尔组一段—阿尔善组，由于不同凹陷沉积环境和沉积组构不同，凹陷的聚热效应有所不同，在不同凹陷的同一埋藏深度相差甚大，如高力罕凹陷（高参 1 井）比白音查干凹陷（白参 1 井）的地温低 27℃，成油门限前者（1800m）比后者（900m）要深 900m。因此地温梯度的高或低，决定了各凹陷油气生成带的深度（表 6-10）。

表 6-10 二连盆地下白垩统烃源层成熟门限对比表

凹陷	代表井	构造位置	门限深度/m	门限温度（现今）/℃	凹陷	代表井	构造位置	门限深度/m	门限温度（现今）/℃
阿南—阿北	哈 20	洼槽	1500	52.5	吉尔嘎朗图	吉 41	近洼槽	1350	
	哈 1	潜山	1250	52.8		吉 2	断裂构造带	1200	52.2
	阿 3	断裂构造带	1250	55.0		吉 24	斜坡带	530	
	莎 4	洼槽	1700	52.0	乌兰花	兰地 1	近洼槽	1800	
	连参 1	洼槽	1700	52.0		兰 4	斜坡带	1650	
	阿参 1	洼槽	1400	57.8		兰 31	斜坡带	1000	
巴音都兰	巴 9	洼槽	1500		洪浩尔舒特	洪参 1	近洼槽	1250	53.65
	巴 1	陡坡带	1100	53.2	阿其图乌拉	图参 1	洼槽	1600	60.0
阿尔	阿尔 1	近洼槽	1250		呼格吉勒图	呼参 1	洼槽	1600	56.2
	阿尔 2	陡坡带	1150		准棚	棚参 1	断裂构造带	1150	
	阿尔 8	洼槽	1500		格日勒敖都	格古 1	近洼槽	1600	
乌里雅斯太	太参 1	斜坡中带	1250	56.2	朝克乌拉	朝参 1	洼槽	1800	
	太 39	斜坡中带	1550		白音查干	白参 1	洼槽	900	53.0
	太 75	斜坡外带	1200	54	包尔果吉	包参 1	近洼槽	1400	55.4
额仁淖尔	淖参 1	洼槽	1450	54.3	高力罕	高参 1	近洼槽	1800	53.6
	淖 53	断裂构造带	1200	52.0	布图莫吉	布参 1	近洼槽	1600	61.4
赛汉塔拉	赛 1	斜坡带	1250		脑木更	木参 1	近洼槽	2100	
	赛 68	洼槽	1900			木 1	近洼槽	1600	56.8
布朗沙尔	沙参 1	洼槽	1400	52.0					

二、有机质热演化

二连盆地是一个后期抬升型残留裂谷盆地，下白垩统沉积时间约40Ma，而抬升时间长达亿年，对下白垩统烃源层有机质的热演化带来不利影响，导致多数凹陷下白垩统主力烃源岩成熟度较低。

1. 演化阶段划分

在二连盆地生油凹陷的主洼槽区，腾格尔组、阿尔善组沉积稳定、时间长，烃源岩厚度大，有机质经历了未成熟阶段→成熟—生油高峰阶段→高成熟—凝析油阶段三个热演化阶段（图6-21）。

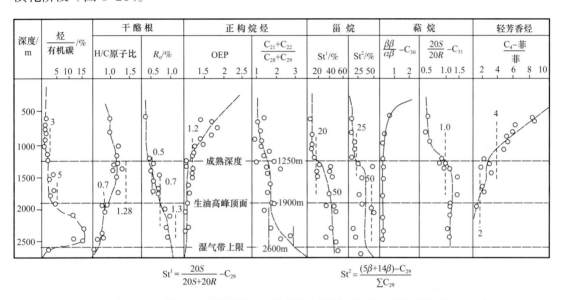

$$St^1 = \frac{20S}{20S+20R} - C_{29}$$

$$St^2 = \frac{(5\beta+14\beta)-C_{29}}{\sum C_{29}}$$

图6-21　阿南—阿北凹陷阿南洼槽下白垩统有机质热演化剖面图

1）未成熟阶段

未成熟阶段埋深小于1250m，镜质组反射率（R_o）小于0.5%。

该阶段泥岩抽提物中正构烷烃OEP大于1.2，22S/22R-C_{31}小于1.0，甾烷中20S/（20S+20R）-C_{29}小于20%。说明泥岩中有机质处于低温阶段，异构化作用较弱，干酪根主要发生脱羧、脱羟基反应（黄第藩等，2003），多生成CO_2和H_2O。烃类生成量少，烃/有机碳小于3%，烃类气体占气体组分的3%，CH_4含量占烃类气体的34.7%。

2）成熟—生油高峰阶段

成熟期生油阶段埋深为1250~2600m，镜质组反射率（R_o）为0.5%~1.3%。

该阶段随着地温增高，烃源岩抽提物中正构烷烃奇偶优势消失，OEP小于1.2，异构化作用增强，萜烷中$\beta\beta$-藿烷消失，22S/22R-C_{31}大于1.0~1.5，甾烷中20S/（20S+20R）-C_{29}大于20%~50%。干酪根热降解速度加快，H/C原子比逐渐减小，从1.28降至0.7，干酪根发生大量裂解、脱氢生成烃类，在1900m烃/有机碳由3%增加到5%，进入生油高峰。该阶段以液态烃产物为主，最大累计产烃量占总液态烃的75%，烃类气体中CH_4含量由34.7%增加到55.4%。

3）高成熟—凝析油阶段

高成熟凝析油湿气阶段埋深大于2600m，镜质组反射率（R_o）为1.3%～1.85%。

该阶段最明显的特征是液态烃含量急剧减少，烃/有机碳不大于3%。干酪根进一步裂解，氢含量很低，H/C原子比小于0.7，潜在生烃量只有0.2mg/g。由于温度高，使已形成的液态烃向气态烃转化，液态烃产率降至0.23%，气态烃产率则增高到23.5%，其中CH_4含量达93.2%，预示着开始进入干气阶段。

在长期稳定沉降凹陷的主洼槽（阿南—阿北凹陷阿南洼槽、阿尔凹陷中洼槽、巴音都兰凹陷南洼槽、乌里雅斯太凹陷南洼槽、赛汉塔拉凹陷赛东洼槽、洪浩尔舒特凹陷中洼槽、乌兰花凹陷南洼槽等），其共同特点是，腾格尔组和阿尔善组沉积稳定，时间快，两套烃源岩厚度达889～1321m（洼槽中心大于2000m），有机质以偏腐泥型的混合型母质为主，产烃能力很高。

在吉尔嘎朗图凹陷中部的宝饶洼槽，以吉41井、吉35井揭示的暗色泥岩厚度最大，下白垩统有机质热演化程度不高，在1300m进入成熟门限（图6-22），1500m处烃源岩已进入生油高峰，R_o最高不超过0.9%，该深度以下600m范围内，烃/有机碳、氯仿沥青"A"/有机碳、R_o、甾烷的$20S/20(S+R)-C_{29}$等成熟度指标随埋深增加，没有大的变化，在剖面上呈垂直分布，足见其后期抬升对深层烃源岩进一步热演化产生的重大影响。

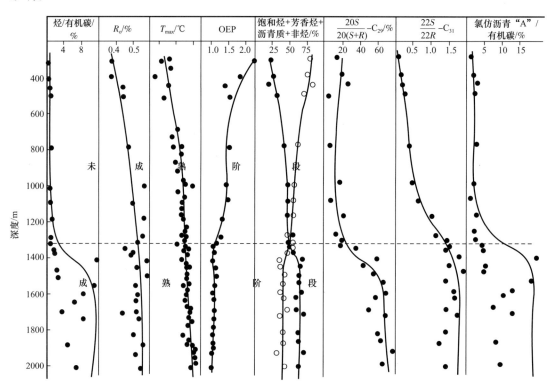

图6-22　吉尔嘎朗图凹陷下白垩统有机质热演化剖面图

在后期抬升较多的凹陷的次洼槽，由于长时期的区域抬升，使腾格尔组中上部未进入生油门限，而腾格尔组中、下部（绝大多数地区）烃源岩处于成熟阶段早期，而且已经进入生油高峰的阿尔善组烃源岩热演化处于近似停滞，这类剖面多发育在各凹陷的次洼槽区，如阿南—阿北凹陷蒙西洼槽、巴音都兰凹陷中南部次洼槽、额仁淖尔凹陷淖西洼槽、吉尔嘎朗图凹陷西南部、赛汉塔拉凹陷西部洼槽、准棚凹陷西部洼槽、呼格吉勒图凹陷、赛汉乌力吉凹陷等。其共同特点是：早白垩世早期处于凹陷（或盆地）的较高部位，下白垩统沉积厚度相对较薄，一般为1700～2000m，成熟生油岩在局部地区被抬升，使统一的古成熟面发生解体，造成同一凹陷的不同构造呈现不同的成熟门限（表6-11、表6-12）。

表6-11　额仁淖尔凹陷不同构造有机质成熟门限表

地区	井号	成熟深度 /m	层位	成熟烃源岩厚度 /m
淖西	淖97井	950	腾格尔组一段底	150～250
	淖29井	1000	腾格尔组一段底	
	淖4井	1200	阿尔善组顶	
	淖9井	1050	腾格尔组一段底	
	淖98井	250	腾格尔组一段底	
中央地堑	淖参1井	1450	腾格尔组一段底	150
	淖53井	1250	腾格尔组一段底	
淖东洼槽	淖16井	1750	腾格尔组一段底	650

表6-12　二连盆地主要凹陷成油带统计表

凹陷	代表井	成油门限			凝析油—湿气带		
		埋深 /m	有效厚度 /m	层位	埋深 /m	厚度 /m	层位
阿南—阿北	阿3、阿18	1250～2600	1219	K_1t_1—K_1a	2600～2940	102	K_1a
吉尔嘎朗图	吉41、吉35	550～2600	＞645	K_1t—J	—	—	—
巴音都兰	巴1、巴5	1100～2451	1110	K_1t_1—K_1a	—	—	—
赛汉塔拉	赛1、赛68	1500～2539	1068	K_1t_2—K_1a	2539	—	K_1a
阿尔	阿尔1、阿尔6	1000～2700		K_1t_1—K_1a			
乌兰花	兰地1	1000～2600	400	K_1t_1—K_1a			
额仁淖尔	淖参1、淖53	1450～2600	756	K_1t_1—K_1a	2600～3000	155	K_1a
白音查干	白参1	900～2600	1662	K_1t_2—K_1a	2600～3100	125	K_1a
乌里雅斯太	太参1	1250～2600	1500	K_1t_1—K_1a	—	—	—
洪浩尔舒特	洪参1、洪1	1250～2400	464	K_1t_1—K_1a	—	—	—

凹陷	代表井	成油门限			凝析油—湿气带		
		埋深 / m	有效厚度 / m	层位	埋深 / m	厚度 / m	层位
呼仁布其	仁参1	1100~2300	900	$K_1t_2—K_1a$	—	—	—
准棚	棚参1	1150~1822	241	$K_1t_1—K_1a$	—	—	—
朝克乌拉	朝参1	1800		$K_1a—J$	—	—	—
巴彦花	巴彦1	900~2500	180	$K_1t_1—K_1a$	—	—	—
脑木更	木1	1600~2200	155	K_1a	—	—	—
高力罕	高参1、高2	1200~2648	397	$K_1t_1—K_1a$	—	—	—
赛汉乌力吉	连参2	1700~2640	178	$K_1t_2—K_1a$	2600~3501	101	K_1a
包尔果吉	包参1	1400~2646	180	$K_1t_1—K_1a$	—	—	—
阿其图乌拉	图参1	1600~2600	240	$K_1a—J$	2600~3000	178	J
呼格吉勒图	呼参1	1600~2400		$K_1a—J$	—	—	—
布图莫吉	布参1	1600~3000	<100	K_1a	—	—	—
阿拉坦合力	坦1	100~1287	329	$K_1t_1—J$	—	—	—
布朗沙尔	沙参1	1200~1400	280	$K_1t_1—K_1a$	—	—	—
宝格达	宝1、宝2	1500~2000	150	$K_1t_1—J$	—	—	—
布日敦	包参2	1400			—	—	—
格日勒敖都	格古1	1600~2000	260	$K_1a—J$	—	—	—
塔南	塔参1	1500	600	$K_1t_1—K_1a$	—	—	—

例如额仁淖尔凹陷西部淖98井基底现埋深只有644.5m，在埋深250m时，干酪根镜质组反射率（R_o）大于0.70%，饱和烃中22S/22RC_{31}大于1.0，OEP小于1.2，20S/20（$S+R$）$-C_{29}$大于35%，$\beta\beta-C_{29}/\sum C_{29}$达到45%，烃/有机碳和氯仿沥青"A"/有机碳分别达到12.8%和17%，表现为生油高峰的特征。

2. 主要烃源岩多处于成熟阶段

二连盆地受后期抬升影响，有机质热演化程度整体偏低，所有生油凹陷大部分R_o小于1.0%，基本在0.7%~1.0%之间（图6-23），只有阿南—阿北、洪浩尔舒特、赛汉塔拉、额仁淖尔凹陷的少部分烃源岩镜质组反射率达到1.0%以上。其他凹陷阿尔善组和腾格尔组一段大部分烃源岩R_o为0.5%~1.0%，已经成熟进入生油阶段，少部分烃源岩R_o低于0.5%，处于未成熟阶段。

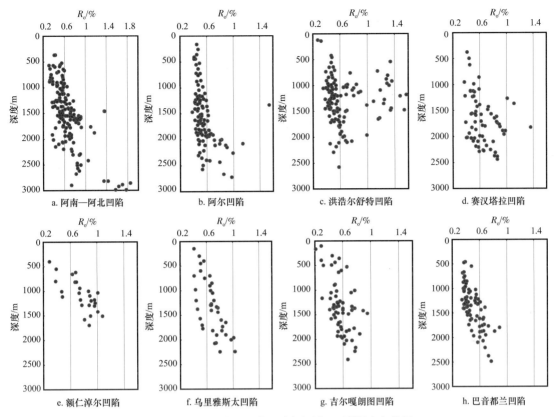

图 6-23　二连盆地重点凹陷烃源岩 R_o 随深度变化图

阿南—阿北、阿尔、乌里雅斯太、额仁淖尔、赛汉塔拉和洪浩尔舒特凹陷烃源岩热演化程度基本一致，R_o 范围为 0.4%～1.0%，最高可达 1.15%。吉尔嘎朗图、巴音都兰凹陷大部分有机质热演化程度较低，R_o 范围为 0.4%～0.8%，烃源岩尚未进入生油高峰，只在一些生油凹陷的主洼槽阿尔善组部分烃源岩 R_o 大于 1.0%，已进入生油高峰。对全区腾格尔组和阿尔善组两套成熟暗色泥岩对比统计，只有阿南—阿北、阿尔、赛汉塔拉、乌里雅斯太、白音查干、额仁淖尔、吉尔嘎朗图等少数凹陷主沉积洼槽中，泥岩 R_o 大于 0.8%，局部地区 R_o 接近 1.0%（图 6-24 至图 6-27），烃源岩各项成熟度指标显示出进入生油高峰的特征，其余绝大多数凹陷或沉积洼槽泥岩尚处于低成熟阶段，这固然与钻探程度低、凹陷中心探井少有关，但从下白垩统中深层地震反射界面分析，能达到高成熟烃源岩埋深的范围非常有限，占生油面积的 1/10～1/6（费宝生等，2001）。

3. 烃源岩成烃模式

同等热演化条件下，烃源岩成烃受其母质的影响，不同类型烃源岩有机质的产烃率不同，致使烃源岩成熟深度不一。由表 6-13、图 6-28 和图 6-29 可以看出：二连盆地不同类型烃源岩进入生油窗和脱离生油窗的深度也不一，纵向上成油带的厚度相差较大。

根据二连盆地不同凹陷不同类型烃源岩的自然演化剖面和不同类型干酪根产烃率曲线建立了二连盆地不同类型烃源岩的生烃模式（图 6-30）。

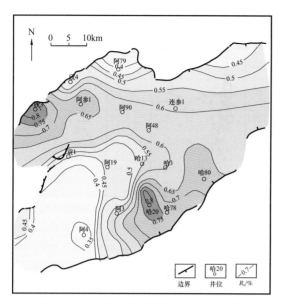

图 6-24　阿南—阿北凹陷腾格尔组一段
R_o 等值线图

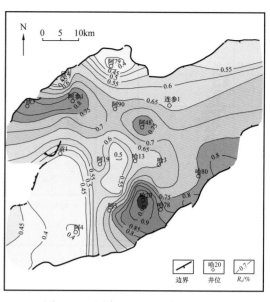

图 6-25　阿南—阿北凹陷阿尔善组
R_o 等值线图

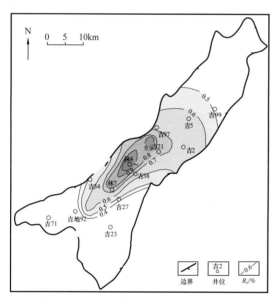

图 6-26　吉尔嘎朗图凹陷腾格尔组一段
R_o 等值线图

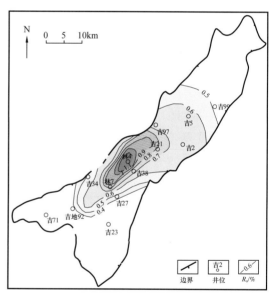

图 6-27　吉尔嘎朗图凹陷阿尔善组
R_o 等值线图

表 6-13　二连盆地不同类型干酪根成油带比较表

干酪根类型	成油门限		凝析油—湿气门限		成油带厚度 / m
	R_o/%	深度 /m	R_o/%	深度 /m	
II_1	0.50	1000～1200	1.3	2600	±1600
II_2	0.55	1500	1.0	2400	±900
III	0.70	1800	0.9	2300	±500

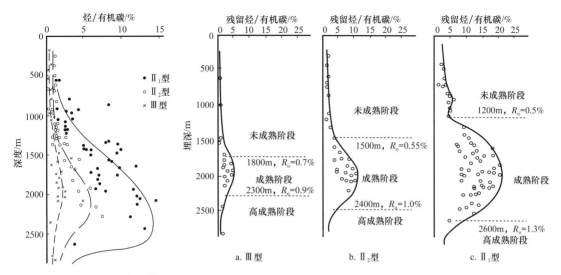

图 6-28　二连盆地下白垩统不
同类型干酪根产烃率曲线

图 6-29　二连盆地不同类型烃源岩残留烃/有机碳实测演化剖面

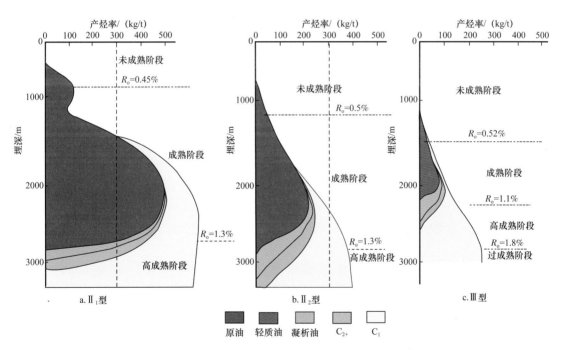

图 6-30　二连盆地不同类型烃源岩成烃模式

　　二连盆地下白垩统烃源层古成熟门限温度是 65℃，现今门限温度约为 53℃，由于有机质类型和地温场的差异，成熟门限现今深度变化于 900～1800m 之间（表 6-10），主要生油门限深度为 1250m，成熟层位一般为腾格尔组二段下部至腾格尔组一段中部，阿尔善组烃源岩大多数已进入成熟阶段，其中阿南—阿北、赛汉塔拉、乌里雅斯太、额仁淖尔等少数凹陷的阿尔善组主注槽烃源岩 R_o 大于 0.8%，显示生油高峰的特征，其余多数凹陷处于低成熟阶段。II_1 型干酪根成熟早，成油门限在 900～1200m 之间，烃转化率（烃/有机碳）最高达 14%，成油带厚度达 1600m 左右。II_2 型干酪根成熟较晚，生油门限在 1200～1500m 之间，烃转化率最高约 7%，成油带厚度约 900m。Ⅲ型干酪根生油门限在 1500～1800m 之间，生烃能力很差，烃转化率一般不超过 3%，成油带厚度仅500m 左右。

第四节　原油特征与油源对比

环洼、近洼分布是二连盆地原油分布的一大特点，盆地内各凹陷油气生成、运移、聚集以洼槽为单元，自成独立的生、储、运、聚体系（杜金虎等，2003）。原油分布与主力烃源岩的分布一致，油藏以自生自储式为主，油源断层和不整合面尤其是处于成熟生油岩之中的腾格尔组/阿尔善组不整合面，是油气运移的主要通道（赵贤正等，2009）。自生油洼槽中心向边缘，原油密度增大、黏度增高、胶质与沥青质增多、含蜡量减少、凝固点降低、物性变差，在平面上构成内稀外稠、下稀上稠的分布格局。

一、原油特征

二连盆地各凹陷原油集中分布于腾格尔组下部和阿尔善组上部，物理、化学性质基本一致，显示它们来自相似的油源层。

1. 原油物理性质

二连盆地原油密度相对较大，根据 12 个凹陷 416 口油井的原油统计，原油密度与黏度（对数）呈线性关系（图 6-31），随着原油密度的增大，原油黏度呈对数增加。原油密度一般大于 $0.83g/cm^3$，平均值为 $0.8739g/cm^3$；最小为吉尔嘎朗图凹陷吉38 井 979～1023.8m 腾格尔组一段原油，为 $0.7217g/cm^3$，最大为额仁淖尔凹陷淖64 井 765～791.8m 阿尔善组原油，为 $0.9782g/cm^3$；乌里雅斯太凹陷原油密度相对较小，一般小于 $0.85g/cm^3$，额仁淖尔原油密度相对较大，一般大于 $0.87g/cm^3$。二连盆地原油黏度一般大于 10mPa·s，小于 1000 mPa·s，乌里雅斯太、赛汉塔拉凹陷原油黏度相对较低，一般为 10～100mPa·s，吉尔嘎朗图、额仁淖尔凹陷原油黏度相对较高，一般大于400mPa·s。

二连盆地原油具有高蜡、低硫陆相原油的特点，含硫量一般为 0.05%～0.6%（图 6-32），平均值为 0.14%，最高为 0.69%（兰 12X 井 2344.5m 阿尔善组）；含蜡量一般为 10%～22.5%，平均值为 16.5%，最高为 31.27%（吉 43 井 797.4～804.4m 赛汉塔拉组）。

2. 原油地球化学特征

二连盆地原油地球化学指标显示，以高等植物输入占主导，个别凹陷沉积水体较咸，甾烷、萜烷的异构化程度较低，为典型的湖相、低等浮游生物与高等植物共同输入为主的原油。

1）同位素特征

二连盆地（阿南—阿北、赛汉塔拉、阿尔凹陷）油砂与原油的碳同位素较轻，饱和烃、原油、芳香烃、非烃、沥青质的碳同位素值分别为 -33.9‰、-32.3‰、-30.9‰、-31.1‰和 -30.0‰；只有阿南—阿北凹陷的阿 56 井 1516.7～1523.7m（阿尔善组）油砂碳同位素较重，饱和烃、原油、芳香烃、非烃、沥青质的碳同位素值分别为 -27.4‰、-27.0‰、

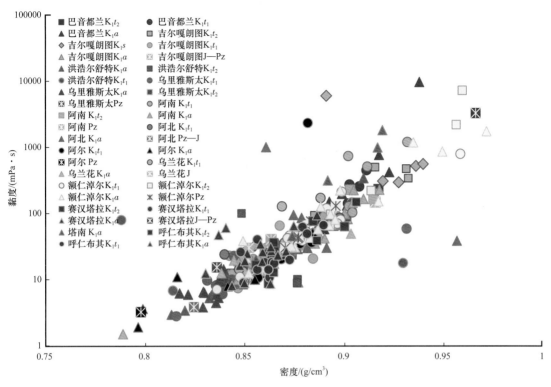

图 6-31　二连盆地原油密度与黏度关系图

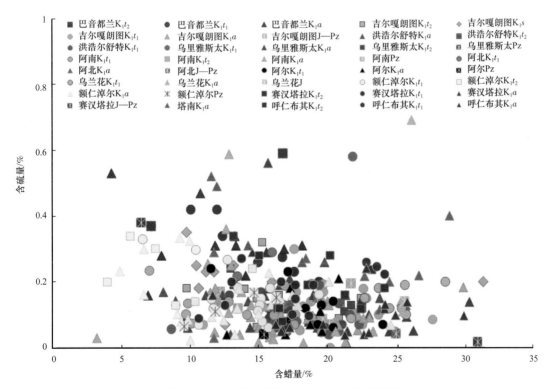

图 6-32　二连盆地原油含蜡量与含硫量关系图

−26.5‰、−26.0‰和 −21.1‰；比其他原油的碳同位素值重 4‰左右，是盆地内最重的，显示阿 56 井原油与其他凹陷原油存在差别（图 6-33），与其他原油并非同源，而是来自较老地层。

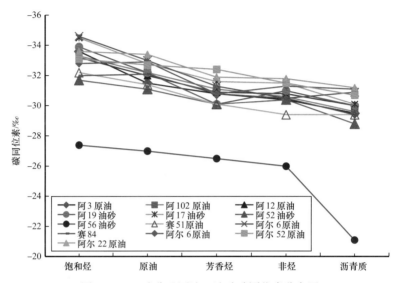

图 6-33　二连盆地原油、油砂碳同位素分布图

2）生物标志化合物特征

二连盆地原油以高等植物输入较多，三种规则甾烷当中 5α-C_{29} 含量最高，一般在 50% 以上，5α-C_{27}、5α-C_{28} 含量普遍降低，平均含量只有 25.58% 和 17.9%；萜烷当中 γ-蜡烷 /C_{31} 藿烷大多数大于 1.0，平均值为 0.96；原油成熟度较低，甾烷的 20S/20（S+R）-C_{29} 一般小于 40%，平均值为 35.25%，$\beta\beta$-C_{29}/$\sum C_{29}$ 一般小于 40%，平均值为 36.6%，Pr 含量一般低于 Ph 含量，Pr/Ph 平均为 0.82，Pr/n-C_{17} 平均为 0.66，Ph/n-C_{18} 平均为 0.96。

从二连盆地原油 Ph/n-C_{18}—$\beta\beta$-C_{29}/$\sum C_{29}$—γ-蜡烷 /C_{31} 藿烷三角图（图 6-34）中可以看出：二连盆地原油明显可以分为三类。

第一类原油为咸水环境形成的高 γ-蜡烷原油。主要分布于阿南—阿北、吉尔嘎朗图、洪浩尔舒特、巴音都兰等凹陷，γ-蜡烷 /C_{31} 藿烷一般大于 1.0，$\beta\beta$-C_{29}/$\sum C_{29}$ 为 35%~45%，Ph/n-C_{18} 在 0.3~0.6 之间，与腾格尔组一段优质烃源岩有关。

第二类原油为咸水环境形成的高植烷原油（黄第藩等，2003）。主要分布在巴音都兰凹陷、额仁淖尔凹陷、吉尔嘎朗图凹陷东洼槽等地区，Ph/n-C_{18} 在 0.65~2.5 之间，成熟度较低，$\beta\beta$-C_{29}/$\sum C_{29}$ 基本小于 35%，γ-蜡烷含量变化较大，γ-蜡烷 /C_{31} 藿烷在 0.6~3.0 之间，与腾格尔组一段下亚段—阿尔善组四段优质烃源岩有关。

第三类原油为淡水环境形成的高成熟原油。主要分布在乌里雅斯太凹陷、赛汉塔拉凹陷、阿尔凹陷、洪浩尔舒特凹陷中洼槽、阿南—阿北凹陷和乌兰花凹陷，$\beta\beta$-C_{29}/$\sum C_{29}$ 基本大于 45%，γ-蜡烷含量少，γ-蜡烷 /C_{31} 藿烷基本小于 0.45，Ph/n-C_{18} 在 0.40 以下，与阿尔善组淡水湖相烃源岩有关。

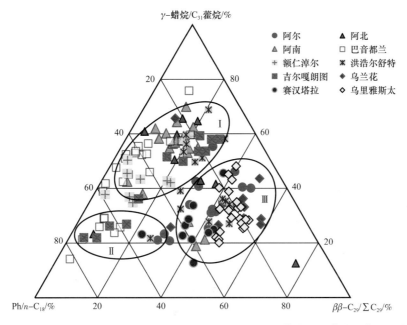

图 6-34 二连盆地原油 Ph/n-C$_{18}$—$\beta\beta$-C$_{29}$/$\sum$C$_{29}$—γ- 蜡烷 /C$_{31}$藿烷三角图

二、重点凹陷油源对比

二连盆地内原油以混源为主，其中阿南—阿北、阿尔、赛汉塔拉、乌兰花、洪浩尔舒特、乌里雅斯太等凹陷成熟度较高的原油，以常规油和少量轻质油为主，原油主要来自阿尔善组和成熟度较高的腾格尔组一段烃源岩；吉尔嘎朗图、洪浩尔舒特、阿南—阿北和呼仁布其凹陷的高 γ- 蜡烷原油，主要来源于低成熟的腾格尔组一段优质烃源岩；额仁淖尔、乌兰花、巴音都兰凹陷的原油主要属于自生自储，主要来自低—中等成熟度的阿尔善组优质烃源岩。

1. 阿南—阿北凹陷油源对比

1）原油分类

据类异戊二烯烷烃、三环萜类、4- 甲基甾烷、γ- 蜡烷等生物标志化合物特征，大致可将原油划分为三类。第一类原油主要特征为：Pr/Ph 小于 0.8，Pr/n-C$_{17}$ 在 0.40～0.65 之间；Ph/n-C$_{18}$ 在 0.40～0.80 之间，γ- 蜡烷 /C$_{31}$藿烷在 1.1～1.6 之间，原油基本不含三环萜类，含有少量的 4- 甲基甾烷，原油主要分布在蒙古林油田、小阿北油田、阿密 2 井腾格尔组一段和阿尔善组四段顶之间的不整合面附近。第二类原油主要特征为：Pr/Ph 在 0.8～0.95 之间，Pr/n-C$_{17}$ 在 0.40～0.85 之间，γ- 蜡烷 /C$_{31}$藿烷 在 1.25～1.65 之间，含一定量的三环萜类，原油主要分布在腾格尔组一段下亚段、阿尔善组四段和阿密 1 井地区，显示出阿南洼槽油气自生自储和就近运移的特征。第三类原油特征为：Pr/Ph 大于 1.0，Pr/n-C$_{17}$ 大于 0.5，γ- 蜡烷 /C$_{31}$藿烷在 1.29～1.9 之间，含一定量三环萜类和一定量的 4- 甲基甾烷，主要分布在阿南、哈达图和吉和油田的阿尔善组四段。

2）油源对比

阿南—阿北凹陷各油田原油主要来自阿尔善组和成熟的腾格尔组一段生油岩，不整合面和阿尔善大断裂附近油藏原油性质相近，不整合面和大断裂是原油运移成藏的主要通道（杜金虎等，2003）。

蒙古林油田的大部分、哈达图油田和阿密 1 井原油与阿南洼槽腾格尔组一段下亚段正常湖相泥质烃源岩 Pr/Ph 在 0.8～0.95 之间，Pr/n-C$_{17}$ 在 0.40～0.85 之间；Ph/n-C$_{18}$ 在 0.4～0.88 之间，γ- 蜡烷 /C$_{31}$ 藿烷在 1.44～1.65 之间；原油和烃源岩的 20S/20（S+R）、$\beta\beta$-C$_{29}$/$\sum$C$_{29}$ 在 28%～47% 之间，原油和泥质烃源岩都存在少量三环萜类。原油主要来自腾格尔组一段下亚段正常烃源岩或阿尔善组烃源岩（图 6-35）。

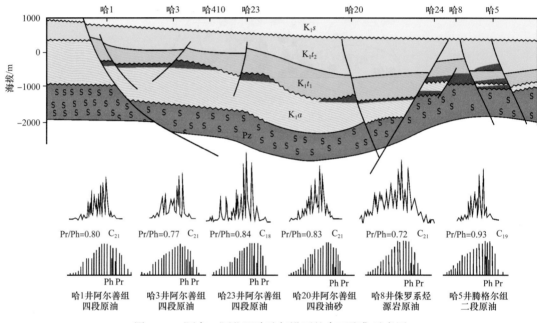

图 6-35 阿南—阿北凹陷油气沿不整合面聚集示意图

蒙古林油田的一部分、小阿北油田、阿密 2 井原油与阿南洼槽腾格尔组一段特殊岩性段烃源岩具有相似的特征，5α-C$_{27}$、5α-C$_{28}$、5α-C$_{29}$ 规则甾烷呈 "V" 字形分布，表现出浮游生物和高等植物共同母源输入的特征；5α-C$_{27}$/5α-C$_{29}$、5α-C$_{28}$/5α-C$_{29}$ 比值一般前者大于后者，Pr/Ph 小于 0.8，Pr/n-C$_{17}$ 在 0.40～0.65 之间，Ph/n-C$_{18}$ 在 0.40～0.80 之间，γ- 蜡烷 /C$_{31}$ 藿烷在 1.1～1.6 之间，原油和腾格尔组一段特殊岩性段烃源岩的 20S/20（S+R）、$\beta\beta$-C$_{29}$/$\sum$C$_{29}$ 均在 46%～50% 之间，原油和烃源岩几乎不含重排甾烷，γ- 蜡烷 /C$_{31}$ 藿烷比值较小，4- 甲基甾烷普遍偏低，原油和烃源岩均不含三环萜类，油、岩生物标志化合物特征基本相同，其他各项油源对比参数也非常接近（表 6-14），显示这些原油主要来自阿南洼槽腾格尔组一段特殊岩性段烃源岩。

哈达图、吉和油田原油和阿尔善组烃源岩正构烷烃分布相似，无明显奇偶优势，成熟度较高。4- 甲基甾烷含量明显高于上述两类原油，Pr/Ph 大于 1，Pr/n-C$_{17}$ 大于 0.5；γ- 蜡烷 /C$_{31}$ 藿烷在 1.29～1.95 之间，混源特征明显高于前两类原油，这些原油来源于阿南、哈东洼槽的阿尔善组烃源岩。

阿北洼槽的阿 56 井阿尔善组油砂与阿北—阿南凹陷其他原油有明显区别，阿 56 井油砂各组分碳同位素较重，一般比其他原油各组分的碳同位素值重 4‰左右（图 6-33），

表6-14 阿南—阿北凹陷原油与烃源岩对比表

地区	井号	井深/m	层位	样品类型	Pr/Ph	$\dfrac{Pr}{n-C_{17}}$	$\dfrac{Ph}{n-C_{18}}$	$\dfrac{5\alpha-C_{27}}{5\alpha-C_{29}}$	$\dfrac{5\alpha-C_{28}}{5\alpha-C_{29}}$	$\dfrac{20S/20(S+R)-C_{29}}{\%}$	$\dfrac{\beta\beta-C_{29}/\sum\sum C_{29}}{\%}$	$\dfrac{\gamma-蜡烷}{C_{31}藿烷}$	对比关系
哈达图	哈11	2060.27~2101.7	K_1a_4	原油	1.26	0.51	0.41	0.55	0.50	47.22	50.51		原油主要来自阿腾格尔苏木组及腾格尔组一段成熟度较高经源岩
哈达图	哈34	1683.07	K_1a_4	油砂	1.03	0.71	0.72	0.30	0.30	35.76	34.46	1.29	
哈达图	哈69	1436.6~1443.4	K_1a_4	原油	1.11	1.15	0.97	0.39	0.29	37.45	31.71	1.79	
阿南洼槽	阿18	2420~2440	K_1a	深灰色泥岩	1.18	0.39	0.33	0.73	0.77	39.47	37.59	1.90	
阿南洼槽	阿3	2049.1	K_1a	深灰色泥岩	0.93	0.52	0.55	0.30	0.45	45.85	61.23	1.10	
阿南洼槽	阿41	1910	k_1f_1	泥岩	1	0.5	0.55	0.45	0.38	42	63		
哈南洼槽	阿23	1992.4	$K_1f_1^{下}$	深灰色泥岩	0.69	0.39	0.55	0.33	0.28	40	45		
哈达图	哈34	1596.58	K_1a_4	油砂	0.93	0.63	0.63	0.54	0.37	38.33	45.06	1.60	原油主要来自阿腾格尔苏木组一段下亚段正常泥岩段，少量混入阿尔善组原油
蒙古林	阿12	767.2	K_1a_3	原油	0.87	0.49	0.58	0.52	0.56	43.00	19.00	0.47	
蒙古林	阿12	744.6~791.6	$K_1f_1^{上}$	原油	0.85	0.43	0.54	0.35	0.35	41.00	47.00	1.14	
阿南	阿密1H	2085~2175	$K_1f_1^{下}$	原油	0.93	0.71	0.75	0.50	0.35	47.64	47.02	1.44	
阿南洼槽	阿35	1595.7	$K_1f_1^{下}$	灰色泥岩	1.02	0.54	0.51	0.61	0.27	40.49	37.27	1.65	
阿南洼槽	阿35	1622.2	$K_1f_1^{下}$	灰色泥岩	0.75	0.42	0.66	0.35	0.26	28.02	33.71	1.25	
小阿北	阿7	865.2	K_1a	油砂	0.77	0.52	0.55	0.29	0.33	45.00	42.00	1.40	
小阿北	阿6	620.4	$K_1f_1^{上}$	油砂	0.78	0.43	0.53	0.43	0.50	49.00	39.00	1.10	
蒙古林	阿22	806.21	K_1a_3	油砂	0.79	0.55	0.65	0.30	0.36	46.00	37.00	1.83	原油主要来自阿腾格尔苏木组一段下亚段特殊岩性段
蒙古林	阿19	1016.3	$K_1f_1^{下}$	油砂	0.74	0.41	0.47	0.48	0.34	38.00	39.00	1.92	
阿南	阿密2	1602.93	$K_1f_1^{下}$	油砂	0.75	0.45	0.61	0.48	0.43	45.84	37.49	1.34	
阿南洼槽	阿密2	1553.67	$K_1f_1^{下}$	白云质泥岩	0.73	0.51	0.74	0.34	0.28	46.37	46.11	1.45	
阿南洼槽	阿密2	1557.02	$K_1f_1^{下}$	白云质泥岩	0.75	0.43	0.59	0.44	0.37	49.25	47.38	1.59	

Pr/Ph（2.99）高、成熟度高，5α-C_{27}和γ-蜡烷含量低（0.08），含有明显的三环萜类与其他原油相区别。阿56井的油砂与二连盆地其他地区侏罗系（图参1井）油砂具有许多相似的特征，如Pr/Ph高、5α-C_{27}和5α-C_{28}含量低、γ-蜡烷含量相近、成熟度较高、均不含4-甲基甾烷和含有明显的三环萜类与其他原油相区别，表明阿56井油砂母岩的沉积环境与侏罗系油砂母源沉积环境相似，原油可能来自侏罗系烃源岩。

2. 阿尔凹陷油源对比

1）原油分类

根据原油的物性、地球化学特征将阿尔凹陷分为三类，即北部和南部成熟度相对较低的原油、中部混合原油和阿尔6区块成熟度较高的原油。

（1）第一类原油主要分布于哈达构造和罕乌拉地区（图6-36）。其密度一般大于0.88g/cm³；黏度大于35mPa·s，含硫量在0.18%~0.23%之间，胶质+沥青质大于30%，饱和烃中植烷含量相对较高，Pr/Ph小于0.73，Ph/n-C_{18}大于0.59，Pr/n-C_{17}一般大于0.45，反映母岩原始沉积环境为还原微咸化湖相沉积环境。其中阿尔52井腾格尔组一段（1426.2~1429.8m）原油经历了明显的生物降解作用，正构烷烃明显减少或消失，可能与油藏的后期改造作用强烈有关。原油的成熟度相对较低，$20S/20(S+R)$-C_{29}一般为36%~44%，$\beta\beta$-$C_{29}/\sum C_{29}$一般为36%~43%。

（2）第二类原油主要分布在阿尔凹陷中部沙麦地区，是凹陷原油地质储量的主体。原油性质具有混源特征，密度为0.815~0.878 g/cm³，含硫量为0.07%~0.14%；Pr/Ph为0.76~0.95，Ph/n-C_{18}为0.31~0.45；热演化程度介于第一类和第三类原油之间，原油中含有少量三环萜类，显示混源特征。

（3）第三类原油主要分布于阿尔6区块和沙麦地区深部阿尔善组油层。植烷含量低，Pr/Ph大于1.0，Ph/n-C_{18}和Pr/n-C_{17}一般小于0.2，反映母岩原始沉积环境为还原—弱还原微咸化或淡化湖泊环境。原油的成熟度较高，$20S/20(S+R)$-C_{29}一般大于40%，$\beta\beta$-$C_{29}/\sum C_{29}$一般大于48%。原油当中含有一定数量的三环萜类。

2）油源对比

阿尔凹陷内各类型原油分布有一定的规律性，同一区域原油基本同源。

沙麦地区原油来自邻近的腾格尔组一段和阿尔善组烃源岩。原油与邻近的腾格尔组一段和阿尔善组烃源岩具有可比性，原油Pr/Ph为0.76~0.95，烃源岩为0.96~2.03；原油Ph/n-C_{18}为0.31~0.45，烃源岩为0.17~0.41；原油Pr/n-C_{17}为0.25~0.35，烃源岩为0.28~0.35；原油和烃源岩都含有少量三环萜类，成熟度指标相近，显示了很好的可比性。腾格尔组一段烃源岩生成的原油经过断层和不整合面进入腾格尔组一段油藏，其中可能混入少量阿尔善组烃源岩所生成的原油（阿尔3-1腾格尔组一段油藏），深部阿尔善组油藏的原油通过断层或不整合面以及输导层由腾格尔组一段和阿尔善组烃源岩共同供油。

阿尔6区块原油主要来自阿尔善组烃源岩：阿尔6区块（包括阿尔3-1井）原油主要产自阿尔善组和古生界油藏中，具有明显的高成熟、运移距离远的特点，与阿尔善组烃源岩有很好的可比性。原油与阿尔善组烃源岩饱和烃中植烷含量低，Pr/Ph都大于1.0，

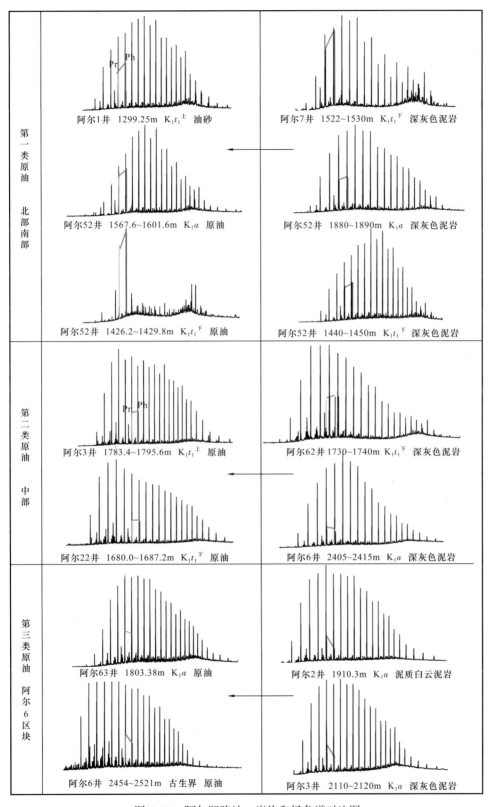

图 6-36　阿尔凹陷油—岩饱和烃色谱对比图

Ph/n-C$_{18}$ 和 Pr/n-C$_{17}$ 一般分别小于 0.20 和小于 0.25；原油和烃源岩当中含有一定数量的三环萜类，原油的成熟度高于烃源岩的成熟度，原油 20S/20（$S+R$）-C$_{29}$ 一般大于 40%，烃源岩为 34%～48%，原油的 $\beta\beta$-C$_{29}$/$\sum$C$_{29}$ 一般大于 48%，烃源岩为 47%～52%，原油经历了一定距离的运移，阿尔善组烃源岩生出的油经由不整合面、断层、输导层进入潜山或阿尔善组油气藏（赵贤正等，2010）。

哈达和罕乌拉原油主要来自邻近的腾格尔组一段烃源岩。原油和腾格尔组一段烃源岩中植烷含量相对较高，原油 Pr/Ph 小于 0.73，腾格尔组一段烃源岩为 0.83～0.66；原油 Ph/n-C$_{18}$ 大于 0.59，腾格尔组一段烃源岩为 0.31～0.99；原油 Pr/n-C$_{17}$ 一般大于 0.45，烃源岩为 0.26～0.80；原油和烃源岩中基本都不含三环萜类，二者成熟度相对较低，$\beta\beta$-C$_{29}$/$\sum$C$_{29}$ 一般为 25%～51%，显示了较低的成熟度和原油运移距离较近。

3. 吉尔嘎朗图凹陷油源对比

1）原油分类

吉尔嘎朗图凹陷发现的原油，其物理性质（密度、黏度）有一定差异，但地球化学性质相近，属于同一原油类型（表 6-15）。原油的 Pr/Ph 为 0.24～0.73，Ph/n-C$_{18}$ 为 1.05～2.61，γ-蜡烷/C$_{31}$ 藿烷在 0.78～0.85 之间，5α-C$_{27}$/5α-C$_{29}$ 和 5α-C$_{28}$/5α-C$_{29}$ 分别在 0.36～0.44 之间和 0.24～0.31 之间，原油具有相同的物质来源；20S/20（$S+R$）-C$_{29}$ 在 24.37%～31.48% 之间，原油的成熟度接近，只是 $\beta\beta$-C$_{29}$/$\sum$C$_{29}$ 略有差异，吉 5 井阿尔善组原油 $\beta\beta$-C$_{29}$/$\sum$C$_{29}$ 最低只有 16.78%，显示未成熟的特征（黄第藩等，2003），其他原油在 28.95%～36.02% 之间，成熟度较低。

表 6-15　吉尔嘎朗图凹陷原油物理性质表

井号	井深/m	层位	密度/g/cm^3	黏度/mPa·s（50℃）	含硫量/%	含蜡量/%	胶质+沥青质/%	凝固点/℃	初馏点/℃	原油类型
吉 38 井	979.0～980.2	K$_1$$t_2$	0.7134	46.35	0.010	3.77	4.74	−30.0	60	凝析油
吉 1 井	1242.6～1317	Pz	0.8633	40.2	0.195	21.6	10.6	35	175	常规油
吉 35 井	1526.8～1573.2	K$_1$$t_1$	0.8544	20.45	0.125	18.13	13.15	29	95	常规油
吉 43 井	968	K$_1$$t_2$	0.892	95.81	0.276	19.63	29.5	38	128	常规油
	797.4～804.4	K$_1$$s$	0.8586	27.4	0.180	24	19.24	40	116	常规油
吉 4 井	329～362.6	K$_1$$t_2$	0.9173	124.8	0.146	11.5	31.67	−11		中质油
吉 5 井	1075.8～1081.0	K$_1$$t_1$	0.9420	1058.52	0.293	13.25	46.7	28	125	普通稠油
吉 15 井	314.2～341.7	K$_1$$t_2$	0.9745	5600					160	中等稠油
吉 11 井	132.2～142.2	K$_1$$a^\perp$	1.0017	35690	0.14	6.21	46.51	52.0	186	特稠油

2）油源对比

吉尔嘎朗图凹陷宝饶洼槽吉38、吉43等井原油、油砂与该洼槽腾格尔组一段烃源岩各项地球化学指标接近，有较好可比性。原油与腾格尔组一段烃源岩具有较高的植烷含量，$Ph/n-C_{18}$分别为1.05～3.91和0.91～2.15，Pr/Ph分别为0.24～0.73和0.46～0.95，显示烃源岩的沉积水体较咸，原油主要与腾格尔组一段烃源岩有亲缘关系（图6-37）。原油与腾格尔组一段烃源岩的$5\alpha-C_{27}/5\alpha-C_{29}$分别为0.36～0.44和0.36～0.48，$5\alpha-C_{28}/5\alpha-C_{29}$分别为0.29～0.31和0.21～0.35（图6-38），表明原油与腾格尔组一段烃源岩具有相似的母源输入，原油来自腾格尔组一段烃源岩。吉5井成熟度较低的原油来自成熟度较低的腾格尔组一段优质烃源岩。

吉尔嘎朗图凹陷吉东洼槽林21井1395.5m腾格尔组一段油砂与其他原油、油砂有区别，油砂的饱和烃+芳香烃含量达到71.88%，是该地区最高的，比其他原油高出20%以上，林21井油砂Pr/Ph和$Ph/n-C_{18}$分别为1.01和0.35，其他原油、油砂分别为0.24～0.73和1.05～2.69，表明林21井油砂沉积环境属于弱氧化—弱还原环境，其他对比指标与其他原油、油砂区别不大，油源对比显示林21井油砂与该区阿尔善组烃源岩可比性较好，阿尔善组烃源岩的Pr/Ph为0.81～1.07，$Ph/n-C_{18}$为0.35～0.48，与油砂相当，表明原油主要来自阿尔善组烃源岩。

因此，吉尔嘎朗图凹陷宝饶洼槽的原油主要来自该洼槽的腾格尔组一段烃源岩；吉东洼槽的原油主要由洼槽区烃源岩提供，而且该洼槽阿尔善组可能还存在成熟度较高的烃源岩和原油。

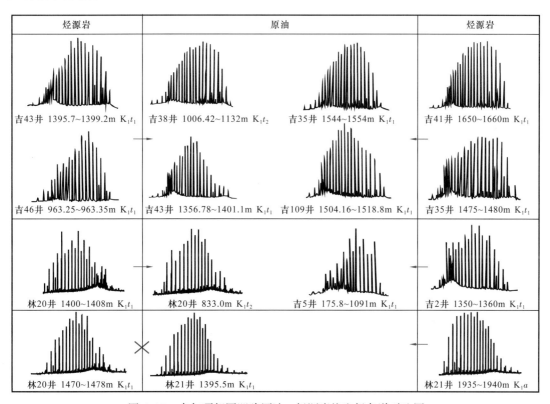

图6-37　吉尔嘎朗图凹陷原油—烃源岩饱和烃色谱对比图

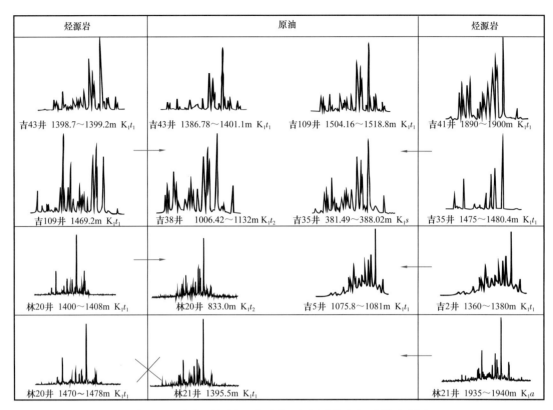

图 6-38 吉尔嘎朗图凹陷原油—烃源岩饱和烃质谱对比图

4. 乌兰花凹陷油源对比

1）原油分类

乌兰花凹陷原油密度为 0.8383～0.9031g/cm³，平均密度为 0.8619g/cm³，黏度为 12.47～170.8mPa·s，平均黏度为 44.98mPa·s，含硫量小于 0.7%，胶质 + 沥青质含量为 10.5%～32.6%，属于低—中黏度的轻—中质油。

乌兰花凹陷原油按地球化学性质分为两类：一类是主要分布在赛乌苏构造带的腾格尔组一段和阿尔善组原油，Pr/Ph 在 0.65～1.02 之间，γ- 蜡烷 /C_{31} 藿烷在 0.20～0.66 之间，Ph/n-C_{18} 在 0.15～0.45 之间，形成于弱还原的沉积环境；另一类原油是主要分布在土牧尔构造带腾格尔组一段的原油，Pr/Ph 在 0.60～0.80 之间，γ- 蜡烷 /C_{31} 藿烷在 0.90～1.00 之间，Ph/n-C_{18} 在 0.50～0.80 之间，表明原油形成于水体环境更咸或还原性相对更强的环境。

2）油源对比

赛乌苏、红井、赛乌苏断阶带的阿尔善组原油，具有 Pr/Ph 不小于 1、Tm/Ts 小于 1、γ- 蜡烷 /C_{31} 藿烷小于 0.3 的特征，兰地 1 井 2065.26m、兰 1 井 2142～2152m 等阿尔善组烃源岩与该类原油具有相似的地球化学特征，饱和烃色谱、质谱图谱相似，对比指标接近（图 6-39），有明显的亲缘关系，显示该构造原油主要来自阿尔善组烃源岩。

土牧尔构造带腾格尔组一段原油与兰地 1 井 1879.78m 等腾格尔组一段特殊岩性段烃源岩，具有 Pr/Ph 小于 1、Tm/Ts 大于 1、γ- 蜡烷含量高、γ- 蜡烷 /C_{31} 藿烷约为 1 的特征，反映其母岩还原性较强、水体较咸的沉积环境，烃源岩成熟度相对较低，原油与烃源岩具有明显的亲缘关系。原油与阿尔善组烃源岩在沉积环境上有所差异，但原油与阿尔善组烃源岩在重排甾烷、4-甲基甾烷含量、甾烷异构化程度等特征上具有一定的相似性（图6-40），显示原油主要是腾格尔组一段特殊岩性段烃源岩来源，并兼有阿尔善组烃源岩贡献的混源特征。

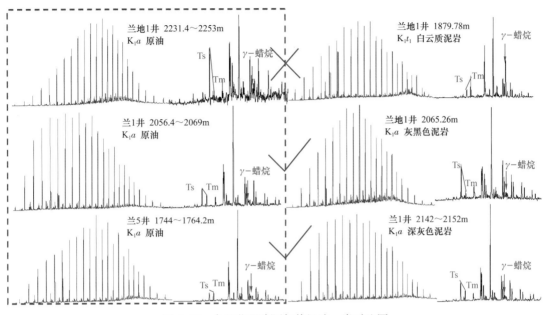

图6-39　乌兰花凹陷阿尔善组油—岩对比图

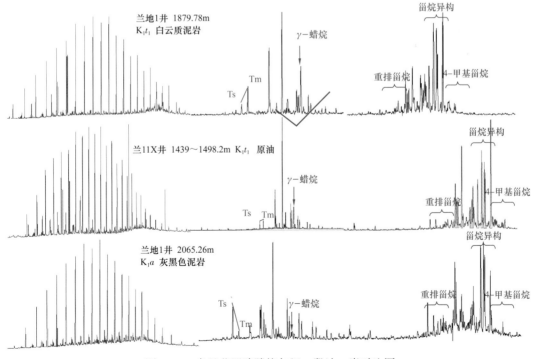

图6-40　乌兰花凹陷腾格尔组一段油—岩对比图

第七章 储 层

二连盆地获得工业油流的凹陷中发现了下白垩统碎屑岩、火山熔岩及古生界火山碎屑岩、花岗岩、海相碳酸盐岩等五类储层,其中主要为砂岩、砾岩等碎屑岩储层。碎屑岩储层主要分布于下白垩统腾格尔组、阿尔善组,储集空间主要为孔隙,处于混合孔隙发育带—次生孔隙发育带。火山熔岩储层主要分布于下白垩统阿尔善组,具有气孔、构造缝及溶孔等储集空间,为中—低孔特低渗储层。火山碎屑岩储层主要分布于古生界,有粒(砾)间孔、裂缝和溶蚀孔洞等储集空间,处于风化带上部的储集性能较好。花岗岩储层分布于古生界,有构造缝、溶蚀缝和溶蚀孔等储集空间,裂缝发育带为低孔高渗储层。碳酸盐岩储层分布于上古生界阿木山组,有构造缝、构造—溶蚀缝和溶蚀孔、洞等储集空间,为孔隙—裂缝型储层。

第一节 碎屑岩储层

二连盆地获工业油流的砂岩、砾岩等碎屑岩储层主要分布于下白垩统阿尔善组、腾格尔组,主要为扇三角洲、辫状河三角洲、近岸水下扇、湖底扇相储集体,不同凹陷相同层位或同一凹陷不同层位的砂岩、砾岩等碎屑岩储层特征存在差异。

一、岩石学特征

1. 砂岩储层

1)成分及结构成熟度

二连盆地下白垩统阿尔善组—赛汉塔拉组主要有长石砂岩、岩屑长石砂岩、长石岩屑砂岩和岩屑(砾状)砂岩等四种岩石类型(图7-1、图7-2)。从阿尔善组至赛汉塔拉组石英、长石含量增多,岩屑含量减少(表7-1),岩屑组分为酸性喷出岩、中基性喷出岩、凝灰岩、变质岩、花岗岩和碳酸盐岩,且以酸性喷出岩、变质岩为主。成分成熟度指数 [Q/(F+R)] 一般介于0.2~0.5,属中—低成分成熟度。分选性中—差,磨圆度次圆—次棱角状,结构成熟度中—低。随着埋深的增加,颗粒间接触关系由点状接触→点—线状接触→线状接触,颗粒支撑。

2)填隙物组分

二连盆地下白垩统砂岩以孔隙式胶结为主,少见基底式和薄膜式胶结。填隙物成分为泥质杂基、方解石、白云石、硅质和菱铁矿(表7-2,图7-1)。其中,泥质杂基、方解石、白云石分布普遍,是主要填隙物。硅质随埋深的增加,含量增高。菱铁矿主要分布于乌里雅斯太、巴音都兰和洪浩尔舒特等凹陷。

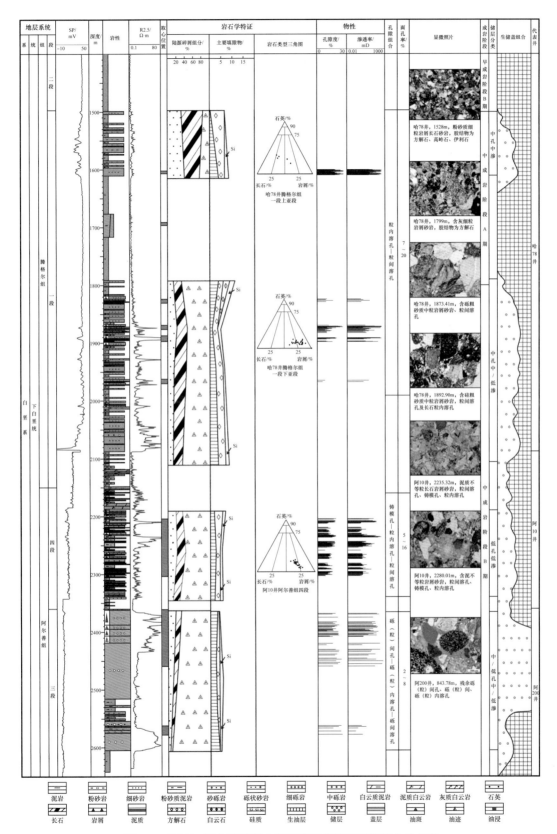

图 7-1　阿南—阿北凹陷下白垩统碎屑岩储层特征综合柱状图

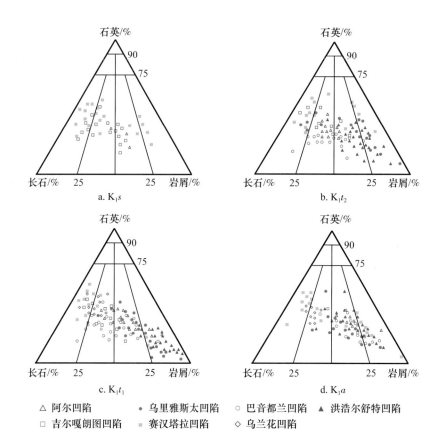

△ 阿尔凹陷　　　● 乌里雅斯太凹陷　　　○ 巴音都兰凹陷　　　▲ 洪浩尔舒特凹陷
□ 吉尔嘎朗图凹陷　　■ 赛汉塔拉凹陷　　　◇ 乌兰花凹陷

图 7-2　二连盆地下白垩统碎屑岩岩石类型三角图

表 7-1　二连盆地下白垩统砂岩组构统计表

凹陷	层位	岩石类型	石英/%	长石/%	岩屑/%	分选性	磨圆度	支撑类型	接触关系	样品块数
阿尔	K_1s	长石岩屑砂岩为主，少量岩屑长石砂岩	20～34 / 28.0	27～35 / 30.7	31～50 / 41.3	差—中	次圆—次棱角状	颗粒	点	3
	K_1t_2	岩屑长石砂岩为主，少量长石岩屑砂岩	27～45 / 32.1	30～43 / 36.9	23～40 / 31.0	中—差	次圆—次棱角状	颗粒	线—点	21
	K_1t_1	长石岩屑砂岩为主，少量岩屑长石砂岩、岩屑砂岩	20～40 / 31.4	8～39 / 30.5	23～71 / 38.1	中—差	次圆—次棱角状	颗粒	点—线	53
	K_1a	长石岩屑砂岩为主，少量岩屑砂岩	25～40 / 30.6	5～33 / 20.1	35～70 / 49.3	中—差	次圆—次棱角状	颗粒	点—线	7
乌里雅斯太	K_1t_2	长石砂岩、岩屑（砾状）砂岩	8～46 / 28.2	3～52 / 37.9	11～89 / 33.9	中—差	次圆—次棱角状	颗粒	点	40
	K_1t_1	长石岩屑砂岩、岩屑（砾状）砂岩为主	3～54 / 27.5	5～58 / 37.3	8～92 / 35.2	中—差	次圆—次棱角状	颗粒	线—点	93
	K_1a	长石岩屑砂岩、岩屑（砾状）砂岩为主	12～54 / 27.5	12～49 / 33.3	5～76 / 39.2	中—差	次圆—次棱角状	颗粒	点—线	123

凹陷	层位	岩石类型	石英/%	长石/%	岩屑/%	分选性	磨圆度	支撑类型	接触关系	样品块数
巴音都兰	K_1t_2	长石砂岩、长石岩屑砂岩为主	$\dfrac{12\sim31}{28.0}$	$\dfrac{18\sim67}{40.0}$	$\dfrac{16\sim57}{32.0}$	中—差	次圆—次棱角状	颗粒	点	40
	K_1t_1	长石砂岩、长石岩屑（砾状）砂岩为主	$\dfrac{16\sim45}{26.5}$	$\dfrac{13\sim65}{36.9}$	$\dfrac{19\sim71}{36.6}$	好	次圆—次棱角状	颗粒	线—点	82
	K_1a	长石岩屑砂岩、岩屑（砾状）砂岩为主	$\dfrac{15\sim41}{26.8}$	$\dfrac{10\sim44}{22.8}$	$\dfrac{16\sim73}{50.4}$	差	次圆—次棱角状	颗粒	点—线	56
吉尔嘎朗图	K_1s	长石砂岩、长石岩屑（砾状）砂岩为主	$\dfrac{10\sim50}{29.2}$	$\dfrac{28\sim60}{40.2}$	$\dfrac{14\sim46}{30.6}$	中—差	次圆—次棱角状	颗粒	点	18
	K_1t_2	长石砂岩、长石岩屑砂岩为主	$\dfrac{30\sim50}{34.2}$	$\dfrac{25\sim42}{35.2}$	$\dfrac{12\sim40}{30.6}$	中	次圆—次棱角状	颗粒	点	28
	K_1t_1	长石砂岩、岩屑长石砂岩为主	$\dfrac{16\sim44}{28.2}$	$\dfrac{14\sim46}{35.6}$	$\dfrac{14\sim52}{36.2}$	中	次圆—次棱角状	颗粒	线—点	39
洪浩尔舒特	K_1t_2	岩屑砂岩、长石岩屑砂岩	$\dfrac{8\sim41}{26.1}$	$\dfrac{7\sim35}{22.2}$	$\dfrac{26\sim83}{51.7}$	好—中	次圆—次棱角状	颗粒	线—点	33
	K_1t_1	岩屑砂岩、长石岩屑砂岩	$\dfrac{7\sim34}{16.2}$	$\dfrac{2\sim22}{9.8}$	$\dfrac{55\sim91}{74.0}$	差—中	次圆—次棱角状	颗粒	线—点	39
	K_1a	岩屑砂岩、长石岩屑砂岩	$\dfrac{12\sim54}{28.8}$	$\dfrac{10\sim46}{20.5}$	$\dfrac{26\sim78}{50.7}$	差—中	次圆—次棱角状	颗粒	点—线	69
赛汉塔拉	K_1s	长石砂岩为主，少量岩屑砂岩	$\dfrac{22\sim55}{44.0}$	$\dfrac{17\sim70}{42.3}$	$\dfrac{2\sim40}{13.7}$	好—中	次圆—次棱角状	颗粒	点	28
	K_1t_2	长石砂岩，岩屑砂岩	$\dfrac{16\sim60}{41.5}$	$\dfrac{7\sim65}{37.9}$	$\dfrac{1\sim70}{20.6}$	好—中	次圆—次棱角状	颗粒	线—点	38
	K_1t_1	长石砂岩为主，少量岩屑砂岩	$\dfrac{13\sim61}{39.1}$	$\dfrac{21\sim57}{42.8}$	$\dfrac{2\sim93}{18.1}$	好—中	次圆—次棱角状	颗粒	线—点	57
	K_1a	长石砂岩、岩屑砂岩为主，少量长石岩屑砂岩、岩屑长石砂岩	$\dfrac{5\sim59}{34.4}$	$\dfrac{2\sim63}{27.5}$	$\dfrac{2\sim93}{38.1}$	中—差	次圆—次棱角状	颗粒	点—线	150
乌兰花	K_1t_1	岩屑长石砂岩为主，其次为长石砂岩	$\dfrac{30\sim51}{42.7}$	$\dfrac{28\sim63}{42.2}$	$\dfrac{2\sim27}{15.1}$	中—差	次圆—次棱角状	颗粒	线—点	30
	K_1a	岩屑长石砂岩	$\dfrac{30\sim43}{38.3}$	$\dfrac{36\sim48}{42.5}$	$\dfrac{13\sim25}{19.2}$	中—差	次圆—次棱角状	颗粒	点—线	16

注：$\dfrac{12\sim31}{28.0}=\dfrac{最小\sim最大}{平均}$。

表 7-2 二连盆地下白垩统砂岩填隙物组分统计表

凹陷	层位	泥质/%	方解石/%	白云石/%	硅质/%	菱铁矿/%	总量/%	样品数
阿尔	K_1s	$\dfrac{0\sim15}{7.7}$	$\dfrac{0\sim21}{7.0}$	$0\sim<1$			$\dfrac{8\sim21}{14.7}$	3
	K_1t_2	$\dfrac{0\sim20}{5.2}$	$\dfrac{0\sim17}{1.5}$	$\dfrac{0\sim8}{1.5}$	$0\sim<1$		$\dfrac{2\sim22}{8.2}$	21
	K_1t_1	$\dfrac{0\sim20}{7.6}$	$\dfrac{0\sim23}{3.4}$	$\dfrac{0\sim13}{1.0}$	$0\sim1$		$\dfrac{3\sim23}{12.0}$	59
	K_1a	$\dfrac{0\sim30}{12.9}$	$\dfrac{0\sim20}{2.5}$	$\dfrac{0\sim2}{0.1}$	$\dfrac{0\sim4}{0.3}$		$\dfrac{5\sim41}{15.8}$	41
乌里雅斯太	K_1t_2	$\dfrac{1\sim30}{7.0}$	$\dfrac{0\sim27}{4.1}$	$0\sim4$	$0\sim1$	$0\sim1$	$\dfrac{4\sim38}{11.1}$	40
	K_1t_1	$\dfrac{1\sim35}{6.3}$	$\dfrac{0\sim22}{4.9}$	$\dfrac{0\sim11}{0.1}$	$\dfrac{0\sim3}{0.1}$	$\dfrac{0\sim3}{0.2}$	$\dfrac{4\sim33}{11.6}$	93
	K_1a	$\dfrac{1\sim30}{7.5}$	$\dfrac{0\sim30}{2.4}$	$\dfrac{0\sim2}{0.3}$	$\dfrac{0\sim6}{0.4}$	$0\sim1$	$\dfrac{2\sim36}{10.6}$	123
巴音都兰	K_1t_2	$\dfrac{1\sim25}{10.4}$	$\dfrac{1\sim15}{2.0}$	$0\sim1$			$\dfrac{8\sim25}{12.4}$	50
	K_1t_1	$\dfrac{1\sim25}{7.0}$	$\dfrac{0\sim25}{3.9}$	$\dfrac{0\sim25}{0.8}$	$\dfrac{0\sim2}{0.1}$	$\dfrac{0\sim25}{0.8}$	$\dfrac{8\sim28}{12.6}$	100
	K_1a	$\dfrac{0\sim20}{8.1}$	$\dfrac{1\sim20}{4.2}$	$\dfrac{1\sim5}{0.8}$	$\dfrac{1\sim2}{0.2}$	$\dfrac{1\sim2}{0.1}$	$\dfrac{8\sim25}{13.4}$	66
吉尔嘎朗图	K_1s	$\dfrac{1\sim10}{4.6}$	$\dfrac{0\sim27}{4.2}$	$\dfrac{0\sim8}{1.2}$	$\dfrac{0\sim1}{0.1}$		$\dfrac{4\sim33}{10.1}$	26
	K_1t_2	$\dfrac{1\sim34}{4.4}$	$\dfrac{1\sim31}{4.2}$	$\dfrac{0\sim15}{1.2}$	$\dfrac{0\sim4}{0.4}$		$\dfrac{3\sim35}{10.2}$	62
	K_1t_1	$\dfrac{1\sim34}{6.1}$	$\dfrac{1\sim39}{4.9}$	$\dfrac{0\sim15}{0.7}$	$\dfrac{0\sim3}{0.1}$		$\dfrac{2\sim35}{11.8}$	135
洪浩尔舒特	K_1t_2	$\dfrac{1\sim10}{10.6}$	$\dfrac{0\sim26}{3.1}$	$0\sim<1$	$0\sim<1$	$\dfrac{0\sim8}{0.8}$	$\dfrac{4\sim26}{14.5}$	33
	K_1t_1	$\dfrac{4\sim33}{9.8}$	$\dfrac{0\sim16}{2.6}$	$0\sim<1$	$0\sim<1$	$\dfrac{0\sim10}{0.4}$	$\dfrac{4\sim33}{12.8}$	39
	K_1a	$\dfrac{2\sim28}{8.8}$	$\dfrac{0\sim18}{2.5}$	$0\sim<1$	$\dfrac{1\sim6}{1.3}$		$\dfrac{9\sim26}{12.6}$	69
赛汉塔拉	K_1s	$\dfrac{1\sim25}{6.1}$	$\dfrac{1\sim25}{3.8}$	$0\sim<1$			$\dfrac{6\sim25}{9.9}$	28
	K_1t_2	$\dfrac{1\sim25}{6.6}$	$\dfrac{1\sim30}{8.9}$	$0\sim<1$			$\dfrac{5\sim30}{15.5}$	38

凹陷	层位	泥质 /%	方解石 /%	白云石 /%	硅质 /%	菱铁矿 /%	总量 /%	样品数
赛汉塔拉	K_1t_1	$\dfrac{1\sim30}{6.9}$	$\dfrac{1\sim30}{9.3}$	$0\sim<1$	<1		$\dfrac{6\sim30}{16.2}$	57
	K_1a	$\dfrac{1\sim30}{8.7}$	$\dfrac{1\sim28}{5.8}$	$0\sim<1$	<1		$\dfrac{6\sim30}{14.5}$	150
乌兰花	K_1t_1	$\dfrac{0\sim45}{8.7}$	$\dfrac{0\sim35}{4.8}$	$\dfrac{0\sim30}{1.4}$	$0\sim<1$		$\dfrac{3\sim45}{14.9}$	68
	K_1a	$\dfrac{1\sim41}{10.5}$	$\dfrac{0\sim21}{3.4}$	$0\sim<1$	$0\sim<1$		$\dfrac{2\sim42}{13.9}$	28

注：$\dfrac{1\sim25}{10.4}=\dfrac{最小\sim最大}{平均}$。

2. 砾岩储层

二连盆地先后发现蒙古林、夫特等下白垩统阿尔善组三段和罕尼、木日格等腾格尔组一段砾岩油藏，主要为近岸水下扇和湖底扇储集体。

1）成分及结构成熟度

砾石的磨圆度因沉积成因不同而异，蒙古林砾岩的砾石以次圆—次棱角状为主，有时见棱角状砾石（季汉成等，1995）；夫特砾岩的砾石以次圆状为主，其次为次棱角状（梁官忠等，2000）；罕尼砾岩的砾石以次棱角状为主，其次为棱角状、次圆状。砾径大小悬殊，直径一般为2～120mm。陆源碎屑成分以玄武岩、安山岩、流纹岩、凝灰岩为主，变质岩屑（主要为变质砂岩、浅粒岩和板岩）、花岗岩屑及石英、长石含量低（图7-1，表7-3）。岩石类型主要有复成分砾岩、安山质砾岩、玄武质砾岩和流纹质砾岩。

2）填隙物组分

填隙物有杂基和胶结物。杂基为砂级陆源碎屑和凝灰质。胶结物有硅质、方解石和泥质，含量一般为7%～9%（图7-1，表7-3）。

表7-3　二连盆地下白垩统阿尔善组三段砾岩组分统计表

地区	陆源碎屑含量 /%				填隙物含量 /%				
	石英	长石	喷出岩屑	其他岩屑	泥质	凝灰质	方解石	硅质	总量
蒙古林	$\dfrac{7\sim24}{15\sim17}$	$\dfrac{7\sim27}{16\sim18}$	$\dfrac{18\sim73}{45\sim59}$	$\dfrac{11\sim45}{14\sim18}$	$\dfrac{2\sim10}{4\sim7}$	$\dfrac{2\sim10}{4\sim7}$	$0\sim2$	$0\sim1$	$\dfrac{3\sim12}{7\sim8}$
夫特	$\dfrac{1\sim20}{5.2}$	$\dfrac{1\sim15}{3.8}$	$\dfrac{25\sim75}{52.5}$	$\dfrac{13\sim50}{38.5}$	$\dfrac{0\sim3}{0\sim2}$	$\dfrac{2\sim12}{3\sim7}$	$0\sim1$	$0\sim<1$	$\dfrac{6\sim11}{5\sim9}$

注：$\dfrac{7\sim24}{15\sim17}=\dfrac{最小\sim最大}{一般区间}$；$\dfrac{1\sim20}{5.2}=\dfrac{最小\sim最大}{平均}$。

二、储集空间及储集性能

1. 储集空间类型

二连盆地下白垩统碎屑岩有原生和次生两种成因类型，包括粒间孔、粒间溶孔、粒内溶孔、铸模孔、晶间微孔及构造缝等六种储集空间（图 7-3），其中粒间孔、粒间溶孔、粒内溶孔、铸模孔是主要储集空间（李明等，1997），构造缝仅在局部地区或层段发育，晶间微孔不是主要储集空间。这些不同类型的储集空间在不同层位内相互配置，组成不同的孔隙组合，形成了不同储集性能的油气储层。

图 7-3　二连盆地下白垩统碎屑岩储集层储集空间类型图

a. 阿尔 1 井，K_1t_2，875.30m，粒间孔（蓝色铸体），铸体薄片，单偏光；b. 赛 66 井，K_1t_2，2331.16m，粒间溶孔（蓝色铸体），铸体薄片，单偏光；c. 太 13 井，K_1a，1810.90m，长石粒内溶孔（蓝色铸体），铸体薄片，单偏光；d. 林 4 井，K_1t_2，1452.80m，长石粒内溶孔，扫描电镜；e. 巴彦 1 井，K_1t_1，1234.40m，铸模孔（蓝色铸体），铸体薄片，单偏光；f. 阿尔 1 井，K_1t_1，1300.35m，高岭石晶间微孔，扫描电镜

2. 孔隙结构

二连盆地下白垩统各组段储层因所处的成岩阶段不同，孔隙类型有别，各组段孔隙结构有所差异（表 7-4），从腾格尔组二段至阿尔善组三段孔隙结构类型逐渐变差。

腾格尔组二段以原生孔隙为主，主要为特大孔中喉型孔隙结构。面孔率一般为 10%～18%，孔隙直径一般为 300～400μm，喉道半径为 20～40μm，连通系数一般为 4～8。

腾格尔组一段为原生孔隙、次生孔隙，主要为大孔较细—中喉型孔隙结构。面孔率一般为 10%～15%，孔隙直径一般为 100～300μm，喉道半径为 10～30μm，连通系数一般为 4～6。

阿尔善组四段以次生孔隙为主，主要为大孔较细喉型孔隙结构。面孔率一般为 0.5%～10%，孔隙直径一般为 100～200μm，喉道半径为 10～20μm，连通系数一般为 4～6。

阿尔善组三段以次生孔隙为主，少量构造缝，主要为大孔较细喉型孔隙结构。面孔率为 0～4%，孔隙直径为 100～500μm，喉道半径为 10～20μm，连通系数一般为 0～1。

表 7-4　二连盆地下白垩统碎屑岩孔隙结构统计表

层位	储集空间	孔隙直径 / μm	喉道半径 / μm	连通系数	面孔率 / %	孔隙结构类型
K_1t_2	原生孔隙为主	$\dfrac{10\sim800}{300\sim400}$	$20\sim40$	$\dfrac{4\sim10}{4\sim8}$	$\dfrac{0\sim25}{10\sim18}$	特大孔中喉
K_1t_1	原生孔隙、次生孔隙	$\dfrac{10\sim750}{100\sim300}$	$10\sim30$	$\dfrac{0\sim10}{4\sim6}$	$\dfrac{0\sim23}{10\sim15}$	大孔较细—中喉
K_1a_4	次生孔隙为主	$\dfrac{220\sim400}{100\sim200}$	$10\sim20$	$\dfrac{0\sim8}{4\sim6}$	$\dfrac{0\sim15}{0.5\sim10}$	大孔较细喉
K_1a_3	次生孔隙、构造缝	$100\sim500$	$10\sim20$	$\dfrac{0\sim4}{0\sim1}$	$0\sim4$	大孔较细喉

注：$\dfrac{10\sim800}{300\sim400} = \dfrac{最小\sim最大}{一般区间}$。

3. 物性特征

二连盆地下白垩统储层物性，从腾格尔组二段至阿尔善组储集性能降低（图 7-1，表 7-5）。

1）腾格尔组二段

额仁淖尔凹陷腾格尔组二段储集物性最好，主要为高孔高渗储层；其次为阿南—阿北、赛汉塔拉、巴音都兰和吉尔嘎朗图等凹陷，主要为中孔中渗储层；乌里雅斯太凹陷最差，主要为中孔低渗和低孔特低渗储层。

2）腾格尔组一段

阿南—阿北、额仁淖尔等凹陷腾格尔组一段储集物性最好，主要为中孔中渗储层；其次为赛汉塔拉凹陷，为中孔低渗储层；再次为吉尔嘎朗图、巴音都兰凹陷和乌里雅斯太凹陷中洼槽，主要为低孔低渗储层；而乌里雅斯太凹陷南洼槽最差，为低孔特低渗储层。

3）阿尔善组

额仁淖尔凹陷阿尔善组储集物性最好，主要为中孔高渗储层；其次为阿南—阿北和巴音都兰等凹陷，主要为低孔低渗储层；赛汉塔拉凹陷、乌里雅斯太凹陷南洼槽最差，主要为低孔特低渗储层。

三、成岩作用及孔隙演化

1. 主要成岩作用

二连盆地下白垩统阿尔善组—赛汉塔拉组碎屑岩经历的沉积作用快、碎屑成分杂、火山活动频繁，其成岩作用独具特色，主要有压实作用、杂基充填作用、压溶作用、胶结作用和溶解作用（赵澄林等，1996）。

1）机械压实作用

机械压实作用主要表现在颗粒接触关系上：埋深由浅至深为点状接触（腾格尔组二段）→点—线状接触（腾格尔组一段上亚段）→线状接触（腾格尔组一段下亚段和阿尔善组），板岩、千枚岩、云母等塑性颗粒变形呈假杂基形式，随着埋深增加，压实作用逐渐增强，填集密度、填集趋近率增大（表 7-6），孔隙度变小（图 7-4）。

表 7-5　二连盆地下白垩统碎屑岩储集性能统计表

凹陷		层位	砂体成因	孔隙度 /%			渗透率 /mD			样品块数	物性分级
				最小	最大	平均	最小	最大	平均		
乌里雅斯太	中洼槽	K_1t_2	扇三角洲	7.4	25.9	19.0	<1	133	27.0	32	中孔低渗
		K_1t_1	扇三角洲	3.9	21.9	10.8	<1	485	15.5	322	低孔低渗
	南洼槽	K_1t_2	扇三角洲	9.3	22.4	14.0	<1	5.44	2.5	73	低孔特低渗
		K_1t_1	扇三角洲、湖底扇	4.3	19.5	12.5	<1	35.6	2.0	432	低孔特低渗
		K_1a	扇三角洲	7.1	16.2	10.1	<1	45.5	8.1	5	低孔特低渗
巴音都兰		K_1t_2	扇三角洲	4.5	32.3	17.9	0.02	9349	329.9	82	中孔中渗
		K_1t_1	扇三角洲	2.8	31.9	13.7	0.01	590	24.9	142	低孔低渗
		K_1a	扇三角洲、近岸水下扇	3.1	26.7	14.0	0.013	97.1	11.3	41	低孔低渗
阿南—阿北	阿南洼槽	K_1t_2	辫状河	8.2	30.0	20.0	<1	224.3	100.0	347	中孔中渗
		K_1t_1	近岸水下扇	7.2	28.7	15.4	<1	500	56.8	562	中孔中渗
		K_1a	扇三角洲、近岸水下扇	5.0	28.7	13.5	<1	2434	44.4	183	低孔低渗
	阿北洼槽	K_1t_2	扇三角洲	15.0	34.0	23.1	0.1	250	52.1	19	中孔中渗
		K_1t_1	近岸水下扇	9.0	21.0	16.0	<1	580	55.4	60	中孔中渗
		K_1a	辫状河、（洪）冲积扇	6.0	20.0	12.7				12	低孔
吉尔嘎朗图		K_1t_2	辫状河三角洲	7.3	38.4	21.7	<1	1035	60.1	246	中孔中渗
		K_1t_1	辫状河三角洲	2.2	18.0	13.0	<1	383	32.6	28	低孔低渗
		K_1a	辫状河三角洲、扇三角洲	2.7	23.7	12.2	0.84	1979	91.8	34	低孔中渗
额仁淖尔		K_1t_2	辫状河三角洲	23.3	32.7	28.3	3.11	6538	1620.4	23	高孔高渗
		K_1t_1	扇三角洲	7.3	25.9	17.3	0.01	624	58.0	71	中孔中渗
		K_1a	扇三角洲	5.9	26.2	16.0	<1	2402	533.7	34	中孔高渗
赛汉塔拉		K_1t_2	辫状河三角洲	2.8	30.6	20.5	<1	1138	76.1	133	中孔中渗
		K_1t_1	扇三角洲	2.5	36.6	18.5	<1	513	29.6	145	中孔低渗
		K_1a	辫状河三角洲	3.9	29.7	12.1	<1	1417	5.3	283	低孔特低渗

表 7-6 二连盆地下白垩统砂岩填集特征表

井深 /m	填集密度 /%	填集趋近率 /%	代表井
1119.47	65.9	48.9	赛1井
1275.00	66.7	52.8	
1318.40	65.7	16.8	
1319.40	68.9	54.5	赛2井
1400.05	81.8	60.4	
1618.50	90.2	61.3	
1437.27	92.7	49.6	阿3井
1439.85	92.7	51.3	
2041.50	90.9	88.5	
2047.60	100.0	98.7	

2）杂基充填作用

由于各凹陷物源近、河流流程短，由物源区携带来的碎屑物质，未经充分筛选就沉积下来，杂基充满了骨架颗粒之间的原始孔隙，使岩石储集性能变差，这种作用在早成岩阶段 A 期表现尤为突出，由于杂基充填使有的层段面孔率为 0。

3）压溶作用

随着埋深的增加，上覆地层压力增大，石英、长石等刚性颗粒接触点处温度也随之升高，当达到一定界限后，该处发生熔融，熔融物质转移到受力弱的孔隙中沿同质颗粒沉淀生长，形成次生加大。该作用较弱的原因主要是岩屑含量高，刚性颗粒直接接触的机会少。

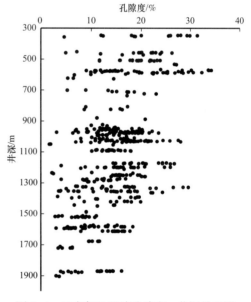

图 7-4 巴音都兰凹陷孔隙度—井深关系图

4）胶结作用

主要有泥质、碳酸盐、硅质、沸石胶结等四种胶结作用，影响储油物性最大的是泥质胶结和碳酸盐胶结作用。

（1）泥质胶结作用。

所谓泥质包括泥质杂基（粒径小于 0.01mm）和自生黏土矿物。它们充填于孔隙中、环绕颗粒形成薄膜或处于颗粒接触处，使储集性能变差。其含量因沉积、成岩环境和埋深的不同而有变化，含量一般在5%～10%之间。

（2）碳酸盐胶结作用。

碳酸盐胶结物有方解石、白云石、铁方解石、铁白云石和菱铁矿等，含量一般在1%～5%之间，个别达20%。从各种碳酸盐矿物的接触关系分析，菱铁矿是沉积期形成的，方解石形成于石英次生加大之前，铁白云石、铁方解石形成于溶解作用、石英次生加大之后。晚期含铁碳酸盐矿物堵塞喉道后，虽然岩石孔隙度较高，但渗透率极差。如赛7井924.7m，晚期铁白云石沿颗粒边缘沉淀，堵塞喉道，其面孔率为15%，但其连通性很差。

（3）硅质胶结作用。

硅质胶结作用分布在腾格尔组一段—阿尔善组，主要是石英次生加大，少量自生微晶石英，含量1%～3%。石英次生加大与微晶石英的沉淀对孔隙喉道具较强的破坏作用，是造成储层低渗性的重要因素。

（4）沸石胶结作用。

沸石胶结作用只在局部地区分布，如乌里雅斯太凹陷太3井的阿尔善组，个别砂岩层段高达7%，其为火山喷出物的转化物，赋存状态为充填孔隙和颗粒裂隙、交代凝灰岩屑颗粒等。

5）溶解作用

溶解作用形成次生孔隙，是改善储集性能、形成优质储层的重要营力。

由于下白垩统碎屑岩中具有早成岩阶段形成的方解石胶结物，长石含量一般为25%～35%，岩屑含量一般为40%～60%，且以喷出岩岩屑、凝灰岩岩屑为主，这些易溶组分的存在，为溶解作用的进行提供了必要的物质基础。溶解作用主要表现为三种形式：① 长石颗粒被选择性溶解；② 喷出岩岩屑被选择性溶解；③ 填隙物被溶解。溶解作用对于腾格尔组一段、阿尔善组四段、阿尔善组三段储集性能改善明显。

2. 成岩阶段划分与孔隙演化

依据SY/T 5477—2003《碎屑岩成岩阶段划分》，根据岩石结构、孔隙类型、泥岩中黏土矿物的转化、有机质成熟度指标、成岩事件及其序列变化，对阿南—阿北、阿尔等10个主要含油凹陷的下白垩统碎屑岩进行了成岩阶段划分。不同凹陷各成岩期岩石成分、结构变化与孔隙演化特征均相似，故以阿南—阿北凹陷的阿南洼槽为代表（图7-5），详述各成岩期的成岩标志及岩石的成分、结构变化与孔隙演化特征，其他凹陷均直接给出成岩阶段的划分结果（表7-7）。

1）早成岩阶段A期

底界埋深850m，相当于腾格尔组二段中下部，以机械压实作用为主。R_o小于0.3%，孢粉颜色为浅黄色—棕黄色，色级指数（TAI）小于2.0，泥质岩伊/蒙混层中蒙皂石大于70%，为原生孔隙发育带。

2）早成岩阶段B期

埋深850～1250m，相当于腾格尔组二段下部和腾格尔组一段。泥质岩伊/蒙混层中蒙皂石占50%～70%。R_o为0.3%～0.5%，孢粉颜色为棕黄色，色级指数（TAI）为

2.0～2.5，以高岭石、方解石、白云石等自生矿物为特征，原生孔隙随埋深增加逐渐减少，末期开始第一次溶解作用，形成2%左右的次生孔隙，为混合孔隙发育带。

3）中成岩阶段 A 期 A1 亚期

埋深 1250～1900m，相当于腾格尔组一段中下部和阿尔善组四段。黏土矿物进一步向伊利石转化，其相对含量最高可达 66%。泥质岩伊/蒙混层中蒙皂石占 35%～50%，为部分有序混层带。孢粉颜色为棕色，色级指数（TAI）为 2.5～3.0，R_o 为 0.5%～0.7%。长石、碳酸盐矿物等不稳定组分较强烈溶解，形成次生孔隙，为次生孔隙较发育带。

4）中成岩阶段 A 期 A2 亚期

埋深 1900～2600m，相当于阿尔善组四段至三段。泥质岩伊/蒙混层中蒙皂石占 15%～35%，为有序混层带。孢粉颜色为棕色，色级指数（TAI）为 3.0～3.7，R_o 为 0.7%～1.3%。长石、碳酸盐矿物等不稳定组分强烈溶解，形成次生孔隙，为次生孔隙发育带。

5）中成岩阶段 B 期

埋深大于 2600m，相当于阿尔善组三段至一段。孢粉颜色为棕黑色，色级指数（TAI）为 3.7～4.0，R_o 为 1.3%～1.85%。次生孔隙又被晚期少量铁方解石、铁白云石等自生矿物充填。黏土矿物进一步向伊利石、绿泥石转化，其相对含量最高分别可达 79% 和 67%。泥质岩伊/蒙混层中蒙皂石小于 15%，为次生孔隙减少带。

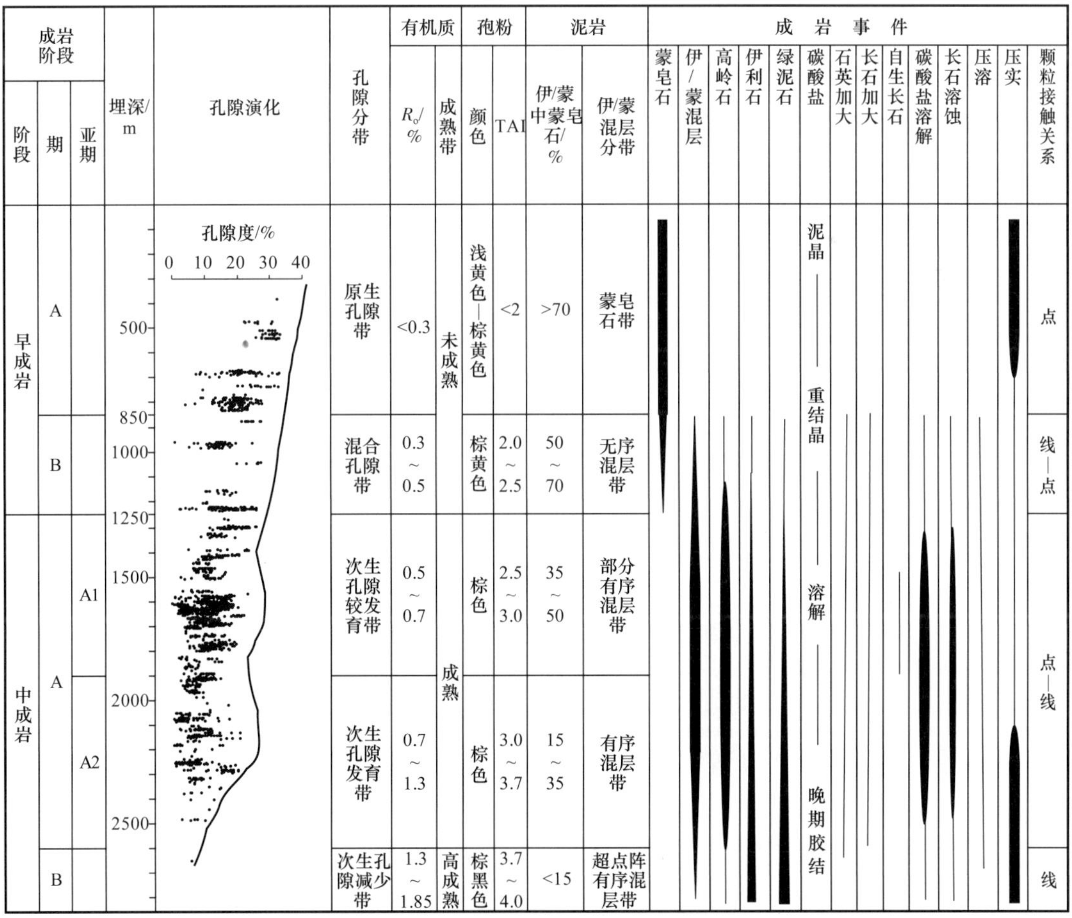

成岩阶段			埋深/m	孔隙演化	孔隙分带	有机质			孢粉		泥岩		成岩事件											颗粒接触关系
阶段	期	亚期				R_o/%	成熟带		颜色	TAI	伊/蒙中蒙皂石/%	伊/蒙混层分带	蒙皂石	伊/蒙混层	高岭石	伊利石	绿泥石	碳酸盐	石英加大	长石加大	自生长石	碳酸盐溶解	长石溶蚀	压溶	压实	
早成岩	A		500-	孔隙度/% 0 10 20 30 40	原生孔隙带	<0.3	未成熟		浅黄色—棕黄色	<2	>70	蒙皂石带						泥晶								点
	B		850- 1000- 1250-		混合孔隙带	0.3～0.5			棕黄色	2.0～2.5	50～70	无序混层带						重结晶								线—点
中成岩	A	A1	1500- 2000-		次生孔隙较发育带	0.5～0.7	成熟		棕色	2.5～3.0	35～50	部分有序混层带						溶解								点—线
		A2	2500-		次生孔隙发育带	0.7～1.3			棕色	3.0～3.7	15～35	有序混层带						晚期胶结								点—线
	B				次生孔隙减少带	1.3～1.85	高成熟		棕黑色	3.7～4.0	<15	超点阵有序混层带														线

图 7-5 阿南—阿北凹陷阿南洼槽下白垩统碎屑岩成岩作用序列及孔隙演化图

表 7-7　二连盆地主要含油凹陷下白垩统碎屑岩成岩阶段划分表

成岩阶段		埋深/m										孔隙分带
		阿尔凹陷	乌里雅斯太凹陷	巴音都兰凹陷	阿南—阿北凹陷		吉尔嘎朗图凹陷	洪浩尔舒特凹陷	额仁淖尔凹陷	赛汉塔拉凹陷	乌兰花凹陷	
					阿北洼槽	阿南洼槽						
早成岩	A	<600	<500	<1000	<500	<850	<600	<800	<600	<800	<850	原生孔隙发育带
	B	600~1200	500~1000	1000~1300	500~950	850~1250	600~1000	800~1200	600~1000	800~1400	850~1500	混合孔隙发育带
中成岩	A	1200~2000	1000~1400	1300~1500	950~1450	1250~2600	>1000	1200~2000	1000~1350	1400~2000	1500~2000	次生孔隙发育带
	B	>2000	1400~1800	>1500	1450~1950	>2600		>2000	1350~1800	>2000	>2000	次生孔隙减少带
晚成岩			>1800			>1950			>1800			微裂缝带

四、影响储层储集性能的主要因素

二连盆地下白垩统储层受多种因素的影响，主要受沉积相、成岩作用及构造作用的控制（张以明等，2010）。

1. 沉积相带对储集性能的影响

下白垩统沉积过程中，多物源、近物源、粗碎屑、小水系（祝玉衡等，2000）等沉积条件，形成了以扇三角洲、辫状河三角洲、近岸水下扇相等为主的储集体。沉积相带直接控制储集体的储集条件，一般情况下，扇三角洲平原分流河道、扇三角洲前缘水下分流河道砂体物性较好；扇三角洲前缘席状砂及前三角洲浊积岩储层物性差；近岸水下扇辫状水道砂体物性好，扇根主水道和扇端席状砂储层物性较差；辫状河三角洲前缘水下分流河道物性好，水道侧翼和前缘席状砂物性较差。

以乌兰花凹陷阿尔善组四段为例（图 5-26），该凹陷存在一个大的辫状河三角洲相和五个扇三角洲相砂体。其中辫状河三角洲东西长 6km，南北宽约 2km，面积约 12km²，砂岩百分比在 20% 左右。扇三角洲相砂体规模以红井构造带扇体规模最大，约 20km²，西部扇三角洲沿着断层走向发育了兰 6X、兰 2、兰地 2 和兰地 2 北等 4 个扇体，砂岩百分比由平原相的 60% 至前缘相降为 40%。以红井构造带的扇三角洲相砂体为例，分析不同微相储集性能的差异（表 7-8）。

（1）扇三角洲前缘水下分流河道砂体储集条件最好。

该砂体位于兰 42、兰 4 等井附近，岩性主要为砾状砂岩、含砾砂岩和砂岩，单砂层厚度为 3~10m，孔隙度平均为 18.7%，渗透率平均为 2.23mD。

（2）扇三角洲前缘席状砂储集条件好。

该砂体位于兰 45X 井附近，岩性主要为砂岩和含砾砂岩，单砂层厚度为 1~7m，孔隙度平均为 14.8%，渗透率平均为 1.58mD。

表 7-8　二连盆地乌兰花凹陷阿尔善组四段不同沉积微相储集性能表

相	亚相	微相	孔隙度 /%	渗透率 /mD
扇三角洲	平原	分流河道	10.1	0.18
		洪泛平原	6.5	0.02
	前缘	水下分流河道	18.7	2.23
		席状砂	14.8	1.58
		分流间湾	7.1	0.05
	前三角洲	浊积岩	12.9	1.05

（3）扇三角洲平原分流河道及前三角洲浊积岩砂体储集条件较好。

分流河道砂体位于兰 43X 井附近，岩性主要为含泥砂砾岩和砾状砂岩，单砂层厚度为 1～8m，孔隙度平均为 10.1%，渗透率平均为 0.18mD。

浊积岩砂体储层为砂岩和含砾砂岩，单砂层厚度为 1～5m，孔隙度平均为 12.9%，渗透率平均为 1.05mD。

（4）扇三角洲平原洪泛平原及扇三角洲前缘分流间湾砂体储集条件差。

洪泛平原砂体为薄层砂砾岩和含砾砂岩，孔隙度平均为 6.5%，渗透率平均为 0.02mD。

分流间湾砂体为薄层砂岩，单砂层厚度为 1～3m，孔隙度平均为 7.1%，渗透率平均为 0.05mD。

2. 成岩作用对储集性能的影响

成岩作用是控制储层发育的另一重要因素，尤其对于富含酸性、中基性喷出岩、凝灰岩等火山碎屑物的储层更为明显。对储层有明显影响的成岩作用主要是机械压实作用、杂基充填作用、胶结作用和溶解作用。其中，机械压实作用随埋深增加而逐渐增强的趋势较为明显，导致储层孔隙度和渗透率降低。杂基充填作用占据了骨架颗粒之间的原始孔隙，使岩石储集性能变差。胶结作用使物性降低，且以泥质胶结和碳酸盐胶结作用表现较为突出。溶解作用形成次生孔隙而改善储集性能，是形成优质储层的重要因素。

3. 构造作用对储集性能的影响

二连盆地下白垩统受控于燕山运动构造作用沉积而成，伴随断陷初期、断陷发育期、断坳发育期和萎缩期各个阶段，发育了基底顶（T_g）、阿尔善组三段底界（T_9）、腾格尔组一段底界（T_8）、腾格尔组二段底界（T_6）、赛汉塔拉组底界（T_3）等区域或局部不整合面，与此同时发育多期断层，靠近断层发育部位形成裂缝、微裂缝等储集空间，改善了储集空间的连通状况，提高了储层的储集性能。

五、储层评价

1. 评价标准

以各含油区碎屑岩储层孔隙度、渗透率为依据，结合影响储层发育的主要因素——沉积微相和成岩阶段，建立了二连盆地下白垩统碎屑岩储层评价标准（表7-9）。

表7-9 二连盆地下白垩统碎屑岩储层评价标准

储层类型	沉积微相	成岩阶段	孔隙结构		储集性能	
			喉道半径/μm	类型	孔隙度/%	渗透率/mD
I（好）	辫状河三角洲前缘水下分流河道、扇三角洲前缘水下分流河道、近岸水下扇扇中辫状水道	早成岩阶段B期中成岩阶段A期	>10	中喉型	>15	>50
II（较好）	辫状河三角洲平原分流河道、扇三角洲平原分流河道、近岸水下扇扇中水道侧翼、辫状河道心滩	中成岩阶段A期中成岩阶段B期	5～10	较细喉型	10～15	10～50
	湖底扇中扇沟道	早成岩阶段B期				
III（中）	辫状河三角洲前缘席状砂、扇三角洲前缘席状砂、近岸水下扇扇根主水道及扇端席状砂	中成岩阶段B期	1～10	较细喉—细喉型	5～10	5～10
	辫状河道滞留、（洪）冲积扇扇中辫状河道	中成岩阶段A期				
IV（差）	辫状河三角洲平原洪泛平原及前缘分流间湾、扇三角洲平原洪泛平原及前缘分流间湾、近岸水下扇扇中水道间、（洪）冲积扇扇根辫状水道	中成岩阶段B期晚成岩阶段	<1	微细喉型	<5	<5

2. 储层评价分类

根据二连盆地下白垩统碎屑岩储层评价标准，对重点地区进行储层评价分类，同时结合沉积相、渗透砂岩厚度等对主要含油层段进行储层平面综合评价分类。

1）腾格尔组二段

腾格尔组二段主要为扇三角洲、辫状河三角洲相储集体，处于早成岩阶段A—B期，阿尔凹陷、巴音都兰凹陷、阿南—阿北凹陷阿南洼槽、吉尔嘎朗图凹陷、额仁淖尔凹陷、赛汉塔拉凹陷和洪浩尔舒特凹陷东洼槽主要为I类储层；阿南—阿北凹陷阿北洼槽、乌兰花凹陷和乌里雅斯太凹陷中洼槽主要为I—II类储层；乌里雅斯太凹陷南洼槽和洪浩尔舒特凹陷中洼槽主要为II—III类储层（表7-10）。凹陷内不同地区由于储集体沉积相及成岩阶段不同，储层类型有异（图7-6）。

表 7-10　二连盆地下白垩统腾格尔组二段储层评价分类表

凹陷		平均孔隙度 /%	平均渗透率 /mD	平均面孔率 /%	平均孔隙直径 /μm	平均喉道宽度 /μm	成岩阶段	沉积相	储层类型
阿尔		19.1	198.1	10	90	8	中成岩阶段 A 期	扇三角洲 辫状河三角洲	I
乌里雅斯太	中洼槽	19.0	27.0	10	70	8	早成岩阶段 A—B 期	辫状河三角洲 扇三角洲	I—II
	南洼槽	14.0	2.5				早成岩阶段 A—B 期	辫状河三角洲 扇三角洲	II—III
巴音都兰		17.9	329.9	7	80	10	早成岩阶段 A 期	辫状河三角洲 扇三角洲	I
阿南｜阿北	阿南洼槽	20.0	100.0	15	200	20	早成岩阶段 A 期	扇三角洲 辫状河三角洲	I
	阿北洼槽	23.1	42.1	17			早成岩阶段 A 期	辫状河三角洲 扇三角洲	I—II
洪浩尔舒特	东洼槽	23.1	195.3	12			早成岩阶段 B 期	辫状河三角洲 扇三角洲	I
	中洼槽	14.7	1.7	5			早成岩阶段 B 期	辫状河三角洲 扇三角洲	II—III
吉尔嘎朗图		21.7	60.1				早成岩阶段 A—B 期	辫状河三角洲 扇三角洲	I
额仁淖尔		28.3	1620.4	8	95	7	早成岩阶段 A—B 期	辫状河三角洲 扇三角洲	I
赛汉塔拉		20.5	76.1	8	70	5	早成岩阶段 A—B 期	辫状河三角洲 扇三角洲	I
乌兰花		19.1	29.3	9	60	8	早成岩阶段 A—B 期	扇三角洲	I—II

2）腾格尔组一段

腾格尔组一段主要为扇三角洲、辫状河三角洲和近岸水下扇储集体，处于早成岩阶段 B 期—中成岩阶段 A 期，阿南—阿北、额仁淖尔凹陷主要为 I 类储层；阿尔凹陷、赛汉塔拉凹陷、乌兰花凹陷和洪浩尔舒特凹陷东洼槽主要为 I—II 类储层；巴音都兰凹陷、吉尔嘎朗图凹陷和乌里雅斯太凹陷中洼槽主要为 II 类储层；洪浩尔舒特凹陷西洼槽和乌里雅斯太凹陷南洼槽主要为 II—III 类储层（表 7-11）。不同凹陷不同地区由于储集体沉积相及成岩阶段不同，储层类型有别（图 7-7 至图 7-12）。

表 7-11 二连盆地下白垩统腾格尔组一段储层评价分类表

凹陷		平均孔隙度/%	平均渗透率/mD	平均面孔率/%	平均孔隙直径/μm	平均喉道宽度/μm	成岩阶段	沉积相	储层类型
阿尔		10.4	136.5	10	80	7	中成岩阶段 A 期	扇三角洲、辫状河三角洲	I—II
乌里雅斯太	中洼槽	10.8	15.5				早成岩阶段 B 期—中成岩阶段 A 期	辫状河三角洲、近岸水下扇	II
	南洼槽	12.5	2.0	8	80	7	早成岩阶段 B 期—中成岩阶段 A 期	辫状河三角洲、近岸水下扇、湖底扇	II—III
巴音都兰		13.7	24.9	7	220	16	早成岩阶段 A—B 期	扇三角洲、近岸水下扇	II
阿南—阿北	阿南洼槽	15.4	56.8				早成岩阶段 A—B 期	辫状河三角洲、扇三角洲、近岸水下扇	I
	阿北洼槽	16.0	55.4				早成岩阶段 A—B 期	辫状河三角洲、近岸水下扇	I
洪浩尔舒特	东洼槽	18.3	23.2	8			中成岩阶段 A 期	辫状河三角洲、近岸水下扇	I—II
	中洼槽	10.9	0.9	3			中成岩阶段 A 期	辫状河三角洲、近岸水下扇	III—IV
	西洼槽	23.1	5.7	4			中成岩阶段 A 期	辫状河三角洲、近岸水下扇	II—III
吉尔嘎朗图		13.0	32.6				早成岩阶段 B 期—中成岩阶段 A 期	近岸水下扇、辫状河三角洲	II
额仁淖尔		17.3	58.0	16	200	15	早成岩阶段 B 期—中成岩阶段 B 期	辫状河三角洲、近岸水下扇	I
赛汉塔拉		18.5	29.6	8	60	7	早成岩阶段 B 期—中成岩阶段 A 期	辫状河三角洲、扇三角洲、近岸水下扇	I—II
乌兰花		16.0	42.3	7	230	12	早成岩阶段 B 期—中成岩阶段 A 期	扇三角洲	I—II

3）阿尔善组四段

阿尔善组四段主要为扇三角洲、辫状河三角洲和近岸水下扇储集体，主要处于中成岩阶段 A—B 期。额仁淖尔凹陷主要为 I 类储层；巴音都兰、阿南—阿北凹陷和洪浩尔舒特凹陷东洼槽主要为 II 类储层；洪浩尔舒特凹陷中洼槽、赛汉塔拉凹陷主要为 II—III 类储层；乌里雅斯太凹陷南洼槽主要为 III 类储层；洪浩尔舒特凹陷西洼槽和乌兰花凹陷主要为 III—IV 类储层（表 7-12）。不同凹陷内不同地区由于储集体沉积相及成岩阶段不同，储层类型有别（图 7-13 至图 7-15）。

表 7-12　二连盆地下白垩统阿尔善组四段储层评价分类表

凹陷		平均孔隙度 / %	平均渗透率 / mD	平均面孔率 / %	平均孔隙直径 / μm	平均喉道宽度 / μm	成岩阶段	沉积相	储层类型
乌里雅斯太	南洼槽	10.1	8.1	7.0	70	6	中成岩阶段 A—B 期	扇三角洲、辫状河三角洲	III
巴音都兰		14.0	11.3	8.1	80	8	中成岩阶段 A 期	扇三角洲、近岸水下扇	II
阿南—阿北	阿南洼槽	13.5	44.4	12.5	150	25	早成岩阶段 B 期—中成岩阶段 A 期	扇三角洲、近岸水下扇、辫状河三角洲	II
	阿北洼槽	12.7	40.0	6.5			早成岩阶段 B 期—中成岩阶段 A 期	扇三角洲、近岸水下扇	II
洪浩尔舒特	东洼槽	15.6	17.3	5.2			中成岩阶段 A 期	扇三角洲、辫状河三角洲	II
	中洼槽	11.9	8.6	5.0			中成岩阶段 A 期	扇三角洲、辫状河三角洲	II—III
	西洼槽	11.5	4.0	4.5			中成岩阶段 A—B 期	扇三角洲、辫状河三角洲	III—IV
额仁淖尔		16.0	533.7	7.5			中成岩阶段 A—B 期	扇三角洲、辫状河三角洲	I
赛汉塔拉		12.1	5.3	3.6	81	6	早成岩阶段 B 期—中成岩阶段 A 期	扇三角洲、近岸水下扇、辫状河三角洲	II—III
乌兰花		7.3	1.5	3.0	50	6	中成岩阶段 A 期	扇三角洲、辫状河三角洲	III—IV

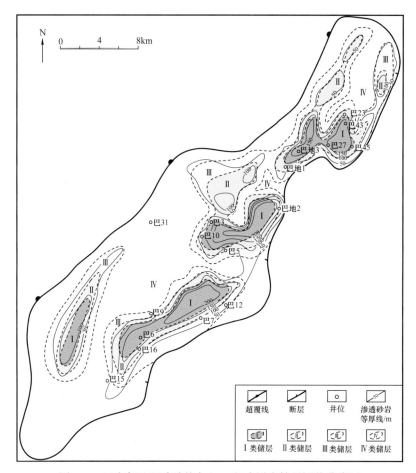

图 7-6 巴音都兰凹陷腾格尔组二段碎屑岩储层评价分类图

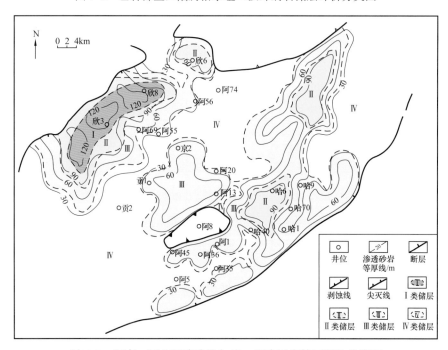

图 7-7 阿南—阿北凹陷腾格尔组一段碎屑岩储层评价分类图

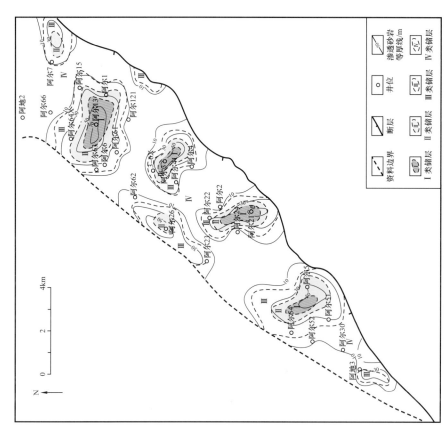

图 7-9　阿尔凹陷腾格尔组一段上亚段碎屑岩储层评价分类图

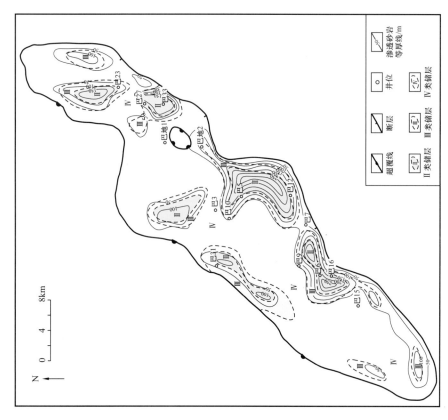

图 7-8　巴音都兰凹陷腾格尔组一段碎屑岩储层评价分类图

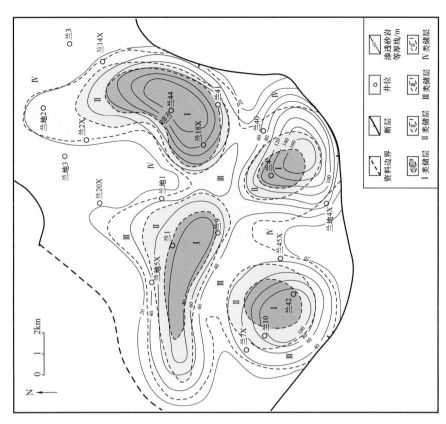

图 7-11　乌兰花凹陷南洼槽腾格尔组一段上亚段碎屑岩储层评价分类图

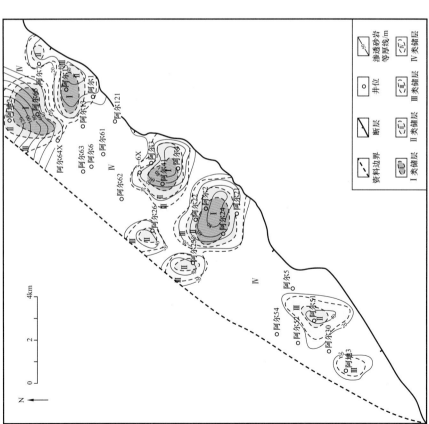

图 7-10　阿尔凹陷腾格尔组一段下亚段碎屑岩储层评价分类图

图 7-13　阿南—阿北凹陷阿尔善组碎屑岩储层评价分类图

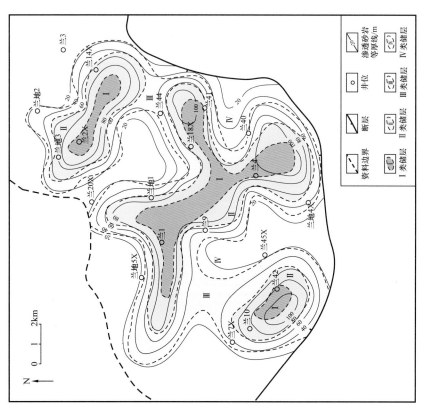

图 7-12　乌兰花凹陷南洼槽腾格尔组一段下亚段碎屑岩储层评价分类图

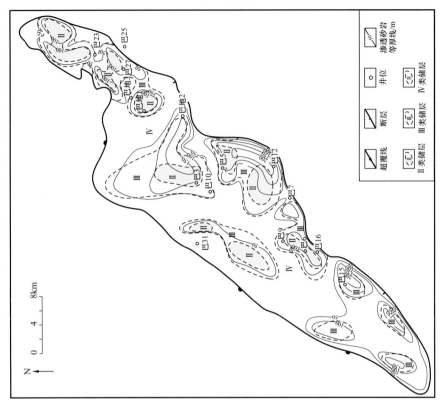

图 7-15　巴音都兰凹陷阿尔善组碎屑岩储层评价分类图

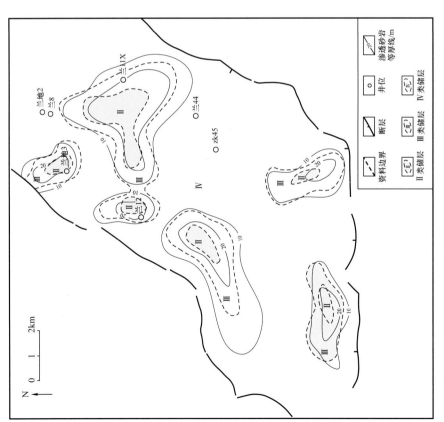

图 7-14　乌兰花凹陷南洼槽阿尔善组四段碎屑岩储层评价分类图

第二节　其他岩类储层

二连盆地除碎屑岩储层外，尚有一些火山熔岩、火山碎屑岩、花岗岩和海相碳酸盐岩等储层。这些储层均发现了不同程度的油气显示，并已在阿南—阿北、乌兰花、赛汉塔拉等凹陷分别发现了火山熔岩、火山碎屑岩、花岗岩和海相碳酸盐岩油藏。

一、火山熔岩储层

二连盆地在 23 个凹陷钻遇火山熔岩，但仅在阿南—阿北、乌兰花凹陷发现较大规模的安山岩油藏，洪浩尔舒特、吉尔嘎朗图凹陷发现小规模的安山岩油藏，乌里雅斯太、赛汉塔拉等凹陷火山熔岩见油气显示。故以阿南—阿北凹陷火山熔岩为例，对该类储层进行述及。

1. 储层分布特征

小阿北火山岩油藏位于阿南—阿北凹陷阿尔善大断层的上升盘。安山岩位于阿尔善组三段，呈假整合状夹于沉积岩之间，紫灰色—绿灰色安山岩与气孔安山岩、角砾状安山岩呈韵律性互层。

2. 岩石学特征

依据岩石结构、构造，将小阿北火山熔岩分为块状安山岩、气孔—杏仁安山岩、自碎角砾状安山岩、含生物碎屑安山质角砾岩等四种岩石类型（余家仁等，2001）（图 7-16）。

据阿 100 井岩心统计，四种岩性中气孔—杏仁安山岩最发育，其次是致密块状安山岩，自碎角砾状安山岩、含生物碎屑安山质角砾岩发育最差（表 7-13）。

表 7-13　阿 100 井火山熔岩岩类统计表

岩类	厚度 /m	占火山熔岩总厚度 /%
含生物碎屑安山质角砾岩	2.7	2.8
自碎角砾状安山岩	6.98	7.3
气孔—杏仁状安山岩	49.28	51.5
致密块状安山岩	36.75	38.4
总计	95.71	100

3. 储集空间特征

据阿 7 井、阿 100 井岩心观察及铸体薄片鉴定，安山岩类储集空间类型主要有气孔、构造缝及砾间溶孔、晶内溶孔（图 7-16）。

4. 物性特征

四种不同结构、构造的安山岩储层均表现出明显的中—低孔特低渗性（表 7-14）。按 SY/T 6285—2011《油气储层评价方法》中火成岩储层孔隙度、渗透率划分标准，为Ⅱ—Ⅲ类储层。但勘探开发实践表明，裂缝性储层的一般特征是低孔高渗，因此，岩心实测渗透率可能受样品条件的限制，仅代表了不含或少含裂缝安山岩的渗透性。

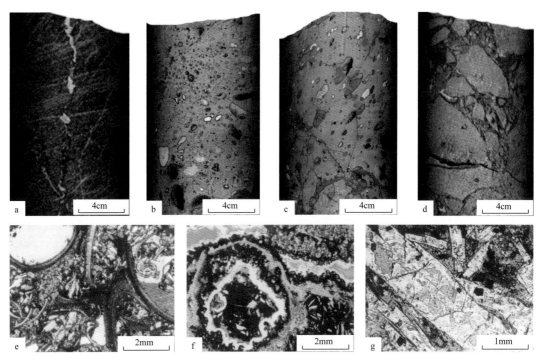

图 7-16　小阿北火山熔岩岩石类型及储集空间类型图

a. 阿 100 井，710.70～710.85m，块状安山岩，块状构造，交织结构，构造缝被方解石半充填；b. 阿 100 井，746.25～746.40m，气孔—杏仁状安山岩，气孔—杏仁状构造，安山结构，气孔、杏仁体呈椭圆或圆形；c. 阿 100 井，741.7～741.85m，微构造缝，其他同图 7-16b；d. 阿 100 井，702.93～703.10m，自碎角砾状安山岩，角砾大小为 2～100mm，角砾内常见气孔、杏仁构造；e. 阿 7 井，676.66～684.75m，含生物碎屑安山质角砾岩，与自碎角砾状安山岩相同，只是角砾间混入介壳碎屑，与沉积作用有关，岩石薄片，单偏光，f. 阿 100 井，755.31m，自碎角砾状安山岩，砾内气孔及砾间溶孔（蓝色铸体），铸体薄片，单偏光；g. 阿 7 井，714.05～718.25m，块状安山岩，长石晶内溶孔（蓝色铸体），铸体薄片，单偏光

表 7-14　阿 100 井、阿 110 井火山熔岩类物性统计表

岩类	井号	孔隙度 /%	渗透率 /mD	含油饱和度 /%	样品数块
含生物碎屑安山质角砾岩	阿 100	10.5	1.086	24.5	3
自碎角砾状安山岩	阿 100	18	3.849	10.5	28
	阿 110	24.1	1.4		29
气孔—杏仁状安山岩	阿 100	19	2.428	9.0	56
	阿 110	28.3	0.1		11
块状安山岩	阿 100	7.0	2.033	5.4	31
	阿 110	20.4	<0.1		8

5. 储层发育的主要影响因素

火山熔岩储层发育的影响因素主要为火山熔岩岩相与成岩作用。

1）火山熔岩岩相分析

根据火山熔岩发育组合及分布特征，主要发育陆地喷溢相熔岩，火山熔岩沿阿尔善大断层呈北东向展布，并在阿107、阿104井区形成熔岩台地相，以块状安山岩、气孔—杏仁状安山岩及角砾状安山岩韵律性互层组合为特征，角砾状安山岩占熔岩流层的17%；在阿106、阿110、阿2井区形成熔岩台地边缘相，角砾岩占11%；在阿8井、阿7-4—阿7-14井的东南地区，形成火山—沉积相区，岩性主要为火山熔岩夹泥岩，角砾岩仅占2.4%。

生产情况亦证实，熔岩台地相储集性能较好。在熔岩台地相的36口井中，有23口井日产油大于10t，占熔岩台地相总井数的63.9%；在熔岩台地边缘相的15口井中，有4口井日产油大于10t，占熔岩台地边缘相总井数的26.7%；在火山—沉积相区的6口井中，有2口井日产油大于10t，占火山—沉积相总井数的33%。

由此可见，小阿北安山岩油藏，火山熔岩相对其储集性能有着明显的控制作用。

2）成岩作用的影响

区内火山熔岩常见的成岩作用有：冷却成岩、充填交代、淋滤溶蚀及构造力作用（余家仁等，2001）。

冷却成岩作用：中性岩浆溢流出地面，伴随岩浆的冷却，熔浆中矿物也结晶析出，因冷却快，部分熔浆未结晶而成玻璃质；挥发组分则溢出或聚结成气泡，冷却后形成气孔构造，是有利的储集类型之一。

充填交代作用：已经形成的火山熔岩中，熔浆余热形成热水溶液，热液沉淀的绿泥石、方解石充填于气孔或裂缝中；玻璃质及暗色矿物水化反应，形成蒙皂石、绿泥石；玻璃质水化反应产生不稳定的H_4SiO_4，在碱性条件下沉淀生成玉髓或石英，充填于裂缝或孔隙中。

淋滤溶蚀作用：阿南—阿北凹陷安山岩形成后，由于沉积间断而未深埋，处于接近地表的环境，期间地表水对岩石进行淋滤溶蚀。

构造力作用：该区安山岩体呈假整合状夹于沉积岩中，当地层受力时，安山岩产生高角度的构造缝，这些构造缝起连通和渗滤作用。

二、火山碎屑岩储层

二连盆地火山碎屑岩主要为凝灰岩，主要分布于古生界，在阿南—阿北、洪浩尔舒特、赛汉塔拉等凹陷钻遇，但凝灰岩中发现油藏的仅阿南—阿北凹陷哈南古生界凝灰岩。故以哈南古生界凝灰岩为例，对该类储层进行述及。

1. 分布特征

哈南古生界凝灰岩位于阿南—阿北凹陷南部，潜山长轴呈北东向，其北西侧被主断层切割，东侧被南北向断层所切，形成地垒山。钻井揭示凝灰岩厚800～900m，分为基性凝灰岩及中性凝灰岩，基性凝灰岩段与中性凝灰岩段在纵向剖面上呈韵律交替出现。

2. 岩石学特征

哈南古生界凝灰岩分为玄武质晶屑玻屑凝灰岩、安山质晶屑凝灰岩、安山质玻屑凝灰岩和安山质沉凝灰岩等四种类型（图7-17）。

3. 储集空间特征

古生界凝灰岩主要有粒（砾）间孔、裂缝和溶蚀孔洞缝等三类储集空间（余家仁等，2001）（图7-17）。

图 7-17　哈南古生界凝灰岩岩石类型及储集空间类型图

a. 哈 301 井，1840.96～1841.16m，玄武质晶屑玻屑凝灰岩，构造缝宽度一般在 2mm 左右，被方解石全充填或半充填；b. 哈 8 井，1686.62～1686.79m，安山质晶屑凝灰岩，构造缝中充填石油；c. 哈 301 井，1725.6m，安山质晶屑凝灰岩，主要为石英晶屑，其次为长石晶屑，岩石薄片，正交偏光；d. 哈 8 井，1781.63～1784.61m，安山质沉凝灰岩，粒间孔、粒间溶孔（蓝色铸体）发育，铸体薄片，单偏光；e. 哈 8 井，1681.12～1684.23m，安山质玻屑凝灰岩，溶蚀孔（黑色）较发育，岩石薄片，单偏光

粒（砾）间孔：凝灰岩由 0.01～2mm 的火山碎屑堆积而成，为火山碎屑颗粒间孔隙，但由于压实作用，使孔隙喉道变细，孔隙度降低。

裂缝：以高角度及直立构造缝为主。据哈 301 井岩心统计，在 219.965m 长的岩心中，被裂缝切割、碎裂呈 2～5cm 大小的岩心占总长度的 32%，缝面倾角较陡，大于 60° 的裂缝占 94%。

溶蚀孔洞缝：多发育于中性凝灰岩中，面孔率平均为 1%。据哈 8 井岩心观察，最大孔洞为 1cm×2cm，一般为 2cm×0.5cm；据哈 1 井薄片观察，沿缝溶蚀成长 100～200μm、宽 100～300μm 的溶孔、粒（砾）间溶蚀孔缝。

4. 物性特征

凝灰岩潜山物性分布与风化带关系较为密切，处于风化带上部的储集物性较好，而下部半风化带及未风化带储集物性较差。以哈 31 井为例，晚期风化带：孔隙度（裂缝孔隙度和声波孔隙度之和）主要在 3%～18% 之间，平均为 9.9%；渗透率主要在 0.01～2mD 之间，平均为 0.4mD。晚期半风化带：孔隙度主要在 1%～12% 之间，平均为 7.5%；渗透率主要在 0.01～1mD 之间，平均为 0.2mD。

5. 储层发育的主要影响因素

凝灰岩潜山储层的发育与岩性和距潜山顶距离—风化淋滤作用有关。

1）岩性

根据电测解释结果，中性凝灰岩储层发育，如哈 1 井中性凝灰岩储层占 36.7%；基性凝灰岩储层发育较差，如哈 301 井基性凝灰岩储层仅占 7.9%。因此岩性是影响储层发育的主要因素。

2）距潜山顶距离—风化淋滤作用

暴露于地表的凝灰岩在大气、地表水等风化淋滤作用下，其中的玻屑或岩屑易被溶蚀，利于溶蚀型储层的形成，进而在潜山顶部形成纵向上具有一定范围的风化带。一般而言，距离潜山顶面越近，风化淋滤、溶蚀作用越强，裂缝、溶蚀孔洞型储层越发育；距离潜山顶面越远，地表水越难渗滤进去，发生的溶蚀作用越弱，再加之上覆地层压力的影响，构造裂缝被压实，裂缝变窄，向下逐渐变致密。哈1井凝灰岩储层分布于进山后188m井段内；哈8井凝灰岩储层分布于进山后249.8m井段内；哈301井凝灰岩储层分布于进山后195m井段内。由此可见，储层主要发育在潜山顶以下200m的风化壳范围内，距潜山顶距离是影响储层发育的重要因素。

三、花岗岩储层

乌里雅斯太凹陷太5、太7、太9、太22等井，额仁淖尔凹陷淖12、淖17、淖33等井及乌兰花凹陷兰9、兰11X、兰18X、兰26X等井钻遇古生界花岗岩，钻遇厚度最大237m（兰23X井），一般20~120m不等。乌兰花凹陷兰18X井获高产工业油流。故以乌兰花凹陷古生界花岗岩为例，对该类储层进行论述。

1.岩石学特征

通过兰18X、兰9、兰9-1、兰20X等井的岩心观察与薄片鉴定，结合X射线衍射分析结果，将花岗岩细分为二长花岗岩和花岗闪长岩（图7-18），且主要发育二长花岗岩，只在兰9井区发育少量花岗闪长岩。其中斜长石蚀变，黑云母部分绿泥石化，少量方解石充填石英、长石晶粒间并交代颗粒。

图7-18　乌兰花凹陷古生界岩石类型及储集空间类型图

a. 兰18X井，2098.70~2099.00m，花岗岩，溶蚀孔洞发育；b. 兰18X井，2099.20~2099.40m，花岗岩，发育高角度构造缝；c. 兰20X井，1473.40~1473.60m，致密块状花岗岩；d. 兰9井，2175.70~2175.90m，花岗闪长岩；e. 兰18X井，2097.34m，二长花岗岩，长石粒内溶孔，铸体薄片，单偏光；f. 兰18X井，2098.01m，二长花岗岩，溶蚀孔、缝，铸体薄片，单偏光；g. 兰18X井，2097.34m，二长花岗岩，岩石薄片，单偏光

2. 储集空间特征

主要有构造缝、溶蚀缝和溶蚀孔等三大类储集空间（图 7-18）。

构造缝：早期构造缝被方解石、石英全充填或半充填，晚期构造缝宽度最大为 2mm。以垂直或高角度斜交缝为主，少量低角度缝。

溶蚀缝：沿构造缝溶蚀形成的溶蚀缝，在显微镜下观察有较多的溶蚀缝。

溶蚀孔：花岗岩溶蚀孔整体相对发育，主要为长石晶内溶蚀孔。沿裂缝周围溶蚀较发育，局部见溶洞。

3. 物性特征

岩心分析资料表明，基质物性普遍较低，孔隙度为 1.5%～14.2%，平均为 3.43%；渗透率为 0.02～1.23mD，平均为 0.19mD，按 SY/T 6285—2011《油气储层评价方法》中火成岩储层孔隙度、渗透率划分标准，为Ⅳ类储层，处于裂缝或风化壳发育层段孔隙度和渗透率较高。

四、碳酸盐岩储层

二连盆地碳酸盐岩储层主要分布于上古生界石炭系—二叠系阿木山组，赛汉塔拉凹陷赛 51 井钻遇阿木山组碳酸盐岩 420m（未穿），发现各类油气显示 37m/10 层。对 1275.00～1300.43m 井段酸压后求产，日产油 226t，开辟了二连盆地上古生界碳酸盐岩找油新领域，故以赛 51 井上古生界碳酸盐岩为例，对该类储层进行论述。

1. 岩石学特征

据 1273.10～1277.23m 井段岩心样品薄片鉴定，有泥晶灰岩、泥晶粒屑灰岩、粒屑泥晶灰岩和泥晶粒屑白云石（化）质灰岩等四种岩石类型（图 7-19）。岩石局部白云石化，粒屑以生物碎屑（有孔虫、棘皮类等）为主，其次为砂屑。

2. 储集空间特征

储集空间主要有构造缝、构造—溶蚀缝和溶洞、晶间溶孔、晶内溶孔等两类五种类型（赵贤正等，2008）（图 7-19），裂缝为主要的储集空间，储集类型为孔隙—裂缝型。

（1）裂缝：为构造缝、构造—溶蚀缝，按发育规模分为构造大缝和构造微裂缝两类。

构造大缝：赛 51 井石炭系碳酸盐岩取心 2 次，岩石破碎，收获率为 20.1%～24.6%，裂缝发育，含油，缝密度为 6～7 条/m，缝宽 1～5mm，被泥质、方解石半充填。

构造微裂缝：延伸较短，发育程度与构造大缝密切相关，主要发育于构造大缝附近，二者相互沟通，形成网状裂缝系统，构成主力油气储集空间。在 3 块岩心样品中，微裂缝宽度为 0.25～0.30mm，早期裂缝被泥质和方解石全充填，晚期构造裂缝被石油充填。

（2）溶孔、洞：主要有溶洞、晶间溶孔、晶内溶蚀等三种孔隙类型。赛 51 井钻至井深 1506.5m 处发生钻具放空 0.32m，表明存在溶蚀孔洞；1273.10～1277.23m 井段岩心观察，孔洞发育，孔密度为 9 个/m，直径为 1～5mm，晶间溶孔、晶内溶孔等被方解石、石油充填。

3. 物性特征

赛 51 井 1268.6～1492.8m 井段测井解释 15 层 119.4m，其中Ⅰ类储层 3 层 37.2m，Ⅱ类储层 6 层 55.2m，Ⅲ类储层 6 层 27.0m。测井解释孔隙度为 2.0%～7.5%，一般在 3%～5% 之间。初期，日产油 226t，表明其具有良好的储集性能。

图 7-19　赛 51 井上古生界阿木山组碳酸盐岩岩石类型及储集空间类型图

a.1273.0~1275.93m，油斑灰岩，裂缝发育，呈不规则网状分布，缝宽 1~5mm，裂缝被泥质、方解石半充填，少量溶孔、洞；b.1275.93~1282.55m，油斑灰岩；c.1273.10m，粒屑泥晶灰岩，粒屑为棘皮类、有孔虫、砂屑等，早期构造缝被方解石充填，岩石薄片，单偏光；d.1273.60m，泥晶粒屑灰岩，含蜓类化石及碎片，岩石薄片，单偏光；e.1273.10m，泥晶灰岩，方解石充填构造缝，方解石晶间孔被石油充填，岩石薄片，单偏光；f.1276.83m，泥晶粒屑白云石（化）质灰岩，白云石晶间、晶内溶孔被石油充填，岩石薄片，单偏光

第八章 油气田水文地质

第一节 地层水特征

二连盆地油田水文地质研究程度低，主要根据资料相对丰富的吉尔嘎朗图、巴音都兰、阿南—阿北、赛汉塔拉、额仁淖尔五个凹陷进行梳理总结。二连盆地地层水（不包括新生界浅层水）可初步分为潜山（古生界）和阿尔善组（K_1a）、腾格尔组一段（K_1t_1）、腾格尔组二段（K_1t_2）及赛汉塔拉组（K_1s）五套含水层。本章主要对地层水的分类、地层水性质及其纵横向变化特征、地层水与油气关系等，作简要分析。

一、地层水化学分类

从盆地内五个凹陷74个水样分析数据可看出：阳离子中 Na^+（钠离子）占绝对优势（大于40%），Ca^{2+}（钙离子）、Mg^{2+}（镁离子）无一个水样大于10%，所以阳离子分区性不明显；但阴离子的含量对地层水的化学分类却有一定影响。按照修卡列夫和苏林关于地层水的化学分类，二连盆地地层水可初步划分为五种水类：即氯化物钠水（$Cl \cdot Na$）、氯化物重碳酸盐钠水（$Cl \cdot HCO_3 \cdot Na$）、重碳酸盐氯化物钠水（$HCO_3 \cdot Cl \cdot Na$）、重碳酸盐钠水（$HCO_3 \cdot Na$）及多种离子水（$Cl \cdot SO_4 \cdot HCO_3 \cdot Na$ 四元水）。水型可分四种：即 $CaCl_2$、$MgCl_2$、$NaHCO_3$ 和 Na_2SO_4 水型（表8–1）。

二、地层水性质平面分区及变化规律

二连盆地的地层水东西分区非常明显，受盆地东部靠近大兴安岭隆起的影响，早白垩世水动力活跃，东部的阿南—阿北、巴音都兰、吉尔嘎朗图等三个凹陷地层水较淡、类型复杂。下白垩统地层水总矿化度一般为 2000～5000mg/L，最小为 1306mg/L（阿19井腾格尔组），最大仅为 10097.8mg/L（阿22井腾格尔组二段）；潜山地层水总矿化度一般只有 2000～3000mg/L。按苏林地层水化学分类，有两种水型——$NaHCO_3$ 和 $CaCl_2$，阿南—阿北凹陷阿北—蒙古林构造鞍部腾格尔组二段有 $CaCl_2$ 水型；按修卡列夫地层水分类，有四种水类——$Cl \cdot Na$、$Cl \cdot HCO_3 \cdot Na$、$HCO_3 \cdot Cl \cdot Na$ 和 $HCO_3 \cdot Na$ 水。

盆地西部坳陷带被巴音宝力格隆起、温都尔庙隆起西段及苏尼特隆起西南段所夹持，由于这些隆起上的大片花岗岩不易风化，水动力不活跃，西部坳陷带受基岩地层水的影响远小于东部坳陷带。盆地西部的赛汉塔拉、额仁淖尔等两个凹陷地层水咸，水类型简单。下白垩统地层水总矿化度一般大于 10000mg/L。额仁淖尔凹陷淖参2井地层水矿化度最高可达 100000mg/L 以上，变为氯离子（Cl^-）高度富集的卤水。赛汉塔拉凹陷下白垩统有 $CaCl_2$ 和 $NaHCO_3$ 两种水型，额仁淖尔凹陷有四种水型——$CaCl_2$、$MgCl_2$、$NaHCO_3$ 和 $NaSO_4$ 水型。赛汉塔拉和额仁淖尔凹陷下白垩统地层水按修卡列夫地层水分

类，水类始终很稳定，为 Cl·Na 水。潜山地层水和下白垩统地层水的性质基本相似，矿化度稍低（一般仍大于 10000mg/L），变质系数（r_{Na^+}/r_{Cl^-}）比值稍大。

表 8-1 二连盆地地层水分类表

凹陷	层位	苏林水型	修卡列夫水类
吉尔嘎朗图	K_1t	NaHCO₃	Cl·HCO₃·Na 水
巴音都兰	K_1t_1	NaHCO₃	Cl·HCO₃·Na 水
	K_1a	NaHCO₃	HCO₃·Cl·Na 水
阿南—阿北	K_1s	NaHCO₃	Cl·HCO₃·Na、HCO₃·Cl·Na 水
	K_1t_1	CaCl₂、NaHCO₃	Cl·Na、Cl·HCO₃·Na、HCO₃·Na 水
	K_1a	NaHCO₃	Cl·HCO₃·Na、HCO₃·Cl·Na 水
	J—Pz	NaHCO₃	HCO₃·Na 水
赛汉塔拉	K_1t	CaCl₂、NaHCO₃	Cl·Na 水
	K_1a	NaHCO₃	Cl·Na 水
	J—Pz	CaCl₂	Cl·Na 水
额仁淖尔	K_1t_2	CaCl₂、MgCl₂、Na₂SO₄	Cl·Na 水
	K_1a	CaCl₂	Cl·Na 水
	Pz	NaHCO₃	Cl·SO₄·HCO₃·Na 四元水

三、不同层系地层水特征

1. 赛汉塔拉组地层水特征

赛汉塔拉组地层水根据阿南—阿北凹陷的阿东（即阿 9—哈 6 井一带）、莎音乌苏构造带的水样分析。整体上地层水矿化度低，为弱还原—还原水化学环境。由于赛汉塔拉组物性好，日产水量大于 30m³，阿东地区阿 9 井日产水量高达 103m³；总矿化度为 1757~1988mg/L，r_{Na^+}/r_{Cl^-} 比值为 1.74~1.75，交替离子的标志——HCO₃⁻+CO₃²⁻ 含量为 21.70%~21.81%，硫酸盐系数（SO₄²⁻ 含量 ×100/Cl⁻ 含量）为 0.33~6.08。通过古今水动力条件比较，古代水动力较活跃，而现代水动力则有变弱的趋势。在莎音乌苏一带为弱还原水化学环境，而在阿东（阿 9 井—哈 6 井一带）地区则为弱还原—还原水化学环境，尤其是哈 15—哈 6 井一带及其以北为还原水化学环境（图 8-1）。

2. 腾格尔组二段地层水特征

腾格尔组二段地层水比赛汉塔拉组地层水咸，地层水特征在东部坳陷带（马尼特、乌尼特、腾格尔坳陷）与西部坳陷带有所不同，东部坳陷带为弱还原—弱氧化水化学环境，西部坳陷带为弱还原—还原水化学环境。

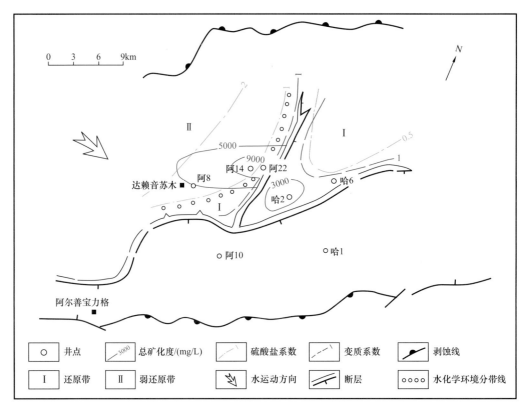

图 8-1　阿南—阿北凹陷赛汉塔拉组地层水水化学环境分带图

东部坳陷带腾格尔组二段地层水矿化度最小为 1305.9mg/L（阿 19 井），最大可达 10097.8mg/L（阿北—蒙古林构造鞍部阿 22 井），一般只有 2300～5000mg/L。r_{Na^+}/r_{Cl^-} 比值一般为 1～5，$HCO_3^-+CO_3^{2-}$ 含量一般大于 10%，硫酸盐系数一般 1～25，水型全为 $NaHCO_3$，水类较复杂，有 Cl·Na 水、Cl·HCO_3·Na 水和 HCO_3·Na 水。其中，在阿南—阿北凹陷阿尔善断层以南的哈达图地区哈 3、哈 4 井一带为弱氧化水化学环境，总矿化度为 2736.4～4922.93mg/L，r_{Na^+}/r_{Cl^-} 比值为 6.80～9.05，硫酸盐系数为 5.48～30.53，$HCO_3^-+CO_3^{2-}$ 含量大于 40%，属 $NaHCO_3$ 水型，其余地区均为弱还原—还原水化学环境（图 8-2）。

西部坳陷带赛汉塔拉、额仁淖尔凹陷腾格尔组二段地层水总矿化度一般为 20000～50000mg/L，r_{Na^+}/r_{Cl^-} 小于 1，为 $CaCl_2$ 水型。区别在于：赛汉塔拉凹陷赛四、扎布构造腾格尔组二段地层水的硫酸盐系数小于 1，$HCO_3^-+CO_3^{2-}$ 含量小于 2%，为还原条件下的水化学环境；而额仁淖尔凹陷淖 13 断块地层水硫酸盐系数大于 4，为弱还原水化学环境。

3.腾格尔组一段地层水特征

腾格尔组一段主要为高矿化地层水，多属弱还原—还原水化学环境。巴音都兰凹陷腾格尔组一段地层水咸于阿尔善组地层水，总矿化度大于 5000mg/L，r_{Na^+}/r_{Cl^-} 比值为 8.65，硫酸盐系数为 1.40，$HCO_3^-+CO_3^{2-}$ 含量大于 40%，属于 $NaHCO_3$ 水型。根据水中 $HCO_3^-+CO_3^{2-}$ 含量和硫酸盐系数分析，属于弱还原—弱氧化水化学环境。

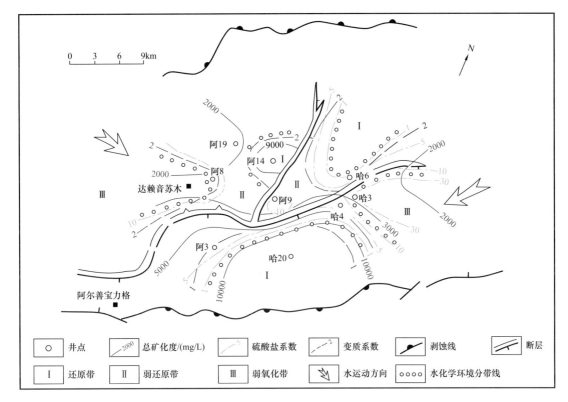

图 8-2　阿南—阿北凹陷腾格尔组二段地层水水化学环境分带图

吉尔嘎朗图凹陷腾格尔组一段与二段地层水性质相似，总矿化度、r_{Na^+}/r_{Cl^-} 比值、硫酸盐系数、$HCO_3^- + CO_3^{2-}$ 含量（大于 10%）皆无大的变化，说明古代水动力较活跃，而现代水动力变得不活跃，水交替强度变弱，属于弱还原—还原水化学环境，对油气藏的形成和保存比较有利。

额仁淖尔凹陷巴润鼻状构造上的淖参 2 井，腾格尔组一段地层水总矿化度大于 100000mg/L，r_{Na^+}/r_{Cl^-} 为 1.004，硫酸盐系数为 5.08，属于还原条件下的水化学环境；吉格森主体构造的淖参 1 井区和包尔构造上的淖 3 井区，总矿化度降至 3000mg/L，r_{Na^+}/r_{Cl^-} 比值、Cl·Na 水和 Na_2SO_4 水型都无变化，硫酸盐系数和 $HCO_3^- + CO_3^{2-}$ 含量增高，属于弱还原水化学环境（图 8-3）。

赛汉塔拉凹陷赛四构造赛 8 井腾格尔组一段地层水有明显异常，总矿化度只有 5556mg/L，该区腾格尔组一段地层水比其他地区水淡，也比阿尔善组地层水淡，为 Cl·Na 水。

4. 阿尔善组地层水特征

阿南—阿北、巴音都兰、赛汉塔拉凹陷阿尔善组地层水，总的特征是比腾格尔组地层水淡一些，r_{Na^+}/r_{Cl^-} 比值和硫酸盐系数偏高，水类型相差不大。

阿尔善组在凹陷内部比边部水化学环境更好。阿南—阿北凹陷内部阿尔善组地层水总矿化度一般为 5000mg/L 左右，水类型为 Cl·Na 水、Cl·HCO_3·Na 水、$NaHCO_3$ 水型。例如阿南背斜油藏西部的边水，总矿化度为 4327～5703mg/L，r_{Na^+}/r_{Cl^-} 比值为 1.34～1.64，硫酸盐系数为 1.21～26.28，属弱还原—还原水化学环境；根据现有水样分析资料，水

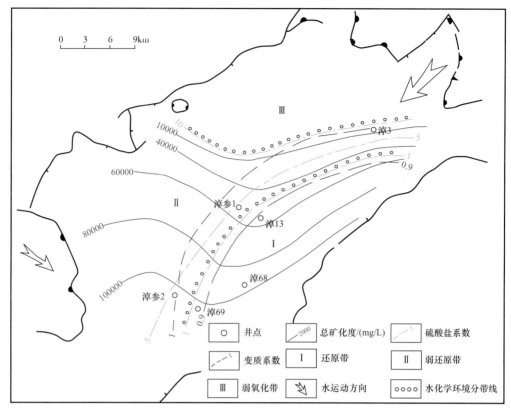

图 8-3 额仁淖尔凹陷腾格尔组一段地层水水化学环境分带图

化学环境阿尔善组上段比下段略好。靠近凹陷边部哈达图地区的哈 4 井，总矿化度为 3000mg/L，r_{Na^+}/r_{Cl^-} 比值为 6.70，$HCO_3^- + CO_3^{2-}$ 含量为 39.20%，硫酸盐系数为 41.14，为 $NaHCO_3$ 水型，属于弱氧化—氧化水化学环境（图 8-4）。

巴音都兰凹陷巴 I 号、巴 II 号构造阿尔善组地层水与腾格尔组一段地层水相比，总矿化度变低（由 5407mg/L 变为 3250mg/L），r_{Na^+}/r_{Cl^-} 比值变低（由 8.65 降为 3.81），$HCO_3^- + CO_3^{2-}$ 含量变低（由 44.19% 降低为 36.80%），硫酸盐系数变化不大（由 1.4 变为 1.3），水类由 $HCO_3 \cdot Na$ 水变为 $HCO_3 \cdot Cl \cdot Na$ 水，水型仍为 $NaHCO_3$。这些水化学指标说明：巴 II 号构造古代水动力极为活跃，现代水动力变弱，变为弱还原—弱氧化水化学环境。

赛汉塔拉凹陷阿尔善组地层水比腾格尔组二段地层水矿化度低，r_{Na^+}/r_{Cl^-} 比值偏大，然而水类和水型与腾格尔组一段相同，同为 $Cl \cdot Na$ 水和 $NaHCO_3$ 水型，属弱还原—还原水化学环境。

5. 古生界地层水特征

凹陷内部古生界地层水属弱还原—还原水化学环境；边部则变为弱还原—弱氧化水化学环境。根据阿南—阿北凹陷边部和赛汉塔拉凹陷内部的古生界地层水资料分析，阿东哈 15 井潜山和莎音乌苏潜山位于阿南—阿北凹陷边部，哈 15 井潜山古生界地层水总矿化度为 3517.2mg/L，r_{Na^+}/r_{Cl^-} 比值为 5.21，$HCO_3^- + CO_3^{2-}$ 含量大于 40%，硫酸盐系数为 3.36，属 $HCO_3 \cdot Na$ 水、$NaHCO_3$ 水型。莎音乌苏潜山莎 2 井古生界地层水和哈 15 井潜山地层水特征相似，皆属弱氧化水化学环境；而莎音乌苏潜山莎 1 井古生界地层水则属弱还原水化学环境（图 8-5）。

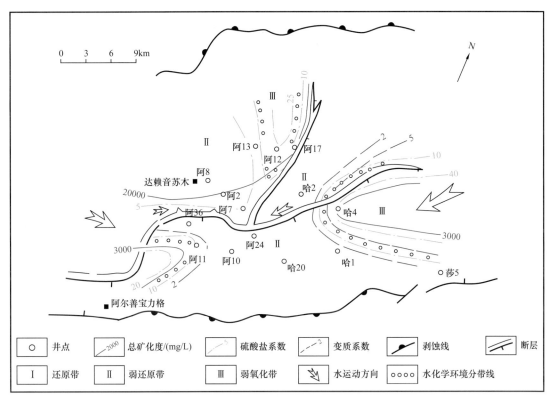

图 8-4　阿南—阿北凹陷阿尔善组地层水水化学环境分带图

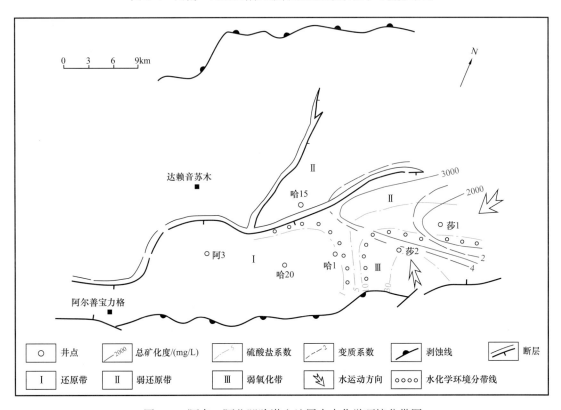

图 8-5　阿南—阿北凹陷潜山地层水水化学环境分带图

赛汉塔拉凹陷内部的赛四潜山古生界地层水与腾格尔组二段地层水特征相似，而与阿尔善组地层水有差别。古生界地层水总矿化度为13518mg/L，r_{Na^+}/r_{Cl^-} 比值为0.95，$HCO_3^-+CO_3^{2-}$ 含量为1.52%，硫酸盐系数为0.52，属 Cl·Na 水，为还原条件下的水化学环境。

总之，从现有资料分析，二连盆地五套含水层系地层水从下向上的特征是：有总矿化度由小（古生界）变大（阿尔善组和腾格尔组）再变小（赛汉塔拉组）、r_{Na^+}/r_{Cl^-} 比值由大变小再变大的趋势；$HCO_3^-+CO_3^{2-}$ 含量和硫酸盐系数变化不明显；水型和水类的规律性也不强。反映了早白垩世水进水退的多期性和潜山基岩水受周边沉积水的影响。

第二节　地层水与油气关系

从油气水特征的角度，适当考虑构造、地层等因素，分析地层水对二连盆地部分凹陷油气的运移和聚集、油气藏的形成和保存的影响。

一、水化学环境与油气藏

还原—弱还原水化学环境对油气运移、聚集及油气藏的形成和保存有利；弱氧化水化学环境较为有利；氧化水化学环境较差。

依据现有水分析资料，二连盆地水化学环境的划分指标有三项：一是地下水的变质系数（r_{Na^+}/r_{Cl^-}）；二是硫酸盐系数（SO_4^{2-} 含量 × 100/Cl^- 含量）；三是交替离子标志（$HCO_3^-+CO_3^{2-}$ 的含量）。由于二连盆地现代水动力不活跃，地层水总矿化度在水化学环境分带中只作参考，暂不列入指标。

上述三项指标可作为二连盆地油气运移、聚集和油藏形成、保存好坏的重要依据，据此划出四类水化学环境（表 8-2）。

在已发现的油藏中，有6个油藏获得边底水资料。从表 8-3 中可以看出：6个油藏中绝大部分油藏与 Cl·Na 水和 Cl·HCO$_3$·Na 水共存，该种地层水类型属于还原—弱还原水化学环境，有利于油气的运移、储集和保存；只有少数油藏与 HCO$_3$·Cl·Na 水共存，变为弱氧化—氧化环境，油藏的形成和保存条件变差。

表 8-2　水化学环境分布与油气藏的关系

水化学环境分带		指标			水动力条件	油气藏形成保存情况
		r_{Na^+}/r_{Cl^-}	硫酸盐系数	$HCO_3^-+CO_3^{2-}$ 含量 / %		
Ⅰ	还原带	<2	<2	<10	径流基本停滞	好
Ⅱ	弱还原带	2~3	2~10	10~20	径流缓慢	较好
Ⅲ	弱氧化带	3~5	10~20	20~30	径流较强	较差
Ⅳ	氧化带	>5	>20	>30	径流强	差

表 8-3　从油藏边、底水性质看油藏形成与保存情况

凹陷	油藏	层位	代表井	井段/m	总矿化度/mg/L	水化学环境分带指标			环境分带	油藏形成与保存	水类	油田水位置
						r_{Na^+}/r_{Cl^-}	硫酸盐系数	$HCO_3^-+CO_3^{2-}/$ %				
阿南—阿北	蒙古林砾岩	K_1a_{2+3}	阿12	890.4～909.6	1607.8	2.17	25.66	21.85	弱氧化	较差	$Cl \cdot HCO_3 \cdot Na$	底水
	阿北安山岩	K_1a_{2+3}	阿7	684.78～852.34	2358.89	3.09	4.27	34.67	弱氧化	较好	$HCO_3 \cdot Cl \cdot Na$	边水
	阿南砂岩	K_1a_4	阿36	1646.29	4327.4	1.34	1.21	12.93	还原	最好	$Cl \cdot HCO_3 \cdot Na$	边水
	哈达图东	K_1t_2	哈3	1068.0～1084.0	2736.41	6.8	30.53	40.46	氧化	差	$HCO_3 \cdot Na$	底水
吉尔嘎朗图	锡林稠油	K_1t_2	胜106	383.4～402.6	2808.04	1.29	0.07	11.88	弱还原	较好	$Cl \cdot HCO_3 \cdot Na$	边水
赛汉塔拉	赛四	K_1a	赛4	999.4～1056.0	11710.7	1.05	0.09	4.75	还原	最好	$Cl \cdot Na$	底水

二、地层水化学性质对油气成藏影响的实例（以阿南—阿北凹陷为例）

阿南—阿北凹陷小阿北、蒙古林构造的形成，是阿尔善断层、蒙古林断层剧烈活动的结果。从小阿北、蒙古林油藏油水特征变化图（图8-6）可以看出这一点，小阿北、蒙古林油藏的盖层为未成熟生油岩，但能形成油藏，其主要原因是有蒙古林断层沟通成熟区供油。

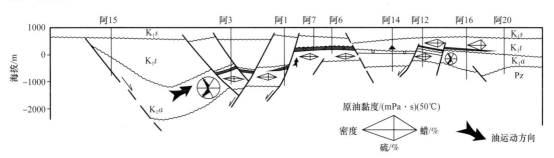

图 8-6　小阿北、蒙古林油藏油水特征变化图

由于阿尔善断层中段和蒙古林断层的剧烈活动，下降盘的阿尔善逆牵引背斜构造逐渐发育完全，上升盘的小阿北阿尔善组安山岩和蒙古林构造阿尔善组砾岩遭受风化剥蚀，至腾格尔组一段沉积末期，阿南洼槽生油岩开始成熟。由于凹陷深部地静压力大，

使得阿南—阿北凹陷的沉积水向上运动，与东（东南部基岩水）、西（从额尔登高毕凸起上来的地层水）两个方向相向运动的渗入水汇合在阿尔善断层以南，形成水动力位能平衡带，随着地静压力的增大，致使阿南洼槽中的部分油气穿越阿尔善断层与蒙古林断层的交叉部位，沿蒙古林断层向北运移，再运移至小阿北、蒙古林构造的高部位，最终在腾格尔组二段沉积时期形成小阿北、蒙古林油藏。

现今蒙古林阿尔善组砾岩油藏与地层水的关系很微妙：靠近蒙古林断层的阿 17 井地层水为 $HCO_3 \cdot Cl \cdot Na$ 水，与同一油藏中阿 12 井阿尔善组地层水不同，与小阿北油藏阿尔善组地层水一致，与阿尔善断层下降盘靠近断面的阿 24 井阿尔善组地层水性质相同，与蒙古林断层下降盘阿 9 井腾格尔组二段地层水性质相同（表 8-4）。这是地层水携油沿蒙古林断层运移的证据。然而从压力系数看（阿 17 井 791～808m 井段，静压为 73.9atm，压力系数为 0.92435；685～872m 井段，静压为 83.2atm，压力系数为 0.958），从下向上并未增大，说明压力并未往上释放。蒙古林油藏的盖层良好，阿 17 井阿尔善组四段只在 865m 以深与蒙古林断层有通水关系。由此可以说明，自腾格尔组二段沉积以后，蒙古林断层已由开启变为封闭，阿尔善断层与蒙古林断层交叉部位以西的阿尔善断层西段也由开启逐渐变为封闭，东西方向缓慢运动的阿尔善组地层水不再沿蒙古林断层运移起油气载体的作用，而是向阿东阿 9 井腾格尔组二段乃至赛汉塔拉组运移。因此，阿东腾格尔组二段成藏可能性较大。

表 8-4　水化学性质变化表

位置	井号	层位	井段 / m	总矿化度 / mg/L	Cl^- / mg/L	r_{Na^+}/r_{Cl^-}	硫酸盐系数	$HCO_3^- + CO_3^{2-}$ 含量 / %	水类
蒙古林断层上升盘	阿 17	K_1a	865.0～872.0	1949.9	379.0	2.44	10.10	28.16	$HCO_3 \cdot Cl \cdot Na$
阿东（蒙古林断层下降盘）	阿 9	K_1t_2	755.5～774.2	2315.5	288.9	3.63	10.67	35.23	$HCO_3 \cdot Cl \cdot Na$
阿尔善断层下降盘断面附近	阿 24	K_1a	1708.5	2477.1	274.4	4.51	31.39	35.77	$HCO_3 \cdot Cl \cdot Na$

这里强调蒙古林断层为主要供油断层，并不排斥有别的油源。根据对小阿北、蒙古林构造鞍部阿 14、阿 22 井与油气共存的沉积水的分析认为：小阿北、蒙古林油藏的油源除主要来自阿南洼槽外，还有其邻近洼槽的油源；阿 33 等井的含蜡量较高，因此可能有蒙西洼槽的油源。

第九章　油气藏形成与分布

二连盆地每一个凹陷都有各自独立的沉积体系，是一个相对独立的烃类生成、运移和聚集基本单元（杜金虎等，2003）。储集岩类多样，发育多套生储盖组合、多种类型圈闭，具备较好的时空配置关系，为油气藏的形成创造了良好的条件。洼槽控油特征明显，油气主要分布于主生油洼槽及其周缘，形成多种类型的油气富集区。

第一节　油气藏形成条件

二连盆地发育下白垩统阿尔善组、腾格尔组一段两套主力烃源层，主要形成三套生储盖组合。发育多种构造岩相带和圈闭类型，圈闭形成与油气运聚时空配置关系良好。

一、发育下白垩统阿尔善组、腾格尔组一段两套主力烃源层

二连盆地发育下白垩统阿尔善组、腾格尔组一段两套主力烃源层，同时发育侏罗系、上古生界两套潜在烃源层。下白垩统阿尔善组和腾格尔组一段暗色泥岩发育，有机质丰度高，有机质类型主要为Ⅱ型和Ⅲ型。目前发现的原油主要来自阿尔善组、腾格尔组一段。阿尔善组暗色泥岩纵向上主要分布在阿尔善组四段。巴音都兰、阿南—阿北、阿尔和乌里雅斯太凹陷等北部凹陷带，优质烃源岩相对较发育。腾格尔组一段为一套深灰色—灰色泥岩、页岩夹少量砂岩，下部出现碳酸盐岩及油页岩夹层，有机碳含量和生烃潜量比阿尔善组烃源层高。同一凹陷内以洼槽中心区有机质类型最好，向洼槽边缘呈环带状随沉积环境变化逐渐变差。二连盆地烃源岩主要排烃期为腾格尔组二段沉积末期至赛汉塔拉组沉积时期，阿尔善组烃源岩在腾格尔组一段沉积中、后期进入成熟门限开始成熟。腾格尔组一段烃源岩在赛汉塔拉组沉积早期进入成熟门限开始成熟。

中、下侏罗统主要发育暗色泥岩、碳质泥岩和煤三种烃源岩，残留厚度一般小于1000m。平面上，西南部凹陷地层厚度较大，东北部凹陷地层厚度较小。上古生界石炭系—二叠系烃源岩主要为暗色泥岩，纵向上主要发育在林西组、哲斯组及寿山沟组、阿木山组和本巴图组，横向上主要分布在东乌珠穆沁旗、西乌珠穆沁旗至阿巴嘎旗一线的盆地北部地区。泥岩有机碳含量在0.5%～1.0%之间，具有一定的生烃能力。

二、发育以湖相碎屑岩为主的多种类型储集体

下白垩统具有多物源、近物源、小水系、粗碎屑的特征，发育近岸水下扇、扇三角洲、辫状河三角洲、湖底扇等多种沉积相类型的砂岩、砾岩储集体。砂岩、砾岩储层的岩石成分、结构成熟度普遍偏低，杂基充填现象十分普遍，分选差，岩屑含量高（火山喷发岩岩屑多）。储集空间类型主要为原生粒间孔、粒间溶孔、粒内

溶孔、铸模孔。自腾格尔组二段至阿尔善组三段储集性能逐渐变差，有效孔隙度由10%~30%降至6%~12%，渗透率一般小于1mD至50mD，以中孔低渗和低孔低渗为主。整体来看，腾格尔组二段、腾格尔组一段和阿尔善组碎屑岩储层大多处于早成岩阶段的混合孔隙带至中成岩阶段的次生孔隙带，形成了以Ⅱ—Ⅲ类为主的碎屑岩储层。

二连盆地除碎屑岩储层外，尚有一些火山熔岩、火山碎屑岩、花岗岩和碳酸盐岩等岩类储层，储集空间主要有构造缝、构造—溶蚀缝和溶洞、晶间溶孔、晶内溶孔等。其中阿南—阿北凹陷小阿北安山岩储层和哈南潜山凝灰岩储层已形成工业油气藏并开发动用，石炭系—二叠系碳酸盐岩潜山已在赛汉塔拉凹陷获得高产工业油流。

三、主要形成三套储盖组合

下白垩统自下而上发育阿尔善组、腾格尔组一段和二段三套泥岩盖层。由于各期湖侵规模大小不同、持续时间长短不一以及各个凹陷构造演化和沉积相带展布的差别，致使凹陷内部泥岩盖层在纵向上和横向上的分布都具有一定的差异。

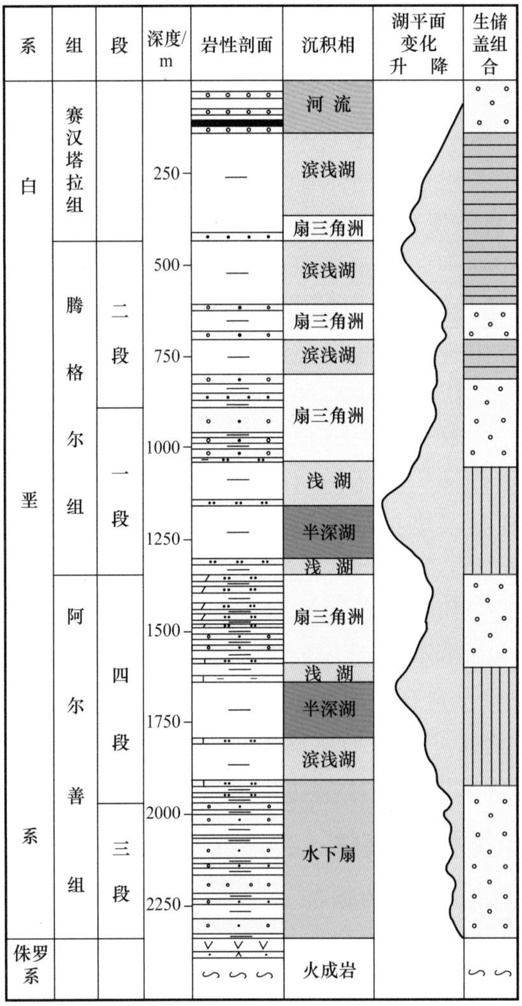

阿尔善组泥岩是一套较好的局部盖层，主要分布在相对继承型的凹陷中，如阿南—阿北、吉尔嘎朗图、额仁淖尔、赛汉塔拉、洪浩尔舒特等凹陷以及早盛晚衰型的高力罕、脑木更、额尔登苏木、包尔果吉等凹陷。

腾格尔组一段中下部的泥岩盖层在已钻探的各个凹陷均有分布，是一套良好的区域性盖层。由于古地形的高低差异，在凹陷的沉积中心发育最厚，中央断裂构造带和斜坡带等较高部位厚度减薄。

腾格尔组二段中上部的泥岩盖层在各个凹陷均有分布，也是一套良好的区域性盖层。多数凹陷沉积中心继承性较好，其分布范围与腾格尔组一段基本接近，少数凹陷由于沉积中心转移，致使腾格尔组二段泥岩盖层的平面分布较腾格尔组一段有较大差别。

受沉积演化特征和岩性组合的控制，下白垩统自下而上主要形成三套生储盖组合（图9-1）：一是以阿尔善组暗色泥岩为烃源层，阿尔善组四段砂砾岩为储层，腾格尔组一段泥岩为盖层的自生自储型生储

图9-1 二连盆地生储盖组合图

盖组合；二是以阿尔善组、腾格尔组一段暗色泥岩为烃源层，腾格尔组一段砂岩为储层，腾格尔组一段泥岩为盖层的自生自储型或下生上储型生储盖组合；三是以阿尔善组和腾格尔组一段为烃源层，腾格尔组二段砂砾岩集中段为储层，腾格尔组二段上部泥岩为盖层的下生上储型生储盖组合。

此外，还发育有以阿尔善组、腾格尔组一段为烃源岩，古生界为储层，阿尔善组为盖层的中生古储型生储盖组合，如哈南古生界凝灰岩潜山油藏等。

四、发育多种构造岩相带和圈闭类型

二连盆地的构造带可以分为陡坡带、缓坡带和洼槽带。根据构造活动和构造样式的差异，可以将陡坡带分为反转型陡坡带和继承型陡坡带，缓坡带分为台坡型缓坡带和坡折型缓坡带，洼槽带可分为箕状洼槽带和双断洼槽带。所经历构造演化和沉积环境不同，导致在不同类型构造带上可形成不同沉积体系的砂体（表9-1），并因此构成了相应的构造岩相带（崔周旗等，2001）。

根据二连盆地断陷凹陷内洼槽区不同位置的构造类型和沉积相带空间配置关系，划分出三类共计10种主要构造—岩相带类型和多种圈闭类型（表9-2）。

1. 陡坡带构造岩相带

反转型陡坡带是具有反转构造的陡坡带。该构造带由于边界断层强烈活动，古凸起的大量粗碎屑物质直接沿陡坡向洼槽方向堆积，常在控洼断层下降盘形成扇三角洲、近岸水下扇砂体；如巴音都兰凹陷南洼槽构造反转型陡坡带，与阿尔善组四段扇三角洲砂体配置，形成反转型陡坡带—扇三角洲构造岩相带。继承型陡坡带形成于张扭构造应力作用下，来自相邻凸起的洪水碎屑物沿边界断层下降盘直接入湖，可形成近岸水下扇；如乌里雅斯太凹陷南洼槽陡坡带，阿尔善组、腾格尔组一段发育近岸水下扇砂体。

2. 缓坡带构造岩相带

台坡型缓坡带由于翘倾较弱，缓坡边缘抬升较低、坡度较缓；高部位的物源具有较长的搬运距离，发育辫状河三角洲砂体；如吉尔嘎朗图凹陷缓坡带与腾格尔组辫状河三角洲砂体配置，形成台坡式斜坡—辫状河三角洲构造岩相带。缓坡带翘倾强烈，多发育坡折，形成坡折型缓坡带；缓坡边缘遭受较强烈剥蚀，沉积物由物源区向下直接入湖，在缓坡湖岸处形成扇三角洲砂体；如乌里雅斯太凹陷南洼槽缓坡坡折带与阿尔善组扇三角洲砂体配置形成斜坡坡折—扇三角洲构造岩相带，该类型构造岩相带主要发育构造—岩性、岩性圈闭类型。

3. 洼槽带构造岩相带

箕状洼槽带位于陡坡带和缓坡带之间，是断陷湖盆的沉降中心；由于洼槽带水动力作用弱，在深洼沉积背景下，发育由洪水重力流直接注入深水区或各类沉积体系前缘砂体滑塌形成的各种湖底扇；如乌里雅斯太和吉尔嘎朗图等凹陷的洼槽带腾格尔组均发育湖底扇。双断洼槽带物源补给多沿湖盆长轴方向，其物源区距离湖盆的沉积中心较远，坡降很小，河流源远流长，流域面积大；在该方向上由于两端高中间低的构造特征，从两端入盆的物源在中央洼槽带上发育大型辫状河三角洲砂体；以二连盆地阿南—阿北凹陷长轴方向腾格尔组发育的辫状河三角洲砂体为典型代表。

表 9-1　二连盆地断陷构造带与砂体成因类型表

构造带类型		沉积体系类型	示意图	实例
陡坡带	反转型陡坡带	扇三角洲—近岸水下扇—半深湖	扇三角洲砂体 近岸水下扇砂砾岩体	巴音都兰凹陷南洼槽陡坡带阿尔善组
	继承型陡坡带	近岸水下扇—半深湖	近岸水下扇砂体	乌里雅斯太凹陷南洼槽陡坡带阿尔善组、腾格尔组一段，吉尔嘎朗图凹陷宝饶洼槽陡坡带阿尔善组、腾格尔组
缓坡带	台坡型缓坡带	辫状河三角洲—浅湖	辫状河三角洲砂体	吉尔嘎朗图凹陷宝饶洼槽缓坡带腾格尔组
	坡折型缓坡带	扇三角洲—浅湖	扇三角洲砂体	乌里雅斯太凹陷南洼槽缓坡带阿尔善组
洼槽带	箕状洼槽带	湖底扇—深湖	湖底扇砂体	乌里雅斯太凹陷南洼槽、吉尔嘎朗图凹陷宝饶洼槽
	双断洼槽带	辫状河三角洲—半深湖	辫状河三角洲砂体 近岸水下扇砂砾岩体	阿南—阿北凹陷、乌兰花凹陷南洼槽阿尔善组、赛汉塔拉凹陷赛东洼槽腾格尔组

表 9-2　二连盆地主要构造岩相带和圈闭类型表

区 带		构造岩相带类型	主要圈闭类型
陆坡带	反转型	反转型陆坡—扇三角洲构造岩相带	断背斜、断鼻、断块、构造—岩性
		反转型陆坡—近岸水下扇构造岩相带	断背斜、断鼻、断块、构造—岩性、潜山
	继承型	继承型陆坡—近岸水下扇构造岩相带	岩性、地层、构造—岩性、岩性地层
缓坡带	台坡型	台坡型斜坡—辫状河三角洲构造岩相带	断块、构造—岩性、断鼻
		台坡型斜坡—扇三角洲构造岩相带	断块、构造—岩性、地层
	坡折型	斜坡坡折—湖底扇构造岩相带	岩性地层、岩性
		斜坡坡折—扇三角洲构造岩相带	构造—岩性、岩性
洼槽带	箕状洼槽型	箕状洼槽—湖底扇构造岩相带	岩性、地层、岩性地层
		箕状洼槽—前三角洲构造岩相带	岩性、地层、岩性地层
	双断洼槽型	继承型洼槽—辫状河三角洲构造岩相带	断块、构造—岩性、断鼻

五、圈闭形成与油气运聚时空配置关系良好

阿尔善组、腾格尔组一段烃源岩一般在腾格尔组二段沉积期开始生烃，总体上在赛汉塔拉组沉积期进入生烃高峰。区内阿尔善组、腾格尔组一段圈闭主要在腾格尔组二段沉积前初具雏形，赛汉塔拉组沉积初期基本定型。圈闭形成早于烃源岩生排烃，有利于生成的油气向圈闭中运聚（图 9-2），为油气藏的形成提供了十分优越的条件。

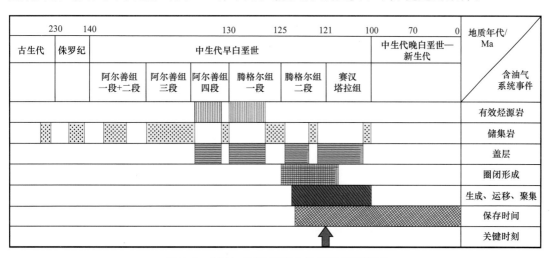

图 9-2　阿南—阿北凹陷含油气系统事件图

研究表明，二连盆地具有低地温、低地压和单一温—压系统的弱流体动力特征，其地层压力系数基本都小于 1.0。平面上，地层压力高值区主要分布在凹陷较深部位的断

槽带，从断槽带向各构造带地层压力逐渐降低。该类温—压系统能量较低，流体垂向运移动力较弱，仅靠浮力，油气难以从深部向浅部运移，主要沿着地层压力最大负梯度方向横向运移。

第二节　油藏类型与特征

二连盆地具有形成油气藏的良好资源基础，中生界碎屑岩、火成岩和基底碳酸盐岩等储集体发育，经历多期复杂的构造运动和沉积演化，发育构造、岩性、地层、复合和潜山等五大类圈闭，成藏要素匹配好，形成了多种油藏类型。

一、油藏类型

二连盆地坳陷与隆起相间，发育数十个中小型断陷，形成复杂的地质结构和多样的圈闭类型。结合具体地区的勘探实践，以圈闭形成的主导因素为主，将油藏划分为五种类型，具体油藏分类见表 9-3。

表 9-3　二连盆地油藏分类表

类型	亚类	代表性油藏	平面图	剖面图
构造油藏	背斜油藏	阿 3、阿尔 3、巴 5		
	断块油藏	阿 31、阿 32、阿尔 52		
	断鼻油藏	阿 72、哈 311、吉 38、吉 42、洪 10		
岩性油藏	岩性上倾尖灭油藏	巴 27、太 21、哈 50、兰 11、兰 14		
	砂岩透镜体油藏	太 25、太 35、吉 35		
	致密岩性遮挡油藏	巴 2		
	火山岩油藏	阿 2、哈 19、洪 6、兰 9、兰 18		

类型	亚类	代表性油藏	平面图	剖面图
地层油藏	地层超覆油藏	巴 48、吉 66、哈 36、哈 39		
	地层不整合油藏	巴 32		
复合油藏	构造—岩性油藏	巴 19、巴 10、太参 1		
	构造—地层油藏	太 3、太 15		
潜山油藏	凝灰岩潜山油藏	阿尔 6 潜山、哈南潜山		
	碳酸盐岩潜山油藏	赛 51 潜山		
	花岗岩潜山油藏	漳 102 潜山、兰 18 潜山		

截至 2017 年，二连盆地阿南—阿北、巴音都兰、乌里雅斯太等 9 个凹陷 15 个油田共探明石油地质储量 $28220.5 \times 10^4 t$，以构造油藏和岩性油藏为主，其中构造油藏探明石油地质储量 $12276.45 \times 10^4 t$，占比 43.5%，岩性地层油藏探明石油地质储量 $15017.29 \times 10^4 t$，占比 53.2%，潜山油藏探明石油地质储量 $618.52 \times 10^4 t$，占比 2.2%。

二、油藏特征

1. 构造油藏

二连盆地已发现的构造油藏可以分为三个亚类，即背斜油藏、断块油藏和断鼻油藏。

1）背斜油藏

二连盆地背斜油藏中储层总体呈层状展布，大多具有良好的孔隙性、渗透性，少数油层的储集性是不均一的，油层范围内具有统一的压力系统和统一的油、气、水界面。典型的有阿尔凹陷阿尔 3 背斜油藏，是陡坡带背斜油藏的代表，其主要储层是不断向洼槽区推进的腾格尔组一段下亚段扇三角洲前缘砂体。由于构造反转和差异压实逐渐形成正向构造和背斜顶部的"Y"字形纵张正断层系统，在后期再度裂陷时发展成为塌陷背斜，形成了扇三角洲前缘砂体与塌陷背斜构造共同控制油气聚集成藏的有利条件。

2）断块油藏

断块油藏可根据断层平面和剖面的组合形态进一步分为顺向断块、反向断块和地垒式断块等三种类型断块油藏。典型的有阿尔凹陷阿尔52断块油藏，位于罕乌拉背斜西侧，该背斜构造被三条走向北东、倾向南东的正断层分割错落为三个台阶，又被几条北西向断层进一步分割为多个断块，其高部位受到北东和北西向断层封堵。该油藏主要含油层位为腾格尔组一段下亚段Ⅲ₂油组和阿尔善组四段油组。

3）断鼻油藏

二连盆地断裂十分发育，断裂走向有多个组系，其和鼻状构造互相配合，形成断鼻油藏；典型的有吉尔嘎朗图凹陷宝饶构造带断鼻油藏。宝饶构造带东部构造复杂，由北向南发育众多断层，各断层相互切割，使构造更加复杂化，主要构造有：吉43井南部北掉断层控制的吉42井断鼻、吉43井南部北掉断层与吉41井南掉断层控制的吉41井断鼻、宝饶断层控制的吉45井断块和吉38井断鼻。储层岩性主要是砂砾岩和含砾细砂岩，从腾格尔组二段上亚段到腾格尔组一段下亚段都有发育，总厚度大，单层厚度比较薄。

2. 岩性油藏

二连盆地岩性油藏有岩性上倾尖灭油藏、透镜体油藏、致密岩性遮挡油藏和火山岩油藏四种类型。

1）岩性上倾尖灭油藏

二连盆地岩性上倾尖灭油藏一般分布在烃源层中，油源充足，有利油气成藏。储层以碎屑岩为主，一般多为低位体系域湖底扇砂砾岩、水下扇砂岩或高位体系域扇三角洲前缘与侧翼砂岩；少数为粒屑灰岩、白云岩等储层上倾尖灭或侧变为泥质岩、膏盐岩或致密灰岩。该类油藏多分布在斜坡带的低部位，来自陡坡带的物源至此产生岩性上倾尖灭，也可分布在盆地内部的隆起、凸起和大型古潜山或反转构造的周缘。如乌里雅斯太凹陷的木日格腾格尔组一段湖底扇和苏布腾格尔组一段扇三角洲岩性尖灭油藏等。

2）透镜体油藏

二连盆地透镜体油藏储层以碎屑岩为主，一般为砂岩、砾岩透镜体；沉积环境多为三角洲前缘楔状（席状）砂，以及湖底扇或浊积扇砂体等。另外还有火成岩透镜体。透镜体多分布在烃源层中，形成自生自储的原生油藏。在透镜体内部油气分布受构造控制，高部位含油低部位含水。透镜体油藏规模一般比较小，但常成群成带分布。一般分布在洼槽带和斜坡构造带的低部位。以乌里雅斯太凹陷为例，在腾格尔组一段沉积早期，木日格地区的斜坡部位（坡折带）发育规模不等、纵横交错的侵蚀河谷，沉积充填表现为双向尖灭的短连续反射，或者表现为侧向叠置的侧积式充填，尖灭线多集中在坡折带附近，控制着储层分布的上边界。目前已钻遇太25、太35等多个该类型油藏，受四周非渗透性泥岩控制，一般自成孤立油水系统。

3）致密岩性遮挡油藏

破坏性的成岩作用与后生作用，如压实、胶结、硅化作用等，使岩石中的孔隙减少变为非渗透层，从而遮挡油气；建设性的成岩作用与后生作用，如白云岩化、重结晶、溶解作用等，使岩石产生次生孔隙变为储层，从而为油气聚集创造条件。成岩作用与后生作用的强度主要取决于岩石碎屑及胶结物的成分、大小以及温度、压力和地层水物理化学环境等条件。沉积相带控制储层物性的变化，由于扇根砾石颗粒大小不等，分选性极差，因此，岩石物性差，从而成为扇中亚相储层的上倾遮挡层，形成岩性圈闭。

该类油藏的分布较普遍，但规模一般较小。一般分布在扇体的不同亚相、微相交接处，以巴音都兰凹陷巴 2 致密岩性遮挡油藏为典型代表，该类油藏一般分布在凹陷边界陡坡带，油层厚度受储层物性影响，分布不稳定，储量丰度低。

4）火山岩油藏

二连盆地火山岩储层岩性以溢流相安山岩为主，局部可见自碎角砾岩，储集空间类型包括原生的气孔—杏仁孔类孔隙、自碎角砾间裂缝和后生的溶蚀孔、构造缝。有效储层的发育受控于岩性、岩相、构造改造和热液溶蚀，非均质性强，具有裂缝型储层的渗流特征，火山岩自身能形成良好的储盖组合，油藏的成层性明显。

二连盆地火山岩油藏分布在阿南—阿北、乌兰花、洪浩尔舒特、赛汉塔拉等凹陷。典型的有小阿北安山岩油藏，位于阿尔善断层、蒙古林断层共同控制的复杂化背斜构造，阿尔善组三段储层为岩流自碎碎屑岩、气孔杏仁状安山岩、致密块状安山岩、凝灰岩与砂砾岩等，储集空间以气孔最为发育，砾间溶蚀孔洞发育较差，构造缝、柱状节理缝和层状节理缝组成的裂缝介于其间。阿尔善组烃源岩通过断裂和不整合面近源供烃，源—储配置关系是成藏的关键。

3.地层油藏

二连盆地地层油藏分为地层超覆油藏和地层不整合油藏两类。

1）地层超覆油藏

地层超覆油藏主要分布在凹陷的斜坡带、古隆起、古凸起的周缘。二连盆地已发现的地层超覆油藏规模相对较小。典型的有巴音都兰凹陷巴 48 油藏，巴 48 井阿尔善组四段油层向北逐层超覆于阿尔善组三段之上。

2）地层不整合油藏

地层不整合油藏位于地层不整合面或侵蚀面之下，其上被非渗透层不整合覆盖或沥青稠油封堵，当不整合线与储层顶部构造等深线相交切时，形成地层不整合圈闭。

地层不整合油藏多分布在凹陷的斜坡带、古隆起周缘。包楞稠油油藏属于该类型，其位于巴音都兰凹陷北洼槽包楞背斜高部位巴 32 井区，储层为腾格尔组一段，其上部直接被古近系—新近系覆盖，形成地层不整合油藏。

4.复合油藏

二连盆地复合油藏包括构造—岩性油藏和构造—地层油藏。

1）构造—岩性油藏

构造—岩性油藏多数是在构造背景下，具体含油气部位受岩性变化的控制，在平面上含油气范围总的来看与构造背景相吻合，但含油气边界与构造等高线不一致；单井油气层厚度及产量的高低与构造部位的高低无明显对应关系。

该类油藏以扇三角洲相砂岩储层最为常见，以巴音都兰凹陷南洼槽巴 19 构造—岩性油藏、乌里雅斯太凹陷太参 1 构造—岩性油藏较为典型。由于储层岩石类型不同、储集空间不同，造成油气赋存不同，又可进一步划分为碎屑岩储层和碳酸盐岩粉砂岩混合型储层。

2）构造—地层油藏

当构造等高线或断层线与地层超覆线相交时，形成有效圈闭。一般向上倾方向油气层厚度变薄，具有边底水。

构造—地层油藏一般分布在斜坡带或隆起的腰部，但目前发现的油藏规模都不大。典型的有乌里雅斯太油田太15油藏，位于斜坡构造背景上的木日格鼻状构造南翼，发育有北北东向和近东西向两组断层，断层规模较小，分布于油藏南北两端，形成油藏南北遮挡，东南侧为地层超覆线，从而形成构造—地层圈闭。储层为扇三角洲平原亚相，岩性以含砾砂岩及砂砾岩为主。

5.潜山油藏

潜山油藏的油气来自不整合面之上阿尔善组和腾格尔组烃源岩，以不整合面或断层为油气运移的主要通道。潜山油藏的盖层可以由沉积岩层底部直接覆于基岩之上的非渗透性岩层组成，也可以由沉积岩层稍高部位的非渗透性岩层组成。

1）凝灰岩潜山油藏

储层以凝灰岩裂缝型为主，其孔隙成因有构造、风化和溶蚀三类，主要形成构造缝、风化缝和溶蚀缝（洞）。风化淋滤强度、多旋回火山喷发和热液活动是储层发育的控制因素，具有多期多带模式。

已发现阿南—阿北凹陷哈南凝灰岩潜山油藏和阿尔凹陷阿尔6凝灰岩潜山油藏。阿尔6潜山位于阿尔凹陷北部西斜坡，东侧邻近生油主洼槽，储集岩为凝灰岩。控山断层为早期断层，腾格尔组二段沉积期断层停止活动，该潜山属于早隆—中埋—早稳定型潜山。该潜山在早期断层的控制下，在腾格尔组一段沉积期前块断成"山"，之后进入埋藏阶段。腾格尔组二段沉积期，阿尔善组烃源岩进入生烃门限，生成的油气侧向进入基岩内幕凝灰岩聚集成藏，属侧向供烃—基岩内幕成藏模式。哈南潜山为地垒山，储集岩为凝灰岩，阿尔善组泥岩覆盖其上，构成良好的盖层。圈闭形态表现为近南北向展布，由哈1和哈8两条走向北北东、倾向相反的断层夹持的地垒山，属早期潜山。哈南潜山在腾格尔组一段沉积前块断成"山"，之后进入埋藏阶段，腾格尔组二段沉积中晚期，阿尔善组烃源岩进入成熟阶段，生成的油气沿着哈1断层和哈8断层及其附近的裂缝带或凝灰岩地层内部裂缝体系向上运移至高部位的哈南潜山圈闭中聚集成藏。

2）碳酸盐岩潜山油藏

储层以碳酸盐岩岩溶型为主，储集空间主要为溶缝（洞）、粒内溶孔、晶间溶孔等次生孔隙和生物体腔孔等原生孔隙。

碳酸盐岩潜山主要分布在贺根山断裂和西拉木伦河断裂之间的西部地区，如赛汉塔拉凹陷，目前已发现赛51石灰岩潜山油藏。赛51潜山位于赛汉塔拉凹陷扎布断裂带中南部，东侧毗邻赛东主洼槽，圈闭形态表现为近南北向展布，呈狭长的长轴断背斜状。在扎布断层长期作用下，腾格尔组一段沉积前已块断成"山"。腾格尔组一段至赛汉塔拉组沉积期，潜山进入快速埋藏阶段，该一时期阿尔善组和腾格尔组一段烃源岩开始生烃。之后，油气沿着扎布断层，经过较长距离运移至高部位的赛51潜山圈闭中聚集成藏。

3）花岗（碎裂）岩潜山油藏

花岗岩储层储集空间类型包括孔隙和裂缝两大类，其发育的主要控制因素为风化作用和构造运动（断裂作用），主要形成古风化壳似块状储集体发育模式，也存在断裂沟通的内幕溶蚀型储集体发育模式。储层纵向分布厚度大，且连续分布，平面上裂缝沿断裂带呈带状分布。

花岗岩潜山主要分布在腾格尔坳陷和马尼特坳陷，花岗碎裂岩潜山主要分布在额仁淖尔凹陷东部，已发现包尔潜山。包尔潜山位于额仁淖尔凹陷中央潜山背斜带，南侧邻近淖东生油主洼槽，圈闭形态表现为近南北向展布、呈狭长的长轴断鼻构造。在包尔断层长期作用下，包尔潜山在腾格尔组二段沉积前块断成"山"，腾格尔组二段—赛汉塔拉组沉积期，包尔潜山进入埋藏阶段，并在赛汉塔拉组沉积期末进入抬升阶段。在腾格尔组二段沉积中晚期淖东主洼槽和潜山上覆的阿尔善组烃源岩进入成熟阶段，开始生烃。生成的油气主要沿不整合面与包尔断层向高部位的中央潜山带运移、聚集成藏。

第三节　油气分布特征

二连盆地作为中小型断陷湖盆的集群体，具有凹陷窄小、分割性强、多物源、近物源的特点，每个生油洼槽自成独立的油气聚集单元。目前已发现 7 个含油层段，主要产油层为阿尔善组四段和腾格尔组一段，探明储量分别占总储量的 37.5% 和 35.3%。盆地内油气主要分布在主生油洼槽及周缘；沿主断裂形成构造油藏聚集带；"三面""两相"控制岩性地层油藏分布；主要形成四类典型的岩性地层油藏富集区。

一、油气主要分布在主生油洼槽及周缘

二连盆地内凹陷普遍发育多个洼槽，不同洼槽成藏条件差异很大，面积大、埋藏深的主洼槽具有较好的生排烃条件（费宝生等，2001）；油气以近源短距离运移为主，在主洼槽区及周缘形成聚集和富集。

二连盆地油气短距离运移、就近聚集，主生油洼槽控制油气平面分布。究其原因：首先是沉积相带限制了油气运移。断陷分割性强，洼槽规模小，近物源、多物源，具有沉积相带窄、变化快、相序不完整等特点。作为侧向运移主要通道——砂砾岩输导层，横向变化大，非均质性强，因此限制了油气长距离运移。其次，断层发育阻滞了油气运移。断陷内，断层十分发育，发育了不同组系、不同级别、不同成因的断层，且数量多、密度大，几乎每隔 2～3km，就有一条断层，形成密如蛛网的断层网络；加之烃源岩层系的砂泥比低，一般为 30%，砂岩单层厚度薄，一般不超过 10～15m，不同断距的断层对砂砾岩输导层和不整合面运移通道形成不同程度的切断，在很大程度上破坏和阻滞了油气侧向运移的距离和规模。再次，油气丰度影响了油气运移。二连盆地各凹陷的洼槽规模一般偏小，面积为 200～2000km²；油气资源丰度有高有低。油气资源丰富的洼槽，在运移通道畅通的条件下，油气运移的距离较长，如阿南—阿北凹陷的蒙古林油藏，油气运移距离都达 20km 左右。油气资源较贫乏的洼槽，即便运移通道畅通，油气运移的距离也较短，油气在洼槽中心附近聚集。最后，原油性质妨碍了油气运移。油气自母岩运移出来之后，在向洼槽周边运移的过程中，受地温降低以及生物降解、水洗氧化的影响，造成轻烃组分散失，原油黏度增大，同时原油含蜡高，一般为 15%～25%，也是妨碍油气运移的因素。

勘探实践证实，油气富集区多分布在主生油洼槽。如阿尔凹陷，中部洼槽有效烃源岩发育，厚度达250m，由储量与有效烃源岩分布关系可见，主洼槽是油气分布的主体（图9-3），发现的探明储量主要在有效烃源岩发育区，距离生烃中心相对较远的洼槽周边发现的油藏规模明显要小。又如阿南—阿北凹陷，发育多个洼槽，发现的油藏主要围绕面积大、烃源层厚、埋藏深、成熟度高的阿南主力生油洼槽，发现了阿尔善油田，是目前二连盆地探明石油储量最多、原油产量最高的油田。再如吉尔嘎朗图凹陷，宝饶洼槽是主力生油洼槽，在近洼槽的陡坡带发现了吉35砾岩油藏，在宝饶构造带发现了吉41背斜油藏、吉45和吉36断块油藏等，在斜坡带发现了锡林西断背斜油藏、锡林背斜—岩性油藏等，在洼槽内发现了林4、林10、林15等11个岩性油藏。

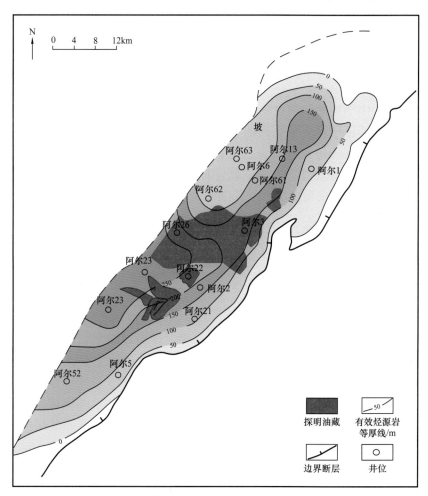

图9-3　阿尔凹陷有效烃源岩与储量分布图

主洼槽控油论在二连盆地的油气勘探中得到了广泛应用。不是每个洼槽都具备成藏条件，只有那些大而深的富油凹陷主洼槽才具有较好的生排烃条件；加之油气运移距离短，主要围绕主洼槽周边聚集。因此，找到主力生油洼槽后，坚持勘探必有突破。若主力生油洼槽周边构造圈闭不发育，则加强岩性地层圈闭发现与勘探，在多个凹陷取得了显著的勘探效果。

二、沿主断裂形成构造油藏聚集带

二连盆地凹陷内主断裂具有以下三个特点：一是形成时间早，活动时间长，控制沉积发育、烃源层的分布和生储盖组合的形成；二是切割深度大，沟通油源，成为良好的油气运移通道；三是控制圈闭的形成与发育。主断裂不仅控制沉积、烃源岩和储层的发育，而且控制二级构造带的发育和圈闭的形成。断层下降盘多发育逆牵引构造，上升盘易于形成断鼻、断块构造，两条掉向相反的断层控制潜山—披覆背斜构造带，多条断裂控制中央构造带等。往往形成纵向上油气藏相互叠置，横向上含油气连片，成为油气聚集最有利的构造带。

例如阿南—阿北凹陷阿尔善断层控制的阿尔善构造带。在该构造带发现了腾格尔组二段、腾格尔组一段、阿尔善组四段、阿尔善组三段、古生界等五套含油层系。油藏类型丰富，在阿尔善断层上升盘，已发现了蒙古林砂岩上倾尖灭油藏和半背斜砾岩油藏，小阿北安山岩油藏；在下降盘找到了阿南逆牵引背斜油藏，构成了一个复式油气聚集带。

额仁淖尔凹陷的吉格森断层和包尔断层两条主断裂控制形成了两个主要断裂构造带。吉格森断裂构造带自上而下发育腾格尔组二段、腾格尔组一段和阿尔善组四段三套油层；包尔断裂构造带自上而下发育腾格尔组一段、阿尔善组四段及潜山共三套油层，与反向断块相匹配，构成了纵向上多层系、横向上叠加连片的复式油气聚集带。该凹陷目前已探明的石油地质储量全部都位于这两个构造带。

三、"三面""两相"控制岩性地层油藏分布富集

1. "三面"控制岩性地层油藏分布

在岩性地层油藏形成和成藏控制因素中，"三面"即地层不整合面、断面及最大湖泛面，起着重要的作用。

不整合面是一个风化剥蚀面，长期的风化、淋滤作用，使得溶蚀孔隙十分发育。所以，不整合面不仅发育有储集条件较好的储层，也是油气运移的重要通道，不整合面的存在与分布，为油藏的形成创造了条件。如乌里雅斯太凹陷，由于南洼槽构造相对稳定，沟通油源与储层的断层不发育，虽然发育多期、多个砂体，但是单个砂体分布范围较小，侧向连通性较差，只有不整合面各向连通性好，沟通断层与储层、储层与储层之间的联系，作为油气运移通道，使油气运移更加畅通，为油气聚集成藏创造了条件。地层不整合面为不同层系的接触关系界面，既可以作为油气横向运移的通道，同时也是地层圈闭形成的控制因素，在其上下形成旁生侧储型地层超覆油藏和不整合遮挡油藏。

断面，特别是同生断层的断面，不但控制着沉积砂体的展布，而且还可以作为油气纵向运移的主要通道，易于形成下生上储型砂岩上倾尖灭油藏。断裂输导系统对油气的输导模式可以分为侧向输导和垂向输导两种。以断层为主要运移通道的油藏，由于断层良好的垂向运移能力，常可形成于离烃源层具有较大时空跨度的层位，在断层附近可以形成多层叠置的油藏。

最大湖泛面作为地层层序中湖侵体系域与高位体系域的分界面，其下为凝缩段，也是优质的烃源层。通常，发育几个湖泛面，就发育几套烃源岩。同时作为一个层序转换

面，其上下常分布有多种沉积砂体，易于形成各类自生自储型岩性油藏。

因此，在油气勘探过程中， 一定要特别注重地层不整合面、断面及最大湖泛面的识别、标定与追踪，刻画其空间分布范围。在湖泛面、不整合面上下及断面附近，精细识别、落实各类岩性、地层圈闭，优选钻探目标。在巴音都兰凹陷，阿尔善组四段沉积早期发育一次湖侵，形成一期最大湖泛面，之后发育高位体系域扇三角洲沉积砂体，被腾格尔组一段湖侵体系域覆盖，具有良好的生储盖组合，形成的岩性油藏主要沿阿尔善组四段最大湖泛面分布。在乌里雅斯太凹陷南洼槽，阿尔善组沉积后，遭受强烈的抬升剥蚀，在腾格尔组一段和阿尔善组之间形成了区域性的不整合面；腾格尔组一段沉积早期，湖侵体系域形成的泥岩，既是良好的生烃层系，又是阿尔善组的区域性盖层（图9-4）。勘探证实，阿尔善组扇三角洲砂砾岩体形成的地层不整合油藏以及腾格尔组一段湖底扇砾岩体形成的岩性油藏均沿不整合面和最大湖泛面分布（杜金虎等，2003）。

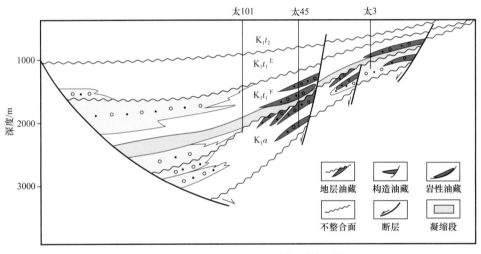

图9-4 乌里雅斯太凹陷南洼槽油藏剖面图

2."两相"控制岩性地层油藏富集

构造油藏分布主要受正向构造带控制，相比之下，岩性地层油藏虽也受构造背景的制约，但其分布与富集主要受有利的沉积相带和储集（成岩）相带的控制（杜金虎等，2004）。

沉积相带控制了储集体的类型、规模和分布，并决定了储集体的结构、构造和岩石组分。其对油藏的控制作用体现在两个方面：一是，油藏在平面上的分布严格受控于沉积体系的空间展布；二是，岩性油藏的富集程度对砂体的成因类型具有选择性。研究表明，二连盆地内扇三角洲、湖底扇、近岸水下扇等是有利的沉积相类型；扇三角洲前缘水下分流河道和楔状砂，湖底扇和近岸水下扇的水下主河道易于形成各类富集的岩性地层油藏。

储集相带，特别是成岩相带对岩性地层油藏的富集具有明显的控制作用。不同沉积成因的储集体形成之后，成岩作用决定了其后天的性质，其中压实作用、溶解作用和石英次生加大作用是影响砂砾岩储集体最重要的成岩作用。成岩演化研究表明，二连盆地由于频繁的构造活动，各凹陷成岩阶段划分深度不同。但主要目的层都位于早成岩阶段B期晚期到晚成岩阶段A期，储集体处于次生孔隙发育带，形成良好的储集条件。

岩性地层油藏的勘探实践表明，沉积相带与储集（成岩）相带在空间上的良好配置，控制着油藏的形成与富集。

巴音都兰凹陷南洼槽巴19井区阿尔善组四段扇三角洲前缘砂体的富集成藏，就是受有利的沉积相带和储集（成岩）相带共同控制的结果。该区阿尔善组四段以扇三角洲沉积体系为主，前缘水下分流河道砂体发育，岩性为砂砾岩、细砂岩，砂体为中—厚层，储层物性随沉积相与埋藏条件不同而不同。对于不同的沉积相带而言，扇三角洲前缘沉积砂体的物性好于滩砂，巴6井阿尔善组四段滨浅湖相滩砂储集体的孔隙度平均为6.7%、渗透率小于0.84mD，而巴19、巴21等井扇三角洲前缘砂储集体的孔隙度平均在10.8%～21%之间、渗透率平均在20～50mD之间。同时，该区主要勘探目的层——阿尔善组四段埋藏深度在1000～1500m之间，恰好处于次生孔隙发育带（图9-5），孔隙度相应增加。因此，巴19井区阿尔善组四段勘探目的层既处于有利的沉积相带（扇三角洲前缘水下分流河道），又处于有利的储集（成岩）相带（次生孔隙发育带），具有良好的储集物性，从而形成了规模富集的岩性地层油藏，具有油层厚度大、产量高的特点。

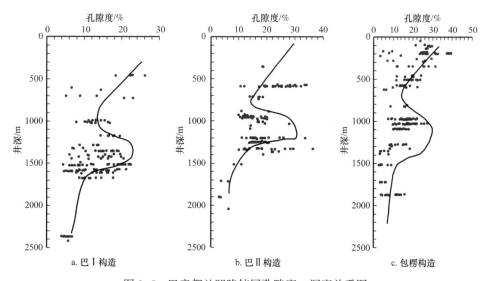

图9-5　巴音都兰凹陷储层孔隙度—深度关系图

综上所述，二连盆地"三面"（不整合面、断面、最大湖泛面）控制油气的分布；"两相"（沉积相、储集相）控制油气富集。这些主控因素贯穿在油气藏成藏过程中，并影响着油气藏的形成和富集规模。

四、发育四类典型岩性地层油藏富集区

二连盆地凹陷结构主要为单断式的箕状断陷和双断式凹陷，单断箕状断陷多分布在靠近隆起的部位，双断凹陷多发育在坳陷内。不同凹陷与构造带的构造样式不同，因此成藏条件也各具特点，其中陡坡带反转构造翼部、斜坡坡折带、洼槽带等与有利沉积储集砂体配置，利于形成四类典型的岩性地层油藏富集区。

1. 陡坡带反转构造翼部扇三角洲前缘砂体岩性油藏富集区

扇三角洲前缘砂体岩性油藏主要形成于具有早沉降—晚反转的单断凹陷陡坡带。凹陷发育早期，现今的陡坡带处于沉降与沉积中心，湖盆分布范围较广，以深湖—半深湖沉积为主，形成良好的生烃层系；后期，由于构造反转活动，早期的洼槽演变为正向构造带，扇三角洲前缘砂体发育在构造中低部位，从而形成砂体上倾尖灭岩性油藏。

二连盆地巴音都兰凹陷南洼槽陡坡带下白垩统阿尔善组四段的扇三角洲前缘砂体岩性油藏就是该类型的典型代表（图9-6）。阿尔善组四段沉积早期，巴音都兰凹陷以湖侵体系域发育为特征，形成优质烃源层；之后，其陡坡一侧形成反转鼻状构造和背斜构造，高水位体系域发育扇三角洲沉积体系，其前缘水下分流河道砂体分布于反转鼻状构造的翼部。构造反转还使阿尔善组四段埋藏变浅，形成有利孔隙发育带，大大改善了储集条件。从而，在巴Ⅱ号反转构造翼部形成了扇三角洲前缘砂体上倾尖灭岩性油藏富集区。

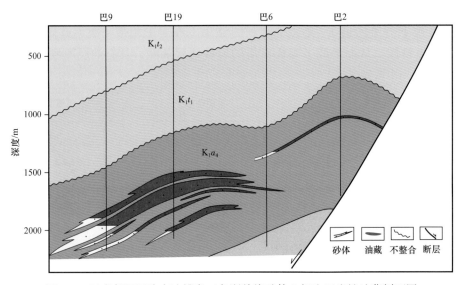

图9-6　巴音都兰凹陷南洼槽扇三角洲前缘砂体上倾尖灭岩性油藏剖面图

2. 缓坡坡折带湖底扇砂砾岩体岩性油藏富集区

在凹陷缓坡带相对简单的斜坡背景下，断层与局部构造不发育，不利于形成构造圈闭。但是，当斜坡存在地形变化相对剧烈的坡折时，坡折带不但控制着优质烃源层的展布，而且控制着湖底扇等各类砂砾岩体的分布，可以形成自生自储型缓坡坡折带湖底扇砂砾岩体岩性油藏。

二连盆地乌里雅斯太凹陷南洼槽斜坡中带发现的湖底扇砂砾岩油藏最具代表性（图9-4）。乌里雅斯太凹陷为一单断断超式凹陷，斜坡区地质结构简单，断裂不发育，断层延伸距离短、断距小，缺乏构造圈闭。腾格尔组一段沉积时，在相对简单的斜坡背景下，存在上、中、下三条明显的坡折带；其中，中坡折带南部以断裂坡折为主，北部则以侵蚀坡折为主。坡折带下倾部位地层明显增厚，具充填特征，向坡折带上倾方向急剧减薄，表明坡折带对沉积具有明显的控制作用。坡折带下倾部位是深湖相发育区，在腾格尔组一段下亚段沉积早期的湖侵体系域内沉积形成了一套良好的烃源岩；同时，坡折带也控制着腾格尔组一段下亚段高位体系域湖底扇的分布，发育了多期湖底扇。这些湖底扇纵向上互相叠置，平面上连接成片，形成面积较大的湖底扇群，沿坡折带呈裙带状展布。从而在斜坡坡折带背景上，形成了腾格尔组一段湖底扇砂砾岩油藏富集区。

3. 洼槽带中央湖底扇岩性油藏富集区

洼槽带中央部位通常为凹陷的沉积中心区，处于深湖—半深湖沉积环境，是优质烃源岩的主要发育区；同时，来自陡坡带的三角洲前缘或前三角洲沉积砂体可延伸至该区域，或发生滑塌，形成深湖相湖底扇沉积砂体，往往被湖相烃源岩所包裹，形成透镜状砂岩岩性油藏（刘震等，2006）。

以二连盆地赛汉塔拉凹陷赛东洼槽区赛66湖底扇油藏为代表（图9-7）。该地区在腾格尔组一段沉积时期，为湖盆发育全盛期，以湖相暗色泥岩为主。腾格尔组二段沉积时期，湖盆由全盛期转为萎缩期，在其早期开始进入进积型沉积过程，沿洼槽区周边发育一系列不同类型沉积砂体，滑塌进入深水湖区形成湖底扇，夹持于暗色泥岩之中，形成自生自储型透镜状湖底扇砂岩岩性油藏富集区（张久强等，2004）。

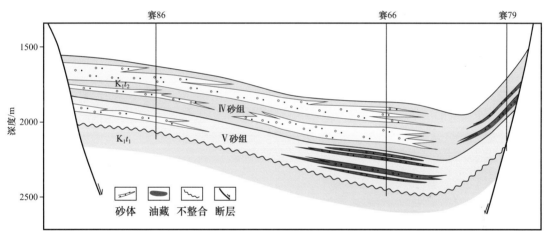

图9-7　赛汉塔拉凹陷赛东洼槽湖底扇岩性油藏剖面图

4. 缓坡带坡底三角洲前缘外侧席状砂岩性油藏富集区

由于构造活动的差异性，三角洲前缘外侧席状砂岩性油藏主要发育于缓坡带低部位的洼槽区。缓坡带中高部位断层发育程度较高，以形成构造油藏为主；而在靠近深洼槽区的缓坡低部位，断层延伸距离短、发育程度差，构造—沉积坡折控制了三角洲前缘席状砂体的展布，利于形成缓坡坡底三角洲前缘外侧席状砂上倾尖灭岩性油藏富集区（降栓奇等，2004）。

二连盆地吉尔嘎朗图凹陷为单断箕状凹陷，在缓坡带中高部位发现了以构造油藏为主的锡林稠油油田和宝饶稀油油田。沉积相研究表明，凹陷内腾格尔组一段和腾格尔组二段的高位体系域中，以发育辫状河三角洲沉积体系为主；在斜坡中高部位主要为河口坝和辫状水道沉积微相，朝斜坡低部位和洼槽区演变为三角洲前缘外侧的席状砂、楔状砂和浊积砂发育区。这些砂体受古地形控制，以薄互层为主，砂体上下叠置，平面上具有较大的分布范围，形成了三角洲前缘砂体上倾尖灭岩性油藏（图9-8）。

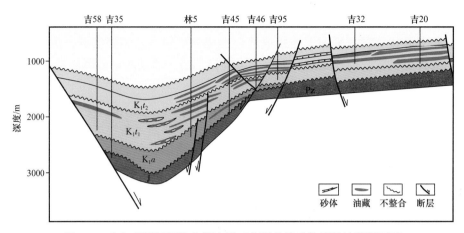

图 9-8　吉尔嘎朗图凹陷宝饶洼槽三角洲前缘砂体岩性油藏剖面图

第十章 油气田各论

截至 2017 年底，华北油田在二连盆地阿南—阿北、巴音都兰、阿尔、乌里雅斯太、吉尔嘎朗图、洪浩尔舒特、赛汉塔拉、额仁淖尔、乌兰花等 9 个凹陷发现了 15 个油田。根据油田的储量规模、油藏类型、开发生产现状等因素，优选出阿尔善、哈达图、宝力格、阿尔、宝饶、扎布等 6 个油田，进行油田概述、构造特征与圈闭、储层特征、油藏类型与流体性质、开发简况等五个部分的描述。

第一节　阿尔善油田

阿尔善油田位于马尼特坳陷阿南—阿北凹陷阿尔善构造带，是二连盆地发现最早、探明储量和累计产油最多的油田。

一、油田概述

阿尔善油田位于内蒙古自治区锡林郭勒盟锡林浩特市北约 100km。该油田钻遇地层自上而下为新生界、中生界下白垩统赛汉塔拉组、腾格尔组、阿尔善组及古生界。

阿尔善油田油气钻探工作始于 1979 年，1981 年完钻的阿 2 井在阿尔善组三段安山岩获日产油 27.1t，为油田的发现井。1984 年小阿北、蒙古林首次上交探明石油地质储量，命名为阿尔善油田。随后，实施阿尔善构造带整体勘探，发现储量规模不断扩大；1989 年建成百万吨原油年生产能力。

截至 2017 年底，累计探明含油面积 58.62km^2，探明石油地质储量 5976.96×10^4t（图 10-1）。该油田含油层位为阿尔善组三段（K_1a_3）、阿尔善组四段（K_1a_4）、腾格尔组一段（K_1t_1）等三套层系，其中阿尔善组四段为主要产油层位（图 10-2）。

二、构造特征与圈闭

阿尔善油田分布在阿南—阿北凹陷阿尔善构造带。该构造带为受北东—北东东走向的阿尔善断层与近南北走向的次级断层——蒙古林断层控制形成的复杂断裂背斜构造带，整体为南北走向。由南向北依次发育阿南背斜、小阿北背斜和蒙古林背斜；圈闭类型以背斜、断鼻、断块为主。

阿南背斜位于阿尔善断层下降盘，走向北东，背斜长轴平行于阿尔善断层，构造核部整体呈地堑形态，构造面积为 60km^2。背斜构造被北东向断层和近东西向断层相互切割而使其构造复杂化，分割成多个含油断块。

小阿北背斜为一长轴北东向背斜，被多条断层复杂化形成三个局部构造高点，这些断层对油气分布不起控制作用。

蒙古林背斜为一穹隆背斜，位于蒙古林断层上升盘，两条规模较大的近南北向断层将蒙古林背斜分割为东、中、西三部分。

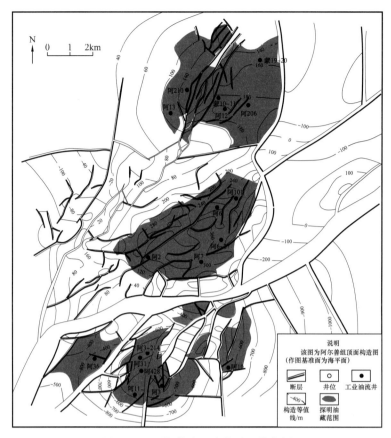

图 10-1　阿尔善油田油藏平面分布图

三、储层特征

1. 沉积与岩性特征

阿尔善组三段以扇三角洲沉积和火山喷发相为主。储层主要分布在蒙古林及小阿北地区。蒙古林阿尔善组三段储层主要为砂砾岩、砾岩，厚度为40～90m，从西北向东南方向厚度有所减薄；砾石成分较为复杂，以中基性、中酸性火成岩为主，含量为12%～75%，其次为石英、长石和凝灰质岩屑及少量的泥岩、花岗岩及黑云母等。安山岩储层主要分布在小阿北地区，常见气孔、杏仁构造和角砾构造，在其顶部常见混入生物介壳的安山质角砾岩；安山岩为隐晶结构、致密、厚层块状。

阿尔善组四段以辫状河三角洲和滨浅湖沉积为主。储层主要分布在阿南背斜，岩性为砂岩、含砾砂岩、砂砾岩。岩石类型以含凝灰质长石岩屑中—细砂岩为主，石英含量为25%～45%，平均为35.9%，长石含量为31%～50%，平均为40.5%；胶结物成分主要为凝灰质，其中以火山灰尘组成的凝灰质为主，胶结类型以接触—孔隙式为主。

腾格尔组一段以辫状河三角洲和近岸水下扇沉积为主。储层主要分布在蒙古林区块，位于腾格尔组一段下亚段，岩性主要为砂砾岩、粗—中砂岩、粉砂岩。储层岩石类型以长石质砂岩和长石岩屑砂岩为主，石英含量为18.7%～51.0%，长石含量为21.3%～31.7%，岩屑含量为15.7%～57.5%；胶结物成分以泥质、凝灰质为主，含量一般为10%～29%，凝灰质含量低于泥质含量。黏土矿物主要为蒙皂石、伊利石、绿泥石和高岭石。

2. 储集空间及物性特征

腾格尔组一段储集空间以孔隙型为主。孔隙度为10.9%～31.5%，平均为24%；渗透率为0.021～5904mD，平均为344.8mD，为中孔中渗储层。

阿尔善组四段储集空间以粒间孔为主。孔隙度平均为16.2%，渗透率平均为44.3mD，储集物性较好，为中孔低渗储层。

阿尔善组三段碎屑岩储层主要为砾岩和岩流自碎碎屑岩，物性较好。孔隙度为12.8%～23.6%，平均为18%；渗透率为0.7～1211mD，平均为117mD，为中孔中渗储层。

阿尔善组三段安山岩储集空间以气孔最为发育，砾间溶蚀孔洞发育较差，构造缝、柱状节理缝和层状节理缝组成的裂缝介于其间。气孔杏仁状安山岩孔隙度平均为23%，渗透率平均为11.3mD，为中孔低渗储层。

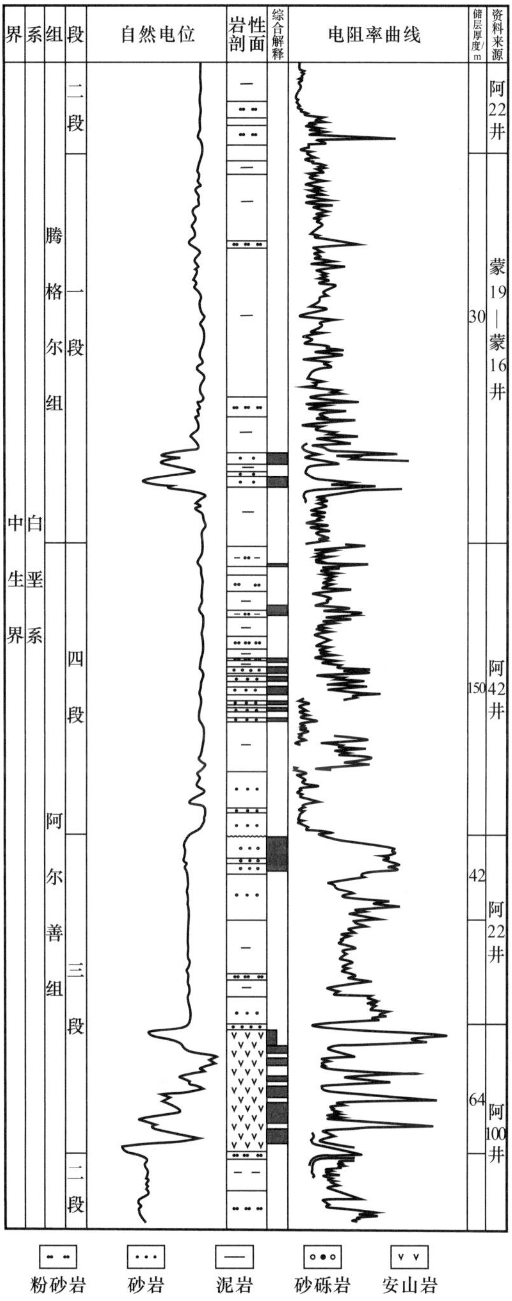

四、油藏类型与流体性质

1. 油藏类型

该区油藏主要受构造控制，已发现油藏以构造（背斜、断块、断鼻）油藏为主，其次是构造—岩性油藏（表10-1，图10-3）。

阿南油藏的构造背景为背斜，该背斜被断层复杂化后，表现为断鼻和断块含油、整体连片的特征；蒙古林油藏的构造背景为背斜，油藏受构造和岩性双重控制，形成断块油藏和构造—岩性油藏；小阿北油藏为在背斜背景上形成的（阿尔善组三段）安山岩油藏，油层发育程度受安山岩厚度、断裂发育程度、岩石结构构造、喷发期、相带以及裂缝网络系统的控制，含油性比较复杂。

2. 地层温度及压力特征

腾格尔组一段油藏原始地层压力为6.42MPa，饱和压力为1.2MPa，原始气油比为$2m^3/m^3$，压力系数为0.90，属于正常压力系统。

阿尔善组四段油藏压力系数为0.86～0.96，地温梯度平均为4.6℃/100m，且地层压力及温度与深度成较好线性关系，属正常温度、压力系统。

阿尔善组三段砾岩油藏压力系数为0.96，饱和压力1.4MPa，地饱压差大，油藏温度为37℃，地层压力及温度与深度呈较好线性关系，属正常压力系统。阿尔善组三段安山岩油藏具有统一的压力系统，压力梯度为0.95MPa/100m，压力系数为0.937。

图10-2　阿尔善油田油层柱状图

粉砂岩　　砂岩　　泥岩　　砂砾岩　　安山岩

表 10-1　阿尔善油田油藏综合特征表

区块		小阿北（阿2、阿6、阿7）	阿11	蒙古林砂岩（阿12、阿13、阿16）	蒙古林砾岩（阿12、阿13、阿16）	阿36	阿31	阿3
油藏基本要素	开采层位	阿尔善组三段	阿尔善组四段	腾格尔组一段	阿尔善组三段	阿尔善组四段	阿尔善组四段	阿尔善组四段
	含油面积 /km²	17.9	2.04	19.04	11.77	4.08	2.07	3.59
	地质储量 /10⁴t	695.3	441.8	1381.34	1664.33	298.09	470.87	482.38
	油藏类型	构造—岩性	构造	构造	构造	背斜构造	背斜构造	背斜构造
	油水界面深度 /m	800	1400	920	800	1480	1600	1560
	油藏埋深 /m	650	1354	738	764	1341	1318	1354
	油层有效厚度 /m	16.3	34.3	5.4	16.7	10.2	17.3	19.2
	孔隙度 /%	23	17.6	25	18	16	17.2	16
	渗透率 /mD	11.3	25	344.8	117	8	83	25
	原始含油饱和度 /%	12	60.1	60	54	54.8	55	54.9
	原始地层压力 /MPa	6.27	11.8	7.5	7.5	11.95	11.95	11.8
	压力系数	0.94	0.86	0.9	0.96			0.86
地面原油性质	地面原油密度 /（g/cm³）	0.885	0.878	0.91	0.899	0.888	0.871	0.874
	黏度 /（mPa·s）	39.69	10.90	132.8	113.6	49.9	10.6	10.9
	凝固点 /℃	25	29	17	21	29	26	29
	含蜡量 /%	14	13	4.7	9	13.6	16.5	13
	含硫量 /%	0.15	0.10	0.16	0.13	0.1	0.1	0.1
	胶质+沥青质含量 /%	25	25.5	46.7	36.3	20.2	24.6	25.5
天然气性质	相对密度 /（g/cm³）	0.7		0.65	0.65			
	甲烷含量 /%	74.3		81.9	81.9			
地层水性质	水型	NaHCO₃	NaHCO₃	NaHCO₃	NaHCO₃	NaHCO₃	NaHCO₃	NaHCO₃
	总矿化度 /（mg/L）	2932	6102.9	1253	1593	4327	2035	2739
	氯离子含量 /（mg/L）	987		409	421			
原油高压物性	饱和压力 /MPa	1.46	6	1.2	1.5		6.37	6
	体积系数	1.025	1.097	1.016	1.032	1.087	1.092	1.097
	原始气油比 /（m³/m³）	4	22	2	4		23	22

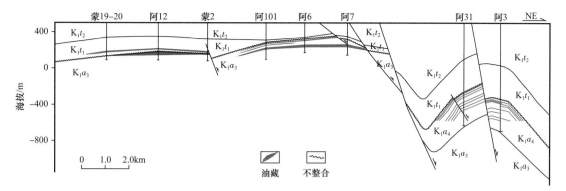

图 10-3　阿尔善油田阿 12—阿 6—阿 31—阿 3 井油藏剖面图

3. 流体性质

腾格尔组一段油藏原油性质具有"四高、二低、一中"的特点，即高密度（平均为 0.9018g/cm³）、高黏度（平均为 132.8mPa·s）、高胶质 + 沥青质（平均为 46.7%）、高初馏点（平均为 131.6℃），低含硫（平均为 0.16%）、低凝固点（平均为 17℃），中含蜡（平均为 4.7%）；地层水矿化度平均为 1253mg/L，为 NaHCO₃ 水型。

阿尔善组四段油藏原油性质为中质油，地面原油密度平均为 0.873g/cm³，黏度平均为 34mPa·s；地层水矿化度为 2035～6102.9mg/L，为 NaHCO₃ 水型。

阿尔善组三段砾岩油藏原油性质较差，具有"四高、一低、二中"的特点，即高密度（平均为 0.899g/cm³）、高黏度（平均为 113.6mPa·s）、高胶质 + 沥青质（平均为 36.3%）、高初馏点（平均为 144.5℃），低含硫（平均为 0.13%），中含蜡（平均为 9%）、中凝固点（平均为 21℃）；地层水矿化度平均为 1593mg/L，为 NaHCO₃ 水型。

阿尔善组三段安山岩油藏地面原油密度为 0.8774～0.9007g/cm³，黏度为 30.02～55.76mPa·s，凝固点为 21～30℃，含蜡量为 9.3%～20.65%，含硫量为 0.11%～0.59%；地层水矿化度平均为 2932mg/L，为 NaHCO₃ 水型。

五、开发简况

阿尔善油田于 1989 年 10 月正式投入开发，采取 300～500m 井距反七点面积注水方式投入开发。采取细分层系、整体加密、整体化学调剖、层系调整等多种配套措施进行综合治理。根据产量、含水和调整措施及效果，将油田开发分为四个阶段（图 10-4）。

1. 产能建设和早期注采井网完善阶段（1988—1990 年）

钻井 376 口，投产油井 253 口，投注水井 100 口，建成原油年生产能力 75 × 10⁴t，采油速度达到 1.88%，基本形成较完善的 300～500m 井距的一套开发井网，阶段末油田含水率为 8.04%。

2. 细分层系阶段（1991—1994 年）

以阿 31、阿 11 断块为核心，细分为四套开发层系，并完善了井网。钻井 523 口，建成原油年生产能力 72.49 × 10⁴t，实现了油田产量的上升，阶段末含水率上升到 40.36%。

3. 强注强采，含水快速上升阶段（1995—1998 年）

采取高注采比的开发政策，通过加强注水、整体加密、双向疏导、整体调剖等方式强注强采，保持相对稳产，但油田含水快速上升，阶段含水上升率为 7.71%，阶段末含水率为 70.17%。

　　4.综合调整治理阶段（1999—2017 年）

　　为控制油田含水上升，减缓递减，实施完善注采井网和层系、深度化学调剖、分层治理、双向疏导、有效提液等综合调整治理，使油田含水上升率逐步下降到 1%～2%。油田进入高—特高含水开发阶段，综合含水率达 90% 以上。

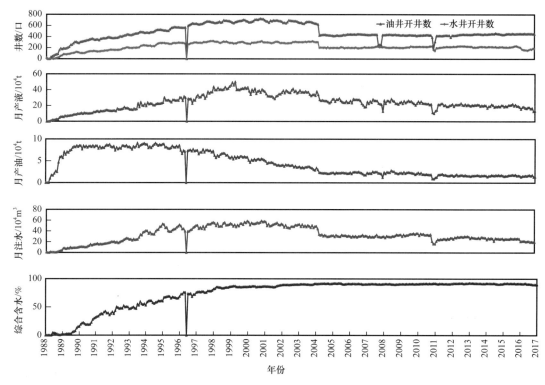

图 10-4　阿尔善油田开发综合曲线图

　　截至 2017 年 12 月，共有原油开发井 888 口，其中采油井 562 口，注水井 321 口，观察井 5 口。采油井开井 449 口，核实日产油 429t，日产液 4321t，综合含水率 89.76%。累计产油 1178.46×10⁴t，采油速度 0.31%，地质储量采出程度 19.89%，可采储量采出程度 85.23%。注水井开井 187 口，日注水 6338m³，累计注水 9514.24×10⁴m³，月注采比 0.934，累计注采比 1.004，累计地下亏空体积 35.1581×10⁴m³。

第二节　哈达图油田

　　哈达图油田位于阿南—阿北凹陷哈南构造带，是古生界凝灰岩潜山油藏与中生界碎屑岩油藏复式聚集的油田。

一、油田概述

　　哈达图油田位于内蒙古自治区锡林郭勒盟阿巴哈纳尔旗阿尔善乡境内，在锡林浩特市以北约 100km 处，西部与阿尔善油田相邻。该油田钻遇地层自上而下为新生界，中生界下白垩统赛汉塔拉组、腾格尔组、阿尔善组和古生界。

哈达图油田油气钻探工作始于1982年，在哈南潜山钻探哈1井，该井于古生界凝灰岩潜山中获日产76t高产油流，1985年首次上报哈南潜山储量，命名为哈达图油田（图10-5）。后续钻探又发现了哈8、哈313、哈22、哈34等12个含油区块。

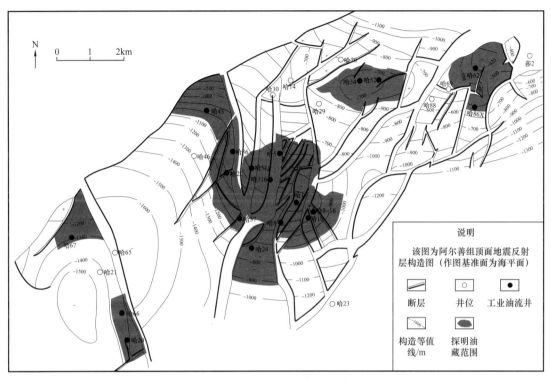

图10-5 哈达图油田油藏平面分布图

截至2017年底，累计探明含油面积19.2km²，探明石油地质储量3485×10⁴t。该油田含油层位为阿尔善组三段（K_1a_3）、阿尔善组四段（K_1a_4）、腾格尔组一段（K_1t_1）、腾格尔组二段（K_1t_2）和潜山（Pz）等五套层系，其中阿尔善组四段为主要产油层位（图10-6）。

二、构造特征与圈闭

哈达图油田位于阿尔善断层下降盘，构造主体是在古生界凝灰岩潜山背景上继承性发育而成的披覆背斜，背斜形态自下而上逐渐变缓，幅度减小，面积增大。该构造后期被一系列断层切割，构造虽十分破碎，但背斜形态仍很清楚，且构造具有继承性。

受背斜构造背景控制，被断层切割形成多个断块、断鼻圈闭，背斜核部古生界凝灰岩形成潜山圈闭。

三、储层特征

1.沉积与岩性特征

古生界潜山为一套凝灰岩储层，累计厚度约900m，平均单层厚度为90m，储层平均埋深在1740m左右。凝灰岩分为中性凝灰岩及基性凝灰岩两种。中性凝灰岩粒度小，呈微粒结构，多经硅化而转化为硅质岩。基性凝灰岩以火山角砾和粗粒屑为主，颗粒较粗。

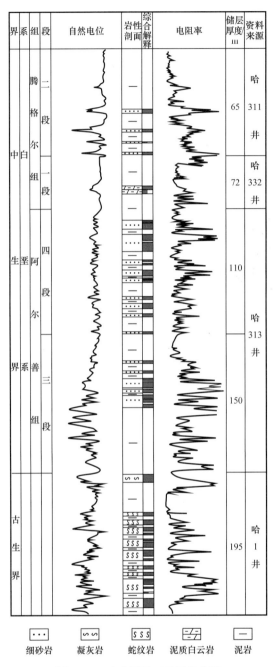

界系	组	段	自然电位	岩性剖面	综合解释	电阻率	储层厚度/m	资料来源
中白垩组	腾格尔组	二段					65	哈311井
		一段					72	哈332井
生垩界系	阿尔善组	四段					110	哈313井
		三段					150	
古生界							195	哈1井

细砂岩　　凝灰岩　　蛇纹岩　　泥质白云岩　　泥岩

图 10-6　哈达图油田油层柱状图

阿尔善组为一套多旋回的（洪）冲积扇及扇三角洲沉积。阿尔善组四段储层岩石类型以岩屑砂岩、岩屑砂砾岩为主，石英含量为10%～30%，长石含量为20%～35%，岩屑含量为30%～70%。阿尔善组三段岩石类型为复成分砾岩，其成分成熟度低，砾石成分以火山岩岩屑为主，变质岩岩屑和沉积岩岩屑较少；陆源碎屑成分中，石英含量为7%～18%，长石含量为7%～27%，岩屑含量为20%～70%。

腾格尔组以辫状河三角洲沉积为主。储层以含砾长石砂岩、花岗质砂砾岩、岩屑长石砂岩、长石粉砂岩等为主。碎屑物质中石英、长石和花岗岩岩屑含量高达90%左右，其他岩屑只占2%～10%，杂基含量一般为20%。

2. 储集空间及物性特征

腾格尔组砂岩储集空间以原生粒间孔为主，有少量次生溶孔；储层孔隙度为9.2%～23.6%，一般在20%左右；渗透率为1～80.6mD，平均为19.2mD，为中孔中低渗储层。

阿尔善组四段砂岩以次生溶孔为主，孔隙度为7.2%～18.7%，平均为14.5%；渗透率为1～598mD，为低孔中低渗储层。

阿尔善组三段砾岩储层储集空间为次生溶孔、溶洞及构造裂缝。裂缝以微细缝为主，缝宽一般1mm，最宽可达10mm。孔隙度一般为18%～22%，平均为18.8%；渗透率大小不一，一般为2.05～152.4mD。

古生界储层以凝灰岩中的孔、缝为主要储集空间，裂缝以节理裂缝为主，大型构造缝为辅，横向连通性好。孔隙度平均为11.5%，渗透率平均为11.3mD。

四、油藏类型与流体性质

1. 油藏类型

该区为典型的复式油气聚集带，油层纵向含油井段长，含油层系多，横向上叠合连片。已发现油藏类型包括潜山油藏、构造油藏与构造—岩性油藏（表10-2，图10-7）。

表 10-2 哈达图油田油藏综合特征表

区块		哈南潜山	哈311	哈313	哈8	哈22	哈43
油藏基本要素	开采层位	古生界	腾格尔组二段	阿尔善组四段	阿尔善组四段	阿尔善组三段	阿尔善组三段
	含油面积 /km²	1.66	3.15	2.16	2.18	1.75	1.38
	地质储量 /10⁴t	200.68	502.5	436.43	621.49	353.75	278.96
	油藏类型	潜山	构造	构造	构造	岩性	岩性
	油水界面深度 /m	1875	1320	1900	1920	2180	2180
	油藏埋深 /m	1656	1221	1611	1419	1738	1738
	油层有效厚度 /m	23.7	8.6	28.4	33.7	48.7	48.7
	孔隙度 /%	11.5	22.6	16.7	17.6	10.6	10.6
	渗透率 /mD	11.3	25	344.8	8	83	25
	原始含油饱和度 /%	55	65	60	60	50	50
	原始地层压力 /MPa	14.39	15.81	15.81	13.6	18.98	18.98
	压力系数	0.927			0.88	0.99	0.99
地面原油性质	地面原油密度 / (g/cm³)	0.871	0.899	0.88	0.874	0.856	0.856
	黏度 / (mPa·s)	8.9	50.1	49.9	9.5	3.9	3.9
	凝固点 /℃	28	34	29	25	28	28
	含蜡量 /%	18.6	16.8	16.3	15.3	18	18
	含硫量 /%	0.139	0.10	0.1	0.1		
	胶质 + 沥青质含量 /%	20.8	24	18.1	17.2	14	14
天然气性质	相对密度 / (g/cm³)	0.865					
	甲烷含量 /%	66.25					
地层水性质	水型	NaHCO₃	NaHCO₃	NaHCO₃	NaHCO₃	NaHCO₃	NaHCO₃
	总矿化度 / (mg/L)	3283.1	4295	2399		2774	2774
	氯离子含量 / (mg/L)	195.3					
原油高压物性	饱和压力 /MPa	4.5			4.8	4.3	4.3
	体积系数	1.08	1.054	1.091	1.091	1.093	1.093
	原始气油比 / (m³/m³)	16	13		23	23	23

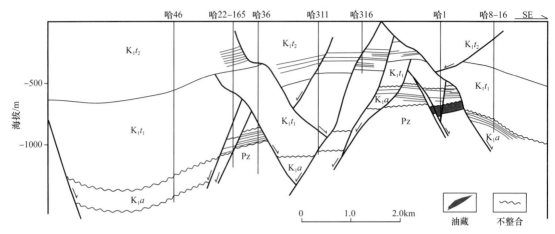

图 10-7　哈达图油田哈 36—哈 316—哈 1 井油藏剖面图

潜山油藏以哈南潜山为代表，为受裂缝发育及构造双重控制的潜山油藏，如哈 1 凝灰岩潜山油藏；构造油藏以披覆背斜为背景，被断层复杂化，形成断鼻、断块类油藏；构造—岩性油藏以阿尔善组四段哈南砂岩油藏为代表，阿尔善组四段砂岩横向变化快，油层分布受构造和岩性双重因素控制。

2. 地层温度及压力特征

腾格尔组油藏地层温度为 53.3℃，地温梯度为 3.4℃/100m；原始地层压力为 15.81MPa，饱和压力为 3.1MPa。阿尔善组油藏地层温度分布在 53～94℃之间，地温梯度分布在 3.46～4.3℃/100m 之间；原始地层压力为 13.6MPa，饱和压力为 4.8MPa。潜山油藏原始地层压力为 14.39MPa，饱和压力为 4.5MPa。

3. 流体性质

油藏原油性质为中质油。腾格尔组二段地面原油密度平均为 $0.899g/cm^3$，黏度平均为 50.1mPa·s；阿尔善组三段、四段地面原油密度为 $0.877g/cm^3$，黏度平均为 14.6mPa·s；古生界地面原油密度为 $0.871g/cm^3$，黏度平均为 8.9mPa·s。地层水矿化度为 752～5455.88mg/L，为 $NaHCO_3$ 水型。

五、开发简况

哈达图油田于 1989 年 9 月以 250～300m 井距不规则反七点面积注水方式投入开发。开发过程中采取了细分开发层系、井网加密调整、整体化学调剖、层系互返等多种配套措施对油田进行综合治理。根据产量、含水和调整及效果，将油田开发分为三个阶段（图 10-8）。

1. 建产投产、井网完善阶段（1989 年 9 月—1993 年）

该阶段钻井 219 口，投产油井 134 口，投注水井 73 口，观察井 12 口。到阶段末，日产液迅速上升到 898t，综合含水率在 29% 左右，采油速度达到 1.22%。

2. 细分开发层系、井网加密调整阶段（1994—1998 年）

针对第一阶段暴露出的主要问题，主要是以哈 301 断块为核心进行细分开发层系，加密并完善井网，辅以油井提液降压和水井控注等调整技术政策，使得油藏储量动用程度大大提高，取得了比较好的开发效果。油田总井数达 384 口，实现了油田产量的稳定上升，日产液由 888t 上升到高峰时的 2542t，日产油由该阶段初期的 575t 上升到最高时的 772t。

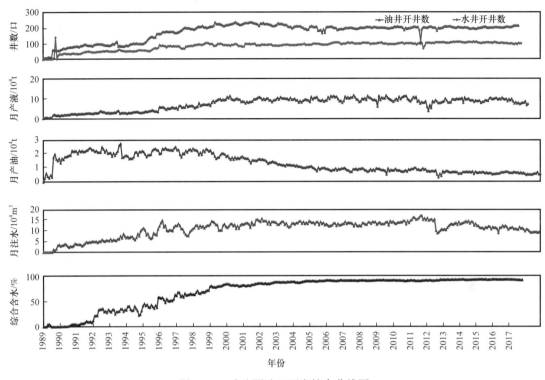

图 10-8　哈达图油田开发综合曲线图

3. 深度调整治理阶段（1999—2017 年）

该阶段为缓和双高注水矛盾，减缓由于断层水窜造成的影响，利用油藏精细描述成果，全面开展井网调整、深度化学调剖、分层治理、双向疏导、有效提液等综合治理。通过一系列的综合治理措施，油田产量下降的势头得到有效的控制，综合递减、自然递减减缓，产量趋于稳定，含水也趋于平稳。

截至 2017 年 12 月，共有原油开发井 456 口，其中采油井 292 口，注水井 158 口，观察井 6 口。采油井开井 214 口，核实日产油 179t，日产液 2329t，综合含水率 92.31%。累计产油 483.46×10⁴t，采油速度 0.21%，地质储量采出程度 15.35%，可采储量采出程度 71.54%。注水井开井 100 口，日注水 2996m³，累计注水 3841.7934×10⁴m³，月注采比 1.098，累计注采比 1.139，累计地下亏空体积 469.1689×10⁴m³。

第三节　宝力格油田

宝力格油田位于马尼特坳陷东北部的巴音都兰凹陷，是 2001 年二连盆地岩性地层油藏勘探取得重大突破、探明规模储量并建产投入开发的油田。

一、油田概述

宝力格油田位于内蒙古自治区东乌珠穆沁旗西部。该油田钻遇地层自上而下依次为新生界，中生界下白垩统赛汉塔拉组、腾格尔组、阿尔善组，侏罗系及古生界。

巴音都兰凹陷油气钻探工作始于1977年，自1984年首钻巴1井获得工业油流以后，基本明确了南洼槽的巴Ⅰ号、巴Ⅱ号和北洼槽包楞构造为三大有利含油构造。随后围绕三大构造部署了一批探井，但钻探效果均不甚理想，勘探陷入低谷期。2001年勘探方向由寻找构造油藏转到岩性地层油藏，在南洼槽部署钻探了巴19、巴18、巴20、巴21、巴22等5口探井，均获高产油流，当年整装探明巴19油藏，探明石油地质储量1241×10⁴t。之后，又相继发现、探明和开发了巴10、巴38、巴48、巴51等油藏。2011—2017年，北洼槽岩性地层油藏勘探取得重大进展，在北洼槽西斜坡发现了巴77X和巴101X油藏。

截至2017年底，累计探明含油面积23.73km²，探明石油地质储量3362×10⁴t（图10-9）。该油田主要含油层位为阿尔善组三段、四段，以及腾格尔组一段、二段（图10-10），其中阿尔善组四段为主要产油层位。

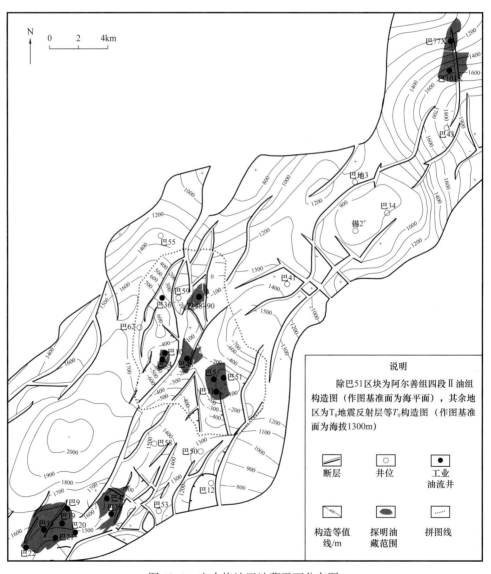

图10-9　宝力格油田油藏平面分布图

二、构造特征与圈闭

宝力格油田所在的巴音都兰凹陷整体呈东断西超特征，自北向南分为北洼槽、中洼槽和南洼槽三个次级洼槽。宝力格油田的油藏主要分布在南洼槽的巴Ⅰ号、巴Ⅱ号构造和北洼槽斜坡区。巴Ⅰ号、巴Ⅱ号构造总体表现为两个大型鼻状构造，巴101X油藏则是依附于北洼槽西斜坡鼻状背景成藏。巴音都兰凹陷于阿尔善组沉积后发生构造反转作用，致使该区构造与有利储集相带纵向上匹配关系较差，不利于构造圈闭的形成，但却为构造—岩性圈闭的形成创造了有利条件。

受岩性、构造双重控制的构造—岩性复合型圈闭是宝力格油田圈闭的主要存在形式，其次是岩性圈闭、断块圈闭和地层不整合圈闭。

三、储层特征

1.沉积与岩性特征

阿尔善组主要发育扇三角洲、近岸水下扇两种沉积体系。南洼槽主要发育巴19、巴38、巴51、巴66等扇三角洲沉积体系；北洼槽主要发育巴77X扇三角洲、巴45近岸水下扇等沉积体系。

阿尔善组储层岩性以粉—细砂岩、砂砾岩为主。其中，阿尔善组四段储层岩性为岩屑长石细砂岩、含砾砂岩、白云质砂岩等；碎屑成分中石英含量为25%～50%，长石含量为26%～40%，岩屑含量为25%～56%；胶结类型以孔隙式胶结为主，部分接触式胶结。

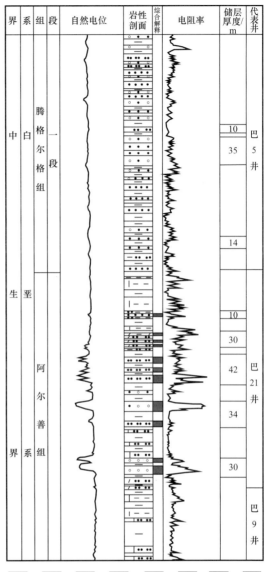

图 10-10 宝力格油田油层柱状图

2.储集空间及物性特征

阿尔善组储集空间有四种孔隙组合类型：（1）被改造的原生粒间孔—粒内溶孔—粒间溶孔组合，孔隙一般较为发育，面孔率一般大于10%，孔隙直径一般为20～200μm，最大可达350μm，喉道宽度一般为10～50μm，孔喉配位数一般为2～3；（2）粒内溶孔—粒间溶孔组合，面孔率一般为5%～10%，孔隙直径一般为10～100μm，喉道宽度一般为

5～30μm，孔喉配位数一般为1～2；（3）微孔隙—粒内溶孔组合，以粒内溶孔为主，见少量粒间溶孔，常发育大量微孔隙，面孔率一般小丁1%，多呈孤立状；（4）裂缝，包括构造缝、构造—溶蚀缝等类型，是泥质或云质粉砂岩和泥质或泥晶白云石支撑的砂岩、砂砾岩中发育的主要孔隙组合类型，裂缝以高角度构造缝为主，构造缝多被次生矿物半充填。

阿尔善组储层孔隙度为12.4%～21.7%，平均为17.7%；渗透率为4.6～159.8mD，平均为66mD，为中孔中渗储层。

四、油藏类型与流体性质

1. 油藏类型

该区油藏类型较多，构造—岩性和岩性油藏占比最大，主要由构造与沉积砂体共同控制，如发育于巴Ⅱ号构造的巴19油藏，发育于巴Ⅰ号构造的巴51油藏（图10-11，表10-3），以及发育于北洼槽的巴77X油藏。此外，还有少部分的地层不整合油藏，如巴48-90阿尔善组三段油藏；地层超覆油藏，如巴48阿尔善组四段油藏；复杂断块油藏，如巴38阿尔善组四段油藏等。

2. 地层温度及压力特征

宝力格油田原始地层温度为55～60℃，原始地层压力为13.8MPa，体积系数为1.0663～1.0952，原始饱和压力为3.6～7.49MPa，气油比为8～20m³/m³。南洼槽各油藏具有统一的压力系统，压力系数为0.92～1.0，地温梯度为3.51～3.997℃/100m，属正常温度压力系统；北洼槽的油藏压力系数为0.97～1.04，地温梯度为2.5～2.9℃/100m，亦属正常温度压力系统。

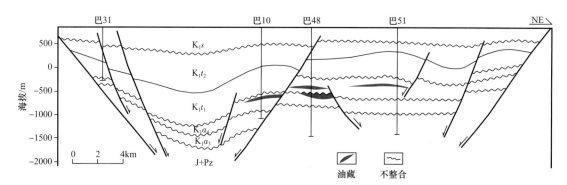

图10-11　宝力格油田巴10—巴48—巴51井油藏剖面图

3. 流体性质

宝力格油田原油类型分为稀油、稠油两种。稀油地面原油密度为0.876～0.897g/cm³，黏度为28.89～96.85mPa·s，凝固点为28～33℃，含硫量为0.21%～0.42%，含蜡量为12.1%～19.36%，胶质+沥青质含量为13.26%～27.6%，原油性质较好。稠油，如巴5、巴48油藏，地面原油密度为0.9105g/cm³，黏度高达395.3mPa·s，胶质+沥青质含量在50%以上，地层条件下原油流动性较差。地层水矿化度为6025.8～7648mg/L，氯离子含量为109.9～519mg/L，为$NaHCO_3$水型。

表 10-3　宝力格油田油藏综合特征表

	区块	巴 19	巴 77X	巴 38	巴 48	巴 51
油藏基本要素	开采层位	阿尔善组四段	阿尔善组四段	阿尔善组四段	阿尔善组四段	阿尔善组四段
	含油面积 /km²	8.3	4.77	3.6	1.9	3.1
	地质储量 /10⁴t	1241.5	873	443	274.4	220
	油藏类型	岩性	岩性	构造	地层	构造—岩性
	油水界面深度 /m	1505~1530	1990~2500	1530~1560	1190~1300	1060
	油藏埋深 /m	1325~1500	1450~1740	1380~1430	1110~1220	950
	油层有效厚度 /m	16.9	27.3	13.4	42.5	6.6
	孔隙度 /%	18.5	12.4	21.7	19.8	17
	渗透率 /mD	145.2	4.6	86.3	159.8	14.7
	原始含油饱和度 /%	60	60	62	60	59
	原始地层压力 /MPa	14	18.35	14.1	12.41	9.1
	压力系数	0.92	1.01	0.98	1	1
地面原油性质	地面原油密度 /（g/cm³）	0.878	0.867	0.882	0.898	0.907
	黏度 /（mPa·s）	38.43	9.7	57.7	148	245.7
	凝固点 /℃	34	27	30	26	29
	含蜡量 /%	17.2	16.97	16.8	8	12.2
	含硫量 /%	0.2	0.13	0.3	0.3	0.3
	胶质+沥青质含量 /%	28.3	23.64	37.2	42.4	44.6
地层水性质	水型	NaHCO₃	NaHCO₃	NaHCO₃	NaHCO₃	NaHCO₃
	总矿化度 /（mg/L）	6037	6102.9	6035.2	6299.9	7813.3
	氯离子含量 /（mg/L）	118.3		92.2~132.9	716.1	1207.8
原油高压物性	饱和压力 /MPa	34		32	12.41	9.1
	体积系数	1.079		1.049	1.038	1.045
	原始气油比 /（m³/m³）	20	10	9	8	9

五、开发简况

宝力格油田 2001 年正式投入开发，采用 250m 井距三角形井网及正方形井网开发。根据产量、含水和调整措施及效果，将油田开发分为三个阶段（图 10-12）。

1. 产能建设阶段（2001—2004 年）

2001—2003 年，在巴 19 区块共钻井 81 口，投产油井 59 口，投注水井 22 口，建成年生产能力 15.21×10⁴t，阶段末采油速度为 1.6%，综合含水率为 9.08%。

2003—2004 年，在巴 38、巴 48 断块共钻井 71 口，其中油井 48 口，注水井 23 口，

新建成年生产能力 10.11×10^4t，阶段末采油速度为 1.13%，综合含水率为 11.74%。

2001—2004 年，在宝力格油田新建产能 25.32×10^4t/a，全面完成 25×10^4t/a 产能建设概念设计指标，取得了很好的实施效果。

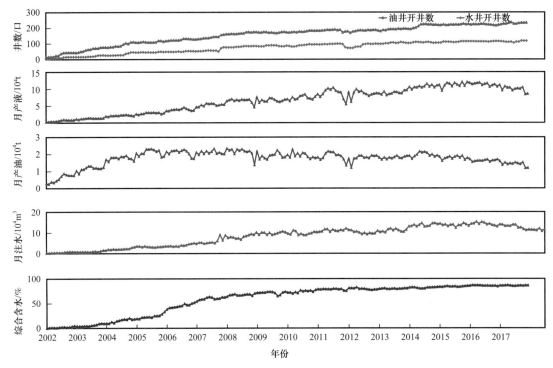

图 10-12　宝力格油田开发综合曲线图

2. 续建产能及分层治理阶段（2005—2007 年 5 月）

2005 年，在巴 48、巴 51 断块续建年生产能力 2.52×10^4t，共钻井 24 口，其中油井 16 口，注水井 8 口。

投产较早的巴 19 区块，自投入注水开发以来，其开发特征主要表现为层间矛盾突出，产、吸剖面严重不均，油品性质差，造成油井见效、见水快，含水上升速度快、产量递减快。针对开发矛盾，采取了低注采比注水开发政策，并实施分层注水、非均衡生产及提液措施，有效减缓了产量递减，控制了含水上升，保持油田的稳产，阶段自然递减由 14.76% 下降至 0.79%，含水上升率由 11% 下降到 4.8%。

2004 年 6 月至 2007 年 5 月，重点在巴 19、巴 38 主力区块初步开展细分注水，并在此基础上强化提液，保持了产量的相对稳定。但后期，含水上升速度加快，产量快速递减。

3. 微弱联作协同综合治理阶段（2007 年 6 月—2017 年）

2007 年 6 月至 2017 年，以微弱联作三次采油为核心，结合滚动扩边等综合治理工作，实现油田产量基本稳定。

截至 2017 年 12 月，共有原油开发井 377 口，其中采油井 253 口，注水井 124 口。采油井开井 232 口，日产油 381t，核实日产液 2745t，综合含水率 86.11%。累计产油 335.915×10^4t，采油速度 0.39%，地质储量采出程度 7.76%，可采储量采出程度 42.1%。注水井开井 115 口，日注水 3725m³，累计注水 1578.262×10^4m³，月注采比 1.122，累计注采比 1.139，累计地下亏空体积 192.4778×10^4m³。

第四节　阿　尔　油　田

阿尔油田位于巴音宝力格隆起东北部的阿尔凹陷，是 2006 年以来积极探索二连盆地勘探接替新凹陷，并通过科学快速高效勘探而发现的一个新油田。

一、油田概述

阿尔油田位于内蒙古自治区东乌珠穆沁旗。该油田钻遇地层自上而下为新生界，中生界下白垩统赛汉塔拉组、腾格尔组、阿尔善组及古生界二叠系。

2006 年，在阿尔凹陷取得油气勘查矿权，2007 年开始投入物探工作量，2008 年首钻阿尔 1 井，对腾格尔组一段 1296.0～1320.4m 井段抽汲求产，获日产油 1.06t，阿尔 3 井在腾格尔组一段下亚段获日产 46.04t 高产油流，在二连盆地发现了新的含油凹陷。

勘探初期，以寻找构造油藏与岩性地层油藏并重的思路，在东部背斜带钻探阿尔 1、阿尔 2、阿尔 3、阿尔 4 等四口井，均获成功；随后，扩大勘探，在凹陷南部罕乌拉构造发现阿尔 52 构造油藏，在西部斜坡带发现阿尔 6、阿尔 26 等油藏。2010 年上交控制石油地质储量 3094×10⁴t，命名为阿尔油田。

截至 2017 年底，累计探明含油面积 50.66km²，探明石油地质储量 4535.08×10⁴t（图 10-13）。该油田产油层位为二叠系、阿尔善组三段、阿尔善组四段和腾格尔组一段（图 10-14）；其中腾格尔组一段是主要产油层位。

二、构造特征与圈闭

阿尔凹陷具有东断西超的半地堑结构特点，自东向西依次可以划分为陡坡带、背斜带、洼槽带和斜坡带。背斜带自北而南依次发育哈达背斜、沙麦北背斜、沙麦背斜和罕乌拉背斜。

凹陷内中东部发育背斜、断鼻、断块等构造圈闭，以及构造—岩性圈闭；西部斜坡带以构造—岩性圈闭为主，局部发育二叠系（凝灰岩）潜山圈闭。断槽内构造较为简单，断层不发育，主要形成岩性地层圈闭和岩性圈闭。

三、储层特征

1. 沉积与岩性特征

阿尔善组三段主要为扇三角洲沉积体系，储层岩石类型主要为凝灰质砂砾岩。洼槽区填隙物含量为 11.0％～38.0％，组分主要为凝灰质和泥质杂基；哈达构造填隙物含量为 10.0％～20.0％，组分主要为泥质杂基，次为自生碳酸盐。岩石的成分成熟度和结构成熟度均比较低，颗粒磨圆度多为次圆—次棱角状，分选性中—差；碎屑岩胶结类型主要为孔隙式胶结。

阿尔善组四段主要为扇三角洲沉积体系，储层岩石类型主要为岩屑长石砂岩；碎屑成分在各含油构造之间差别较大。哈达构造的碎屑成分以岩屑为主；洼槽带阿尔 3 区块碎屑成分则以长石和石英为主，其中长石含量为 45.8％～47％，石英含量为 36％～39.3％；沙麦构造的碎屑成分也以岩屑为主，其中岩屑平均含量为 55％，石英平均含量为23%，长石平均含量为22%；罕乌拉构造带长石含量为38%～41%，石英含量为25%～35%。岩石的成分成熟度、结构成熟度均为中等偏低，颗粒磨圆度多为次圆—次棱角状，分选性中—差；胶结类型主要为孔隙式胶结。

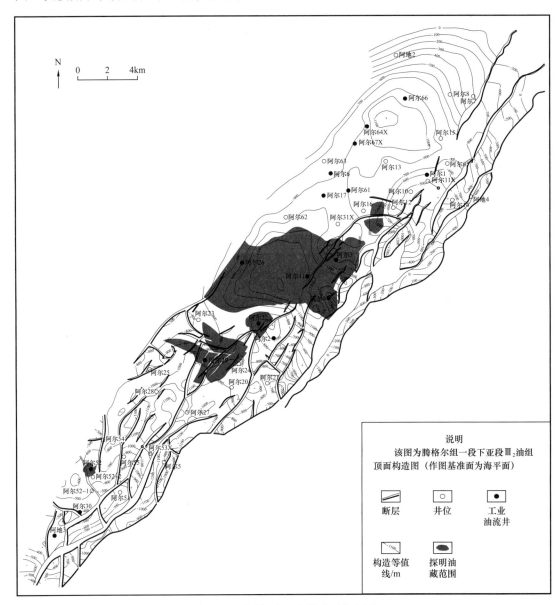

图 10-13　阿尔油田油藏平面分布图

　　腾格尔组一段沉积时期，阿尔凹陷东部主要发育扇三角洲沉积体系，西部斜坡带则以辫状河三角洲沉积为主。腾格尔组一段储层岩石类型主要为砾岩、砂岩、细砂岩、含砾砂岩。砾岩及砂砾岩中砂砾成分主要为凝灰岩块，次为变质岩块，石英、长石等含量相对偏低。砂岩中石英含量为31.8%～36%，长石含量为37.7%～40%，凝灰岩块含量为15%，变质岩块含量为10%～13.7%。在哈达、洼槽区和沙麦等主要含油构造，碎屑岩的成分成熟度、结构成熟度差别不大，均表现为中等偏低；罕乌拉构造碎屑岩成分成熟度、结构成熟度为中等—高。颗粒磨圆度多为次圆—次棱角状，分选性中—差；胶结类型主要为孔隙式胶结。

2. 储集空间及物性特征

腾格尔组一段砂岩储集空间主要为粒间溶孔、粒内溶孔。阿尔29区块腾格尔组一段上亚段平均孔隙度为17%，渗透率为1.4～221.2mD，平均渗透率为40mD，为中孔中低渗储层。阿尔3区块腾格尔组一段下亚段孔隙度为11.1%～12.2%，平均为11.5%，渗透率为15～80.36mD，平均为47mD，为低孔中低渗储层。

阿尔善组四段储集空间主要为粒间溶孔和粒内溶孔，面孔率一般在1%～2%之间。储层孔隙度为1.8%～12.2%，平均为5.9%，渗透率为0.06～0.13mD，平均为0.085mD，为中低孔特低渗储层。

阿尔善组三段砂砾岩储集空间主要为粒内溶孔、粒间溶孔。阿尔68区块阿尔善组三段孔隙度为1.8%～11.9%，平均为7.96%，渗透率为0.07～12.2mD，平均为3.8mD，为中低孔低渗储层。

古生界仅阿尔6井钻遇，主要由凝灰岩、沉凝灰岩构成。其储集空间类型以裂缝和溶孔为主，孔缝率一般在2%～6%之间。储层孔隙度平均为6.5%～8.3%，渗透率小于1mD，仅两块岩心样品渗透率为1.73mD和6.29mD，为中低孔特低渗储层。

四、油藏类型与流体性质

1. 油藏类型

阿尔油田油藏类型主要有构造油藏、构造—岩性油藏和岩性油藏（图10-15）。构造油藏主要以阿尔52、阿尔29油藏为代表（表10-4），分布在阿尔凹陷南部，油层纵向上主要分布在腾格尔组一段上亚段、腾格尔组一段下亚段、阿尔善组四段和三段；构造—岩性、岩性油藏主要以阿尔26、阿尔3和阿尔22油藏为代表，分布在阿尔凹陷中部，纵向上油层主要分布在腾格尔组一段上亚段、腾格尔组一段下亚段；北部阿尔66、阿尔68油藏为构造—岩性油藏典型代表，油层纵向上主要分布在阿尔善组。另外，还发现了阿尔6古生界凝灰岩潜山油藏。

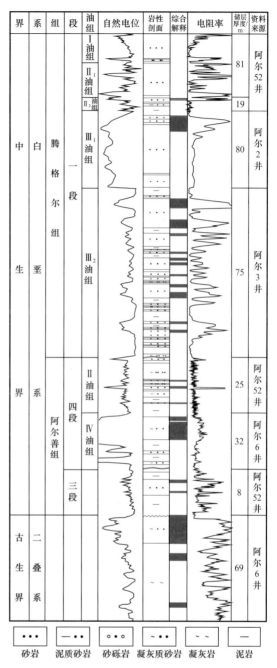

图10-14　阿尔油田油层柱状图

表 10-4 阿尔油田油藏特征数据表

	区块	阿尔 29	阿尔 3	阿尔 22	阿尔 26
油藏基本要素	开采层位	腾格尔组一段上亚段	腾格尔组一段	腾格尔组一段下亚段	腾格尔组一段上亚段
	含油面积 /km²	2.16	14.6	2.02	4.33
	地质储量 /10⁴t	107.92	1402	321.82	153.43
	油藏类型	构造	岩性	构造—岩性	岩性
	油水界面深度 /m	1360～1400	2000～2200	1750	2000
	油藏埋深 /m	1280～1360	1600～1780	1560	1600
	油层有效厚度 /m	7.8	52.2	30.9	6.4
	孔隙度 /%	15.7	11.1	11.3	12.2
	渗透率 /mD	25.7	26.2	6.6	23.9
	原始含油饱和度 /%	56.1	62.6	60.8	61.3
	原始地层压力 /MPa	13.01	18.08	16.01	17.57
	压力系数	1.05	1.03	0.98	0.98
地面原油性质	地面原油密度 / (g/cm³)	0.8696	0.859	0.851	0.868
	黏度 / (mPa·s)	20.82	1.5	10.95	16.1
	凝固点 /℃	25	27	25	24
	含蜡量 /%	17.1	17.55	18.65	19.3
	含硫量 /%	0.15	0.08	0.08	0.07
	胶质 + 沥青质含量 /%	24.1	17.55	16.51	19.63
天然气性质	相对密度 / (g/cm³)				
	甲烷含量 /%		56.2		60
地层水性质	水型	NaHCO₃	NaHCO₃	NaHCO₃	NaHCO₃
	总矿化度 / (mg/L)	4390.9	4977	4867.3	4977
	氯离子含量 / (mg/L)	333.6	2093	206.1	2093
原油高压物性	饱和压力 /MPa	5.7	5.7	5.7	5.7
	体积系数	1.134	1.134	1.134	1.134
	原始气油比 / (m³/m³)	36	36	36	36

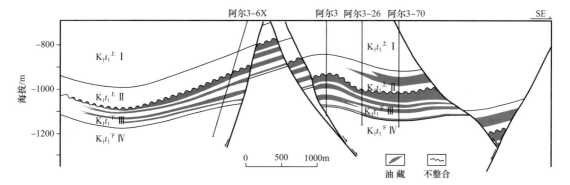

图 10-15　阿尔油田阿尔 3-6X—阿尔 3—阿尔 3-70 井油藏剖面图

2. 地层温度及压力特征

阿尔 3 区块腾格尔组一段地层温度为 61～77℃，地温梯度为 3.2～3.5℃/100m，属正常温度系统。原始地层压力为 15.12～19.17MPa，压力系数为 0.97～1.02，为正常压力系统。

阿尔 29 区块腾格尔组一段地层温度为 54～58.3℃，地温梯度为 2.63～2.80℃/100m；原始地层压力为 13.01～13.77MPa，压力系数为 1.03，为正常温度压力系统。

3. 流体性质

阿尔油田原油性质为中质原油。在腾格尔组一段，南部阿尔 52 区块地面原油密度为 0.8816～0.8821g/cm³，黏度为 43.50～51.78mPa·s，凝固点为 28～35℃，含蜡量为 15.16%～17.40%，含硫量为 0.19%～0.23%，胶质 + 沥青质含量为 28.15%～36.46%，为中质原油；中部阿尔 26—阿尔 3 区块地面原油密度为 0.8600～0.8722g/cm³，黏度为 21.19～22.61mPa·s，凝固点为 25～26℃，含蜡量为 17.15%～19.7%，含硫量为 0.10%～0.23%，胶质 + 沥青质含量为 18.90%～31.35%，为中质原油。

在阿尔善组四段，地面原油密度平均为 0.8863g/cm³，黏度为 51.23mPa·s，凝固点为 27℃，含硫量为 0.16%，含蜡量为 20.48%，胶质 + 沥青质含量为 33.53%，为中质原油。

在阿尔善组三段，地面原油密度平均为 0.8894g/cm³，黏度为 57.26mPa·s，凝固点为 27℃，含蜡量为 17.63%，含硫量为 0.22%，胶质 + 沥青质含量为 34.63%，为中质原油。

阿尔油田南部 52 区块地层水矿化度为 3249.4～6987.3mg/L，平均为 5317.8mg/L，氯离子含量为 209.2～638.1mg/L，平均为 333.6mg/L，为 $NaHCO_3$ 水型。中部阿尔 26—阿尔 3 区块地层水矿化度为 5525.3mg/L，氯离子含量平均为 1733.6mg/L，为 $NaHCO_3$ 水型。

五、开发简况

阿尔油田于 2009 年投入试采，2011 年正式投入规模开发，动用含油面积 39.82km²，石油地质储量为 3282.84×10⁴t。由于区块逐步投入开发，平面上分为四个井区：阿尔 3、阿尔 3-1、阿尔 3-2、阿尔 26。根据产量、含水和调整措施及效果，将油田开发分为三个阶段（图 10-16）。

1. 天然能量初期试采阶段（2009 年 7 月—2010 年）

2009 年投产 5 口井，其余的井均为 2010 年 7 月之后投产，生产时间较短，由于油藏天然能量较弱，产量缓慢下降。截至 2010 年底，阿尔 3 区块共有投产井 30 口，初期单井平均日产油 9.1t，2010 年 12 月单井平均日产油 5.7t，累计产油 2.29×10^4t。

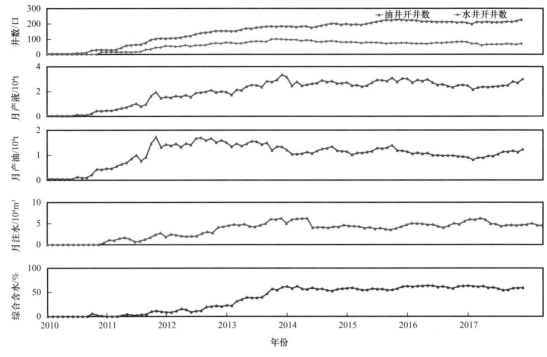

图 10-16　阿尔油田开发综合曲线图

2. 相对稳产、低含水开发阶段（2011 年—2012 年 6 月）

自 2011 年至 2012 年，陆续投注水井 80 口，补孔完善油水井对应关系。该阶段注采井网较完善，共有油井 105 口，水井 80 口，地层能量充足，月注采比平均为 1.71，生产平稳，日产油 450t，含水率低于 20%。

3. 含水快速上升阶段（2012 年 7 月—2017 年 12 月）

随着新井投产和注水影响，初期油藏日产能力呈现缓慢上升趋势；但随着注水影响，部分井含水呈快速上升趋势，部分井日产能力下降。2012 年 6 月后，阿尔 3 区块含水上升速度加快，平均月含水上升速度为 1.65%，2013 年 7 月后高达 3.3%。

截至 2017 年 12 月，共有原油开发井 389 口，其中采油井 259 口，注水井 130 口。采油井开井 227 口，核实日产油 397t，日产液 969t，综合含水率 59.01%。累计产油 100.296×10^4t，采油速度 0.29%，地质储量采出程度 2.38%，可采储量采出程度 12.27%。注水井开井 70 口，日注水 1458m³，累计注水 336.5312×10^4m³，月注采比 1.08，累计注采比 1.371，累计地下亏空体积 91.1064×10^4m³。

第五节　宝饶油田

宝饶油田位于马尼特坳陷吉尔嘎朗图凹陷，包括斜坡区宝饶构造带构造油藏、洼槽区岩性油藏和陡坡带罕尼构造砾岩油藏。

一、油田概述

宝饶油田位于内蒙古自治区锡林浩特市西北伊利勒特乡东部，距离锡林浩特市5～20km，东南方向与锡林稠油油田相邻。该油田钻遇地层自上而下为新生界，中生界下白垩统赛汉塔拉组、腾格尔组、阿尔善组，侏罗系。

吉尔嘎朗图凹陷油气钻探工作始于1984年，1993年在宝饶构造带东部钻探吉41井，于1343.2～1362.0m试油获日产油20.2t，发现了宝饶含油构造。1994年，在吉45等五个含油构造上交探明石油地质储量，并命名为宝饶油田。1996—2010年，勘探发现了吉60、吉84、吉38-26、林4等含油区块，进一步扩大了储量规模。

截至2017年底，累计探明含油面积19.65km²，探明石油地质储量2088.42×10⁴t（图10-17）。该油田产油层位为阿尔善组四段、腾格尔组一段、腾格尔组二段和赛汉塔拉组（图10-18），其中腾格尔组是主要含油层位。

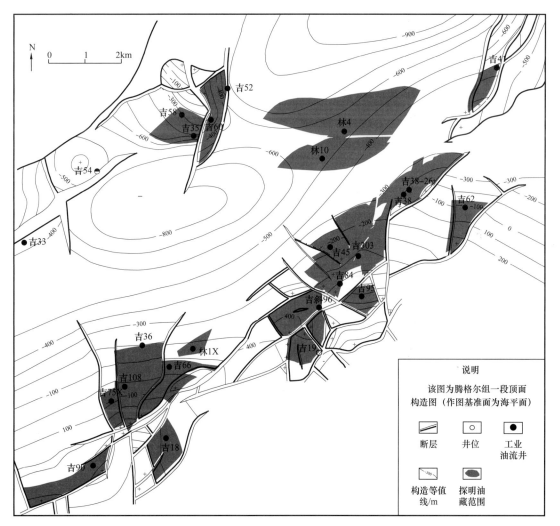

图 10-17　宝饶油田油藏平面分布图

二、构造特征与圈闭

宝饶油田环洼分布，该区总体表现为北东走向、西断东超的箕状特征，油气主要位于斜坡带的宝饶构造带及洼槽区。在早白垩世时期，由于吉尔嘎朗图凹陷北部边界和南部斜坡上的锡Ⅱ号断层强烈活动，两侧地层相向向凹陷中心滑动挤压，从而在锡Ⅱ号断层下降盘发育了宝饶、宝饶东、宝饶西三个较大的断鼻构造区，构成宝饶构造带，并主要形成局部构造圈闭。斜坡内带—洼槽带辫状河三角洲前缘席状砂和前三角洲砂体发育，形成构造—岩性圈闭、岩性圈闭。在油田西部陡坡带主要发育罕尼断鼻。

三、储层特征

1. 沉积与岩性特征

阿尔善组主要发育扇三角洲沉积体系，岩性为灰色粉砂质泥岩、深灰色泥岩与灰色砂砾岩略等厚互层，夹灰色泥质粉砂岩、粉砂岩、泥质砂岩。储层岩石类型为长石砂岩、岩屑长石砂岩、长石岩屑砂岩和岩屑砂岩；石英含量最高为51%，长石和岩屑平均含量分别为20%和40%。岩石表现为低成分成熟度和结构成熟度特征，胶结类型为孔隙式胶结。

腾格尔组一段主要为扇三角洲沉积体系，上亚段为灰色粉砂岩、砂砾岩与深灰色泥岩略等厚互层，下亚段以深灰色泥岩、粉砂岩为主夹泥质白云岩。储层以含砾砂岩为主，次为砂砾岩及泥质粉砂岩。岩石类型为不等粒长石砂岩、细粒长石砂

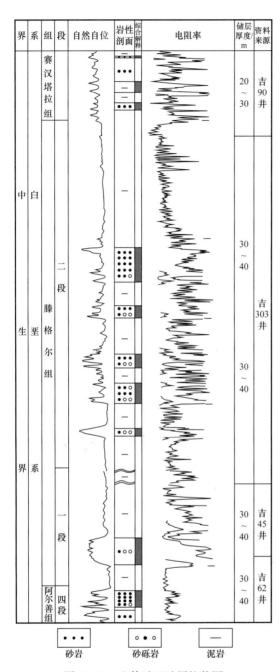

图 10-18　宝饶油田油层柱状图

岩、砾状砂岩。碎屑组分中长石含量为42%～50%，石英含量为39%～42%，少量凝灰岩，含量为4%～8%。胶结物成分为黏土、方解石。分选差，磨圆度为次棱角状，颗粒间为点接触，孔隙式胶结。

腾格尔组二段主要为辫状河三角洲沉积体系，储层为含砾砂岩、砂岩、粉砂岩。岩性为灰色粉砂质泥岩、深灰色泥岩与灰色砂砾岩略等厚互层，夹灰色泥质粉砂岩、粉砂

岩、泥质砂岩。岩石类型为岩屑长石砂岩、长石岩屑砂岩；长石含量为32%～37%，岩屑含量为30%～31%。岩石表现为低成分成熟度和结构成熟度特征，分选差，为次圆—次棱角状。颗粒间为点接触，胶结类型为孔隙式胶结。

2. 储集空间及物性特征

腾格尔组储集空间以粒间溶孔为主，其次为粒内溶孔和铸模孔。砂岩面孔率一般为4%～10%，孔隙直径主要在10～100μm之间；孔隙度为9.4%～22%，平均为16.5%，渗透率为2.8～75mD，平均为32.7mD，为中孔低渗储层。

阿尔善组储集空间以粒间溶孔为主，其次为粒内溶孔，少见铸模孔，主要组成（铸模孔）粒内溶孔—粒间溶孔孔隙组合类型。储层孔隙度为13.2%～23.7%，渗透率为5.7～1979mD，为中低孔中低渗储层。

四、油藏类型与流体性质

1. 油藏类型

宝饶油田的油藏主要分布于东部宝饶构造带和宝饶洼槽。宝饶构造带处于吉尔嘎朗图凹陷东部斜坡上，该构造带形成较早，继承性发育；洼槽生成的油气侧向向斜坡带运移，同时通过断层向上垂向运移从而形成复式油气聚集带（见图9-8）。该油田主要形成断鼻油藏、断块油藏、构造—岩性油藏和岩性油藏。宝饶油田赛汉塔拉组油藏主要分布在吉90、吉73区块，位于油田西南部，以断块油藏为主；阿尔善组四段油藏主要分布在油田东部林14、林15区块，以断块油藏为主；宝饶中带及宝饶洼槽以腾格尔组构造—岩性油藏为主。

2. 地层温度及压力特征

宝饶油田地温梯度平均为5.64℃/100m，地温梯度较高，油藏地层温度为34～60℃；油藏地层压力为3.99～13.89MPa，压力系数为0.9～1.11，属于正常压力系统。

3. 流体性质

宝饶油田油藏原油性质总体为中质油（表10-5）。腾格尔组二段地面原油密度平均为0.853g/cm³，黏度平均为27.5mPa·s；腾格尔组一段地面原油密度平均为0.864g/cm³，黏度平均为33mPa·s；赛汉塔拉组地面原油密度为0.862～0.875g/cm³。体积系数为1.023，地层水类型为NaHCO₃型。

吉45腾格尔组油藏地面原油密度为0.868g/cm³，黏度为20mPa·s，含蜡量为26%，含硫量为0.2%，胶质＋沥青质含量为23%；地层水矿化度为5900.13mg/L，氯离子含量为2206.76mg/L，为NaHCO₃水型。

林4腾格尔组二段岩性油藏属于低密度、低黏度、低胶质＋沥青质、中低凝固点的轻质原油。地面原油密度为0.8503g/cm³，黏度为12.9mPa·s，凝固点为33.3℃，含蜡量为18.7%，含硫量为0.1%，胶质＋沥青质含量为14.4%；地层水矿化度为2761.2～7807.3mg/L，氯离子含量为415.7mg/L，为NaHCO₃水型。

吉90赛汉塔拉组油藏地面原油密度为0.875g/cm³，黏度为29.2mPa·s，凝固点为19℃，含蜡量为15%，含硫量为0.2%，胶质＋沥青质含量为24%。

表 10-5　宝饶油田油藏综合特征表

	区块	吉 45	吉 35	林 4	吉 303	吉 90	吉斜 96
油藏基本要素	开采层位	腾格尔组	腾格尔组一段	腾格尔组二段	腾格尔组二段	赛汉塔拉组	腾格尔组二段
	含油面积 /km²	0.89	0.5	3.92	0.85	1.1	1.1
	地质储量 /10⁴t	159.75	73.1	395.36	119.16	241.31	174.29
	油藏类型	断块	断块	岩性	断块	断块	断块
	油水界面深度 /m	820～1430	1600	1560	900	450	625
	油藏埋深 /m	690～1185	1130	1410	740	390	610
	油层有效厚度 /m	23.8	24.1	5.1	12.2	16.1	13.4
	孔隙度 /%	19.2	9.4	14.6	17	27	22
	渗透率 /mD	75	2.8	38.6	34.3	277	12.8
	原始含油饱和度 /%	56	56.5	62.4	62	59	64
	原始地层压力 /MPa	13.89	13.88	13.31	13.89	3.99	6.77
	压力系数	1.04	1.01	0.96	1	0.9	1.06
地面原油性质	地面原油密度 /(g/cm³)	0.868	0.859	0.853	0.852	0.875	0.907
	黏度 /(mPa·s)	20	32.21	2.45	10.3	29.2	76.5
	凝固点 /℃	35	34	33	33	19	11
	含蜡量 /%	26	23	23.8	18.9	15	11.8
	含硫量 /%	0.2	0.12	0.1		0.2	0.2
	胶质＋沥青质含量 /%	23	17.1	17.4		24	30.3
地层水性质	水型	NaHCO₃		NaHCO₃			
	总矿化度 /(mg/L)	5900.13		8744.1			
	氯离子含量 /(mg/L)	2206.76		1169.9			
原油高压物性	饱和压力 /MPa	1.04	2.7	0.96	1	0.9	1.06
	体积系数	1.083	1.084	1.099	1.078	1.023	1.08
	原始气油比 /(m³/m³)	25	23	22	24		16

五、开发简况

宝饶油田于 1996 年 6 月采取 150～180m 井距反七点面积注水方式正式投入开发。先后采取完善注采井网、整体分注、压裂、调剖、弱凝胶调驱等多种配套措施进行综合治理。根据产量、含水和调整措施及效果，将油田开发分为四个阶段（图 10-19）。

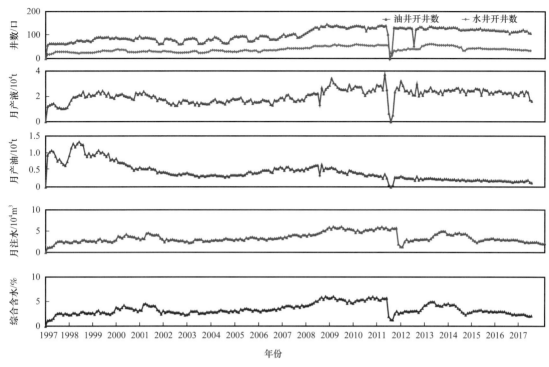

图 10-19　宝饶油田开发综合曲线图

1. 低含水开发阶段（1995 年 4 月—1997 年 8 月）

该阶段表现为产量上升，油井见水早，见水后含水上升快。油田处于开发的初期，是产能建设的重要阶段，共钻新井 115 口，投产油井 79 口，投注水井 36 口，建成年生产能力 15.88×10⁴t。到阶段末，油田有油井 71 口，日产油 347t，累计产油 17.6302×10⁴t，综合含水率为 21.8%。

2. 中含水开发阶段（1997 年 9 月—2000 年 5 月）

该阶段初期油田产油量快速递减，由日产 347t 下降到 1998 年 3 月的日产 200t，主要原因是油田产液量下降，含水率上升，由 20% 上升到 26%。通过采取完善注采井网、调剖、分注、压裂引效等措施进行整体综合治理，使油田产量有一定回升，实现了油田稳产，日产水平稳定在 300t 左右。阶段末油田有油井 104 口，日产油 270t，累计产油 49.366×10⁴t，综合含水率为 60.4%。

3. 高含水前期开发阶段（2000 年 6 月—2009 年 5 月）

该阶段随着含水上升，产量缓慢递减，含水率由 60% 上升到 80%，日产水平由 270t 下降到 140t。为控制油田含水上升，减缓递减，2001—2005 年，实施了两轮弱凝胶深度调驱、水井重新分注和大砂量压裂改造等综合治理。阶段末，日产油 144t，综合含水率为 72.8%。

4. 高含水后期开发阶段（2009 年 6 月—2017 年）

该阶段为控制油田含水上升，减缓递减，利用油藏精细描述成果，结合滚动扩边等综合治理措施，油田产量下降的势头得到有效的控制，综合、自然递减减缓，产量趋于稳定，含水也趋于平稳。

截至 2017 年 12 月，共有原油开发井 255 口，其中采油井 169 口，注水井 81 口。采油井开井 108 口，核实日产油 40t，日产液 524t，综合含水率 92.3%。累计产油 125.82×10⁴t，采油速度 0.13%，地质储量采出程度 8.63%，可采储量采出程度 35.87%。注水井开井 34 口，日注水 682m³，累计注水 872.0487×10⁴m³，月注采比 1.056，累计注采比 1.395，累计地下亏空体积 247.069×10⁴m³。

第六节　扎布油田

扎布油田是二连盆地发现最早的油田之一，位于赛汉塔拉凹陷扎布构造带和赛东洼槽，由古生界海相碳酸盐岩潜山、下白垩统碎屑岩构造及岩性等多种类型油藏组成。

一、油田概述

扎布油田位于内蒙古自治区锡林郭勒盟西南部苏尼特右旗。该油田钻遇地层自上而下依次为新生界，中生界下白垩统赛汉塔拉组、腾格尔组、阿尔善组，侏罗系，以及古生界石炭系—二叠系。

扎布油田油气钻探工作始于 1980 年，在扎布构造首钻赛 1 井，该井在腾格尔组一段酸化后日产油 2.14t。1996 年在腾格尔组二段突破高产工业油流关，发现了"小而肥"的赛 56、赛 61 油藏，当年上报探明石油地质储量 721×10⁴t，命名为扎布油田。2001 年以来，围绕主生油洼槽开展以岩性地层油藏为主要目标的勘探工作，在赛东洼槽发现赛 66、赛 83 等岩性及构造—岩性油藏。2015 年，在扎布构造带南段发现赛 51 古生界碳酸盐岩潜山油藏。

截至 2017 年底，累计探明含油面积 10.14km²，探明石油地质储量 675.28×10⁴t（图 10-20）。该油田产油层位为石炭系—二叠系、阿尔善组、腾格尔组一段和二段（图 10-21），其中腾格尔组是主要含油层位。

二、构造特征与圈闭

赛汉塔拉凹陷是叠置在古生界纬向构造带上的一个北东向双断地堑式凹陷，具有东部洼槽带、中央断裂构造带和西部斜坡带的三分构造格局。各构造带严格受凹陷走向控制，呈"S"形展布。扎布构造带为凹陷中央构造带，中北部受扎布断层及其与之相伴生的"Y"形断层所控制，形成沿北东向展布的地堑式断块群，南部发育古生界潜山圈闭。

赛东洼槽受扎布断层和凹陷东部边界断层夹持，为主力生油洼槽。扎布断层下降盘具有鼻状构造的背景，在腾格尔组二段中，依附于各级断层发育有断鼻、断背斜、地垒块等一系列圈闭。在赛东洼槽，则是构造与有利沉积砂体配置，形成构造、构造—岩性、岩性圈闭。

三、储层特征

1. 沉积与岩性特征

区内石炭系—二叠系为海相碳酸盐岩沉积，随着区域构造运动的发生，遭受了大面积、长时期的抬升剥蚀，从而形成古生界一定规模的风化壳。储层岩性为石灰岩，泥晶结构，粒屑以生物碎屑为主（主要为有孔虫、棘皮类等），其次为砂屑；碳酸盐成分中方解石含量可达 94% 以上，其次为白云石和少量杂基。

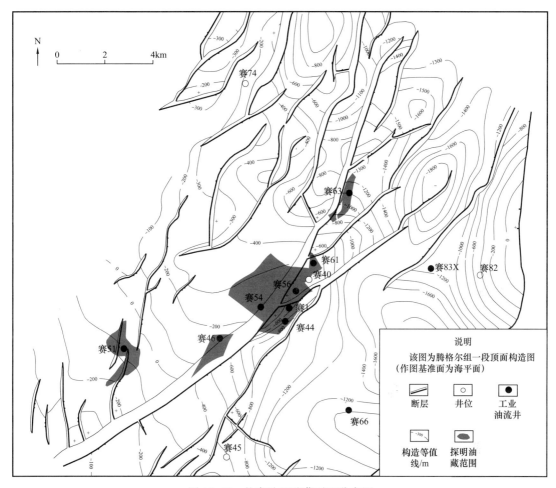

图 10-20　扎布油田油藏平面分布图

阿尔善组以洪积扇—冲积扇相等粗碎屑充填式沉积为主，后期在洼槽中心地区发育湖泊沉积。阿尔善组三段沉积受下伏地层的陡坡控制，主要发育来自伊和构造西侧的（洪）冲积相与滨浅湖相过渡砂砾岩，向东超覆沉积；储层岩性为砂砾岩，岩石类型主要为岩屑中砂岩，次为岩屑粗—中砂岩；石英含量为 25%～50%，长石含量为 3%～16%，岩屑含量为 37%～66%，岩屑多为千枚岩、片岩，颗粒分选中—好，次棱角状。阿尔善组四段储层主要为来自扎布构造带西南方向的扇三角洲前缘沉积砂体；岩性主要为粉砂岩、细砂岩，岩石类型为含泥质岩屑长石中砂岩、含凝灰质岩屑长石细砂岩，石英含量为 15%～20%，长石含量为 11%～18%，岩屑含量为 62%～74%，岩屑主要是变质岩和酸性喷出岩，胶结物主要为白云石、高岭石，颗粒次棱角—次圆状，分选好，颗粒以点接触为主。

腾格尔组一段以深湖—半深湖沉积为主，仅在斜坡地带发育有扇三角洲沉积。储层岩性主要为中—细砂岩，岩石类型为岩屑长石中砂质细砂岩、不等粒砂岩；石英含量为 31%～45%，长石含量为 38%～40%；胶结物为泥质、钙质；颗粒分选中等—差，呈次棱角状；颗粒间以接触式、孔隙式、再生式胶结。

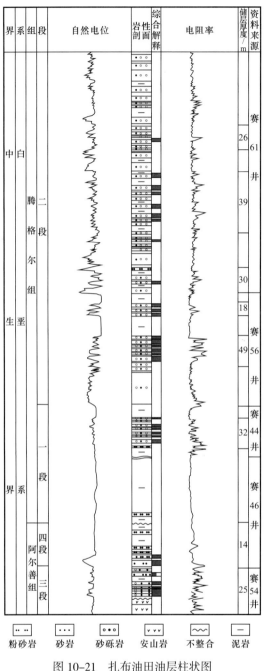

图 10-21　扎布油田油层柱状图

岩性剖面图例：
粉砂岩　砂岩　砂砾岩　安山岩　不整合　泥岩

腾格尔组二段以浅湖—半深湖沉积为主，在边缘相带发育冲积扇及滨浅湖沉积，在斜坡方向则发育扇三角洲沉积。储层岩性主要为砂砾岩，岩石类型主要为长石不等粒砂岩；碎屑成分中，石英含量为23%～40%，长石含量为33%～49%，岩屑含量为11%～35%，岩屑主要成分为花岗岩岩屑，次为黑云母岩屑；胶结物成分为泥质；颗粒风化程度中等，呈次棱角状，分选差，颗粒间点—线接触；为孔隙式胶结类型。

2. 储集空间及物性特征

腾格尔组二段储层次生孔隙较发育，可见粒间孔、长石溶孔、方解石晶间孔，孔径为0.05～0.03mm，连通性较好。孔隙度为13.6%～31.4%，平均为18.5%；渗透率为1.43～59.3mD，平均为38mD，为中孔低渗储层。

腾格尔组一段储集空间主要为粒间溶孔、粒内溶孔，孔隙分布不均匀，连通性差。孔隙度为8.4%～17%，平均为14.1%；渗透率为1～10mD，平均为5.84mD，为低孔低渗储层。

阿尔善组四段储层次生孔隙发育，具有一定的连通性，岩石物性较好。孔隙度为17.4%～19.1%，平均为17.4%；渗透率为5.75～200mD，平均为92.9mD，为中孔中渗储层。

阿尔善组三段孔隙不太发育，可见高岭石晶体形成的晶间微孔、粒间孔、粒间微孔，连通性较差，导致储集物性差。孔隙度为7.6%～15.7%，平均为11.3%；渗透率小于0.84mD，为低孔特低渗储层。

古生界石炭系—二叠系石灰岩储层为孔、缝、洞复合储集空间类型。赛51井岩心观察，石灰岩中见较多碎裂纹分布，钻井过程中出现钻具放空0.32m。储层段孔隙度平均为9.5%，渗透率平均为10.7mD，为典型的裂缝型储层。

四、油藏类型及流体性质

1. 油藏类型

扎布油田的油藏受断层、地层超覆和储层岩性变化等因素控制，油藏类型主要有断块油藏、构造—岩性油藏和岩性油藏。断块油藏有赛 46、赛 54、赛 63、赛 61、赛 56 等油藏；岩性油藏有赛 83、赛 66 油藏。同时，还发现了赛 51 海相碳酸盐岩潜山油藏（表 10-6，图 10-22）。

表 10-6　扎布油田油藏综合特征表

区块		赛 56	赛 61	赛 51	赛 54	赛 44
油藏基本要素	开采层位	腾格尔组二段	腾格尔组二段	石炭系—二叠系	阿尔善组三段	腾格尔组一段
	含油面积 /km²	1.0	0.6	1.74	4.9	2.2
	地质储量 /10⁴t	34.5	107	82	292.18	136.19
	油藏类型	构造	构造	潜山	构造	构造—岩性
	油藏埋深 /m	1493.4	1060.6	1245	1800	1620
	油层有效厚度 /m	21.7	24.3	10.6	13.6	10.8
	孔隙度 /%	17.2	20.2	9.5	11	14
	渗透率 /mD	58	21	10.7	0.8	5.8
	油水界面深度 /m			1308		
	原始含油饱和度 /%	60	60	63	50	50
	原始地层压力 /MPa	14.71	9.44	11.81	17.9	17.9
	压力系数	0.95	0.88	0.96	0.88	0.95
地面原油性质	地面原油密度 /（g/cm³）	0.88	0.893	0.85	0.845	0.868
	黏度 /（mPa·s）	60.22	62.38	7.7	54.5	26.4
	凝固点 /℃	32	28	45	40	31
	含蜡量 /%	16.9	18	20.6	17.3	19
	含硫量 /%	0.264	0.29	0.1	0.06	0.2
	胶质 + 沥青质含量 /%			24.1	7.5	22.5
地层水性质	水型	NaHCO₃	NaHCO₃	CaCl₂	NaHCO₃	NaHCO₃
	总矿化度 /（mg/L）	29926	27509.8	21181.1	5955	6915
	氯离子含量 /（mg/L）	8626	16550.2	20583.2	1460.3	
原油高压物性	饱和压力 /MPa	1.4				1.3
	体积系数	1.039	1.039	1.151	1.06	1.06
	原始气油比 /（m³/m³）	6		36		9

2. 地层温度及压力特征

根据地层测试所取得的 7 口井 15 个合格的温度资料，计算油层的地温梯度为 3.38～5.37℃ /100m，属正常温度系统。根据地层测试所取得的压力资料，计算压力系数为 0.88~0.96，属正常压力系统。根据赛44、赛56等井高压物性资料分析，该区目的层原始气油比为 6~36m³/m³，饱和压力为 1.3~1.4MPa。

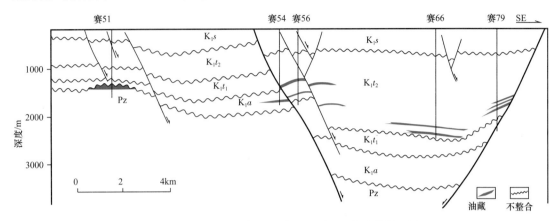

图 10-22　扎布油田赛51—赛56—赛66井油藏剖面图

3. 流体性质

根据地面原油性质，腾格尔组二段至阿尔善组三段原油以中质油为主，地面原油密度为 0.845~0.893g/cm³，黏度为 26.4~62.38mPa·s，凝固点为 28~40℃，含蜡量为 16.9%~19%，含硫量为 0.06%~0.29%，胶质+沥青质含量为 7.5%~22.5%；石炭系—二叠系油藏地面原油密度为 0.85g/cm³，黏度为 7.7mPa·s，凝固点为 45℃，含蜡量为 20.6%，含硫量为 0.1%，胶质+沥青质含量为 24.1%。总体上随着埋深的增加，油质变轻。

该区地层水类型主要为 NaHCO₃ 型，仅赛51井区为 CaCl₂ 型；地层水矿化度为 5955~29926mg/L，氯离子含量为 1460.3~20583.2mg/L，为半封闭—封闭的水动力环境，保存条件好。

五、开发简况

扎布油田于1997年采用200m井距井网利用边水能量开发。随着开发的不断深入，油田老区块递减速度快，储量区块因地质条件复杂，动用难度大，相对减缓了油田进一步开发的进程。根据油田滚动开发的进程，将油田开发划分为两个阶段（图 10-23）。

1. 初期开发生产阶段（1996 年 9 月—2000 年 4 月）

扎布油田开发初期投产油井 6 口，采用管式泵生产，依靠天然边底水能量开发。该阶段的开发特征为：油井投产见水快，见水后含水上升快，稳产期较短，递减速度快。开发初期随着投产井数的增加，油田日产油增至 1997 年 10 月的峰值 45t，但由于液量上升的同时，含水率快速上升，上升到 71.5%，日产油量快速递减，下降到 2000 年 4 月的 18t，阶段递减幅度达到 60%，油田已进入中—高含水期。

2. 滚动开发阶段（2000 年 5 月—2017 年）

2000 年 5 月至 2001 年 5 月，围绕赛56、赛61油藏进行扩边挖潜，先后投产油井 3口（赛 56-2、赛 61-2、赛 61-3），一段时期内减缓了油田的产量递减。在赛56油藏单井产量递减的同时，赛61油藏单井含水逐渐上升。至阶段末，油田含水率升至近80%，其中赛 61-1 井为 81.6%，赛 56 井为 84.5%。2005 年 10 月，以地质特征研究为目的钻探投产了 2 口油井（赛 61-5、赛 61-12），均达到预期的目的，油田产量有所回升。赛 51 区块于 2008 年投入开发，相继新钻 5 口开发井，3 口成功，累计产油 11.04×10^4t，2017 年平均单井日产油 11.2t。

截至 2017 年 12 月，共有原油开发井 50 口，其中采油井 47 口，注水井 3 口。采油井开井 33 口，核实日产油 170t，日产液 252t，综合含水率 32.59%。累计产油 29.74×10^4t，采油速度 2.96%，地质储量采出程度 17.87%，可采储量采出程度 94.91%。注水井开井 1 口，日注水 83m³，累计注水 15.15×10^4m³，月注采比 0.253，累计注采比 0.18，累计地下亏空体积 68.79×10^4m³。

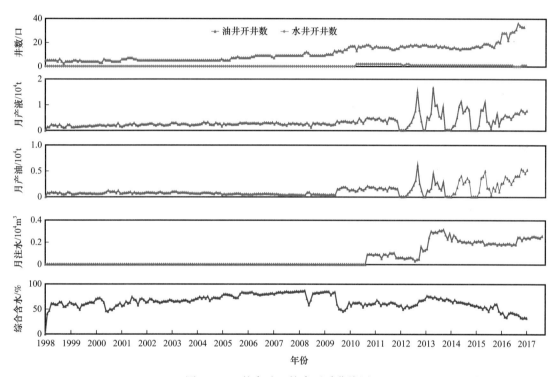

图 10-23　扎布油田综合开采曲线图

第十一章 典型油气勘探案例

40多年来，二连盆地勘探工作者针对不同的勘探对象，主动转变观念，创新找油思路，不断取得勘探新突破。本章优选二连盆地不同勘探阶段具有代表性的三个勘探案例进行论述，其中阿南—阿北凹陷是二连盆地勘探突破最早、持续发现最多、储量规模最大的案例；巴音都兰凹陷是在久攻不克老凹陷转变思路，实现岩性地层油藏勘探突破的例子；阿尔凹陷是老油气区实现新凹陷"科学快速高效"勘探的代表。总结这些不同类型案例的发现历程和成功经验，对推动类似地质条件地区的油气勘探不断取得新发现，具有指导和借鉴意义。

第一节 阿南—阿北凹陷油气勘探

阿南—阿北凹陷位于内蒙古自治区中部的锡林郭勒草原，行政上属于锡林郭勒盟，区域构造属于马尼特坳陷东部，勘探面积为3600km²。该凹陷自1981年勘探突破，先后发现了碎屑岩构造、岩性地层、凝灰岩潜山和安山岩等多种类型油藏，建成了阿尔善、哈达图、欣苏木与吉和等四个油田。

一、勘探历程

阿南—阿北凹陷油气勘探始于1960年。1979年开始实施钻探，是二连盆地最早实现油气勘探突破的凹陷，并于1989年建成 $100 \times 10^4 t$ 原油年生产能力，勘探历程大体可分为四个阶段。

1. 地质普查阶段（1960—1979年）

1960年海拉尔石油普查大队在该区完成1∶50万地质区测，认为侏罗系—白垩系发育生油层。随后至1979年，先后开展重力、电法、航空测量和二维地震等物探普查工作，初步确定了凹陷边界和构造格局。1979年7月钻探连参1井，对该区的沉积特征、储盖组合及生油层有了初步认识。

2. 勘探突破阶段（1980—1984年）

通过二维地震加密及地震资料解释，明确了阿南—阿北凹陷地质结构及构造特征，落实阿尔善构造带、哈达图构造带、阿南斜坡带、欣苏木构造带等有利正向构造带。1980—1981年在阿尔善构造带钻探阿1井、阿2井、阿3井。其中，小阿北构造阿2井安山岩中试油获日产油27.1t，阿3井获日产油27.4t，阿1井获低产油流，阿南—阿北凹陷油气勘探首先在阿尔善构造带取得了突破。1984年在小阿北构造探明石油地质储量 $3722 \times 10^4 t$，命名为阿尔善油田。

3. 扩大勘探阶段（1985—2000年）

小阿北构造勘探的突破，证实了阿尔善构造带具备油气富集成藏的地质条件。随后开展了二维地震详查、精查，到1987年开展了三维地震勘探，重点针对阿尔善构造带的蒙古林构造、阿南背斜等构造单元，加大钻探力度。蒙古林构造钻探的阿12井在阿尔善组三段砾岩、阿南背斜钻探的阿31井在腾格尔组一段和阿尔善组四段砂岩相继获得高产油流，又发现了蒙古林、阿南背斜两个大型油藏。随后针对哈达图构造钻探哈1、哈8等井，在凝灰岩潜山及腾格尔组一段、阿尔善组四段砂岩储层中获得突破，发现哈达图油田。勘探区带扩大到阿北洼槽，欣苏木构造钻探欣2井在腾格尔组测试获日产油4.54t，发现欣苏木油田。1993年针对阿南洼槽东部斜坡带吉和断鼻构造钻探的哈71井日产油28.3t，发现吉和油田。同时积极创新思维，开展多类型油藏的探索，相继发现一批岩性地层油藏。如夫特砾岩油藏、蒙2地层油藏、吉和地层不整合油藏和吉和北构造—岩性油藏，实现新领域勘探的不断发现。该阶段累计探明石油地质储量 6602×10^4 t，实现阿南—阿北凹陷石油地质储量的持续增长。

4. 多领域探索阶段（2001—2017年）

探索岩性地层油藏，在钻探哈42、哈45、哈84等井相继失利后，2005年优选阿南背斜油藏侧翼低部位钻探的阿27井日产油3.6t，在阿南洼槽区发现阿27岩性油藏。随后转向斜坡带中低部位，钻探哈南洼槽斜坡带中低部位的哈87井日产油7.04t，岩性地层领域勘探取得进展。精细复杂断块油藏研究，阿尔善断裂带侧翼的阿29、布敦构造翼部哈89等井获得工业油流。2012年，在二连盆地开展页岩油（致密油）领域的探索，钻探的阿密1H井日产油9.15t，页岩油领域也有所发现。

截至2017年底，阿南—阿北凹陷共钻井1392口，探明含油面积81.1km²，石油地质储量 10257.1×10^4 t，累计产油 2319.9×10^4 t。1988年阿尔善油田投入开发，1991—1995年连续五年稳产 100×10^4 t 以上。

二、油气勘探做法与发现

阿南—阿北凹陷是二连盆地油气勘探的主战场，丰富的油藏类型，经典的勘探方式，快速高效的勘探开发模式，对二连盆地其他凹陷勘探具有重要指导意义。

1. 物探先行，落实地质结构，定凹选带

二连盆地1977年开始物探工作，先后开展电法勘查和盆地露头踏勘，随后扩大到全盆地的综合勘探，包括电法、重力、地震以及地质调查等。通过上述工作，初步确定了盆地的边界和四坳一隆的构造格局，并选定规模最大的阿南—阿北凹陷优先勘探。期间阿南—阿北凹陷完成了1:20万电法、重力普查及部分二维地震，为凹陷的初步评价提供了基础资料。电法、重力和二维地震勘探结果表明，该凹陷为大型继承性发育的湖盆，最大基底埋深4700m，发育阿北、连参1、阿南等洼槽和阿尔善构造带、阿南斜坡带。

1982年3月，由石油工业部组织，在任丘召开"二连盆地第一次石油勘探技术座谈会"，作出了加速二连盆地勘探的决定。根据凹陷的结构特点，整体部署了二维地震勘探，1982—1983年，阿南—阿北凹陷的二维地震测网密度由2km×2km～2km×4km增加到1km×1km～1km×2km，进一步搞清了阿南—阿北凹陷地质结构及构造特征，落实阿北、连参1、阿南、蒙西、哈南、莎东等6个次级洼槽和蒙古林、小阿北、阿南背斜、哈达图、莎音乌苏、贡尼嘎孝、阿东、欣苏木等一系列有利的正向构造（图11-1）。

进一步系统研究认为，阿尔善构造带构造条件优越，处于凹陷中央，紧邻最有利的阿南生油洼槽，具备良好的成藏条件，从而完成了阿南—阿北凹陷的区带优选评价。根据当时的研究成果认识，优选规模最大的北部洼槽部署钻探区域探井连参1井，该井揭穿白垩系，于2871.08m侏罗系完钻，由上而下发育第四系、白垩系赛汉塔拉组、腾格尔组、阿尔善组以及侏罗系。进而，对该地区的沉积特征、储盖组合及腾格尔组一段和阿尔善组烃源岩有了初步认识。

物探先行，通过重力、磁力、电法、地震的综合物探，明确潜力凹陷和有利区带，为随后的钻探工作提供依据，能有效避免钻探工作的盲目性。

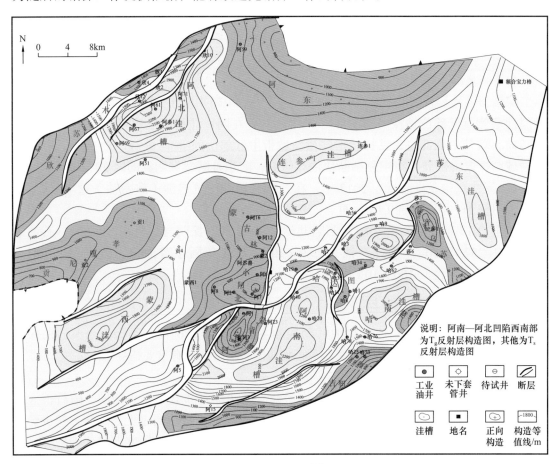

图11-1　阿南—阿北凹陷构造纲要图

2.重点解剖正向构造带，整体部署实现规模发现

在定凹选带的基础上，进一步加强地震勘探力度，并于1987年首先在阿尔善构造带阿南背斜采集三维地震35.44km²，阿尔善构造带的整体面貌更加清晰。通过整体解释和综合评价，落实小阿北背斜、蒙古林背斜和阿南（逆牵引）背斜三大正向构造。

1）综合成藏条件分析，小阿北构造率先突破

通过地震解释，落实阿尔善构造带整体构造形态；明确了阿尔善断层规模及走向，认为阿尔善断层为有效沟通阿南洼槽的顺向断层；开展沉积储层分析，认为该区发育碎屑岩、火成岩等多类型储集岩类。进一步综合成藏条件分析，认为阿尔善构造带具有良好的成油条件：一是构造条件有利，处于凹陷中央，紧邻最有利的阿南生油洼槽，是油

气运聚的指向；二是多期构造活动和构造演化，形成了多层系多种类的圈闭类型，为油气聚集提供了有利的场所；三是储层类型丰富，发育砂岩、砾岩、安山岩、凝灰岩等多类储集体；四是发育多套生储盖组合，为油气聚集提供了有利条件。其中阿南背斜和小阿北背斜为近生油洼槽最有利的正向构造，阿尔善断层有效沟通油源，成藏条件最有利。进而，在两个局部构造优先部署钻探了阿1井和阿2井，两口井在阿尔善组三段安山岩均见到了良好油气显示。1981年3月，二连盆地的石油勘探工作转由华北油田负责。经过对阿南背斜的精细落实，继续在该构造钻探阿3井，也见到良好油气显示。同年8月阿2井试油，在675～697m安山岩井段获日产27.1t高产油流；随后阿3井获日产油23.82t，阿1井获低产油流，二连盆地的石油勘探首先在阿尔善构造带上取得突破（图11-2）。

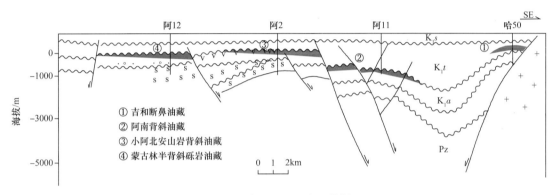

图11-2　阿南—阿北凹陷油藏剖面图

2）强化整体部署勘探，扩大阿尔善构造带油藏规模

阿南背斜、小阿北背斜的钻探成功，表明阿尔善构造带具备形成高产富集油藏的有利条件，实施了整体研究与勘探部署。针对小阿北火成岩非均质性开展研究，扩大阿2井勘探成果，整体部署钻探小阿北油藏（图11-3、图11-4）。阿6井对阿尔善组667.4～734m井段酸压后求产，日产油14.08t；阿7井对阿尔善组酸压后求产，日产油11t。通过对阿尔善断层和蒙古林断层的构造发育史与油气生排烃期匹配关系的深化研究，认为蒙古林断层在主力排烃期具有良好的沟通油源的能力，打破了"蒙古林背斜远离主生油洼槽、油源条件差"的认识，部署钻探阿12井，在阿尔善组三段砾岩获日产油22t，发现蒙古林油藏（图11-5），实现了阿尔善断层上升盘的整装发现。同时，继续勘探评价，钻探阿31等井，相继发现腾格尔组一段、阿尔善组四段砂岩油藏。至此，阿尔善断裂带小阿北安山岩台地、蒙古林、阿南背斜三大构造实现整体突破，形成纵向不同层系叠置、平面上不同领域基本连片的大型油藏区（张文昭等，1996）。

3）拓展不同勘探类型，哈达图构造发现复式油气藏

在阿尔善构造带取得重要突破之后，针对哈达图构造展开研究。认为该区块古生界为有利的洼中潜山构造。该潜山上覆的腾格尔组一段、阿尔善组四段发育断鼻与断块圈闭，整个构造被烃源岩覆盖，具备多层系复式成藏的有利条件。部署该区第一口探井哈1井，在古生界凝灰岩中取心见到良好油气显示，针对凝灰岩段试油获得日产76.2t高产油流，在二连盆地发现了第一个潜山油气藏。进一步分析研究表明，该潜山上覆地层是一个披覆构造，发育四套层系的有利圈闭；沉积相研究发现，阿尔善组一

腾格尔组沉积期为水下扇砂砾岩沉积体系，储集条件较好；位于成熟生油岩区，油源条件好。相继钻探哈8、哈10等井，其中哈8井获日产油78.7t，哈10井获日产油64.3t。从而整体发现了哈南潜山油藏和围翼的哈达图油藏，实现了多类型、多层系、多领域的全面突破。

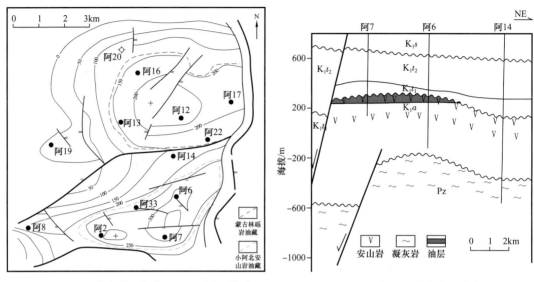

图 11-3 小阿北—蒙古林阿尔善组三段砾岩顶构造图   图 11-4 小阿北火成岩油藏剖面图

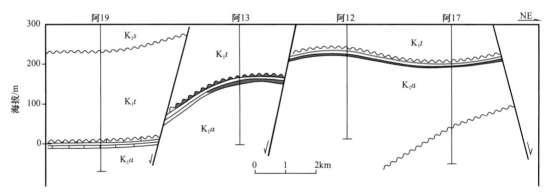

图 11-5 蒙古林背斜阿尔善组三段砾岩油藏剖面图

4）创新地质认识，探索新类型，油气勘探实现全面开花

阿尔善构造带整装储量探明后，仍以构造勘探思路继续探索了三年，依托三维地震资料在阿南、哈南油藏周边滚动扩边挖潜，未能获得大的发现。1991年创新思维，开展岩性地层油藏新类型的探索研究。通过观察地震反射特征变化，推测沉积环境乃至岩性的变化，从而寻找新的圈闭类型。夫特构造低部位按局部构造钻探哈22井，该井于阿尔善组三段砾岩获日产38.2t高产油流，而断块高部位哈32井含油显示很差，压裂后只获低产。通过精细反射波组追踪对比分析，以及地层产状突变推断，下降盘阿尔善组三段砾岩及阿尔善组四段砂岩超覆于哈32井致密砾岩之上，存在有利圈闭，建立了夫特构造下倾部位砾岩超覆的油藏新模式。部署钻探哈39井获日产55.2t高产油流，从而发现了夫特砾岩油藏（图11-6），并于1992年探明石油地质储量 1119×10^4t。开展阿北洼

槽欣苏木构造的勘探，钻探欣2井、欣4井也获工业油流，发现欣苏木油田。同时，加强构造条件相对简单、宽缓斜坡带的勘探，1988年8月在阿南洼槽东斜坡吉和构造首钻哈25井，获日产油28.3t。随后钻探斜坡中低部位、受沉积坡折控制的哈71、哈76、哈78等圈闭，均获工业油流，其中哈71井压后获日产28.3t高产油流，发现吉和油田，斜坡带油气勘探也实现突破，阿南—阿北凹陷油气勘探全面开花。

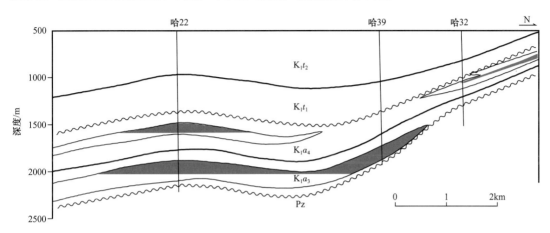

图11-6 夫特砾岩油藏剖面图

1984年开展阿尔善构造带的整体评价和储量落实工作。以阿尔善构造带评价拿储量为主，重点钻探评价了阿南、小阿北、蒙古林、哈南四个油藏，初步探明油水边界和油藏范围。到1987年底基本探明四大油藏，含油面积为71km²，累计探明石油地质储量达7976×10⁴t，实现阿南—阿北凹陷规模增储。

3. 积极探索新领域，岩性地层油藏及页岩油领域取得进展

阿南—阿北凹陷构造油藏勘探成果丰硕，但是，1996年吉和油田整体探明后，构造油藏的勘探发现难度越来越大。2001年以来，将勘探对象逐渐转向岩性地层油藏、页岩油（致密油）勘探领域，取得一些新进展。

1）探索岩性地层油藏，勘探获得发现

立足阿南、哈南洼槽剩余资源优势，重新进行地质结构、沉积相分析，认为腾格尔组一段、阿尔善组物源主要来自北部阿尔善断层上升盘和南部阿南斜坡，受沟槽、坡折、不整合面等控制，在构造翼部及斜坡带中低部位利于形成岩性地层圈闭。

围绕主要构造油藏翼部，精细刻画腾格尔组一段、阿尔善组主要含油层系地层超覆、砂体上倾尖灭圈闭，结合构造背景落实岩性地层目标。在哈南潜山构造西翼地层超覆圈闭钻探哈42井；在吉和鼻状构造围翼岩性尖灭和同生断层共同控制形成的构造—岩性圈闭钻探哈83、哈84、哈101X等井；在布敦构造南翼地层圈闭钻探哈45井；在阿南背斜构造南翼形成的上倾尖灭岩性圈闭钻探阿27井。其中哈42、哈83、哈84、阿27等井在腾格尔组一段见油气显示，阿27井对腾格尔组一段2048.4～2070.2m压裂试油获日产油3.6t。

按照"沟道控砂、坡折控藏"模式，在阿南斜坡落实岩性地层圈闭，钻探阿49、哈57、哈87、哈91、哈93等井；在阿尔善断层转换带落实岩性地层圈闭，钻探哈96井。哈96井、哈87井钻遇油层，其中，哈87井在腾格尔组一段2107～2120m压裂试油获

日产油 7.6t。

阿南－阿北凹陷探索岩性地层油藏领域取得一定发现，但是总体而言，钻遇油层较薄，储层物性较差，没有形成规模效益储量区。

2）拓展页岩油领域，勘探取得进展

阿南洼槽主要发育腾格尔组一段和阿尔善组两套烃源岩，其中，腾格尔组一段下亚段为一套纹层状云质泥岩夹钙质细砂岩和沉凝灰岩。纹层状云质泥岩钻井累计厚度为 30～50m，有机质丰度高，为一套优质烃源岩。阿南洼槽 237 块样品有机碳分析，最高可达 4.13%，平均值为 1.5%；28 个样品氯仿沥青"A"和总烃分析，氯仿沥青"A"最大值是 0.88%，平均值高达 0.40%，总烃最高为 4871μg/g，平均值为 2441μg/g。

云质泥岩烃源岩与钙质细砂岩和沉凝灰岩呈现出"千层饼"或"三明治"型互层关系，二者接触关系紧密。钙质细砂岩和沉凝灰岩接受来自烃源岩排出的烃类，形成油气聚集，洼槽钻井揭示有较好的油气显示。纹层状云质泥岩具有分布广泛、与烃源岩接触关系紧密、储层较致密的特点，成为页岩油勘探有利方向。

2012—2014 年，积极探索页岩油领域，通过多方法识别、预测有机质高丰度页岩成因、演化及展布范围，落实页岩油"甜点区"，构建页岩油准连续油藏模式，在阿南背斜翼部钻探阿密 1H、阿密 2、阿 43、阿 47X 等井，在腾格尔组一段下亚段纹层状云质页岩段均见良好油气显示。阿密 1H 井压裂试油，日产油 9.15t，但试采效果不佳，稳产难度大。

4. 勘探评价开发一体化，有效加快油田建设步伐

勘探评价阶段为了正确认识和评价油藏，取全取准储量计算参数，为产能建设提供可靠的资源，分别对三种不同岩性类型的油藏进行了油基钻井液取心，即小阿北安山岩油藏、蒙古林砾岩油藏和阿南砂岩油藏。用大量岩心资料进行油层物性、油藏开发模拟试验研究，求得实际油层含油饱和度参数，为储量计算和油田开发提供重要资料。同时还开辟生产试验区，为高寒地区单井产能建设和油田开发集输流程确定提供了宝贵经验，为油田正式开发做好准备。

勘探开发紧密结合，加快工作节奏，提高经济效益。如夫特油藏，第一口探井哈 22 井获得工业油流后，同步部署开发基础井（如哈 22-4 井等），很快探明了具有三套含油层系的复式油藏含油范围，同时建成 5×10⁴t 年产能。蒙 2 断块是已开发油田蒙古林砾岩油藏南面的相邻断块。该断块阿 22 井试油只获得低产油流，7 年未予勘探。1992 年重新认识提出补孔重新试油，压裂后日产油 13.8t。1993 年深入研究，重新落实砾岩油层顶面构造，部署钻探蒙 2 井，在与阿 22 井对应砾岩油层中获日产油 12.3t。随后，立即对该油藏进行了开发井网的整体部署和钻探，半年内完钻并试油开发井 22 口，到 1993 年 11 月开发井网基本完善，探明含油面积 2.5km²、探明石油地质储量 331×10⁴t，先后 17 口井投入生产，实现了该油藏的快速高效开发（苗坤等，2009）。

阿南—阿北凹陷经过勘探、评价和开发有效结合，1984 年探明石油地质储量 3722×10⁴t；1985 年探明石油地质储量 2934×10⁴t；1987 年又探明石油地质储量 1320×10⁴t，三年时间快速探明石油地质储量 7976×10⁴t，发现了阿尔善油田。1988 年阿尔善油田投入开发，1989 年建成年产 100×10⁴t 能力，1991 年生产原油达 100.06×10⁴t。截至 2017 年底，阿

南—阿北凹陷共探明石油地质储量 $10257.1 \times 10^4 t$，累计产油 $2319.9 \times 10^4 t$。通过加强勘探、评价和开发的一体化整体研究与部署，加快了勘探开发步伐，提高了经济效益。

第二节　巴音都兰凹陷宝力格油田勘探

巴音都兰凹陷位于内蒙古自治区东乌珠穆沁旗西部，区域构造位置属于马尼特坳陷东北部。凹陷长约 80km，宽 16～20km，面积约 $1200km^2$，具有东南断、西北超的单断箕状地质结构，平面上自北向南可分为北洼槽、中洼槽和南洼槽三个次级洼槽。2001 年在巴音都兰凹陷南洼槽开展岩性地层油藏（隐蔽油藏）勘探，发现宝力格油田；随后在南、北洼槽进一步扩大勘探成果，于 2004 年建成年产原油 $25 \times 10^4 t$ 的生产能力。

一、勘探历程

巴音都兰凹陷是二连盆地最早发现油气显示的凹陷，勘探工作始于 1977 年，勘探历程大体可分为以下五个阶段。

1. 地质普查阶段（1977—1979 年）

1977 年，中国人民解放军在进行水文普查时钻探 ZK5 井，钻孔取心发现 73.94m 油砂；1978—1979 年，钻探锡 1、锡 2、锡 3 等三口石油探井，见到良好油气显示，证实巴音都兰凹陷具备生油能力（李正文等，2002）。

2. 定洼选带阶段（1980—1990 年）

1980 年，石油工业部投入勘探，至 1988 年先后完钻探井 11 口，其中巴 1、巴 2、巴 5、巴 27 等 4 口井获工业油流，巴 9、巴 4、巴 23 等 3 口井获低产油流，基本明确巴音都兰凹陷具有两个生油洼槽，三个有利二级构造带：巴 I 号构造、巴 II 号构造和包楞构造。

3. 稠油勘探阶段（1991—1993 年）

1991—1993 年，围绕包楞构造，为落实稠油油藏资源，钻井 8 口，其中 4 口井见到油气显示。巴 32 井对 175.4～185.4m 井段热吞吐试油见油花，油质偏稠，效果差。

4. 稀油勘探阶段（1994—2000 年）

在南洼槽部署三维地震 $204km^2$，钻井 7 口，均见油气显示，但由于储层差，未取得实质突破。而在北洼槽钻井 4 口，巴 43 井获工业油流，由于油质稠，开采难度大，经济效益差。

5. 隐蔽油藏（岩性地层油藏）勘探阶段（2001—2017 年）

2001 年，在巴音都兰凹陷构建岩性地层油藏新模式，在巴 II 号构造率先实现突破，上交探明石油地质储量 $1241 \times 10^4 t$，命名为宝力格油田。之后乘胜追击战略甩开，加强巴 I 号构造岩性地层油藏的勘探，在南洼槽进一步扩大勘探战果。2012 年，在北洼槽西斜坡构建扇三角洲砂体岩性油藏模式，先后钻探巴 77X 和巴 101X 等井，取得实质性突破，上交探明石油地质储量 $873.04 \times 10^4 t$。2017 年，在南洼槽西斜坡部署钻探巴 66 井，获日产 27.7t 高产油流，证实南洼槽斜坡带同样具有良好的成藏条件。

截至 2017 年底，巴音都兰凹陷共完成二维数字测线 2888km，三维地震 1430km²；共钻探井 91 口，累计探明石油地质储量 3362.1×10^4t。

二、油气勘探做法与发现

巴音都兰凹陷是二连盆地石油勘探的发源地，也是隐蔽油藏（岩性地层油藏）最先突破的凹陷。针对早期久攻不克局面，立足比较丰富的油气资源基础，坚定信心，抓住制约勘探的关键问题进行深化研究，积极调整勘探思路，建立正确的油藏模式，并运用配套的勘探技术大胆实践，是该凹陷取得突破的关键。其成功的勘探做法与经验对二连盆地的深化勘探具有重要的指导意义（张以明等，2004）。

1. 立足资源，坚定信心，转变勘探思路

自 1977 年以来，巴音都兰凹陷的油气勘探工作，几上几下、南征北战、东西转移。截至 1999 年，钻井 37 口，仅上交 278×10^4t 的控制石油地质储量，勘探一直未取得实质性突破，成为二连盆地发现油气最早却久攻不克的凹陷（杜金虎等，2003）。

立足该凹陷比较丰富的油气资源基础，一直持续开展综合研究工作。2000 年开始，由构造、沉积、储层、生油和物探等多专业组成的联合攻关队伍，从基础工作开始，对凹陷构造特征、沉积特征、储集条件、油气成藏条件和制约勘探的主要因素等进行深入细致的分析研究工作，认为有三大主要因素制约了巴音都兰凹陷的勘探进程。

1）资源量评价结果与勘探成效不匹配，资源转化率低

巴音都兰凹陷进行过多轮资源评价，评价结果表明该凹陷石油资源量为 $0.5 \times 10^8 \sim 1.2 \times 10^8t$，具有较大的油气资源潜力，但一直没有找到与资源规模相匹配的油气储量，已发现的油藏以稠油为主。

2）构造与有利储集相带不匹配

构造与有利储集相带不匹配在凹陷南洼槽表现得尤为突出。由于阿尔善组沉积后发生多期构造反转活动，致使构造继承性差，早期沉积中心经反转形成后期的正向构造（如巴Ⅰ号、巴Ⅱ号构造），高部位主要目的层阿尔善组四段有利储层不发育，储集物性差，原油产量低，以构造圈闭模式指导实施的钻井，大多成效不佳。

3）地震资料品质差，精细构造解释及储层预测难度较大

巴音都兰凹陷由于后期的构造反转，构造与有利储集相带不匹配，不利于构造圈闭和油藏的形成，却为岩性地层圈闭的形成创造了有利条件。但岩性地层圈闭的落实要依赖精细的地层、沉积微相研究和良好的地震资料品质。巴音都兰凹陷二维、三维地震资料品质普遍较差，难以满足岩性地层圈闭识别与落实的要求。

针对上述问题，确定三项针对性攻关技术思路：（1）以油气资源评价结果为依据，重新认识凹陷的成藏有利条件；（2）以有利储层发育区的圈闭发现和落实为目标，加大沉积相分析和储层评价力度；（3）以新技术应用为手段，进行岩性地层圈闭的发现与落实。

2. 大胆探索，巴Ⅱ号构造岩性地层油藏实现重大突破

从凹陷构造演化史分析入手，确定构造的沉降和构造反转发育期，认为反转构造具备非构造圈闭形成的有利构造背景，为有利构造带，优选巴Ⅱ号构造作为突破口。

巴Ⅱ号构造位于南洼槽陡坡带南部，为受凹陷边界断层控制的大型反转鼻状构造。

该构造具备油气成藏条件，但油气富集规律不清。主要问题表现在两个方面：（1）构造高部位储层物性差，仅获低产；（2）构造高、低部位均为油水同层，油水关系不清。针对上述问题，开展了针对性的技术攻关。

1）开展三维地震资料重新处理，改善资料品质

1993 年在巴音都兰凹陷南洼槽陡坡带采集了 204km² 的三维地震，资料品质较差，分辨率低、波组特征不清晰。2000 年，对三维地震资料进行了重新处理，资料品质有了大幅度的提高，反射信息更加丰富，为深化研究、发现和落实岩性地层圈闭奠定了良好的资料基础。

如图 11-7 所示，处理前的地震剖面图中阿尔善组四段沉积砂体外形不清楚，反射模糊，连续性差。重新处理后的地震剖面分辨率有了明显提高，巴 9 井阿尔善组四段砂体呈低频弱反射特征，几何外形为透镜体。

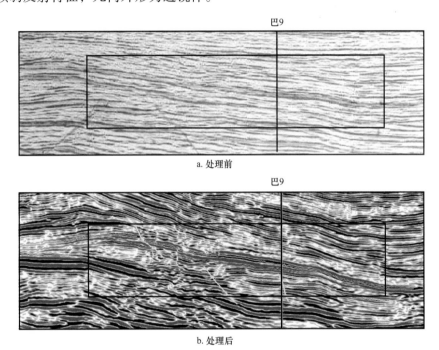

图 11-7　巴音都兰凹陷南洼槽 CR245 地震测线处理前后对比图

2）老井重新复查，解决存在的问题矛盾

在成藏条件综合研究中，对巴Ⅱ号构造已钻井进行了复查。通过老资料的复查与重新认识，抓住了巴 9 井与巴 6 井之间存在的油水关系矛盾，选准了勘探突破口。

处于巴Ⅱ号鼻状构造低部位的巴 9 井在阿尔善组四段常规抽汲试油日产油 0.25t、水 16.0m³，原油密度为 0.8823g/cm³，说明储层物性好，油质也好，是实现勘探突破很好的线索。然而构造高部位的巴 6 井日产油 0.23t、水 2.82m³，也是低产油流，油水同出，且一直认为两口井试油层为同一层位、同一扇三角洲砂体，中间没有断层隔开。因此，巴 9—巴 6 井的成藏问题一直未能解释清楚，勘探无从下手。

2001 年初，为寻找巴音都兰凹陷勘探突破口，研究人员对巴Ⅱ号构造的成藏模式进行重新研究。单井微相分析提出，巴 9 井阿尔善组四段砂体为扇三角洲前缘砂，而

巴 6 井则应该是滨浅湖滩砂，二者不属同一沉积体系。利用三维地震连井线、任意线开展精细地层标定和对比，也可看出巴Ⅱ号构造存在两个物源口，形成巴 6 北、巴 6 南两个扇三角洲沉积体系（见图 5-15）。同时，精细的层位标定及砂体追踪，证实巴 9 井含油砂体与高部位巴 6 井含油砂体不是同一砂体，为上下关系，巴 9 井含油砂体为巴 6 北扇三角洲前缘砂，向构造高部位的巴 6 井方向明显尖灭，砂体主体部位位于巴 6 井与巴 9 井之间。

3）构建巴 9 井岩性地层油藏模式，实现勘探突破

通过综合沉积、储层预测和油藏特征等地质研究，重新构建了巴Ⅱ号反转鼻状构造—扇三角洲前缘砂体岩性油藏成藏模式，落实了巴 9 井阿尔善组四段岩性圈闭（杜金虎等，2002；张以明等，2008）。按照最大相似性原则，在巴 9 井高部位地震相特征和巴 9 井类似的位置率先部署钻探了巴 19 井（图 11-8）。该井发现油层 25m/11 层，差油层 1.8m/2 层，试油获日产 29.24t 高产油流。由此可证实巴 19 构造—岩性油藏的存在（见图 9-6），实现了巴音都兰凹陷岩性地层油藏勘探突破，并由此拉开了二连盆地岩性地层油藏勘探的序幕。

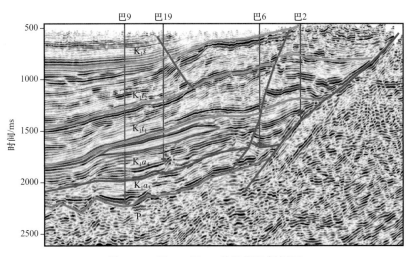

图 11-8　巴 9—巴 19 井地震反射剖面

4）滚动勘探，整装探明

在巴 19 井获得突破后，紧密结合这一钻探成果，按照"油藏中部找富集、高部探岩性尖灭、低部定油水界面"的勘探思路，部署钻探了巴 21、巴 18、巴 20、巴 22 等 4 口井，均获得成功，其中巴 18 获日产 50.75t 高产油流，巴 21 井获日产油 19.72t。至此，巴音都兰凹陷由创新构思、精选突破口，到滚动评价、实施整体部署，在较短的时间内整体探明了巴 19 岩性油藏，探明含油面积 8.3km^2，探明石油地质储量 1241 × 10^{4}t。

在巴 19 岩性油藏整体探明后，进一步扩大勘探成果。发现在巴 19 东发育同源扇三角洲的另一支朵叶体，二者在构造上以鞍部相连。分析认为，该朵叶体同样具备良好的成藏条件，可能形成与巴 19 油藏相似的岩性地层油藏。据此，在 2002 年，先后部署钻探巴 38、巴 42 井又获得成功，其中巴 42 井获日产 47t 高产油流，巴 38 井获日产油 19.2t，探明含油面积 3.6km^2，探明石油地质储量 443 × 10^{4}t，进一步扩大了巴Ⅱ号构造的含油规模。

3.甩开预探，持续扩大岩性地层油藏勘探战果

巴Ⅱ号构造取得突破以后，重新认识巴Ⅰ号构造，将其作为勘探的重点区带；同时对北洼槽也进行了积极的预探，均取得重要进展。

1）加强巴Ⅰ号构造阿尔善组岩性地层圈闭落实，取得新进展

巴Ⅰ号构造为一个受巴Ⅰ号断层切割的北西向反转构造带，由巴5背斜、巴10断鼻和巴3古鼻梁三个局部构造组成，勘探面积约50km²。在该构造发现了阿尔善组Ⅱ、Ⅲ砂组两套含油层系，但由于对Ⅱ砂组储层认识不清，Ⅲ砂组构造圈闭不发育，勘探工作没有取得实质性的突破。

巴19油藏发现后，在巴Ⅰ号构造加强沉积研究，在阿尔善组四段落实巴10扇体。该扇体在主测线上呈楔状，在沿巴Ⅰ号断层走向的任意线上呈透镜状，扇体向西北方向抬升，向西南洼槽中倾没，在巴10井部位由于逆牵引作用而存在一局部构造高点。扇体最厚约450m，向侧翼及前缘逐渐减薄。根据钻井资料及地震相分析，扇体物源来自巴5井方向，碎屑物越过巴Ⅰ号断层进入洼槽区，在巴Ⅰ号断层下降盘形成主体位于巴10井南、西南部的扇三角洲沉积砂体。根据储层预测结果，2001年设计并钻探了巴24井（图11-9）。该井在阿尔善组四段电测解释油层30m/11层，日产油25.9t（张以明等，2004）。巴Ⅰ号构造巴10区块探明石油地质储量568×10⁴t。

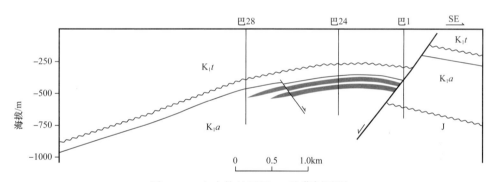

图11-9 宝力格油田巴24油藏剖面图

针对巴5背斜阿尔善组四段Ⅱ砂组部署钻探巴51井，电测解释油层32.8m/4层，压裂后日产油22t。随后巴5井重新解释油层30m，巴4井获工业油流。探明含油面积3.1km²，探明石油地质储量220×10⁴t。

沉积相研究发现，巴Ⅰ号构造阿尔善组四段具有双向物源供给特征，发育南、北两个扇三角洲砂体，两套砂体与背斜构造相叠置，有利于形成岩性地层圈闭。通过深入的研究，在巴Ⅰ号断层上升盘巴3古鼻梁上发现了巴48地层超覆圈闭，在下降盘落实了巴36地层超覆圈闭。巴48井在阿尔善组四段获日产油5.45t自然产能，巴36井获日产油5.8t。巴48区块阿尔善组探明含油面积3.15km²，探明石油地质储量514.46×10⁴t。

2）构建斜坡带岩性油藏模式，北洼槽实现勘探新发现

在南洼槽岩性地层油藏取得突破的同时，北洼槽也成为岩性地层油藏的主攻战场。深入分析早期制约勘探的问题，并制定相应对策，解决了以下三方面的问题。

一是勘探潜力问题。原认为北洼槽阿尔善组烃源岩分布范围小，石油资源量仅为2560×10⁴t，且构造简单，为一个简单的负向洼槽区，聚油背景差，不利于形成大型油

藏。2011年通过重新落实北洼槽阿尔善组、腾格尔组一段和腾格尔组二段烃源岩分布面积，重新评价北洼槽石油资源量为 $5485 \times 10^4 t$，认为具有较大的资源潜力。

二是资料品质问题。北洼槽三维地震资料为两个年度采集，采集参数、处理技术都存在差别，同时两套数据体存在时差，地震相轴不能对应，发生错位，影响层位追踪解释和圈闭的发现落实。通过对两套资料进行连片处理，资料品质有了明显提高，为深化该区地质研究奠定了基础。

三是沉积问题。以往认为北洼槽以东部物源为主，在陡坡带断层下降盘形成水下扇和扇三角洲沉积砂体，所以勘探方向集中在南部包楞构造。重新研究认为，区内物源主要来自西部斜坡带，以扇三角洲沉积砂体为主，可以成为重点的勘探方向。

对北洼槽阿尔善组成藏条件重新分析，认为阿尔善组沉积时期发育有冲积扇、扇三角洲、水下扇、浊积扇等多种类型的沉积砂体。扇三角洲沉积砂体分布广泛，砾岩厚度较大。西部斜坡高部位发育的冲积扇，储层物性较差（如巴76、巴79），而斜坡中部扇三角洲前缘砂体储集条件好，具备较大的勘探潜力。2012年构建构造—岩性油藏成藏模式，钻探巴77X井获日产35.63t高产油流（图11-10），北洼槽勘探取得实质性突破。

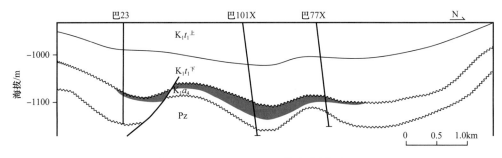

图 11-10　巴 23—巴 77X 井油藏剖面图

巴 77X 井钻探成功之后，针对沉积相带变化较快、储层物性差别较大、有效储层分布难以落实等制约勘探的主要问题，深化沉积体系分析，精细相控储层预测，刻画了有利储层发育区。

首先利用单井相分析方法，明确巴 77X 井阿尔善组油层为扇三角洲前缘分流水道砂砾岩，储层物性较好。其次地震相结合沉积相研究，确定巴 77X 井阿尔善组扇三角洲物源来自西北部斜坡高部位，巴 77X 井钻遇其一前缘分流水道，扇体主体部位在该井以南（见图5-15）。开展储层及成岩作用研究，阿尔善组储层岩石类型以长石砂岩、岩屑长石砂岩类为主，砂砾岩次之，少量长石岩屑砂岩、岩屑砂岩；储集空间以粒间孔、溶孔为主，及少量微裂缝；结构成熟度和成分成熟度均较低，表现为明显的近物源特征；差异压实作用使得储层原生残余粒间孔发育；溶蚀作用和压溶作用使得储层粒间溶孔、粒内溶孔及微裂缝发育，均对储层储集空间的发育具有建设性作用。开展地震属性预测分析，精细刻画出有利岩相带主要分布范围。通过上述方法落实巴 77X 井扇体阿尔善组有效储层面积 $10km^2$。

在巴 77X 井南部预测砂砾岩储层厚度最大的部位，部署钻探巴 101X 井，测井解释油层 93.8m/4 层，差油层 22.2m/4 层，累计厚度 116m/8 层，油层单层最大厚度 54.2m，对阿尔善组四段 1932.8～1952m 井段压裂，获日产 103t 高产油流。巴 77X 和巴 101X 两个区块探明石油地质储量 873.04×10⁴t。

第三节　阿尔凹陷阿尔油田勘探

阿尔凹陷位于内蒙古自治区东乌珠穆沁旗，构造上处于巴音宝力格隆起东北部。该凹陷南与巴音都兰凹陷北洼槽相邻，东与乌里雅斯太凹陷隔隆相望，北邻蒙古国塔木察格凹陷。凹陷南北长约 80km，东西宽 15～20km，勘探面积约 650km²。阿尔凹陷从 2008 年钻探第一口井，到 2010 年新增亿吨级控制和预测石油地质储量，仅用了三年时间，实现了勘探突破，是新区凹陷"科学快速高效"勘探的经典案例。

一、勘探历程

阿尔凹陷是二连盆地近年来发现的一个新富油凹陷，其勘探思路、方法和程序都与以往有较大不同。回顾勘探历程，经历了快速搜索发现、快速勘探突破、整体勘探增储和高效评价建产等四个勘探阶段。

1. 区域搜索优选，发现新凹陷阶段（2006—2007 年）

2006 年，利用区域非地震资料与地形地貌综合分析，在巴音宝力格隆起中蒙边界附近，发现了阿尔、查德、呼和和达来等四个新凹陷，同年获得探矿权。2007 年上半年对阿尔、呼和、查德等三个凹陷进行重磁电法勘探，发现阿尔凹陷基底埋深较大，具有东断西超结构，洼槽区较开阔，具备进一步开展勘探工作的基础。

2. 快速潜力评价，实现勘探突破阶段（2008 年）

2008 年，开展二维地震勘探，初步落实哈达、沙麦等正向构造。通过与相邻巴音都兰凹陷的对比研究，推断阿尔凹陷也应具有良好的勘探前景。将参数井和预探井合二为一，直接部署阿尔 1 井，发现了凹陷的优质烃源岩，突破了工业油流关。在沙麦和沙麦北构造部署钻探了阿尔 2 井和阿尔 3 井，均获成功，进一步证实了阿尔凹陷的勘探潜力。

3. 整体研究勘探，实现规模增储（2009—2010 年）

该阶段利用新采集三维地震资料，加强了凹陷整体构造—沉积演化及其成藏控制因素的研究，构建陡坡带、斜坡带多种岩性地层油藏模式，有效指导了阿尔凹陷的整体勘探。

4. 预探评价一体化快速建产阶段（2011—2017 年）

预探、评价、开发一体化研究，认识共享，有机结合，一体部署，进一步落实、扩大了储量规模。2011 年，阿尔 3 区块整体探明石油地质储量 3436.27×10⁴t。2012 年，建成年产原油 30×10⁴t 生产能力。

截至 2017 年底，阿尔凹陷完成二维地震 335.15km，三维地震 406.1km²；共钻探井 54 口，探明石油地质储量 4535.08×10⁴t。

二、油气勘探做法与发现

二连盆地的地质特点决定了油气资源接替是以凹陷接替为主，新区凹陷的突破是二连油田可持续发展的重要路径之一。阿尔凹陷从2006年登记勘查矿权，到2008年钻探突破，再到2011年整装上交探明石油地质储量，形成了一套行之有效的新区凹陷快速高效勘探方法。

1. 创新凹陷搜索新方法，快速发现新凹陷

在二连盆地开展新区凹陷的搜索、发现与勘探，一直是始终坚持的重点工作。总结二连盆地发育演化特点和基本地质特征，有三条基本认识：（1）二连盆地是在柔性褶皱基底上发育起来的断陷盆地，与刚性地台基底上发育起来的大型断陷盆地不同，它是由许多分散的中小湖盆组成，坳陷与隆起没有明显的边界，坳陷只是凹陷相对集中分布区域，隆起上也存在富油凹陷；巴音宝力格隆起面积大，靠近中蒙边界，过去受地域和资料限制，地质认识欠深入，可能存在勘探有利区。（2）负重力异常与凹陷基底埋深具相关性，但并非线性关系。重力异常是划分凹陷和凸起的有效手段。由于受各种地质条件的影响，重力异常存在多解性，负重力异常大的地区，凹陷埋深不一定大，负重力异常的面积与凹陷面积也不是一一对应。因此，具有重力异常且未开展过电法和地震勘查的地区，都应引起重视。（3）二连盆地各个凹陷中、新生界构造的演化具有一定继承性，因此，新生界负地貌地形的地区，可能是中生界凹陷区。

基于上述认识，2005年，利用卫星照片的地形地貌特征，结合已有的区域重磁电、地质调查资料，开展新一轮的新凹陷搜索，在盆地北部地区发现了阿尔、查德、达来、呼和等四个新凹陷，在2006年9月完成了矿权登记申请。

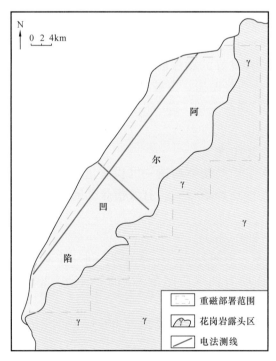

图 11-11 阿尔凹陷重磁部署图

2007年上半年对阿尔、呼和、查德等三个凹陷进行重磁电法勘探。在部署电法勘探工作时，突破了以往按规则网状部署的思路，采用了按"十"字线或"丰"字线重点部署的新方式（图11-11），大大提高了工作效率，快速落实了凹陷的结构和埋深。新物探资料显示，阿尔地区基底埋深超过3200m；结合区域地形与地质露头资料（图11-12），综合分析认为阿尔地区应该发育有一个断陷凹陷，具东断西超结构，洼槽较开阔，该凹陷具备进一步勘探的基础（赵贤正等，2012）。

2007年下半年，对阿尔凹陷进行了二维地震概查，测网密度为8km×4km，在凹陷陡坡带自北向南发现了哈达、沙麦北、沙麦、罕乌拉等四个主要正向构造（图11-13）。

2. 类比已发现富油凹陷，优化勘探部署，实现快速勘探突破

与相邻的巴音都兰凹陷对比发现，阿尔凹陷的地质结构以及局部构造特征与巴音都兰凹陷具有很强的相似性（图 11-14）。两个凹陷都存在后期构造反转，说明具有相似的构造发育历史；地震相分析，阿尔凹陷具有与巴音都兰凹陷相同的滨浅湖—深湖相稳定沉积的反射特征，推断该凹陷沉积地层为下白垩统巴彦花群；在垂向上也可以划分出阿尔善组、腾格尔组、赛汉塔拉组，推断它们具有相似的生储盖组合。综合对比分析认为，阿尔凹陷与巴音都兰凹陷具备类似的油气成藏条件。巴音都兰凹陷已建成了 25×10^4t 原油年生产能力，推断阿尔凹陷也应具有良好的勘探前景。同时，在勘探思路和勘探方法上也可以借鉴巴音都兰凹陷成功的经验。

图 11-12　阿尔凹陷地形图

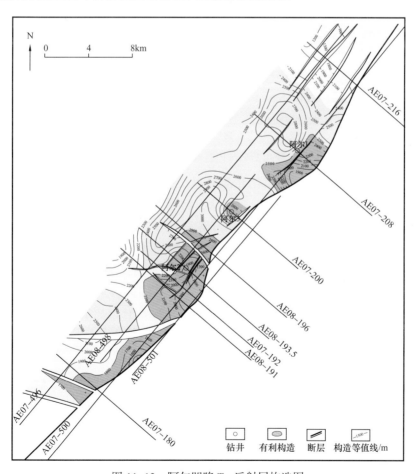

图 11-13　阿尔凹陷 T_{11} 反射层构造图

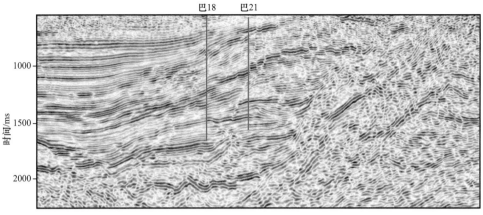

a. 巴音都兰凹陷过巴18井地震剖面

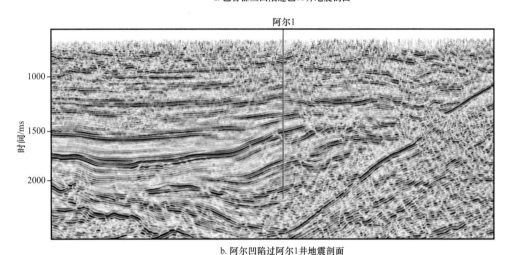

b. 阿尔凹陷过阿尔1井地震剖面

图 11-14　阿尔凹陷与巴音都兰凹陷地震剖面对比图

2008 年，在阿尔凹陷的第一口钻井部署中，充分借鉴以往二连盆地的勘探经验，特别是巴音都兰凹陷岩性地层油藏的勘探做法，将参数井和预探井合二为一，通过一口井完成两项任务，从而加快了该凹陷的勘探节奏。

在哈达构造翼部，通过实施钻探阿尔 1 井，取得了很好的勘探效果。一是发现了凹陷的优质烃源岩。阿尔 1 井在腾格尔组一段和阿尔善组钻遇暗色泥岩累计厚度 1223m。其中腾格尔组一段烃源岩有机质丰度高、类型好，有机碳含量最大为 6.65％，氯仿沥青"A"含量最大为 0.4795％，S_1+S_2 最大值为 51.37mg/g，有机质类型为 II_1—II_2 型，属好烃源岩。烃源岩成熟门限深度为 1245m，层位相当于腾格尔组二段底部，腾格尔组一段和阿尔善组烃源岩已全部成熟（赵贤正等，2010）。采用氯仿沥青"A"法评价，石油地质资源量达 1.0×10^8t 以上。二是突破了工业油流关。阿尔 1 井在腾格尔组一段电测解释差油层 8.4m/4 层，试油获工业油流，第一口井就实现了阿尔凹陷油气勘探的突破，增强了加快勘探的信心。阿尔 1 井发现优质烃源岩并获得突破后，为了迅速控制凹陷的整体油藏规模，为后续勘探部署提供充分依据，在概查地震测线的基础上，围绕凹陷中南部陡坡带有利区加密了 64km 二维地震测线，进一步落实了哈达、沙麦北、沙麦、罕乌拉等四个构造的基本形态。按照构造—岩性油藏的勘探思路，在部署第二口探井（阿尔 2

井）时放弃了沙麦构造的高点，而是选择了构造翼部沉积相带较好的位置。阿尔2井在腾格尔组一段发现油层59.0m，压裂后获日产油15.8m³，实现了沙麦构造的突破。随后，在主洼槽内处于扇三角洲前缘物性较好的沙麦北构造，部署钻探了阿尔3井（图11-15），在腾格尔组一段下亚段发现油层43m，试油获日产46.5t高产油流。阿尔1井、阿尔2井和阿尔3井的成功，表明阿尔凹陷具备形成规模富集油藏的良好条件，坚定了优化部署、加快勘探的信心。

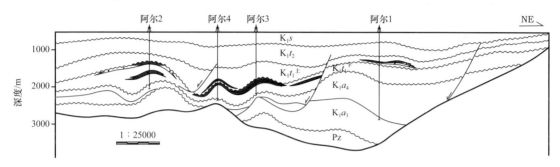

图11-15　阿尔凹陷阿尔2—阿尔3—阿尔1井油藏剖面

3. 优化勘探程序，实现高效整体预探

2008年下半年，以二连盆地多年勘探实践经验和认识为指导，为加快勘探节奏，直接越过二维地震详查，围绕主力洼槽区超前部署采集三维地震233.5km²，为凹陷整体研究与突破奠定了资料基础。通过优化地震部署，不但节约了二维地震详查投资，而且为全面快速展开预探赢得了时间。

在三维地震资料精细研究的基础上，为了迅速扩大战果，提出"深化认识、整体部署，分批实施"的勘探方针。首先扩大背斜构造带，搞清已知油藏的含油范围，预探新油藏，整体控制规模储量；其次是向南北两端的低勘探程度区扩展，寻找新的含油气区块，扩大储量规模。

1）扩大背斜带，预探新类型

2009年以扩大背斜带、预探新类型为目的，钻探井8口，阿尔4、阿尔11X、阿尔6、阿尔22、阿尔23等5口井获工业油流，扩大了已知含油构造的规模，发现了新类型的油藏。

阿尔4井位于沙麦北和沙麦背斜之间的断鼻构造上（图11-15），与阿尔3油藏具有相似的成藏条件。该井测井解释油层27m/6层，差油层25.6m/9层，对1875.0～1887.4m井段试油，日抽72次/1450m/1270m，日产油24.16m³，实现了与阿尔3油藏的含油连片。

预探斜坡带潜山油藏，钻探阿尔6井，发现新油藏类型并获高产油气流（图11-16）。洼槽区阿尔善组烃源岩厚度大，在斜坡带与古生界直接接触，油源条件充足，钻探阿尔6井。该井在古生界潜山钻遇油层69m/7层，压后12mm油嘴放喷求产，日产油35.91m³。按照二连盆地构造岩相带控砂认识，提出远物源方向的构造翼部砂体物性好，利于成藏，钻探阿尔22等井获得成功，储层物性优于构造高部位的阿尔2井，阿尔22井压后获日产30.3m³高产油流。

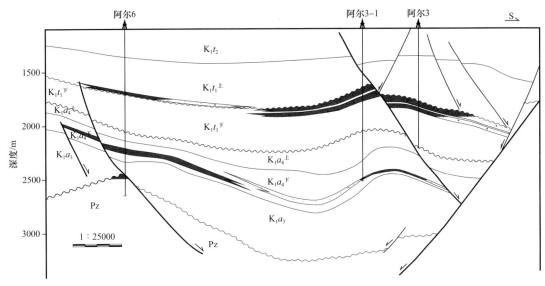

图 11-16　阿尔凹陷阿尔 3—阿尔 6 井油藏剖面

2）甩开两端，扩展洼槽

2010 年上半年，甩开预探凹陷南北两端的罕乌拉、哈达北构造。首先钻探构造或砂体高部位，因物性差或侧向封堵不好，阿尔 7、阿尔 13、阿尔 51 等井相继失利。于是调整勘探部署，作出向构造翼部、洼槽区扩展的决策。2010 年下半年，阿尔 52、阿尔 61、阿尔 26 等井获得工业油流。

阿尔 52 井位于南部罕乌拉构造翼部，勘探初期按构造思路在构造高部位钻探阿尔 5、阿尔 51 井，见到油气显示，但由于砂体物性差，没有发现好油层。开展精细沉积砂体研究，认为罕乌拉构造在腾格尔组一段沉积末期砂体遭受改造形成滩坝砂，腾格尔组一段沉积早期在构造翼部发育扇三角洲前缘水下分流河道和前三角洲席状砂体，储集条件十分优越。部署钻探阿尔 52 井，三个试油层均获高产，对腾格尔组一段下亚段 1418.10～1441.07m 进行中途测试，折日产油 61m³；对阿尔善组四段 1567.6～1601.6m 井段测试，油嘴 15.875mm 放喷，日产油 64.29m³；对腾格尔组一段上亚段 1245.4～1254.0m 井段试油，日产油 30.64m³。阿尔 61 井位于北部洼槽区，通过建立辫状河三角洲前缘砂成藏模式，钻探获得高产油流，对阿尔善组四段 2297～2302m 井段测试，6.35mm 油嘴放喷，日产油 56.3m³、天然气 6400m³。

通过两年的整体部署和整体勘探，落实了 6 个含油区块、13 个油藏、5 套含油层系。2010 年上交控制 + 预测储量 10469×10⁴t，发现了二连盆地又一个新油田——阿尔油田，实现了快速高效勘探。

4. 强化勘探评价一体化，实现快速建产

2008 年，在阿尔 3 井获高产油流之后，油藏评价积极介入，2009 年 6 月部署评价井阿尔 3-11、阿尔 3-12 和阿尔 3-1 井，均获高产油流，为下一步规模建产提供了依据。

为了提高主力油藏的控制程度，预探阿尔 3、阿尔 4 主力油藏低部位，阿尔 41 井获得成功。阿尔 41 井位于阿尔 3、阿尔 4 背斜之间的洼槽区，电测解释油层 28.6m/7 层，压后获日产油 26.5t，表明在洼槽区可以形成富集岩性油藏。

随后，油藏评价进一步向洼槽区西部甩开，部署钻探阿尔 3-3 井，突破已经发现油藏的含油范围，钻遇油层 14.2m，试油日产油 12.06t。研究阿尔 3-3 井与探井阿尔 26 井的关系，钻探了阿尔 3-7、阿尔 3-8、阿尔 3-9、阿尔 3-324、阿尔 3-208、阿尔 3-209等 6 口井，都钻遇油层，实现阿尔 26 与阿尔 3 井块油藏连片（图 11-17），表明阿尔凹陷主生油洼槽具有满洼含油的特征。

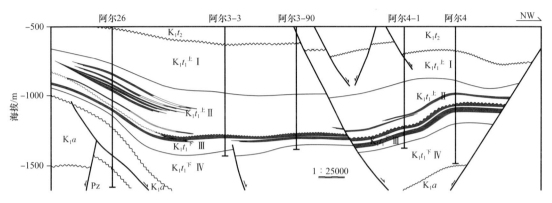

图 11-17　阿尔凹陷阿尔 26—阿尔 4 井油藏剖面

2011 年，在阿尔 3 油藏整体新增探明石油地质储量 $3436 \times 10^4 t$；截至 2017 年，阿尔凹陷累计新增探明石油地质储量 $4535.08 \times 10^4 t$（见图 10-13），建成 $30 \times 10^4 t$ 原油年生产能力，为二连油田原油产量的稳定发挥了重要作用。

5. 特色勘探技术，保障勘探快速突破

阿尔凹陷的勘探工作是在地质认识创新的基础上，充分应用先进适用工程技术和特色技术，如跨国界三维地震采集、钻井提速、油气层快速评价和油层改造等技术，为实现勘探快速高效突破提供了技术保障。

阿尔凹陷跨越中蒙国界，受到边境勘探施工条件限制，常规的三维地震勘探方法不能实现有利勘探区的地震资料全覆盖，导致国界附近沿主测线方向 2.5～3km 范围内为资料空白区，严重影响勘探工作。因此，在该区实施采集处理一体化技术攻关，运用跨界成像区域三维地震采集和处理技术，有效拓展了三维成像区范围，为国界区勘探开发奠定了基础（赵贤正等，2012）。

阿尔凹陷构造复杂、岩性变化快，制约着常规钻井提速手段的应用。针对地层以大段砂砾岩及砂泥岩交互为主，且中深层构造倾角大的地质特征，通过钻头和提速技术的对比和优选，采用 PDC+ 螺杆复合钻井技术、井位预移技术和钻进式井壁取心等技术，钻井机械钻速有了明显提高，既保护了油气层，又加快了勘探节奏。

阿尔凹陷储层类型复杂多样，低孔低渗特征显著。为提高产能和最大限度解放油气层，在勘探中着重加强了先进油层改造配套技术的应用，包括低伤害改造技术、缝高控制技术、前置液多级投球压裂技术、压裂诊断技术以及多项新的施工配套技术，进一步完善了二连盆地低孔低渗储层改造工艺。例如，阿尔 4 井采用缝高控制技术有效防止压开目的层之下的水层，获日产油 $8.77m^3$；阿尔 6 井施工井段跨度大、储层厚，采用前置液多级投球压裂技术，通过前置液阶段两次投球压开了三个层，效果明显，压后自喷日产油 $35.91m^3$。

第四节　勘探经验与启示

二连盆地油气勘探不断有新的发现和突破，主要有以下几点经验和启示，对中小型陆相断陷盆地的油气勘探具有很好的指导与借鉴意义。

一、强化战略选区，注重综合物探，是油气早期勘探发现的有效手段

二连盆地凹陷分割性很强，各凹陷规模、地质结构、地层发育情况等存在较大差异。充分利用低廉、短周期的物化探勘查，是新盆地早期区域侦查、战略选区及勘探早期有效发现的重要及有效手段。为了避免钻探工作的盲目性，选区选带过程中采用重力、磁力、电法等物化探方法，同时充分结合地质露头、地球物理和参数井资料，搞清坳隆（凹凸）格局、凹陷规模、地层层序、生油岩及储集体初步特征，为战略选区、定凹选带和勘探方向优选奠定基础。阿南—阿北凹陷就是在这种勘探程序下实现了规模构造油藏的不断发现。

阿南—阿北凹陷从 1977 年开始物化探勘查，先后完成重力普查、电法勘探。综合重力、磁力、电法等物化探方法，快速搞清了凹陷的底界深度，初步确定了凹陷范围和构造单元。再对该凹陷开展二维地震普查，既节约了昂贵的地震费用，也缩短了勘探周期，见到较好的效果。通过选区结论及初步地质分析，部署重点凹陷、区带的二维地震普查，利用地震信息横向预测沉积储层分布，运用暗点、亮点、三瞬剖面及合成记录标定对比、变速成图等成果，落实阿南—阿北凹陷 4 个生油洼槽及 8 个正向构造带。按构造油藏勘探思路部署一批钻井，相继发现小阿北安山岩油藏、蒙古林砾岩油藏、阿南背斜砂岩油藏、哈达图潜山及围翼砂岩复合油藏等几个整装大型构造油藏。阿南—阿北凹陷早期勘探，是注重综合物探、战略选区的典型代表，物探先行在多个勘探时期充分发挥了重要作用。

二、转变勘探观念，创新地质认识，是油气勘探新突破的关键

二连盆地油气勘探之所以能在勘探多年的老油区、勘探难度日趋增大的情况下，不断有新的发现和突破，关键是得益于勘探观念的及时转变。勘探观念的转变是基于对勘探形势、勘探程度、勘探现状、勘探潜力和勘探领域的正确分析，特别是对隐蔽油藏（岩性地层油藏）的控油因素、成藏条件综合分析，不断构建新的岩性地层油藏成藏新模式，有效指导了油气勘探的突破。巴音都兰凹陷的突破充分说明了这一点。在突破阶段深入分析制约油气勘探的不利因素，主动转换勘探思路，变不利为有利。如由于后期构造反转，构造与有利储集相带不匹配，对寻找构造油藏不利，却为形成岩性油藏创造了有利条件；加强沉积相研究，进行精细的砂体及储层预测，最终发现规模富集岩性地层油藏。该凹陷的突破得益于对老井资料（如巴 6、巴 9 井油水关系）深入细致的研究，更得益于转变思路，突破了构造圈闭找油的框框，主动向岩性地层圈闭出击（李正文等，2002）。

正是由于勘探观念的转变，拉开了二连盆地岩性地层油藏勘探的序幕，并不断扩大了该领域的勘探成果，为油田的增储稳产发挥了重要作用。回顾二连盆地岩性地层油藏

勘探历程，勘探找油观念的转变具体表现在以下四个方面。

（1）找油思路的转变：由构造油藏向岩性地层油藏的转变，有意识地探索岩性地层油藏；由正向构造带向负向构造区的转变；由构造带高部位向构造带翼部的转变；由环洼向洼槽的转变；由单一类型向多种类型的转变。

（2）研究方法的转变：由构造油藏勘探研究的核心工作"精细构造解释，落实圈闭高点"到岩性地层油藏勘探的核心工作"精细沉积储层解释，落实砂体空间展布形态"。也就是构造研究找背景，沉积研究找砂体，构造背景与沉积砂体综合研究预测岩性地层油藏有利成藏区带。

（3）研究手段的转变：由传统石油地质评价手段转变为应用含油气系统、层序地层等现代理论，重新研究，创新认识，提高综合研究水平。

（4）组织形式的转变：由过去构造解释、沉积储层、新技术应用、圈闭评价分头研究转变为组成多学科多专业项目组，实现地质与物探研究的有机结合，优势互补，联合攻关，解决关键问题（杜金虎等，2003）。

三、优化勘探程序，强化科学部署，是实现快速高效勘探的途径

传统的勘探方法无疑是系统和完整的，是促进油气勘探工作沿着科学轨道顺利实施的重要保障。老油气区新凹陷的勘探必然可以借鉴类似老凹陷的勘探成功经验和理论认识，但不能墨守成规。新凹陷勘探应制订科学的部署方案、合理优化程序，最大限度地缩短发现周期，从而实现整体效益的最大化。

勘探程序是勘探部署的"路线图"，多年来形成了"节奏可以加快，程序不可逾越"的共识。勘探程序不可逾越，但可以合理地优化。在阿尔凹陷的勘探实践中，基于对二连盆地地质条件的充分了解和对勘探目标的深刻认知，同时受到该区施工季节短的限制，以务实的态度和进取精神对该区勘探程序进行了合理优化，将传统新区勘探程序的4个阶段13个步骤，优化为4个阶段9个步骤。其要点：一是优化重力、磁力、电法概查部署；二是整合参数井和预探井钻探部署；三是越过二维地震详查阶段直接部署三维地震精查；四是实施勘探开发一体化工程。其结果仅用2～3年时间就快速高效地实现了整体突破，与以往老凹陷勘探相比，规模储量的发现时间缩短了3～5年。科学优化勘探程序可以最大限度地缩短发现周期，从而实现整体效益的最大化，是实现快速高效勘探的途径。

科学部署体现在充分论证、群策群力、动态跟踪、及时调整、果断决策。由于地下地质条件的复杂性，加上技术手段的局限性和思维方式的片面性，勘探部署及实施方案通常不可能达到尽善尽美的程度。根据勘探整体形势的动态变化及时调整勘探方向和实施方案，是实现科学部署最重要的环节，科学合理的勘探部署是计划性和灵活性的辩证统一。

四、突出技术创新，先进适用并重，是油气勘探成功的保障

勘探技术的进步，特别是先进适用勘探配套工程技术的广泛应用是实现油气勘探发现和突破的有力保障。同时立足现实的技术发展水平，正视地下客观实际，灵活地应用现有成熟技术或根据实际情况对其进行创新性的改进，也是提高勘探实效的有效途径。

一方面要不断推动工程技术的创新与发展，解决存在的特殊问题。如在阿尔凹陷勘探过程中，针对跨越中蒙国界附近沿主测线方向 2.5～3km 范围内为资料空白区的关键问题，实施采集处理一体化技术攻关，形成了一种新的跨界三维地震勘探技术，有效拓展了三维成像区范围，为国界区勘探开发奠定了基础。

另一方面要积极推广应用高效适用成熟技术，并根据实际情况对其进行创新性的改进，不但提高了效率，而且取得良好应用效果。如在阿尔凹陷的勘探过程中，针对储层类型复杂多样、低孔低渗特征明显的问题，为提高产能和最大限度解放油气层，在勘探中着重加强了先进适用油层改造配套技术的应用，通过大力应用低伤害改造技术、缝高控制技术、前置液多级投球压裂技术、压裂诊断技术等多项针对性工艺技术，进一步完善了二连盆地低孔低渗储层改造工艺技术系列，助推了勘探发现和高效增储。

第十二章 油气资源潜力与勘探方向

本章系统评价了二连盆地油气资源规模及其空间分布，分析了油气剩余资源潜力。结合勘探现状、地质新认识以及勘探前期准备，明确了下步重点勘探领域，优选出重点勘探方向与有利勘探目标。

第一节 油气资源预测结果

采用盆地模拟法、类比法及油藏规模序列法，对二连盆地油气资源进行了系统评价。采用小面元容积法和资源丰度类比法，对吉尔嘎朗图、乌里雅斯太、额仁淖尔、阿南—阿北等四个凹陷的页岩油资源进行了初步预测。

一、常规油气资源预测

1. 盆地模拟法

盆地模拟法计算，二连盆地总生油量为 $127.51 \times 10^8 t$，总排油量为 $47.33 \times 10^8 t$。按层位划分，阿尔善组为主力供烃层系，生油量约占总量的 61%，腾格尔组一段为次要供烃层系，生油量约占总量的 39%。

阿南—阿北凹陷、阿尔凹陷烃源岩厚度大，有机质丰度高、类型好，热演化程度较高；巴音都兰凹陷烃源岩丰度最高、类型最好，但热演化程度低，具备形成低成熟—成熟油能力；乌兰花凹陷烃源岩质量及热演化程度均与阿尔凹陷相当，生油高强度区相对较大，但面积较小。因而，上述四个凹陷总体表现为生油强度相对较高，大于 $400 \times 10^4 t/km^2$ 以上的区带范围也比较大（图 12-1、图 12-2）。乌里雅斯太凹陷烃源岩有机质丰度高、类型差，热演化程度高；洪浩尔舒特凹陷、吉尔嘎朗图凹陷烃源岩质量较好，而热演化程度低；赛汉塔拉凹陷烃源岩有机质丰度较高、类型较好，仅次于阿尔凹陷，上述四个凹陷生油高强度区范围较小。额仁淖尔凹陷、塔南凹陷等，烃源岩整体发育程度相对较低，生烃高强度区分布范围局限。

二连盆地以中小型断陷凹陷为主，运聚单元划分主要以洼槽为单位，对 11 个主要含油凹陷划分出 28 个运聚单元。根据各运聚单元与相应刻度区成藏条件类比打分结果，求取出运聚单元的运聚系数。计算出二连盆地 11 个含油凹陷石油地质资源量为 $11.85 \times 10^8 t$。用各区带上交探明石油地质储量可采系数计算出可采资源量为 $2.09 \times 10^8 t$（表 12-1）。

2. 类比法

根据构造带发育特征，将二连盆地 11 个主要含油凹陷共划分出 70 个区带。

针对刻度区解剖结果优选出 5 大类 27 小项关键地质参数作为类比依据，逐项进行类比打分。根据打分结果，选择相似刻度区类比，计算出二连盆地主要含油凹陷石油地质资源量为 10.93×10^8t，可采资源量为 2.07×10^8t（表 12-2）。

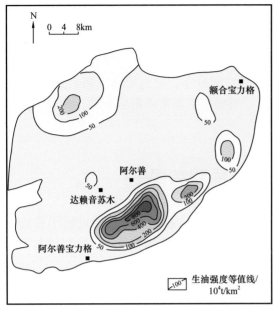

图 12-1　阿南—阿北凹陷生油强度等值线图　　　　图 12-2　阿尔凹陷生油强度等值线图

表 12-1　二连盆地主要凹陷盆地模拟法石油资源评价结果数据表

凹陷	生油量 / 10^8t	排油量 / 10^8t	油运聚系数 / %	石油地质资源量 /10^8t				石油可采资源量 /10^8t			
				95%	50%	5%	期望值	95%	50%	5%	期望值
阿南—阿北	25.05	5.99	8.70	0.86	1.90	2.28	2.18	0.17	0.43	0.52	0.45
巴音都兰	15.07	10.48	9.96	0.29	1.47	1.76	1.50	0.05	0.28	0.35	0.30
阿尔	11.39	5.53	9.04	0.59	0.99	1.19	1.03	0.16	0.18	0.20	0.19
乌里雅斯太	13.89	1.96	9.50	0.33	1.29	1.61	1.32	0.05	0.19	0.25	0.20
洪浩尔舒特	12.44	5.14	9.25	0.82	1.10	1.37	1.15	0.13	0.15	0.17	0.16
吉尔嘎朗图	7.85	4.45	10.32	0.36	0.88	1.31	0.81	0.06	0.16	0.24	0.17
赛汉塔拉	10.61	1.65	9.61	0.87	0.97	1.04	1.02	0.14	0.15	0.17	0.16
额仁淖尔	8.28	4.06	9.42	0.22	0.74	0.87	0.78	0.04	0.13	0.15	0.13
乌兰花	6.93	3.39	9.52	0.29	0.64	0.76	0.66	0.09	0.11	0.14	0.12
呼仁布其	8.85	1.61	8.59	0.23	0.91	1.14	0.76	0.02	0.11	0.13	0.11
塔南	7.15	3.07	8.95	0.15	0.62	0.79	0.64	0.03	0.09	0.12	0.10
合计	127.51	47.33	9.29	5.01	11.51	14.12	11.85	0.94	1.98	2.44	2.09

表 12-2　二连盆地主要凹陷类比法石油资源评价结果数据表

凹陷	石油地质资源量 /10^8t				石油可采资源量 /10^8t			
	95%	50%	5%	期望值	95%	50%	5%	期望值
阿南—阿北	1.70	1.89	2.75	1.99	0.35	0.40	0.60	0.42
巴音都兰	0.99	1.42	1.89	1.43	0.17	0.25	0.34	0.25
阿尔	1.00	1.24	1.50	1.24	0.18	0.24	0.30	0.24
乌里雅斯太	0.83	1.04	1.28	1.04	0.13	0.17	0.22	0.17
洪浩尔舒特	0.90	1.03	1.21	1.04	0.13	0.18	0.24	0.18
吉尔嘎朗图	0.87	1.04	1.22	1.04	0.17	0.21	0.26	0.21
赛汉塔拉	0.86	0.95	1.05	0.95	0.15	0.20	0.25	0.20
额仁淖尔	0.67	0.76	0.84	0.75	0.09	0.13	0.16	0.13
乌兰花	0.49	0.64	0.82	0.65	0.07	0.11	0.14	0.11
呼仁布其	0.23	0.32	1.80	0.41	0.05	0.07	0.38	0.09
塔南	0.19	0.31	1.92	0.39	0.03	0.06	0.36	0.07
合计	8.73	10.64	16.28	10.93	1.52	2.02	3.25	2.07

3. 油藏规模序列法

油藏规模序列法采用的油藏数据来自华北油田储量数据库。二连盆地共发现油藏225 个，其中探明储量油藏 174 个、控制储量油藏 51 个，按照三级储量折算公式，证实已发现探明石油地质储量 = 已发现探明地质储量 + 控制地质储量 × 0.75，二连盆地证实已发现石油探明地质储量为 3.17×10^8t，可采地质储量为 0.6×10^8t。

通过油藏规模序列法计算，油藏最大地质资源量为 0.15×10^8t，最小限定为 10×10^4t，预测油藏总数为 2000 个；预测油藏最大可采资源量为 360×10^4t，最小限定为 5×10^4t，油藏总数为 1686 个；通过回归归位，预测总石油地质资源量为 8.56×10^8t，可采资源量为 1.98×10^8t。

常规油气依据盆地模拟法、面积丰度类比法以及统计法计算结果，经特尔斐法汇总（表 12-3），分别赋予三大类方法不同权重系数，最终得出二连盆地总石油地质资源量为 10.73×10^8t，可采资源量为 2.06×10^8t，与类比法计算结果基本一致。

表 12-3　二连盆地主要凹陷特尔斐法综合评价石油资源结果数据表

资源类型	评价方法	地质资源量 /10^8t	可采资源量 /10^8t	权重系数	地质资源量 /10^8t	可采系数 /%	可采资源量 /10^8t
常规油	盆地模拟	11.85	2.09	0.2			
	面积丰度类比	10.93	2.07	0.5	10.73	19.3	2.06
	统计法	8.56	1.98	0.3			

二、页岩油资源预测

二连盆地阿南—阿北、吉尔嘎朗图和额仁淖尔凹陷页岩层段主要为钙质泥岩、云质岩、砂岩、砾岩等混积型特殊岩性段；而乌里雅斯太凹陷主要为砂泥岩薄互层型，且砂地比最大也在50%以下。因此，二连盆地非常规油气总体划归为页岩油。资源评价主要采用小面元容积法和资源丰度类比法对页岩油资源进行预测（贾承造等，2012）。其中，小面元容积法计算页岩油地质资源量为 3.8×10^8t，可采资源量为 0.33×10^8t；资源丰度类比法计算页岩油地质资源量为 2.16×10^8t，可采资源量为 0.30×10^8t。在上述两种方法计算结果基础上，采用特尔斐法综合预测，二连盆地阿南—阿北、额仁淖尔、乌里雅斯太、吉尔嘎朗图等四个凹陷页岩油地质资源量为 2.99×10^8t，可采资源量为 0.3×10^8t（表12-4）。

表12-4　二连盆地主要凹陷特尔斐法页岩油资源评价结果数据表

凹陷	层系	岩性	面积 /km²	方法	权重系数	地质资源量 /10⁸t	地质资源丰度 /10⁴t/km²	可采资源量 /10⁴t	可采资源丰度 /10⁴t/km²
阿南—阿北	腾格尔组一段下亚段	白云质粉砂岩、白云岩	410	小面元容积法	0.5	1.28	31.22	1289.64	3.15
				资源丰度类比法	0.5				
额仁淖尔	阿尔善组	白云质粉砂岩、白云岩	228	小面元容积法	0.5	0.79	34.65	811.13	3.56
				资源丰度类比法	0.5				
吉尔嘎朗图	腾格尔组一段	砂砾岩	156	小面元容积法	0.5	0.58	37.18	636.59	4.08
				资源丰度类比法	0.5				
乌里雅斯太	阿尔善组	砂砾岩	102	小面元容积法	0.5	0.34	33.33	361.53	3.54
				资源丰度类比法	0.5				
合计						2.99		3098.89	

第二节　剩余油气资源潜力

二连盆地主要含油凹陷（类比法评价）常规石油地质资源量为 10.93×10^8t。截至2017年底，探明石油地质储量为 2.82×10^8t，探明率为25.8%。此外，盆地内侏罗系、上古生界，以及页岩油领域同样具备积极探索的潜力，分层次论述如下。

一、白垩系

主要对投入勘探工作量较大的 11 个含油凹陷剩余常规油气资源潜力进行分析，并对 4 个凹陷页岩油领域开展了初步评价。

1. 常规油气

1）凹陷资源潜力

二连盆地东部 7 个含油凹陷石油地质资源量共计 8.18×10^8t，剩余石油地质资源量为 5.64×10^8t；西部 4 个含油凹陷石油地质资源量共计 2.75×10^8t，剩余石油地质资源量为 2.46×10^8t。东部的含油凹陷油气资源相对富集（表 12-5）。

表 12-5　二连盆地主要凹陷石油资源数据表

区域	凹陷	面积 / km²	石油探明地质储量 / 10⁴t	石油地质资源量 / 10⁴t	剩余石油地质资源量 / 10⁴t
东部	阿南—阿北	2750	10257.10	19870.71	9613.61
	巴音都兰	886	3362.08	14258.10	10896.02
	阿尔	471	4535.08	12426.30	7891.22
	乌里雅斯太	2110	2287.45	10432.20	8144.75
	洪浩尔舒特	1221	2145.67	10425.50	8279.83
	吉尔嘎朗图	849	2754.69	10411.60	7656.91
	塔南	1068		3947.32	3947.32
西部	赛汉塔拉	2276	887.03	9540.90	8653.87
	额仁淖尔	1086	1683.16	7536.10	5852.94
	乌兰花	372	308.25	6462.40	6154.15
	呼仁布其	1540		3965.56	3965.56
合计		14629	28220.51	109276.69	81056.18

二连盆地东部 7 个凹陷石油地质资源量占 11 个凹陷石油地质资源总量的 74.8%，剩余石油地质资源量占 11 个凹陷剩余石油地质资源总量的 69.6%。其中，以阿南—阿北凹陷石油地质资源最丰富，达到 1.99×10^8t，剩余石油地质资源为 0.96×10^8t。其次为巴音都兰、阿尔、乌里雅斯太等凹陷，石油地质资源量在 $1 \times 10^8 \sim 1.4 \times 10^8$t 之间，剩余石油地质资源量在 $0.7 \times 10^8 \sim 1.2 \times 10^8$t 之间。塔南凹陷相对较低，石油地质资源仅为 0.39×10^8t。

二连盆地西部 4 个凹陷石油地质资源量占 11 个凹陷石油地质资源总量的 25.2%，剩余石油地质资源量占 11 个凹陷剩余石油地质资源总量的 30.4%。赛汉塔拉凹陷石油地质资源量较大，为 0.95×10^8t，剩余石油地质资源为 0.87×10^8t。额仁淖尔、乌兰花等凹陷石油地质资源量在 $0.64 \times 10^8 \sim 0.75 \times 10^8$t 之间，呼仁布其凹陷石油地质资源量仅为 0.40×10^8t。

2）层系资源潜力

从层系资源分布特征来看，二连盆地石油资源主要分布在白垩系腾格尔组与阿尔善组，且资源规模大致相当，石油地质资源量分别为 $5.52 \times 10^8 t$ 和 $5.30 \times 10^8 t$（表 12-6），剩余石油地质资源量分别为 $4.18 \times 10^8 t$ 和 $3.85 \times 10^8 t$；潜山石油地质资源量为 $0.1 \times 10^8 t$，剩余石油地质资源量为 $0.07 \times 10^8 t$。因此，腾格尔组与阿尔善组依然是未来寻找规模储量的主要层系。

表 12-6　二连盆地主要凹陷不同层系石油资源数据表

地层	石油探明地质储量 /$10^4 t$	石油地质资源量 /$10^4 t$	剩余石油地质资源量 /$10^4 t$
腾格尔组	13403.25	55217.74	41814.49
阿尔善组	14495.91	53044.88	38548.97
元古宇—古生界（潜山）	321.35	1014.07	692.72
合计	28220.51	109276.69	81056.18

3）区带资源潜力

从区带分布来看（表 12-7），$0.5 \times 10^8 t$ 以上规模地质资源量区带有 7 个，石油地质资源量共计 $5.4 \times 10^8 t$，占总地质资源量的 49.5%。阿南—阿北凹陷阿尔善构造带地质资源量最大，为 $1.42 \times 10^8 t$；其次为巴音都兰凹陷的南洼槽、洪浩尔舒特凹陷的东洼槽、乌里雅斯太凹陷的南洼槽等 6 个区带；赛汉塔拉凹陷的赛东洼槽、乌兰花凹陷的南洼槽等 5 个区带石油地质资源量在 $0.3 \times 10^8 \sim 0.5 \times 10^8 t$ 之间，占总地质资源量的 19.5%。阿南—阿北凹陷的阿北洼槽、赛汉塔拉凹陷的赛四构造带等 6 个区带地质资源量在 $0.2 \times 10^8 \sim 0.3 \times 10^8 t$ 之间，占总地质资源量的 13.0%；石油地质资源量小于 $0.2 \times 10^8 t$ 的区带有 18 个，占总地质资源量的 18%。总体上二连盆地石油资源区带分布上表现为分布散、规模小的特征。

表 12-7　二连盆地主要凹陷不同区带石油资源数据表

凹陷	区带	区带面积 /km^2	石油探明地质储量 /$10^4 t$	石油地质资源量 /$10^4 t$	剩余石油地质资源量 /$10^4 t$
阿南—阿北	阿北洼槽	611	397.77	2754.5	2356.73
	京特乌拉	623		546	546
	阿尔善构造带	585	9461.96	14175.46	4713.5
	哈东洼槽	278		529.2	529.2
	阿南洼槽	443	397.37	1542.9	1145.53
	蒙西洼槽	210		322.65	322.65
巴音都兰	北洼槽	158	873.04	4216.8	3343.76
	包楞构造带	62		1364.3	1364.3
	中洼槽	114		948.4	948.4
	南洼槽	552	2489.04	7728.6	5239.56

凹陷	区带	区带面积 / km²	石油探明地质储量 / 10⁴t	石油地质资源量 / 10⁴t	剩余石油地质资源量 / 10⁴t
阿尔	北洼槽	217		4149.76	4149.76
	中洼槽	158	4535.08	6492.2	1957.12
	南洼槽	96		1784.34	1784.34
乌里雅斯太	南洼槽	1110	2287.45	7006.6	4719.15
	中洼槽	1000		3425.6	3425.6
洪浩尔舒特	东洼槽	651	2145.67	7044.1	4898.43
	中洼槽	361		2342.5	2342.5
	西洼槽	209		1038.9	1038.9
吉尔嘎朗图	宝饶构造带	63	1728.12	2328.1	599.98
	锡林断裂构造带	200	666.27	1508.5	842.23
	宝饶洼槽	586	360.3	6575	6214.7
赛汉塔拉	扎布—伊和构造带	690	675.28	2016.5	1341.22
	赛东洼槽	689	38.3	4985	4946.7
	赛四构造带	897	173.45	2539.4	2365.95
额仁淖尔	淖东洼槽	377	14.56	1948.5	1933.94
	中部塌陷背斜带	510	1668.6	5072.8	3404.2
	淖西洼槽	199		514.8	514.8
乌兰花	北洼槽	58		738.9	738.9
	土牧尔构造带	76	308.25	1195.6	887.35
	南洼槽	238		4527.9	4527.9
呼仁布其	马辛—曼特	100		808.9	808.9
	南洼槽	240		933.04	933.04
	中北部洼槽	1200		2223.62	2223.62
塔南	北部洼槽	418		1443.19	1443.19
	哈日嘎	100		1109.1	1109.1
	南洼槽	550		1395.04	1395.04
合计		14629	28220.51	109276.69	81056.18

此外，从剩余石油地质资源量区带分布情况来看，吉尔嘎朗图凹陷宝饶洼槽剩余石油地质资源量为 $0.62 \times 10^8 t$，是二连盆地资源潜力最大的区带。其次是巴音都兰凹陷南洼槽，为 $0.52 \times 10^8 t$，这两个区带剩余石油地质资源量均在 $0.5 \times 10^8 t$ 以上。赛汉塔拉凹陷的赛东洼槽、洪浩尔舒特凹陷的东洼槽、乌里雅斯太凹陷的南洼槽等 9 个区带，剩余石油地质资源量在 $0.3 \times 10^8 \sim 0.5 \times 10^8 t$ 之间，占剩余石油地质资源总量的 47.0%；额仁淖尔凹陷淖东洼槽、阿尔凹陷中洼槽等 14 个区带剩余石油地质资源量在 $0.1 \times 10^8 \sim 0.3 \times 10^8 t$ 之间，占剩余石油地质资源总量的 29.4%。其余 11 个区带剩余石油地质资源量在 $0.1 \times 10^8 t$ 以下，占剩余石油地质资源总量的 9.5%。

4）不同深度资源潜力

从不同深度的资源分布来看（表 12-8），中浅层（<2000m）石油地质资源量为 $9.97 \times 10^8 t$，占石油总地质资源量的 91.2%，中深层（2000～3500m）石油地质资源量仅 $0.96 \times 10^8 t$，占石油总地质资源量的 8.8%。

表 12-8　二连盆地主要凹陷不同深度石油资源数据表

资源分布深度	石油探明地质储量 /10⁴t	石油地质资源量 /10⁴t	剩余石油地质资源量 /10⁴t
中浅层（<2000m）	26549.92	99695.16	73145.24
中深层（2000～3500m）	1670.59	9581.530	7910.94
合计	28220.51	109276.69	81056.18

5）不同品质资源潜力

已发现油藏在二连盆地东、西部 11 个凹陷均有分布，以低渗、中渗油藏为主，二者石油地质资源量分别为 $4.87 \times 10^8 t$ 和 $4.05 \times 10^8 t$（表 12-9），分别占石油总地质资源量的 44.6% 和 37.1%；其次为特低渗油藏，石油地质资源量为 $1.73 \times 10^8 t$，占石油总地质资源量的 15.8%；高渗、特高渗油藏石油地质资源量仅 $0.28 \times 10^8 t$。油质主要为中质油和轻质油，石油地质资源量分别为 $5.52 \times 10^8 t$ 和 $4.67 \times 10^8 t$（表 12-10），占石油总地质资源量的 50.5% 和 42.7%；重质油石油地质资源量为 $0.74 \times 10^8 t$。

表 12-9　二连盆地主要凹陷不同油藏品位石油资源数据表

油藏品位	石油探明地质储量 /10⁴t	石油地质资源量 /10⁴t	剩余石油地质资源量 /10⁴t
特高渗	402.74	758.68	355.94
高渗	267.40	2018.29	1750.89
中渗	13002.48	40521.90	27519.42
低渗	11429.73	48690.52	37260.79
特低渗	3118.16	17287.30	14169.14
合计	28220.51	109276.69	81056.18

表 12-10　二连盆地主要凹陷不同油质石油资源数据表

石油品位	石油探明地质储量 /10⁴t	石油地质资源量 /10⁴t	剩余石油地质资源量 /10⁴t
轻质油	10780.55	46692.31	35911.76
中质油	16759.13	55188.1	38428.97
重质油	680.83	7396.28	6715.45
合计	28220.51	109276.69	81056.18

6）不同油藏类型资源潜力

二连盆地主要发育构造与岩性地层油藏，11 个主要含油凹陷构造与岩性地层油藏石油地质资源量分别为 4.99×10^8t 和 5.84×10^8t（表 12-11），分别占石油地质资源总量的 45.6% 和 53.4%。潜山领域石油地质资源潜力较低。

剩余石油地质资源也主要集中在构造油藏和岩性地层油藏勘探领域，剩余石油地质资源量分别为 3.72×10^8t 和 4.31×10^8t，占石油地质资源总量的 45.9% 和 53.1%。潜山领域仅剩余 774.24×10^4t。

表 12-11　二连盆地主要凹陷不同油藏类型石油资源数据表

油藏类型	石油探明地质储量 /10⁴t	石油地质资源量 /10⁴t	剩余石油地质资源量 /10⁴t
岩性地层	15325.54	58399.14	43073.6
构造	12655.14	49863.48	37208.34
潜山	239.83	1014.07	774.24
合计	28220.51	109276.69	81056.18

2. 页岩油

二连盆地非常规油气主要为页岩油，目前仍在探索阶段。初步优选了阿南—阿北凹陷腾格尔组一段下亚段、额仁淖尔凹陷阿尔善组特殊岩性段、吉尔嘎朗图凹陷腾格尔组一段、乌里雅斯太凹陷阿尔善组页岩油储层段进行评价（表 12-4）。页岩油地质资源总量为 2.99×10^8t，可采资源量为 0.3×10^8t。阿南—阿北凹陷页岩油地质资源规模最大，为 1.28×10^8t，而地质资源丰度以吉尔嘎朗图凹陷腾格尔组一段页岩油最大，为 37.18×10^4t/km²，其他凹陷也在 30×10^4t/km² 以上。页岩油资源主要分布在洼槽区优质烃源岩发育范围内。

二、上古生界

上古生界主要烃源岩为寿山沟组、本巴图组、林西组和哲斯组泥岩，面积广，厚度大，有机质丰度较高，为中等—好烃源岩，而且处于成熟—凝析油湿气阶段（部分寿山沟组除外），是有利的远景区。盆地东南部本巴图组、阿木山组泥岩有机质丰度较高，为中等烃源岩，处于成熟—凝析油湿气阶段，是较有利的远景区。井下样品显示出有机质丰度偏高（可能与长期埋藏于地下风化作用较弱有关），泥质岩为好烃源岩，石灰岩为中等烃源岩，热演化程度基本在成熟—凝析油湿气阶段，具备形成原生油气藏的能力。

据有限资料初步研究认为，二叠系烃源岩面积可达 $10 \times 10^4 km^2$，最大厚度可达 1200m，初步计算总生油量为 $1587.94 \times 10^8 t$，最大生烃强度为 $274 \times 10^4 t/km^2$；石炭系烃源岩面积为 $8 \times 10^4 km^2$，最大厚度为950m，初步计算总生油量为 $842.46 \times 10^8 t$，最大生烃强度为 $199 \times 10^4 t/km^2$，可形成中型和小型油气藏。

鉴于二连盆地上古生界烃源层经历了燕山和喜马拉雅两次大的构造运动，地层出露严重，它们对油气的运移、聚集、保存和破坏具有特别重要的影响。无论是油还是气，资源计算过程中，运聚系数的选取都应取低值，参照国内外一些盆地或油气区，预测二连盆地上古生界二叠系烃源岩石油地质资源量为 $15.88 \times 10^8 t$，石炭系石油地质资源量为 $8.24 \times 10^8 t$。

三、侏罗系

中—下侏罗统普遍存在一套湖泊相泥岩及沼泽相煤岩，具较大的生烃潜力，有机质也普遍达到成熟标准，且区域上分布着中—下侏罗统和白垩系盖层，因此具备一定的成藏条件。但多数中—下侏罗统烃源岩在中—下侏罗统沉积的中晚期已经进入成油阶段，有大量油气生成，且在中—晚侏罗世的抬升剥蚀、断裂与火山喷发和岩浆侵入活动，造成多数凹陷损失了早期生成的油气。另外，许多凹陷面积较小，烃源层厚度不大，油气的生成富集能力有限。

盆地模拟与类比法初步计算，二连盆地23个凹陷侏罗系石油地质资源量为 $4.07 \times 10^8 t$，天然气地质资源量为 $2164.84 \times 10^8 m^3$。资源规模较大的凹陷主要有洪浩尔舒特、高力罕、阿其图乌拉、乌里雅斯太等凹陷。

第三节　重点勘探领域与有利区带

根据资源现状、勘探进展和成藏新认识，认为老区富油凹陷、新区凹陷、页岩油、新层系新类型等勘探领域，资源潜力较大，是今后寻找规模储量的重点领域；同时，结合凹陷或区带评价，优选出有利勘探方向和目标。

一、老区富油凹陷

1. 碎屑岩油藏勘探领域

按照各凹陷的勘探程度、资源规模和资源转化率，二连盆地老区可划分为两类凹陷。

1）资源规模大、转化率高、勘探程度较高的老区凹陷

主要立足于老区新带预探及老区老带持续挖潜，增储上产，评价优选出阿南—阿北凹陷、巴音都兰凹陷、阿尔凹陷、乌兰花凹陷等有利勘探地区。

（1）阿南—阿北凹陷。

资源评价阿南—阿北凹陷石油地质资源量为 $1.99 \times 10^8 t$，剩余石油地质资源量为 $0.96 \times 10^8 t$，是二连盆地油气资源最丰富的凹陷。凹陷内不同区带、不同领域的勘探程度差异较大，表现出明显的不均衡性，洼槽区、斜坡带和构造围斜部位勘探程度较低，具有深化勘探的广阔前景。

研究表明，阿南—阿北凹陷具有双断结构，洼突相间、构造分异好，有利于油气的聚集。阿南地区作为主生油洼槽区，洼槽及周边发育有蒙古林背斜、阿尔善背斜、哈南潜山、吉和断鼻、布敦构造、哈东构造、莎音乌苏凸起、阿南斜坡等正向构造带，以及阿南洼槽、哈东洼槽、蒙西洼槽和蒙东洼槽等负向构造区。其中，蒙古林背斜、阿尔善背斜、哈南潜山、吉和断鼻构造高部位勘探程度很高，阿尔善背斜翼部、阿南斜坡和哈东洼槽周边勘探程度低，断层不发育，砂体纵横向变化较快，是预探岩性地层油藏的有利靶区。

（2）巴音都兰凹陷。

巴音都兰凹陷发育南洼槽、中洼槽和北洼槽，洼槽内均沉积扇三角洲、近岸水下扇砂体，储层物性好，与洼槽区优质烃源岩间互式接触，有利于形成多类型岩性油藏。2015—2017年，预探北洼槽巴77、巴23等扇体，发现巴101X、巴77X等规模富集油藏；预探南洼槽斜坡带阿尔善组扇三角洲砂砾岩体，巴66井获突破，证实其较好的勘探前景。围绕北洼槽和南洼槽斜坡带，落实多个有利扇体，具备进一步扩大勘探的潜力。

（3）阿尔凹陷。

阿尔凹陷已探明石油地质储量为 $0.45 \times 10^8 t$，剩余石油地质资源量为 $0.79 \times 10^8 t$。该凹陷早、中期湖盆均发育，形成两套优质烃源岩；东部陡坡带反转规模大，发育同沉积背斜，形成了哈达、沙麦、罕乌拉等多个有利背斜构造带；同时，东部陡坡带沉积体系发育，扇三角洲沉积体系规模大，单体面积为 $40 \sim 80 km^2$，有的扇体甚至覆盖洼槽，尖灭于西部斜坡。砂体与构造配置较好，形成有利的东部陡坡带反转背斜扇三角洲构造岩相带和斜坡区坡折带辫状河三角洲构造岩相带。该凹陷北部哈达北、南部罕乌拉等地区勘探程度较中洼槽区低，构造—岩性、岩性油藏发育，是下步重点预探方向。

（4）乌兰花凹陷。

乌兰花凹陷是二连盆地南部温都尔庙隆起上发现的残留型凹陷，发育南、北两个洼槽，石油地质资源量为 $0.6 \times 10^8 t$，仅在土牧尔构造带探明石油地质储量 $0.03 \times 10^8 t$，资源转化程度低。

研究认为，乌兰花凹陷成湖期早，下白垩统阿尔善组砂体欠发育，发育大套优质烃源岩；南洼槽为双断地堑型结构，环洼发育土牧尔、赛乌苏、红格尔和红井等四个正向构造带，二级油源断层发育，利于形成源上型油藏；储层丰富多样，双向多物源扇三角洲砂体纵向叠置、横向交错，夹持多套安山岩储层，并覆盖于裂缝发育的基底花岗岩之上。南洼槽证实为腾格尔组一段、阿尔善组的碎屑岩、安山岩，以及古生界的花岗岩潜山多层系、多油藏复式聚集。北洼槽为东断西超的半地堑结构，洼槽区、斜坡带砂体与烃源岩交叉叠置，利于岩性油藏发育，还未展开勘探。南洼槽低勘探程度区及北洼槽是下步勘探有利靶区。

2）资源规模较大、资源转化程度低、地质条件复杂的老区凹陷

资源规模较大、资源转化程度低、地质条件复杂的老区凹陷勘探程度相对较高，成藏规律基本清楚且勘探方向明确，虽然地质条件复杂，但剩余资源潜力较大。优选出洪浩尔舒特、吉尔嘎朗图、乌里雅斯太和赛汉塔拉等凹陷为勘探重点。

（1）洪浩尔舒特凹陷。

洪浩尔舒特凹陷发育东、中、西三个洼槽，一个洼槽就是一个独立的含油气子系

统。分析认为，中、东洼槽成藏条件好、剩余资源丰富、勘探潜力大。中、东洼槽发育东、西两大物源区，在斜坡带和陡坡带腾格尔组一段、阿尔善组发育有辫状河三角洲、扇三角洲沉积体系。环洼槽由东向西依次发育巴尔、乌兰诺尔、达林东、达林、海北五大鼻状构造及达林西背斜。沿海北—达林和巴尔—达林东一线存在两个古构造，对洼槽具有一定的分割作用。区内构造相对简单，断层和构造线走向一致，不利于形成构造圈闭，但有利于岩性地层圈闭发育：一是古构造背景上的坡折带对古水流起到控制作用，坡折带之下是分流水道发育区，砂体沉积厚度大，储层发育，是构造—岩性圈闭的有利发育区；二是陡坡带发育的近岸水下扇砂体在洼槽区形成岩性圈闭，靠近生油洼槽，油源充足，具备良好的成藏条件，是进一步勘探的重要方向。

（2）吉尔嘎朗图凹陷。

吉尔嘎朗图凹陷已探明石油地质储量为 $0.28 \times 10^8 t$，剩余石油地质资源量为 $0.77 \times 10^8 t$，具有进一步勘探的资源基础。分析认为，勘探程度较低的宝饶洼槽带是主攻方向。

宝饶洼槽横跨三个构造带：东南部缓坡带的宝饶构造带、西北部陡坡带的罕尼构造带及东北的宝丰构造带。各构造带内探井分布不均匀，其中以宝饶构造带最多，罕尼构造带次之，宝丰构造带最少。宝饶洼槽阿尔善组沉积时期，缓坡带物源充足，发育较大规模扇三角洲、辫状河三角洲沉积体，物源方向和凹陷轴向斜交，砂体分布面积广，延伸距离远，侧向变化快。在后期洼槽带持续沉降、斜坡带构造隆升作用下，地层发生翘倾，砂体向斜坡上倾方向尖灭；分布于构造围斜部位的辫状河三角洲河道砂体连通性差，多形成孤立砂体。砂体与构造背景配置，易于形成岩性油藏。而腾格尔组一段沉积时期，陡坡带发育大型近岸水下扇沉积体系，水下扇砂体在斜坡部位产状上倾，并逐层超覆在阿尔善组之上，也具备形成岩性地层圈闭的条件。因此，宝饶洼槽是寻找岩性油藏、发现规模储量的现实地区。

（3）乌里雅斯太凹陷。

乌里雅斯太凹陷发育北、中、南三个洼槽。由于构造演化不同，三个洼槽油气成藏条件差异较大。其中南洼槽资源量最为丰富，存在多种成藏类型，资源探明率低。

综合研究及勘探实践表明，斜坡区成藏条件有利。一是单断断超式的结构特点决定了油气大部分向斜坡一侧运移。斜坡区处于古隆起向深洼槽转换的枢纽区，多种成因的砂体发育，特别是扇三角洲前缘砂体与生油岩侧向对接，呈指状交互式接触，具备距油源近、可直接捕获油气的优势。二是构造背景好，圈闭类型多种多样。斜坡区处于相对抬升的古隆起背景上，发育多条正向、反向正断层，形成垒堑相间的构造格局，发育以断块、断鼻为主的构造圈闭。此外，局部地层剥蚀，可形成岩性、地层超覆、不整合等岩性地层圈闭。该凹陷探明石油地质储量为 $0.23 \times 10^8 t$，均集中在斜坡带，剩余石油地质资源量为 $0.81 \times 10^8 t$。斜坡中外带地层埋藏浅、圈闭类型多样，是今后寻找效益储量的重点地区；斜坡内带—洼槽带是寻找页岩油（或致密油）的有利区。

（4）赛汉塔拉凹陷。

截至 2017 年，赛汉塔拉凹陷探明石油地质储量为 $0.09 \times 10^8 t$，占该凹陷资源量的9.3%，资源转化程度低，有进一步扩大勘探的资源基础。分析认为，赛东洼槽、扎布—伊和构造带是下步勘探的有利方向。

赛东洼槽优质烃源岩发育，腾格尔组、阿尔善组优质烃源岩厚度分别为 300～350m

和 80～100m，生油能力强。陡坡带扇三角洲砂体发育，其前缘深入洼槽区尖灭，易形成岩性油藏。洼槽区腾格尔组二段 V 砂组产量高，试采效果好，是主要的勘探目的层。下步立足赛东洼槽，重点开展多层系立体勘探。

扎布—伊和构造带阿尔善组和腾格尔组二段油源条件好，洼槽区成熟生油岩通过主断层面与阿尔善组储层侧向对接，为阿尔善组提供油源。持续活动的扎布断层是腾格尔组二段的供油通道，油气运移通道畅通。同时，扎布断层上、下两盘发育多种类型的圈闭，纵向上相互叠置、横向上复合连片，形成复式油气聚集带。该构造带仅探明石油地质储量 $0.06 \times 10^8 t$，待钻目标多，值得进一步深入勘探。

2. 火成岩油藏勘探领域

火成岩作为二连盆地潜在的油气勘探领域，已经得到勘探证实。据现有资料与研究成果分析，二连盆地火成岩纵向上发育于古生界—第四系的各个层系，平面上见于绝大部分凹陷和凸起。自开展大规模油气勘探以来，先后在阿南—阿北、吉尔嘎朗图、赛汉塔拉、乌里雅斯太、洪浩尔舒特、乌兰花等凹陷的古生界和中生界发现火成岩油气藏或见到良好油气显示，其中在阿南—阿北、乌兰花凹陷已发现高产油流，如哈 8 井中生界凝灰岩段试油获日产 45.5t 高产油流；而在洪浩尔舒特凹陷巴尔构造阿尔善组安山岩发现低产气藏。

通过对该领域的研究分析认为，火成岩成藏的主要控制因素主要为油源、储层和圈闭条件。选择火成岩有利勘探方向应重点考虑以下三个方面：一是临近主生油洼槽，即油源条件较好的区带。二是发育有深大断裂，断裂可以沟通有效烃源岩，起到油气输导通道的作用；同时，大断裂的后期派生断裂可改造火成岩，并使之成为有效储层。三是处于不整合面并具有较好的正向构造背景，利于长期遭受风化剥蚀改善储集性能，成为油气运聚主要方向。如阿南—阿北凹陷小阿北火成岩油藏，该油藏紧邻阿南洼槽，油藏分布受背斜构造控制，背斜受北北东向断裂复杂化，油层受安山岩裂缝发育密度及复杂的裂缝网络系统控制。

根据上述优选原则，选择乌兰花凹陷南洼槽、洪浩尔舒特凹陷巴尔—乌兰诺尔构造带、赛汉塔拉凹陷扎布构造等区带作为火成岩油藏勘探的有利方向。

3. 潜山油藏勘探领域

二连盆地潜山油藏勘探程度总体偏低。据统计，在 12 个凹陷 69 口钻遇潜山的探井中见到不同程度的油气显示，仅发现哈南、包尔、赛 51、阿尔 6、兰 18 等潜山油藏，探明石油地质储量为 $0.08 \times 10^8 t$，占二连盆地总探明石油地质储量的 2.7%。

盆地内潜山地层年代跨度大、平面分布广泛；既有花岗岩、凝灰岩、变质岩潜山，又有碳酸盐岩潜山，储层岩石类型多，非均质性强；多期的构造运动，形成了多种类型的潜山圈闭。结合二连盆地潜山成藏特点，从三个方面优选有利勘探方向：一是早成潜山，即潜山定型期早于烃源岩生排烃期的潜山优于同成潜山和后成潜山；二是有利的构造位置，往往凹陷中央构造带、洼槽内大断层上升盘潜山和源边断阶潜山好于源外斜坡或陡坡带潜山。三是有利的储层岩石类型，勘探实践表明，在二连盆地碳酸盐岩潜山储层明显好于花岗岩、变质岩潜山等。

综合研究认为，石炭系—二叠系碳酸盐岩潜山，以及花岗岩和变质岩潜山是扩大勘探的较现实领域。石炭系—二叠系碳酸盐岩多为岩溶型储层，发育程度受古地貌控制明显。从目标准备看，赛汉塔拉凹陷扎布潜山构造带是深化勘探有利区带。该带石炭系—二叠系碳酸盐岩分布范围广，潜山为源外大断层上升盘潜山及内幕型的早成潜山，紧邻赛东洼槽，最大供烃窗口为1000m。已探明赛51油藏，还有多个潜山待钻圈闭，值得进一步探索。而花岗岩、变质岩潜山在二连盆地分布广泛，额仁淖尔、乌兰花、洪浩尔舒特、乌里雅斯太凹陷，以及赛汉塔拉凹陷均已钻遇。潜山储层受区域构造活动、断裂发育程度和风化作用共同控制，综合优选额仁淖尔凹陷中央潜山带和额南潜山带、乌兰花凹陷红格尔构造带、赛汉塔拉凹陷赛四变质岩潜山带为下步有利勘探区带。

二、新区凹陷

新区凹陷是指二连盆地除去已发现油田或开展局部开采的12个凹陷（包含宝勒根陶海、白音查干和呼仁布其凹陷）以外的50余个已发现凹陷或待发现凹陷。2007年以来，通过加强新区凹陷的搜索和评价，发现了阿尔、乌兰花等新区含油凹陷，实现了储量有效接替，有效缓解了二连盆地原油产量的下滑。资源评价表明，已发现的新区凹陷远景资源量达$6.3 \times 10^8 t$，大于$0.5 \times 10^8 t$的凹陷就有4个，具备持续探索的资源基础。

新区凹陷众多而复杂，从资源量、勘探程度、地理条件、勘探深度、储盖组合、圈闭发育情况等13个方面（表12-12），对二连盆地新区凹陷进行了综合评价。评价过程中，侧重与老凹陷类比分析。对筛选出的较有利凹陷，强化主生烃槽评价，重在落实资源量规模与丰度。最后对凹陷（洼槽）综合量化对比，分出四类凹陷。

评价分析，划分出高力罕、朝克乌拉、塔南、脑木更、准棚等5个Ⅱ类凹陷；布朗沙尔、呼格吉勒图、赛汉乌力吉、宝格达、沙那、都日木、布图莫吉、额尔登苏木等8个Ⅲ类凹陷；塔北、哈邦、格日勒敖都、伊和乌苏、包尔果吉和扎格斯台等6个Ⅳ类凹陷。

三、页岩油

二连盆地页岩油主要有两大类成藏组合：一是源储一体型湖相页岩油成藏组合，如额仁淖尔凹陷阿尔善组四段和吉尔嘎朗图凹陷腾格尔组一段下亚段云质岩。云质岩类连续分布，既是优质烃源岩，同时发育大量微—纳米级孔喉系统，构成油气主要聚集空间，局部裂缝较发育，形成"甜点区"。二是源储共生型湖相页岩油成藏组合，如阿南—阿北与乌里雅斯太凹陷，云灰质岩或砂砾岩类呈层状连续分布，与黏土质优质烃源岩互层，具有一定的储集性能，局部裂缝较发育，可作为"甜点段"。综合评价优选出额仁淖尔凹陷淖东洼槽阿尔善组四段，阿南—阿北凹陷阿南洼槽、哈东洼槽西缘腾格尔组一段下亚段特殊岩性段，乌里雅斯太凹陷南洼槽阿尔善组四段及腾格尔组一段为深化页岩油探索的有利区带。

优选额仁淖尔凹陷淖东洼槽作为源储一体型湖相页岩油勘探的有利区带。该区阿尔善组四段发育一套以白云岩、暗色泥岩和钙质泥岩为主的特殊岩性段，上部以白云质泥岩为主，夹少量薄层灰质粉砂岩，下部为泥质白云岩、灰质粉砂岩、细砂岩不等厚互层。泥质白云岩段最厚达400m，面积约250km²。有机质丰度较高，氯仿沥青"A"含量为0.23%~0.56%，总烃含量为1367~1690μg/g，TOC含量为1.1%~2.66%，S_1+S_2为5.1~15.9mg/g，母质类型较好。该特殊岩性段既是优质烃源岩，也是页岩油气的重要储层。泥质白云岩是优势含油岩性，油气显示好的井都在断层附近。区内淖34、淖35井见大套油斑和油浸显示段，试油均获低产油流。下步加大压裂攻关力度，继续开展页岩油气探索。

表 12-12　二连盆地新区凹陷综合评价标准参数表

类别		I 类	II 类	III 类	IV 类
分值		0.75～1	0.50～0.75	0.25～0.50	0～0.25
评价指标	凹陷面积 /km²	>1000	500～1000	200～500	<200
	沉积岩厚度 /m	>3000	2000～3000	1000～2000	<1000
	有效烃源层厚度 /m	>500	300～500	100～300	<100
	储层孔隙度 /%	25～30	15～25	10～15	<10
	储层渗透率 /mD	500～2000	100～500	10～100	<10
	区域盖层厚度 /m	>500	300～500	100～300	<100
	凹陷结构	单断断槽式	单断断阶式、双断	单断断超式	单断反转式
	构造发育	继承型	早盛晚衰型	早衰晚盛型	抬升型
	构造样式	以背斜为主	以断鼻为主	以断块为主	以岩性地层为主
	资源量 /10⁴t	>10000	5000～10000	2000～5000	<2000
	勘探深度 /m	<2000	2000～3000	3000～4000	>4000
	勘探程度	有地震及钻井资料	有地震资料	有非地震物化探	未进行勘探
	含油气情况	获工业油流	获低产油流	见油气显示	无显示
	地面条件	地形简单交通便利	丘陵	沙漠、山区	地形复杂

优选阿南—阿北凹陷阿南洼槽、哈东洼槽西缘腾格尔组一段下亚段特殊岩性段为深化源储共生型页岩油勘探有利区带。区内（云化）凝灰岩、云质粉细砂岩等优势储层厚度为 20～30m，孔隙度为 10%～15%，属于"甜点"分布区，面积约 73km²；同时该区处于有利排烃区，利于源储共生。2013—2015 年钻探的阿密 1H、哈 96X 井获工业油流，阿密 2X 井获低产油流，展示了区内页岩油的勘探潜力。下步加大储层"甜点"预测与压裂技术攻关，优选有利靶区重点勘探，力争形成页岩油储量现实接替区。

四、新层系新类型

油气钻探与研究表明，二连盆地侏罗系、古生界烃源岩发育，具备资源基础和基本成藏条件，是二连盆地下步重点勘探接替领域。

1. 侏罗系

二连盆地侏罗系具有较为广泛的分布，罕乌拉、阿其图乌拉、乌里雅斯太等凹陷钻井揭示厚度大于 2000m，盆地内已有 20 个凹陷近 150 口井钻遇侏罗系，其中有 15 口井见油迹级以上油气显示，27 口井见荧光显示，吉尔嘎朗图凹陷吉 46 井、阿南—阿北凹陷欣 10 井获工业油流，吉 56 井获工业气流，赛汉塔拉凹陷赛 60 井获低产油流。阿其图乌拉、格日勒敖都等凹陷油气证实来自中、下侏罗统发育的煤系烃源岩，说明二连盆地侏罗系不仅具有生烃能力，而且已发生了油气的运移和聚集。

根据资源评价结果，结合有机质热演化类型、构造演化特点以及勘探现状，将二连盆地侏罗系凹陷初步划分为四类。

Ⅰ类凹陷：包括高力罕、阿其图乌拉、洪浩尔舒特和吉尔嘎朗图。其特点是：发育较大规模的中等—很好烃源岩，具有较强的生烃能力；有机质热演化进入成熟—高成熟或过成熟阶段，既能形成气态的烃类产物，又能形成一定数量的液态烃类，油气地质资源量大于 $0.3 \times 10^8 t$；大多在中—晚侏罗世开始生烃，至早白垩世末生烃结束，有利于烃类的聚集和保存；一般发育中—下侏罗统和下白垩统两套区域性盖层，具有良好的封盖条件；钻井已见直接油气显示。

Ⅱ类凹陷：包括乌里雅斯太、格日勒敖都、呼格吉勒图、赛汉塔拉、脑木更、包尔果吉等凹陷。其主要特点是：发育一定规模的良好烃源岩，并已进入（低）成熟—高成熟演化阶段，油气地质资源量在 $0.2 \times 10^8 \sim 0.25 \times 10^8 t$ 之间；有机质具连续演化特征，且大部分凹陷在早白垩世才开始生烃，有利于烃类保存；具有较好的封盖条件。

Ⅲ类凹陷：包括阿拉坦合力、阿南—阿北、巴音都兰等凹陷。其主要特点是：发育较好的烃源岩，但厚度较薄或分布范围较小，因此油气资源量较低，一般小于 $0.2 \times 10^8 t$；烃源岩生烃时间较早，中—晚侏罗世大量生烃，形成的油气（藏）很可能在晚侏罗世末期因抬升剥蚀而逸散（破坏），油气保存条件较差。

Ⅳ类凹陷：该类凹陷目前尚无地震、钻井等资料，如哈邦、巴彦花、迪彦庙、查干里门淖尔等凹陷，仅据其所处构造位置对其成藏条件和资源量进行了初步预测。

上述四类凹陷中的Ⅰ、Ⅱ类凹陷具有较好的勘探前景，是二连盆地侏罗系油气勘探的主要方向，阿其图乌拉凹陷可作为优先探索的方向；Ⅲ类凹陷因其演化程度高、保存条件差，且资源规模小，基本不具勘探价值；Ⅳ类凹陷需投入一定的地震、钻井工作，进一步评价其勘探潜力。

2. 上古生界原生油气藏

二连盆地上古生界烃源岩厚度大、分布广，有机质丰度较高，热演化程度总体处于成熟—凝析油湿气阶段，具备形成原生油气藏的资源潜力，预测远景资源量达 $24 \times 10^8 t$。盆地中北部和西南部覆盖区保存有大面积的上古生界，自下而上划分出上石炭统本巴图组—下二叠统寿山沟组、下二叠统寿山沟组—下二叠统大石寨组、中二叠统哲斯组—上二叠统林西组等三套生储盖组合；地震资料显示，还具有较好的构造背景，远离深大断裂，埋藏较浅，封盖条件好；并见到原生油气显示。初步落实了北部含油气远景区的京特乌拉地区和南部含油气远景区的赛汉塔拉地区两个有利区带，优选京特乌拉地区作为下步重点探索方向。

参 考 文 献

常亮，殷宏平，陈亚青，等，2002. 二连盆地巴音都兰凹陷巴Ⅱ构造隐蔽油藏的发现［J］. 石油勘探与
　　开发，29（4）：60-62.

陈广坡，王天奇，李林波，2010. 箕状断陷湖盆湖底扇特征及油气勘探——以二连盆地赛汉塔拉凹陷腾
　　格尔组二段为例［J］. 石油勘探与开发，37（1）：63-69.

褚庆忠，2004. 含油气盆地反转构造研究综述［J］. 西安石油大学学报（自然科学版），19（1）：28-33.

崔周旗，吴健平，李莉等，2001. 二连盆地巴音都兰凹陷早白垩世构造岩相带特征及含油性［J］. 古地
　　理学报，3（1）：25-34.

翟光明，等，1996. 中国石油地质志（卷一）［M］. 北京：石油工业出版社.

杜金虎，易士威，雷怀玉，等，2004. 二连盆地岩性地层油藏形成条件与油气分布规律［J］. 中国石油
　　勘探，9（3）：1-6.

杜金虎，易士威，张以明，等，2003. 二连盆地隐蔽油藏勘探［M］. 北京：石油工业出版社.

杜金虎，赵贤正，张以明，等，2007. 中国东部裂谷盆地地层岩性油气藏［M］. 北京：石油工业出版社.

杜维良，李先平，肖阳，等，2007. 二连盆地反转构造及其与油气的关系［J］. 科技导报，25（11）：
　　45-47.

杜晓娟，孟令顺，张明仁，2009. 利用重力场研究东北地区断裂分布及构造分区［J］. 地球科学与环境
　　学报，31（2）：200-206.

杜永林，盛志纬，1984. 二连盆地地层发育特征［J］. 石油勘探与开发，11（4）：1-5.

费宝生，祝玉衡，邹伟宏，等，2001. 二连裂谷盆地群油气地质［M］. 北京：石油工业出版社.

高振家，陈克强，高林志，等，2014. 中国岩石地层名称辞典（上、下册）［M］. 成都：电子科技大学
　　出版社.

韩春元，张放，王成源，等，2014. 依据牙形石确定的内蒙古苏尼特左旗泥盆系泥鳅河组的时代［J］.
　　微体古生物学报，31（3）：257-270.

郝福江，杜继宇，王璞珺，等，2010. 深大断裂对松辽断陷盆地群南部的控制作用［J］. 世界地质，29
　　（4）：553-560.

黑龙江省区域地层表编写组，1979. 东北地区区域地层表—黑龙江省分册［M］. 北京：地质出版社.

胡桂琴，徐晓峰，孙平，1999. 内蒙古二连盆地早三叠世地层及孢粉组合的发现［J］. 地层学杂志，23
　　（4）：263-269.

胡玲，宋鸿林，2002. "内蒙地轴"南缘断裂带的活动时代及结构分析［J］. 中国地质，29（4）：369-
　　372.

华北油田石油地质志编写组，1988. 中国石油地质志（卷五）·华北油田［M］. 北京：石油工业出版社.

黄第藩，李晋超，张大江，1984. 干酪根的类型及其分类参数的有效性、局限性和相关性［J］. 沉积学
　　报，2（3）：18-33.

黄第藩，张大江，王培荣，等，2003. 中国未成熟石油成因机制和成藏条件［M］. 北京：石油工业出
　　版社.

黄汲清，任纪舜，姜春发，等，1980. 中国大地构造及其演化（1 ：400 万中国大地构造图简要说明）
　　［M］. 北京：科学出版社.

李汉成，赵澄林，刘孟慧，1995. 蒙古林油田阿尔善组砾岩储层岩石学［J］. 石油与天然气地质，16（4）：

354-359.

贾承造，邹才能，李建忠等，2012. 中国致密油评价标准、主要类型、基本特征及资源前景［J］. 石油
学报，33（3）：343-350.

降栓奇，司继伟，赵安军，等，2004. 二连盆地吉尔嘎朗图凹陷岩性油藏勘探［J］. 中国石油勘探，9（3）：
46-53.

焦贵浩，王同和，郭绪杰，等，2003. 二连裂谷构造演化与油气［M］. 北京：石油工业出版社.

赖斯 D D，1992. 油气评价方法与应用［M］. 翟光明，等译. 北京：石油工业出版社.

郎艳，何承全，吴纯光，等，1999. 内蒙古二连盆地早白垩世微体浮游藻类［J］. 微体古生物学报，16
（4）：369-392.

李春昱，汤耀庆，1983. 亚洲古板块划分以及有关问题［J］. 地质学报，57（1）：1-10.

李宏容，1989. 内蒙古二连盆地中生代介形类［M］. 北京：石油工业出版社.

李锦轶，1998. 中国东北及邻区若干地质构造问题的新认识［J］. 地质评论，44（4）：339-346.

李明，居维清，赵志刚，1997. 二连盆地蒙古林砾岩稠油油藏储层特征及影响开发效果的地质因素［J］.
特种油气藏，4（3）：33-41.

李心宁，王同和，1997. 二连盆地反转构造与油气［J］. 中国海上油气地质，11（2）：106-110.

李正文，殷宏平，常亮，等，2002. 二连盆地巴音都兰凹陷隐蔽油藏勘探［J］. 中国石油勘探，7（2）：
33-39.

梁官忠，苗坤，党燕，等，2000. 夫特砾岩油藏储层特征研究及开发对策［J］. 石油与天然气地质，21
（2）：151-156.

梁日暄，1994. 吉林省大灰沟硅灰石岩的地质特征及成因讨论［J］. 岩石矿物学杂志，13（2）：116-
121.

刘武生，赵兴齐，康世虎，等，2018. 二连盆地反转构造与砂岩型铀矿成矿作用［J］. 铀矿地质，34（2）：
81-89.

刘震，郝琦，赵贤正，等，2006. 内蒙古二连盆地岩性油气富集因素分析［J］. 现代地质，20（4）：
613-620.

刘正宏，刘雅琴，冯本智，2000. 华北板块北缘中元古代造山带的确立及其构造演化［J］. 长春科技大
学学报，30（2）：110-114.

马新华，肖安成，2000. 内蒙古二连盆地的构造反转历史［J］. 西南石油学院学报，22（2）：1-4.

内蒙古自治区地层表编写组，1978. 华北地区区域地层表——内蒙古分册［M］. 北京：地质出版社.

内蒙古自治区地质矿产局，1991. 内蒙古自治区区域地质志［M］. 北京：地质出版社.

内蒙古自治区地质矿产局，2008. 全国地层多重划分对比研究——内蒙古自治区岩石地层［M］. 北京：
中国地质大学出版社.

漆家福，赵贤正，李先平，等，2015. 二连盆地早白垩世断陷分布及其与基底构造的关系［J］. 地学前
缘，22（3）：118-128.

秦建中，等，2005. 中国烃源岩［M］. 北京：科学出版社.

秦建中，贾荣芬，郭爱明，等，2000. 华北地区煤系烃源层油气生成·运移·评价［M］. 北京：科学
出版社.

邵积东，1998. 内蒙古大地构造分区及其特征［J］. 内蒙古地质（2）：1-23.

邵积东，王惠，张梅，等，2011. 内蒙古大地构造单元划分及其地质特征［J］. 西部资源（2）：51-56.

宋之琛，刘耕武，黎文本，等，1986. 内蒙古二连盆地早白垩世孢子花粉［M］. 合肥：安徽科学技术出版社.

唐克东，1989. 中朝陆台北侧褶皱带构造发展的几个问题［J］. 现代地质，3（2）：195-204.

陶明华，崔周旗，陈国强，2013. 中国东北部中生代孢粉组合序列及古气候演变［J］. 微体古生物学报，30（3）：275-287.

陶明华，李博，贺淑萍，等，2009. 内蒙古二连盆地三叠系［J］. 地层学杂志，33（3）：260-267.

陶明华，彭维松，崔俊峰，等，1998. 二连盆地重点探区地层划分与对比［C］//华北石油勘探开发科技文选. 北京：石油工业出版社.

陶明华，祝玉衡，郑国光，等，2000. 内蒙古二连盆地侏罗纪地层层序［C］//《第三届全国多重会议论文集》编委会. 第三届全国多重会议论文集. 北京：地质出版社.

汪新文，刘友元，1997. 东北地区前中生代构造演化及其与晚中生代盆地发育的关系［J］. 现代地质，11（4）：434-443.

王成源，王平，李文国，2006. 内蒙古二叠系哲斯组的牙形石及其时代［J］. 古生物学报，45（2）：195-206.

王成源，张放，2015. 内蒙古西乌珠穆沁旗早二叠世阿木山组的一个牙形石新种［J］. 微体古生物学报，32（2）：209-218.

王鸿祯，1982. 中国地壳构造发展的主要阶段［J］. 地球科学，7（3）：155-178.

王平，2006. 内蒙古巴特敖包地区早泥盆世牙形石［J］. 微体古生物学报，23（3）：199-233.

王荃，1986. 内蒙中部中朝与西伯利亚古板块间缝合线的确定［J］. 地质学报，60（1）：31-43.

王有智，2011. 二连盆地中—新生代盆山耦合关系［J］. 特种油气藏，18（3）：60-63.

巫建华，刘帅，2008. 大地构造学概论与中国大地构造学纲要［M］. 北京：地质出版社.

吴刚，2009. 二连盆地侏罗—白垩纪盆地演化机制及盆地类型研究［J］. 内蒙古石油化工（18）：131-132.

许坤，杨建国，陶明华，等，2003. 中国北方侏罗系（Ⅶ）东北地层区［M］. 北京：石油工业出版社.

叶得泉，钟筱春，赵传本，等，1990. 中国北方含油气区白垩系［M］. 北京：石油工业出版社.

易士威，王元杰，钱铮，2006. 二连盆地乌里雅斯太凹陷油气成藏模式及分布特征［J］. 石油学报，27（3）：27-31.

尹赞勋，徐道一，浦庆余，1965. 中国地壳运动名称资料汇编［J］. 地质论评，23（增刊）：20-80.

于英太，2013. 华北油田勘探的思考与管理［M］. 北京：石油工业出版社.

余家仁，祝玉衡，高珉，等，2001. 二连盆地低渗透储集层研究［M］. 北京：石油工业出版社.

张金亮，谢俊，等，2008. 储层沉积相［M］. 北京：石油工业出版社.

张久强，吕亚辉，李林波，等，2004. 二连盆地赛汉塔拉凹陷赛中洼槽岩性油藏勘探［J］. 中国石油勘探，9（3）：54-57.

张萌，田景春，1999. "近岸水下扇"的命名、特征及其储集性［J］. 岩相古地理，19（4）：42-52.

张文朝，1998. 二连盆地下白垩统沉积相及含油性［J］. 地质学报，33（2）：204-213.

张文朝，1998. 二连盆地扇三角洲储层沉积特征［J］. 断块油气藏，5（3）：6-10.

张文朝，党振荣，1997. 二连盆地阿南凹陷辫状河三角洲砾岩储集层微相模式及含油性［J］. 新疆石油地质，18（3）：239-246.

张文朝，王洪生，王元杰，等，2000. 二连盆地辫状河三角洲沉积特征及含油性［J］. 西安石油学院学报（自然科学版），15（5）：3-6.

张文朝，祝玉衡，姜冬华，等，1997. 二连盆地"洼槽"控油规律与油气前景［J］. 石油学报，18（4）：25-31.

张文昭，1997. 中国陆相大油田［M］. 北京：石油工业出版社.

张兴洲，马玉霞，迟效国，等，2012. 东北及内蒙古东部地区显生宙构造演化的有关问题［J］. 吉林大学学报（地球科学版），42（5）：1269-1285.

张以明，付小东，郭永军，等，2016. 二连盆地阿南四陷白垩系腾一下段致密油有效储层物性下限研究［J］. 石油实验地质，38（4）：551-558.

张以明，康洪全，沈华，等，2008. 碎屑岩储层预测技术适用性研究［J］. 石油地球物理勘探，43（4）：447-452.

张以明，刘震，邹伟宏，等，2004. 二连盆地油气运移聚集特征分析［J］. 中国石油勘探，9（3）：6-16.

张以明，史原鹏，李林波，等，2004. 二连盆地巴音都兰四陷岩性油藏勘探［J］. 中国石油勘探，9（3）：33-39.

张以明，王向公，李拥军，等，2010. 赛东洼槽低孔低渗储层解释模型研究［J］. 石油天然气学报（江汉石油学院学报），32（3）：268-270.

赵澄林，祝玉衡，季汉成，等，1996. 二连盆地储层沉积学［M］. 北京：石油工业出版社.

赵传本，1987. 二连盆地早白垩世孢粉组合［M］. 北京：石油工业出版社.

赵贤正，降栓奇，淡伟宁，等，2010. 二连盆地阿尔四陷石油地质特征研究［J］. 岩性油气藏，22（1）：12-17.

赵贤正，金凤鸣，等，2009. 陆相断陷洼槽聚油理论与勘探实践［M］. 北京：科学出版社.

赵贤正，金凤鸣，赵志刚，等，2008. 二连盆地基底石炭系碳酸盐岩油藏的发现及地质特征［J］. 海相油气地质，13（4）：12-15.

赵贤正，史原鹏，降栓奇，等，2010. 二连盆地阿尔四陷科学、快速、高效勘探实践和认识［J］. 中国石油勘探，15（1）：1-5.

赵贤正，史原鹏，张以明，等，2012. 富油新四陷科学高效快速勘探方法与实践［M］. 北京：科学出版社.

赵贤正，张玮，邓志文，等，2009. 富油四陷精细地震勘探技术［M］. 北京：石油工业出版社.

祝玉衡，张文朝，王洪生，等，2000. 二连盆地下白垩统沉积相及含油性［M］. 北京：科学出版社.

曾宪章，梁狄刚，王忠然，等，1989. 中国陆相原油和生油岩中的生物标志物［M］. 兰州：甘肃科学技术出版社.

Petres K E, Moldowan J M, 1995. 生物标志化合物指南［M］. 姜乃煌，张水昌，林永汉，等译. 北京：石油工业出版社.

附录 大事记

1955 年

石油工业部西安地质调查处内蒙古二连路线踏勘队踏勘了赛汉塔拉—二连浩特地区。

1956 年

地质部华北地质局二连石油普查大队在朱日和、四子王旗和达茂旗等地完成 1：100 万地质区测图。

1958 年

内蒙古鄂尔多斯石油普查大队在大青山以北、集二线（集宁—二连浩特线）以西、固阳以东地区开展路线调查 1755km。

1960 年

海拉尔石油普查大队在阿巴嘎旗、锡林浩特等地区完成 1：50 万地质区测图，认为侏罗系—白垩系有生油层，对找油作了肯定的评价。

1961 年

内蒙古地质局石油大队完成盆地中部 1：20 万地质区测图，指出中—下侏罗统具完整的生储盖组合。

1963 年

是年起，内蒙古地质局完成了全区范围的 1：20 万区测图，把锡林浩特以北的阿拉坦合力地区划为石油远景区。该时期的地质工作，主要围绕着煤炭、冶金和水文地质勘探，编出全区的 1：50 万和 1：100 万地质图、大地构造图、构造体系图、煤田与水文地质图等，并有相应的普查找矿报告。其间，在胜利煤田、察哈尔呆坝子、布图莫吉等地发现了四处油气显示。

1975 年

内蒙古煤田地质勘探公司在阿巴哈纳尔旗（今锡林浩特市）找煤找水，在胜 25、胜 30 井两个钻孔中见到沥青显示。

1976 年

9 月 内蒙古地质局 107 队在察哈尔右翼后旗八号地公社呆坝营子村（位于现今的乌兰花凹陷土牧尔构造高部位）钻探水文普查井 H8 井，在下白垩统 207.8～239.3m 井段发现灰色砂质泥岩中富含沥青，发现了呆坝子油苗。

1977 年

9 月至次年 5 月 中国人民解放军建字 00911 部队在盆地东部进行水文普查时，于巴音都兰凹陷 ZK5 钻孔取心发现了 73.94m 油砂，为下白垩统巴彦花群中段，显示级别以含油、油浸、油斑为主。

是年起至次年 8 月　石油化学工业部物探局在盆地内完成了 16 条电法区域大剖面 2580.5km 和 1∶50 万重力普查测线 6674km，同时地震开始做方法试验，认为现今称谓的二连盆地群是一个分布面积达 $10 \times 10^4 km^2$ 的大型统一沉积盆地，称作"二连盆地"，为盆地边界划定及构造单元划分提供了依据。

1978 年

9 月　地质部组织所属第三、第九普查大队和第四物探大队等单位，成立"内蒙古东部地区石油勘探指挥所"，完成重力测线 2148km、二维地震测线 328.5km 及少量电法测线。

9 月 30 日　地质部第四普查大队于马尼特坳陷沙那凹陷开钻石油探井——锡参 1 井。

10 月 6 日　地质部第三普查大队在马尼特坳陷巴音都兰凹陷开钻石油探井——锡 1 井。随后第三、第九普查大队陆续在坳陷内的额尔登高毕钻探锡参 2 井，在塔北凹陷钻探锡参 3 井，在巴音都兰凹陷包楞构造钻探锡 2 井、锡 3 井，在阿南—阿北凹陷钻探额 1 井。其中锡 1、锡 3 两口井在巴彦花群钻遇含油砂岩。这些成果很快引起有关部门重视，为在二连盆地开展更大规模油气勘探活动提供了决策依据。

1979 年

5 月　石油工业部决定，从大庆油田、吉林油田、辽河油田、华北油田和石油物探局等单位抽调石油勘探队伍进入二连油气区，在锡林浩特市成立"内蒙古二连盆地石油勘探指挥部"，并委托大庆油田负责会战组织工作。确定的勘探方针是"撒大网开展区域勘探"。具体部署是对盆地东部的马尼特、乌尼特、腾格尔三个坳陷开展物探工作，了解区域构造格局和主要坳陷、隆起、断裂等情况，以两口参数井建立区域地层剖面，了解盆地生、储、盖条件。

6 月　25 个地震队、4 个电法勘探队、2 个重力勘探队以及 2 个钻井队和 1 个综合研究队，按照以物探为主的勘探方针，全面开展施工，为进一步搞清盆地地层、地质构造情况取得大量的第一手资料。

7 月　石油工业部在马尼特坳陷东部的额合宝力格凹陷（现称为阿南—阿北凹陷）和腾格尔坳陷西部的赛汉乌力吉凹陷，先后开钻连参 1 井和连参 2 井。

1980 年

2 月 17 日　在马尼特坳陷阿南—阿北凹陷钻探的连参 1 井完钻，钻遇以灰色、深灰色为主的暗色泥岩 500m；对 620.43～895.7m 井段的取心样品进行分析，有机碳含量为 1.63%～1.8%。

7 月 3 日　腾格尔坳陷赛汉乌力吉凹陷的连参 2 井完钻；该井揭示下白垩统巴彦花群浅灰色、灰色为主的暗色泥岩 603m。

10 月 2 日　位于阿南—阿北凹陷的阿 1 井完井；1981 年 7 月测试日产油 0.18t，是二连盆地第一次获得油流，发现了阿尔善含油构造。

1981 年

3 月 15 日　石油工业部召开"二连地区石油勘探技术座谈会",确定 1981 年的勘探部署方针是"区域展开、定凹选带、深浅兼顾、打多种圈闭类型",同时决定二连盆地的勘探工作由大庆油田移交给华北油田负责,二连盆地正式成为华北油田的第二勘探战场。

9 月 13 日　阿南—阿北凹陷钻探的阿 2 井,在阿尔善组安山岩抽汲日产油 27.1t,为二连盆地的第一口工业油流井,发现小阿北含油构造。

10 月 7 日　位于赛汉塔拉凹陷扎布构造的赛 1 井,在下白垩统巴彦花群测试日产油 2.14t,发现了二连盆地第二个出油凹陷。

1982 年

3 月　华北石油管理局在任丘召开"二连盆地第一次勘探技术座谈会"。会议决定,增加二连盆地勘探力量,扩大勘探规模,加速勘探进程。在勘探部署上,将重点放在阿尔善构造带和赛汉塔拉中央隆起带,同时甩开钻探马尼特坳陷东部地区,对马尼特坳陷西部地区及额仁淖尔凹陷进行侦查性钻探。

6 月 15 日　华北石油管理局第一勘探公司在赛汉塔拉凹陷钻探的赛 4 井完钻;9 月,在腾格尔组一段、阿尔善组试油均获工业油流,其中腾格尔组一段日产油 16.5t,发现赛四含油构造。

7 月 13 日　阿南—阿北凹陷阿南背斜的阿 3 井在下白垩统巴彦花群试油,获日产油 4.6t;9 月,对 1354～1514.2m 井段抽汲求产,日产油 27.4t。这是该构造上的首口工业油流井。

9 月 20 日　巴音都兰凹陷南洼槽的巴 1 井完钻;1983 年 7 月测试日产油 1.7t,突破了该凹陷的工业油流关。

10 月 5 日　阿南—阿北凹陷哈南潜山构造的哈 1 井,在古生界凝灰岩试油,获日产油 67t,为二连盆地第一口高产自喷油井,发现了哈达图油田。

1983 年

3 月　"二连盆地勘探技术座谈会"在涿州石油物探局召开。会议突出了"扩大成果、多找储量、地震先行"的思想。

9 月 1 日　阿南—阿北凹陷阿 12 井在下白垩统巴彦花群试油日产油 22t,发现了蒙古林含油构造。

是年　32 个地震队共完成二维地震测线 14655km,为全盆地的研究与勘探奠定了资料基础。

1984 年

7 月 9 日　额仁淖尔凹陷的淖 6 井完钻,10 月 14 日测试日产油 9.5t,突破了该凹陷的工业油流关,发现吉格森含油构造。

9 月 13 日　中共中央总书记胡耀邦到赛汉塔拉凹陷赛 10 井钻井施工现场视察,了解二连盆地找油情况,并看望第一勘探公司二连前线 32478 钻井队全体职工。

同日　华北石油管理局决定,成立二连勘探公司。

11月6日　石油工业部下发《关于成立华北石油管理局二连石油勘探开发公司的批复》，批准成立二连石油勘探开发公司，为局一级单位。

11月26日　华北石油管理局发出成立二连石油勘探开发公司，同时撤销原二连石油勘探公司的通知。

是年，二连盆地首次提交探明石油地质储量，在阿南—阿北凹陷小阿北、蒙古林构造探明石油地质储量 $3722 \times 10^4 t$，命名为阿尔善油田。

1985 年

7月15日　脑木更凹陷的木1井完钻，在阿尔善组发现油斑显示6.4m。

8月10日至17日　石油工业部领导到二连油气区视察指导工作，并指示近期的勘探部署重点应放在盆地东部，包括锡林郭勒盟附近的马尼特坳陷、乌尼特坳陷以及临近二连浩特市的额仁淖尔、赛汉塔拉等地区，并提出两年内要首先在盆地东部的几个凹陷探明一批富集区带和储量。

9月14日　在额仁淖尔凹陷吉格森构造上钻探的淖13、淖22井，均见到良好油气显示，分别日产油22.3t、19.9t。

11月1日　白音查干凹陷的白参1井完钻，在腾格尔组和侏罗系发现油斑、油迹显示。

1986 年

4月28日　阿南—阿北凹陷钻探的阿参1井江斯顿中途测试，折日产油5.25t，突破了阿北洼槽工业油流关。

6月18日　阿南—阿北凹陷阿尔善构造带阿23井江斯顿中途测试，折日产油131.91t，为二连盆地第一口百吨井，也是碎屑岩单井日产油最高的井。

8月16日　准棚凹陷的棚参1井完钻，在腾格尔组发现油迹显示2.4m。

是年　17个钻井队会战二连油气区，按照"区域展开、重点突破、择优集中歼灭"的方针，完成探井26口，其中12口探井获工业油流；新发现了扎拉格、巴润东两个含油构造，扩大了哈达图、阿尔善、吉格森构造的含油范围。

1987 年

3月　经石油工业部党组研究决定，二连石油勘探开发公司改为由华北石油管理局领导的副局级单位。

8月16日　阿南—阿北凹陷的欣1井完钻，在腾格尔组测试获日产油3.1t，发现欣苏木含油构造。

9月29日　阿其图乌拉凹陷的图参1井完钻，在侏罗系发现烃源岩和油气显示。

是年　在二连盆地首次进行了三维地震勘探，石油物探局四处在阿南—阿北凹陷阿南背斜构造完成三维地震采集 $35.44 km^2$。

1988 年

1月25日　石油工业部开发司就加速内蒙古阿尔善油田开发建设问题到华北油田现场办公，并审查通过了阿尔善油田的开发方案。方案设计的总目标是：建成 $100 \times 10^4 t$ 的年生产能力，三年任务两年完成。

6月5日　巴27井江斯顿测试，折日产油19.7t，突破了巴音都兰凹陷北洼槽工业油流关。

6月26日　经石油工业部批准，华北石油管理局决定正式成立阿尔善采油厂，为处级单位，由二连石油勘探开发公司管理。

10月6日　阿南—阿北凹陷阿尔善构造带阿451井测试日产气51598m³，为二连盆地首口天然气井。

1989 年

5月27日　国务院批准建设二连盆地年产原油100×10^4t的阿尔善开发区、年处理能力100×10^4t的呼和浩特炼油厂、阿尔善—赛汉塔拉361km原油输送管道等三项石油工程，并列入国家重点建设项目。

7月1日　乌里雅斯太凹陷南洼槽的太参1井压裂后进行江斯顿测试，折日产油5.84t，发现木日格含油构造。

9月6日　吉4井螺杆泵试油获日产油0.62t，突破吉尔嘎朗图凹陷工业油流关，发现锡林稠油田。

12月5日　阿尔善油田（含哈达图油田）提前一年建成100×10^4t的年生产能力；提前完成生产原油30×10^4t的年度计划；阿尔善—赛汉塔拉361km的输油管线一期工程建成输油，实现了三年任务两年完成的奋斗目标。

1990 年

5月　乌里雅斯太凹陷勘探会战全面展开。会战总体部署包括调集3台钻机钻7口探井，在南洼槽实施100km²三维地震及1000km二维地震采集，全部工作量在年底完成。

5月6日　二连油气区第一口斜井（时称聪明井）——赛024井完钻，在腾格尔组一段赛四油组日产油18.5t。

7月4日　乌里雅斯太凹陷南洼槽的太3井完钻，后测试日产油3.97t，发现桃希含油构造。

7月25日　阿南—阿北凹陷哈22井在阿尔善组三段砾岩层段获日产38.2t高产油流，发现夫特砾岩油藏。

1991 年

6月1日　吉4井开始进行稠油热采，获日产油3.9t，随后吉10井、吉14井、吉20井热采分别日产油7.4t、7.5t、6.3t，吉尔嘎朗图凹陷勘探取得重要进展。

8月5日　哈36井获日产60.6t高产油流。阿南—阿北凹陷夫特阿尔善组三段富集砾岩油藏勘探获得新进展。

8月24日　乌里雅斯太凹陷太5井试油获日产油8.6t，发现苏布含油构造。

9月27日　乌里雅斯太凹陷太21井完钻，电测解释油层、差油层148.2m/12层。1993年5月对腾格尔组一段抽汲求产，日产油15.99t。

是年　吉尔嘎朗图凹陷稠油勘探多口地质浅井见到好显示，并在凹陷西部发现油砂露头。

1992 年

10 月 5 日　吉 3 井在阿尔善组试油，日产油 1.14t，原油密度为 0.87g/cm³，这是吉尔嘎朗图凹陷第一次发现中质油。

1993 年

2 月 10 日　华北石油管理局决定，对二连石油勘探开发公司勘探部实行由管理局地质勘探公司和二连石油勘探开发公司的双重领导，二连石油勘探开发公司勘探部也是管理局地质勘探公司的二连勘探项目部。

4 月 6 日　额仁淖尔凹陷淖 50 井完钻，随后在腾格尔组和阿尔善组试油均获工业油流，其中阿尔善组日产油 23.5t，发现包尔油田。

5 月 8 日　乌里雅斯太凹陷太 12 井完钻，在侏罗系和腾格尔组见油气显示，对腾格尔组试油，折日产油 0.26t，乌里雅斯太凹陷中洼槽突破出油关。

6 月 19 日　吉尔嘎朗图凹陷吉 41 井在巴彦花群试油，日产油 20.2t，发现宝饶油田。之后又发现吉 45、吉 35、吉 38、吉 84 等 21 个含油断块。

8 月 15 日　额仁淖尔凹陷淖 102 井在古生界试油获日产油 3.58t，发现二连盆地第一个花岗岩潜山油藏。

9 月 17 日　阿南—阿北凹陷哈 71 井完钻，在腾格尔组压后获日产油 28.3t，发现吉和含油构造。

1994 年

1 月 14 日　华北石油管理局局长办公会议决定，原二连石油勘探开发公司勘探部划归地质勘探公司二连分公司，实行冀中、二连地质勘探一体化管理体制。

2 月 5 日　成立地质勘探公司二连分公司，二连勘探部同时撤销。

5 月 11 日　洪浩尔舒特凹陷洪 1 井完钻。6 月 25 日，阿尔善组压裂试油，获日产油 5.59t。二连盆地又发现一个含油新凹陷。

1995 年

5 月 2 日　呼仁布其凹陷南洼槽第一口探井——仁参 1 井完钻，钻遇厚层优质烃源岩和直接油气显示近百米。

8 月 7 日　吉尔嘎朗图凹陷吉 98 井完钻，抽汲求产，日产油 1.32t，发现宝丰含油构造。

9 月 28 日　吉 56 井侏罗系凝灰岩试油获日产气 19620m³，二连盆地侏罗系首次发现工业气流。

10 月 7 日　在宝格达凹陷完钻宝 3 井，阿尔善组见到油迹 1.8m。

1996 年

5 月 8 日　洪浩尔舒特凹陷洪 10 井经压裂求产，日产油 30t，发现努格达油田。

6 月 14 日　阿北洼槽的欣 10 井在侏罗系凝灰岩试油，获日产油 1.31t，是二连盆地侏罗系首口工业油流井。

7 月 5 日　在高力罕凹陷查干淖尔洼槽完钻高 2 井，钻遇良好烃源岩并发现油斑显示。

8月18日　赛56井试油日产油29.2t，随后赛61井试油日产油33t，发现了"小而肥"腾格尔组二段高产油藏，当年上报探明石油地质储量 721×10^4t，命名为扎布油田。

10月3日　阿南—阿北凹陷哈81井压裂后，获日产 78.12m³ 高产工业油流，进一步向西扩大了吉和构造含油范围。

10月21日　呼仁布其凹陷仁1井在腾格尔组一段试油日产油11.2t，突破该凹陷工业油流关，发现马辛含油构造。

1997 年

7月9日　洪浩尔舒特凹陷洪107井压后抽汲求产，日产油18.2t，随后钻探了洪105、洪108等井，探明了努格达油田，新增探明石油地质储量 1560×10^4t。

9月20日　阿南凹陷哈34井试油获日产油24.9t，发现布敦含油构造。

1998 年

6月28日　洪浩尔舒特凹陷东洼槽洪36井抽汲获日产油13.23t，发现海流特含油构造。

9月14日　吉尔嘎朗图凹陷吉90井450.8~480.4m井段试油日产油1.28t，随后吉31井获日产油1.61t，二连盆地首次发现赛汉塔拉组油藏。

10月31日　在腾格尔坳陷宝勒根陶海凹陷完钻陶参1井，阿尔善组和腾格尔组发现良好油气显示。

1999 年

9月30日　洪浩尔舒特凹陷洪25井试油获日产28.8t高产油流，发现达林东含油构造。

是年　集中勘探阿北洼槽取得重要进展，新钻井阿51井试油日产油14.81t，阿55、阿62、阿参1、欣4、欣12等老井试油试采效果良好，新增探明石油地质储量 510×10^4t。

2000 年

6月18日　洪浩尔舒特凹陷洪56X井获日产油17.78t，随后洪58X、洪60X等井获工业油流，洪浩尔舒特凹陷海流特构造勘探获得新进展，探明石油地质储量 466×10^4t。

10月27日　塔南凹陷塔5X井在腾格尔组一段测试后日产油6.14t，发现了新的含油凹陷。

2001 年

6月7日　巴音都兰凹陷南洼槽巴Ⅱ号构造上的巴19井获日产29.24t高产油流，发现宝力格油田，开辟了二连盆地隐蔽油藏（岩性地层油藏）勘探的新领域。

7月6日　乌里雅斯太凹陷太43井试油，腾格尔组一段抽汲日产油12.39t，突破了自然产能关，隐蔽油藏勘探再获新突破。

8月25日　巴音都兰凹陷南洼槽巴Ⅰ号构造的巴24井，压后日产油25.9t，突破了高产油流关。

9月23日　乌里雅斯太凹陷太47井在阿尔善组试油，自喷获日产油10.82t、天然气3531m³，突破了自然产能关、自喷工业油流关。

2002 年

6 月 5 日　赛汉塔拉凹陷赛 66 井对腾格尔组二段 2217.4～2347.4m 井段压后获日产油 14.4t，突破了二连盆地 2000m 以深深层产油关，在赛东洼槽内发现了隐蔽油藏。

7 月 11 日至 12 日　中国石油天然气股份有限公司在内蒙古锡林浩特市召开华北油田勘探成果汇报会，系统总结了华北油田隐蔽油藏勘探成果认识及技术方法，认为隐蔽油藏是现实的重要接替领域，要进一步加大研究与勘探力度。

8 月 22 日　吉尔嘎朗图凹陷林 4 井试油获日产 18.5t 高产油流，宝饶洼槽岩性油藏勘探首获突破。

9 月 10 日　乌里雅斯太凹陷木日格构造带太 27 井压后放喷求产，日产油 105m^3、天然气 6166m^3。

是年　"二连盆地隐蔽油气藏勘探"获中国石油勘探重大发现一等奖。

2003 年

5 月 12 日　太 53 井在阿尔善组压后获日产 40t 高产油流，8 月 8 日复压后获日产油 45.68t、气 52468m^3 的高产油气流；随后太 55 井获日产油 41.3t、气 8521m^3，乌里雅斯太凹陷苏布构造勘探获得重要进展。

8 月 5 日　吉尔嘎朗图凹陷林 5 井压后日产油 32.37m^3；随后林 9、林 10 等井相继获工业油流，宝饶洼槽岩性油藏勘探获得新进展。

是年　"二连盆地岩性油气藏勘探"获中国石油勘探重大发现一等奖。

2004 年

7 月 1 日　乌里雅斯太凹陷木日格构造太 61 井钻探揭示三套油气层，对阿尔善组压裂后日产油 9.5t。9 月 2 日，对腾格尔组一段压裂后获日产 43.11t 高产油流。木日格构造整装规模储量态势更加明朗。

7 月 9 日　吉尔嘎朗图凹陷宝饶洼槽的林 7 井，对腾格尔组一段抽汲求产，日产油 23.89t，该构造勘探获得新进展。

2005 年

5 月 21 日　吉尔嘎朗图凹陷宝饶构造带林 11 井对腾格尔组一段试油，获日产 18.36m^3 高产油流。

6 月 6 日　巴彦花凹陷的巴彦 1 井完钻，腾格尔组一段钻遇高丰度成熟烃源岩，发现油迹显示。

6 月 26 日　赛汉塔拉凹陷赛四构造东翼的赛 69 井在腾格尔组一段获日产 26.13m^3 高产油流。

10 月 14 日　高力罕凹陷查干淖尔洼槽的高 4 井完钻，阿尔善组钻遇中等—好成熟烃源岩，发现油迹显示。

2006 年

7 月 29 日　赛汉塔拉凹陷赛 83X 井抽汲求产，日产油 33.89t，凹陷陡坡带获高产工业油流。

9 月 7 日　呼仁布其凹陷仁 10X 井在阿尔善组试油，获日产 42.96m^3 高产油流。

是年　在巴音宝力格隆起发现了阿尔、查德、达来和呼和等四个新凹陷。

2007 年

4月21日　在洪浩尔舒特凹陷中洼槽陡坡带海北构造东翼钻探的洪37井，对腾格尔组一段抽汲求产，日产油 20.14m³。

是年　在乌里雅斯太凹陷斜坡带继续向外甩开钻探太79、太81、太85井均获工业油流。

2008 年

6月12日　在赛汉塔拉凹陷扎布构造带的赛51井，对石炭系—二叠系碳酸盐岩酸化压裂，日产油 226m³，为二连盆地日产油最高的一口井，开拓了勘探新领域。

6月29日　阿尔凹陷哈达构造阿尔1井日产油 1.06t，发现了新的含油凹陷。

10月3日　阿尔凹陷沙麦构造阿尔2井压后抽汲求产，日产油 15.8m³，发现了沙麦含油构造。

11月9日　阿尔凹陷沙麦北背斜阿尔3井，在腾格尔组一段抽汲求产，获日产 46.5t 高产油流。

2009 年

11月17日　阿尔凹陷西部斜坡带的阿尔6井，在古生界凝灰岩潜山获日产油 35.91m³。

是年　"华北油田阿尔凹陷石油勘探"获中国石油勘探重大发现一等奖，被誉为中国石油新区凹陷"科学快速高效"勘探的典范。

是年　重力、磁力、电法勘探新发现了乌兰花凹陷。

2010 年

8月28日　阿尔凹陷阿尔52井对阿尔善组四段放喷求产，日产油 64.29m³，发现了罕乌拉含油构造。

2011 年

8月15日　乌兰花凹陷兰地1井对阿尔善组抽汲求产，日产油 0.64t，又发现了一个新的含油凹陷。

2012 年

7月16日　位于乌兰花凹陷赛乌苏构造的兰1井，在阿尔善组压裂试油，日产油 4.31m³，突破了乌兰花凹陷工业油流关。

8月6日　在巴音都兰凹陷北洼槽钻探的巴77X井压后放喷，获日产 35.63t 高产油流，实现了巴音都兰凹陷北洼槽勘探的新突破。

9月1日　乌兰花凹陷赛乌苏构造兰5井在阿尔善组压裂试油，日产油 25.5t，突破乌兰花凹陷高产油流关。

11月13日　在阿南—阿北凹陷钻探的二连盆地第一口致密油（页岩油）井——阿密1H井，压后抽汲获日产油 9.15t。

2013 年

4月11日　阿尔凹陷阿尔29井压后获日产 18.59t 高产油流，沙麦构造翼部岩性油藏勘探取得新进展。

5 月 13 日　阿南—阿北凹陷哈 87 井压裂试油，获日产油 7.04t，证实阿南—阿北凹陷哈东洼槽是一个新的有利勘探区。

9 月 12 日　乌里雅斯太凹陷南洼槽太密 1X 井试油获 3.57t 工业油流，该凹陷致密油勘探获得突破。

11 月 7 日　阿布其尔庙凹陷其地 2 井试油获日产油 0.02t，钻井发现油斑、油迹显示 3.87m。

2014 年

9 月 3 日　乌兰花凹陷红井构造兰 42 井对阿尔善组安山岩压裂试油，日产油 4.42t，实现了火山岩油藏领域勘探的突破。

11 月 15 日　巴音都兰凹陷北洼槽巴 92X 井对阿尔善组抽汲求产，日产油 5.19m³。

是年　加大对额仁淖尔凹陷老井复查力度，优选巴润构造带稠油区淖 85X、淖 74 井进行重新试油，分别获日产 3.14m³ 和 1.78m³ 工业油流；在吉格森构造优选淖 79 井老井试油，腾格尔组一段Ⅲ油组压裂试油获日产油 10.17m³，发现了新的含油层系。打破了该凹陷 11 年以来的勘探沉寂。

2015 年

8 月 2 日　阿南—阿北凹陷哈 89 井压后日产油 15.89t，哈南构造含油范围扩大。

10 月 25 日　巴音都兰凹陷北洼槽巴 101X 井发现上百米砾岩油层，压后日产油 103t。

2016 年

4 月 9 日　乌兰花凹陷土牧尔构造兰 11X 井对腾格尔组一段自喷求产，日产油 81.15m³。

6 月 9 日　乌兰花凹陷土牧尔构造兰 8 井在腾格尔组一段试油，日产油 50.7m³。

7 月 16 日　察中凹陷的第一口预探井察 1 井完钻，在腾格尔组一段、阿尔善组见良好油气显示，证实察中凹陷西洼槽具备生油能力。

11 月 16 日　乌兰花凹陷土牧尔构造兰 14X 井在腾格尔组一段试油，日产油 61.2m³。

2017 年

5 月 29 日　乌兰花凹陷红井构造兰 45X 井对阿尔善组安山岩压裂试油，日产油 25.38m³。

6 月 16 日　巴音都兰凹陷南洼槽斜坡带巴 66 井完钻，对阿尔善组四段试油日产油 27.7t，突破该凹陷南洼槽斜坡带工业油流关。

8 月 10 日　乌兰花凹陷兰 18X 井在古生界花岗岩潜山自喷日产油 32.42m³。

是年　"二连盆地乌兰花凹陷石油勘探"获中国石油勘探重大发现一等奖。

《中国石油地质志》

（第二版）

编辑出版组

总 策 划：周家尧

组　　长：章卫兵

副 组 长：庞奇伟　马新福　李　中

责任编辑：孙　宇　林庆咸　冉毅凤　孙　娟　方代煊

　　　　　王金凤　金平阳　何　莉　崔淑红　刘俊妍

　　　　　别涵宇　邹杨格　潘玉全　张　贺　张　倩

　　　　　王　瑞　王长会　沈瞳瞳　常泽军　何丽萍

　　　　　申公昰　李熹蓉　吴英敏　张旭东　白云雪

　　　　　陈益卉　张新冉　王　凯　邢　蕊　陈　莹

特邀编辑：马　纪　谭忠心　马金华　郭建强　鲜德清

　　　　　王焕弟　李　欣